名家名著

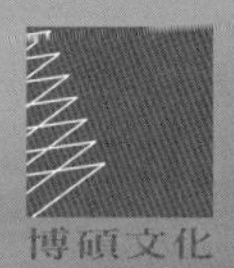

Clean Code
無瑕的程式碼

Robert C [illegible]

敏捷軟體[illegible]技巧守則

A Handbook of
Agile Software Craftsmanship

戴于晉、博碩文化 編譯
陳錦輝 審校

專業技術開發小組 推薦

無瑕的程式碼——敏捷軟體開發技巧守則

作　　者：Robert C. Martin
編　　譯：戴于晉、博碩文化
審　　校：陳錦輝
發 行 人：葉佳瑛
郵撥帳號：17484299
律師顧問：劉陽明
出版日期：2013 年 3 月
2024年7月初版四十八刷
ISBN　：978-986-201-705-0
博碩書號：PG21219
建議售價：580 元
出　　版：博碩文化股份有限公司
新北市汐止區新台五路一段 112 號 10 樓 A 棟
TEL / 02-26962869・FAX / 02-26962867
本書如有破損或裝訂錯誤，請寄回本公司更換

國家圖書館出版品預行編目資料

無瑕的程式碼 : 敏捷軟體開發技巧守則 / Robert C. Martin 著 ; 戴于晉, 博碩文化編譯. -- 新北市 : 博碩文化, 2013.03
面 ;　公分
譯自 : Clean code : a handbook of agile software craftsmanship
ISBN 978-986-201-705-0(平裝)

1.軟體研發 2.電腦程式設計

312.2　　102002475

Printed in Taiwan

推薦序

台灣的競爭力這幾年明顯出了問題，身為文化出版產業，對社會有一份責任。因此，在 2013 年，博碩文化的出版部進行了大幅的擴編改組，IT 技術這一組今年有一個新的使命，要引進一些高品質的著作，因而規劃了名家名著系列來完成這個目標。

『名家名著』系列的書籍，要嘛是得獎的經典作品，再不然就是大師的著作，例如本書作者 Robert C. Martin 就是一位敏捷開發（Agile Software）領域的大師，其著作《*Agile Software Development: Principles, Patterns, and Practices*》曾獲得一年一度頂級的 Jolt 圖書大獎所肯定，這個獎項在得獎年度僅頒發兩類書籍各一本，同時得獎的另一本著作為大名鼎鼎的《*Thinking in Java*》。

Clean Code 這本書可說是上述得獎作品的前傳，較適合想要學習 Agile Software 的入門者。當中絕大部分章節並不牽涉過多的框架，您只要會寫程式，通常就能看懂這些章節。本書適合所有寫程式的人閱讀，包含在軟體開發公司工作的人們以及接專案的 SOHO 程式設計師。

我們特別將本書推薦給那些接專案的 SOHO 程式設計師。畢竟，您所寫的程式就是您的資產，在將來重複應用到的機會非常大，把資產整理乾淨，這些資產就會像錢滾錢般地，為您帶來更多的資產，也能終結您熬夜寫程式的日子！

在本書出版後不久的未來，我們也將推出該得獎作品的 C#版《*Agile Principles, Patterns, and Practices in C#*》。相較於其他技術工具書而言，名家名著系列的書籍在製作上並不容易，銷售量也可能不如時髦議題的工具書來得好。換句話說，這不但是個嘗試，甚至可能是個吃力不討好的差事。然而，我們堅持這樣做，也希望如此做，能夠對於軟體業界做出一點點的貢獻。

如果您是在圖書館或書局裡看到這本書，或者只是向朋友借來看看。請您在看過書籍內容後，如果覺得台灣軟體開發業界需要這樣一本書，就買一本吧，讓整個出版業界理解這樣的需求是存在的。這樣一來，您未來也將有更多關於此類經典書籍可以閱讀。而國內的軟體開發也可以跟上世界的潮流，讓這個行業能夠在台灣蓬勃發展。

專業技術開發小組 推薦

Preface

審校序

很早之前，我就知道這本書在 IT 業界很有名，當時只單純認為是書名 Clean Code 取得好，也覺得或許是因為這位作者很有名（其著作曾獲得 Jolt 大獎）。然而，在過了不久之後，我看了這本書的英文原著，才發現，這本書的確有過人之處。

當我收到出版社的審校邀約時，我詢問了一些看過原文版的程式好手，得到的答案大多是『原文看了一半，沒時間看完，但很想看完』。因此，當我把『這本書即將推出中文版』的訊息告知相關同好後，他們都非常的開心。因為，在序言當中，作者已經提到，如果您只看完了本書的某些章節，那麼你能學到的就很有限。所以，我想這本書的中文版面世後，應該能補足許多人的缺憾。

這本書到底適合什麼樣的人閱讀呢？我覺得，凡是寫程式的人以及帶領寫程式團隊的人都應該看看，尤其是使用 Java 開發的程式設計師更該看看這本書。

如果您只是一位初入行的程式設計師（例如應屆畢業生），您或許會擔心自己的功力不夠，會不會看不懂這本看似蠻高階的書籍？關於這一點，請您不用擔心，因為本書前 10 章的內容，保證絕大多數的程式設計師都看得懂！至於後面的某些章節，則需要一點點系統、平行化、單元測試的基礎，比較容易體會。不過，由於這類書籍，多年難得一見，即便您現在看得非懂似懂，也建議您把這本書留下來。因為，在將來隨著經驗與知識的累積，您一定也能夠體會後面章節所描述的重點。

我本身是一位程式設計師，也曾寫過一些 IT 書，又在科技大學教過課。這個背景，讓我在看這本書時，有非常深的感嘆！首先，眾所皆知，作者 Bob 大叔是 Agile Software（敏捷軟體開發）的提倡者之一，Agile Software 在軟體工程的實務方面是很時髦的方法，在國外也已流行了 10 年之久。可是，不要說科大資訊相關科系的應屆畢業生沒聽過什麼是敏捷軟體開發，就連很多科大的教授都沒聽過。由此可見，大家批評台灣高等教育的學用落差，可不是空穴來風！

我在重讀這本書的中文版時，只能感嘆，大師果然是大師！自己寫的書實在難以與大師相提並論。例如，我們在書中，總是會提到要讓程式碼具有可讀性，或者要寫下註解來說明，以便下個看程式的人能夠快速理解程式碼。我們強調的，大多是假設其他人之後會來看我們的程式碼（通常是為了維護）。然而，作者卻從『看程式的時間』與『寫程式的時間』來切入，也就是『你應該是為了更容易開發而把程式寫得更具有可讀性』。換句話說，**下一個看到這段程式碼的人，最有可能就是你自己**。

除了寫書的高度之外，我另一方面也感嘆，沒錯，我以前在不同階段寫的程式，做的專案就是會犯下本書中許多地方提到的缺陷。有些，隨著我的經驗累積，在未看過這本書之前就已經做了修正，有些則是直到看了這本書時，都還會犯的錯誤。這本書厲害的地方在於，它除了指出缺陷之外，還猜到了為何會有這些缺陷！我想，畢竟作者已經寫了 40 年的程式，帶過無數的團隊，當過無數的開發顧問，自然能理解程式設計師為何會犯下這些錯誤。因此，這本書除了會跟你說，應該如何撰寫 Clean Code，還會告訴你為何要如此做，而且提出的論點非常具有說服力。

例如前面提到的註解，作者的建議，居然是能刪就刪，奇怪了吧？！仔細看完註解那一章，你就不會覺得奇怪了。又例如，關於函式的長度，這本書的建議是幾行就好，最多不要超過 20 行。關於傳遞 NULL 與回傳 NULL，這本書也是嚴格禁止的！一些已經成為著名框架的開放原始程式碼，作者也能將其拆開，重構成更整潔的程式碼，看了之後，不得不佩服作者的功力。

在我感嘆的同時，另一方面，我也覺得要完全達到這本書要求的所有作法，在目前的台灣軟體開發業界，確實還是有難度的。因此，當出版社請我幫忙想中文書名時，我建議將這本書的書名 Clean Code 翻譯為**無瑕的程式碼**！（原因請看本書最後一頁，編輯關於書名的說明）

最後，我想引述作者在第一章所說的話，本書的許多建議是具有爭議性的，你或許不會完全同意這些建議，甚至可能激烈反對某些建議。這些都沒關係。但不論你是否同意 Clean Code 學派的想法，如果你根本沒有去理解或尊重 Clean Code 學派的主張，你應該要感到羞愧。

能夠參與本書的審校工作，我深感與有榮焉！

陳錦輝 2013 年 3 月

On the Cover

關於原書封面

這本書的原書封面（本書小封面）是 M104：草帽星系（The Sombrero Galaxy）。M104 座落在處女座，離我們的距離僅三千萬光年，其核心是一個超大質量的黑洞，是太陽質量的十億倍重。

這張圖片是否讓你想起關於克林貢星球（Klingon）的衛星 *Praxis*（普拉西斯）的爆炸？我仍記憶猶新的記得，在《星艦奇航記 VI（*Star Trek VI*）》裡，大爆炸之後飛出的碎片，形成一個赤道光環的開場場景。自從有了這個場景以後，赤道光環便成為了在科幻影片裡人造爆炸場景的常見之物。甚至在後來翻拍的第一部星際大戰（Star Wars）的電影裡，這樣的場景也被加在 Alderaan（奧德蘭）星球的爆炸場景裡。

是什麼原因造成了 M104 周圍的光環？為什麼它有如此巨大的中央突起物，還有如此明亮和微小的核心？就我看，這像是中央的黑洞失去冷靜，在星系中央燒起了一個三萬光年長的大洞。大禍降臨在這個宇宙大崩潰範圍內的所有文明。

超大質量黑洞吞噬了整個星系當作午餐，將相當大部分的質量轉換成能量。當 M 是恆星的質量時，$E=MC^2$ 的槓桿力量已經夠大了：小心！在怪獸吃飽之前，有多少的恆星掉入這樣的深淵？其中央空洞的大小會不會是一個提示？

關於在原書封面 M104 的圖片，是由哈伯（Hubble）望遠鏡所攝之可見光圖（如右），及史匹哲（Spitzer）天體運行觀測臺最近所拍攝的紅外線圖片（如右下圖），兩張圖片所組成的。在紅外線圖片裡，我們可以清楚看到星系的環形特質，在可見光的圖片裡，我們只能看到環的前緣黑色輪廓，中央的突起物模糊了其餘部份的環。

原書封面圖片：©史匹哲太空望遠鏡

但是在紅外線的圖裡，在環裡的中央突起處，炙熱的粒子群正在發光。結合這兩張圖，帶給我們之前沒看過的視角，並意味著在很久以前，這裡進行著熊熊火海的活動。

無瑕的程式碼

Robert C. Martin（勞勃・馬汀）系列叢書

這個系列叢書的任務，是為了改善現有軟體工藝的藝術層次。這個系列的叢書具備技術性與務實性，並且內容充實。作者群是非常有經驗的程式工藝師和專家，致力於撰寫真正在實務上使用的程式，反對那些可能只是紙上談兵的理論。你會讀到哪些是作者已經完成的技巧，哪些是他認為你不應該做的。如果該書是關於程式設計，那將會包含許多的程式碼篇幅。如果該書是關於程式管理，那將會有許多以真實專案之案例所進行的研究與討論。

這些書將是『嚴謹的程式實踐者』書架上不可缺少的書。這些書，將因為創造出差異、將因為把專家引導成為工藝巨匠，而被永久流傳長存。

(1) *Managing Agile Projects*《敏捷專案管理》

Sanjiv Augustine

(2) *Agile Estimating and Planning*《敏捷評估與規劃》

Mike Cohn

(3) *Working Effectively with Legacy Code*《修改代碼的藝術》

Michael C. Feathers

(4) *Agile Java™: Crafting Code with Test-Driven Development*
《敏捷Java：利用測試趨動程式開發精巧地開發程式》

Jeff Langr

(5) *Agile Principles, Patterns, and Practices in C#*
《敏捷軟體開發：準則、模式與實踐——使用C#》

Robert C. Martin and Micah Martin

(6) *Agile Software Development: Principles, Patterns, and Practices*
《敏捷軟體開發：準則、模式與實踐》

Robert C. Martin（勞勃・馬汀）

(7) *Clean Code: A Handbook of Agile Software Craftsmanship*
《無瑕的程式碼：敏捷軟體開發技巧守則》

Robert C. Martin（勞勃・馬汀）（本書，亦為上一本著作的前傳）

(8) *UML For Java™ Programmers*《Java程式設計師的UML》

Robert C. Martin（勞勃・馬汀）

(9) *Fit for Developing Software: Framework for Integrated Tests*
《適合軟體開發：專為整合測試設計的軟體框架》

Rick Mugridge and Ward Cunningham

(10) *Agile Software Development with SCRUM*《以 SCRUM 進行敏捷軟體開發》

Ken Schwaber and Mike Beedle

(11) *Extreme Software Engineering: A Hands on Approach*
《極限軟體工程：動手實作的方式》

Daniel H. Steinberg and Daniel W. Palmer

如需更多資訊, 請洽此網站： informit.com/martinseries

敬請期待 *Agile Principles, Patterns, and Practices in C#* 一書，博碩文化即將推出

Foreword

前言／推薦序

在丹麥，我們最喜愛的糖果之一是 Ga-Jol（嘎啾），Ga-Jol 有著強烈的甘草氣味，完美的補足了我們潮濕和寒冷的氣候。Ga-Jol 對於我們這些丹麥人來說，其魅力來自於包裝盒蓋上的機智有趣之語。今早，我買了兩個精美盒裝，在盒蓋上發現印有這段古老的丹麥諺語：

Ærlighed i små ting er ikke nogen lille ting.

「在小事情上誠實，可不是一件小事。」這是一個好兆頭，因為這正是我在此想說的話。小事可是至關重要的。這本書著重在關注細小的事務，但這些關注卻有重大的價值。

建築大師 Ludwig mies van der Rohe（密斯.凡.德羅希）曾如此說：神就在細節裡。這段引述令人回想起，在軟體開發，特別是在敏捷軟體開發的架構角色。Bob（鮑勃，本書作者的暱稱）和我不時地發現我們熱情致力於這句話。是的，Ludwig mies van der Rohe 的確注意到，偉大結構下的工具及建築的永恆形式。從另一方面來說，他也親自替每個他所設計的房子，選擇每個門的把手。為什麼他要這樣做？因為小事可是至關重要的。

在我們關於 TDD（測試驅動程式設計）的持續性「辯論」下，Bob 和我發現，我們都同意軟體架構在軟體開發中佔有重要的一席之地。雖然我們對其確切意義仍有各自的看法。然而，我們這種爭論，相對而言並不重要，因為在專案的一開始，我們理當讓負責的專家花一些時間去思考和計劃整個專案。在 90 年代末期，關於只以測試和程式碼驅動設計的概念已經一去不復返了。相對於任何遠大的願景，『對於細節的關注』，甚至是更為關鍵的專業基礎。首先，透過在細微之處的練習所獲得的實踐信任感，專家們就能夠有所精練，進而應用於大型專案的開發。再者，在偉大建築的細處如果有一些馬虎的行為，例如門無法緊密關閉，或地板磁磚有些彎曲，甚或是凌亂的桌面，都會將整個偉大建築的迷人之處給完全消滅。而這也是 Clean Code 關心的要點。

然而，建築結構只是用來比喻軟體開發，亦即『交付軟體的初期產品』和『建築師交付毛坯屋』的概念是一致的。

這些日子以來，Scrum（迭代增量式軟體開發過程）和 Agile（敏捷軟體開發）專注於快速地將產品推上線。我們希望工廠能在最快的速度下產出軟體。這是人類工廠：會思考、有感受的程式撰寫者，這群人從產品存貨或使用者故事（user story）中，開發出產品。在這種思維下，製造業的啟發更為強烈。日本汽車製造業生產線上的生產環節，啟發了 Scrum 大部份的構想。

即便是在汽車產業裡，工作的大部份主體並非在製造，而是在維護——或避免維護。在軟體裡，我們做的 80%或更多的事情，都被奇怪的稱為「維護」：其實就是在做修補的工作。與其接受產出優質軟體的傳統西方觀點，不如把它想成更像是，建築業的修復工人或汽車領域的汽修技工。那麼，日式管理對於這樣的看法，又抱持著什麼樣的說法呢？

大約在 1951 年，日本出現一種叫做全面生產維護（Total Productive Maintenance, TPM）的優質方針，這種方針著重在維護，更甚於生產。TPM 的重要支柱之一是稱之為 5S 的原則組合。5S 是一套紀律的組合——我在這裡特意使用「紀律」來做闡釋，這有利於讀者體會這套組合。5S 原則其實是基於精益（Lean）——另一個西方世界的術語，也是軟體循環裡日益突出的一個術語。這些原則並不是選擇，就像 Bob 大叔在本書簡介所提及的，良好的軟體開發實踐，需要遵守以下紀律：專注、鎮定及思考。這並非只和做事有關，並非只和如何使得工廠設備在最快速度下生產有關。5S 的理念包含了以下概念：

- *Seiri*（整理），或稱為組織（在英文裡想成「sort」、在中文裡想成「挑選、區分、整理、排序」）。知道事情在哪——使用合適命名之類的手段——是很重要的。你認為命名的辨識不重要嗎？讀一讀接下來的幾個章節吧。
- *Seiton*（整頓），或稱為整齊（在英文裡想成「systematize」、在中文裡想成「系統化」）。有一句古老的美國諺語說道：*A place for everything, and everything in its place.*（萬物皆有屬於它的位置，而萬物皆該擺放到屬於它的位置。）一段程式應該出現在你所期待的地方——而且，若非如此，你就必須進行重構了。

[譯註]: 整理、整頓、清掃、清潔、身美都是日文的漢字。

- *Seiso*（清掃），或稱為打掃（在英文裡想成「shine」、在中文裡想成「擦亮」）：保持工作場所免受雜亂線路、油漬、垃圾和廢棄物所困擾。關於那些記載著歷史或未來願望的註解和註解掉的程式，作者想說的是？刪了吧。
- *Seiketsu*（清潔），或稱為標準化：團隊同意如何讓工作場所維持乾淨。您認為此書是否會提及，團隊該有一致的程式風格和一連串的程式實踐等相關的內容？而這些標準又是從何而來的呢？繼續閱讀本書，您就會了解。
- Shutsuke（身美），或稱為紀律（自律）。這代表在實踐中，遵守這些紀律，並時常在個人工作上反省，還要樂於進行改變。

如果你接受了挑戰——是的，就是挑戰——關於閱讀和應用本書的內容，你將會理解和欣賞最後一條紀律。在此，我們最終會抵達專業負責精神的根源，這種專業性是關於產品生命週期的專業。當我們遵守 TPM 的方針來維護汽車或其它機器時，停止維護——等待錯誤浮現出來——是個不常見的例外。反之，我們將往上提昇一個層次：每天都檢查機器，在故障之前就修復磨損的零件，或只按照常規，在每一萬哩時更換機油，以防止磨損。對於程式碼，應該義無反顧地進行重構。你的改善還可以再提昇一個層次，就像五十多年前的 TPM 革新運動一樣：在一開始時，就開發容易維護的機器。讓你的程式碼具有可讀性，和程式碼能夠運作，是同等的重要。約略在 1960 年，在 TPM 循環裡提出的最終實踐，是關注在採用全新的機器或替換舊有的機器。正如 Fred Brooks（弗雷德・布魯克）告誡我們的，我們可能應該每隔七年，就重製主要的軟體元件，或清理逐漸腐敗的程式碼。也許我們該修改 Brook 的時間常數，更改成幾個禮拜、幾天或是幾小時，而不是以年為單位。這就是細節的所在之處了。

細節具有極大的力量，在生活中也可應用這個方法來建立謙遜而深切的生活態度，如同我們可能老是對於來自日本的作法有所期待。但這不只是東方的生活觀，英國和美國的民間也常流傳此類的諺語。上述的 *Seiton*（整頓），也曾出現在俄亥俄州牧師的筆下，他從整潔的字面意思來看「一種治療各種邪惡的處方。」那關於 *Seiso*（清掃）又是如何說的呢？*Cleanliness is next to godliness*（潔淨僅次於敬神）。一間房子就算再漂亮，只要有一張髒亂的桌子，便奪去它的風采。那 *Shutsuke*（身美）於細節方面又是如何說的呢？*He who is faithful in little is faithful in much*（對小事忠誠的人，對大事也自然忠誠）。那急著在寫程式的時候進行重構，強化某個程式，以應變接踵而來的「大」決定，而不是將重構的動作一拖再拖，關於此，有著什麼樣的說法呢？*A stitch in time saves nine.*（及時行事，則事半功倍）。*The early bird catches the worm.*（早起的鳥兒有蟲吃）。*Don't put off until tomorrow what you can do today.*（今日事今日畢）。

（Lean 代表著，交到軟體諮詢師的手裡之前，就是「最後時刻」的意義。）那麼調校細節之處所做的個別努力，對於整體產生的效果，又有哪些名言呢？*Mighty oaks from little acorns grow.*（萬丈高樓平地起）。或者將簡單的預防工作整合到每天的生活裡，又有哪些名言呢？*An ounce of prevention is worth a pound of cure.*（預防勝於治療）。*An apple a day keeps the doctor away.*（一天一蘋果，醫生遠離我）。Clean code 可以說是透過對細節的關注，而榮耀了我們曾有、該有的寬廣文化之下的智慧根源。

就算是在雄偉的建築文獻裡，我們也會找到那些以關注細節為主的格言。想想 mies van der Rohe 的門把，那就是 *seiri*（整理）。這就是要關注每個變數名稱。你應該如同為你的第一個孩子取名般地慎重，來替變數選個名字。

如同每位屋主所知的，這種照料和不斷地完善不會有停止的一天。建築師 Christopher Alexander（克里斯托弗・亞歷山大）——模式和模式語言教父——將每個設計看作是小型的區域修復行為。他認為，傑出結構的工藝典範是建築師的唯一職責，而較大的型態可留給居住者的使用模式和個別應用來完成。設計一直持續在進行，並不只是在我們替房屋增加新房間時，我們重新油漆粉刷、更換磨損的地毯、或升級廚房的水槽，都是一種設計。大部份的藝術都呼應這樣的情感，在我們搜索其它把『神的房屋歸因於細節』的人時，發現我們是 19 世紀法國作家 Gustav Flaubert（古斯塔夫・福樓拜）的同好。法國詩人 Paul Valery（保羅・瓦勒力）給我們一個忠告，一首詩永遠都沒有完成的時候，需要持續改進，如果不改進的話，就如同是放棄了這首詩。如此的關注細節，常見於傑出的努力裡。所以，也許這裡沒有太多新的想法，但當你閱讀本書時，對你來說，仍是一種挑戰，你需要重新恢復良好的紀律，過去的你屈服於冷漠或自發性要求，只對「改變有所回應」。

不幸的是，我們通常見不到人們將這樣的想法當作程式設計藝術的基石。我們很早就放棄了我們的程式，並不是因為它已經大功告成，而是因為我們的評價系統，專注於外在表現更甚於交付事物的本質。漠不關心的最終代價就是：*A bad penny always shows up.*（自己製造的偽物永遠都還會出現）。不論是在業界或學界的研究者都自謙地說，其實自己不過只是在保持程式碼的簡潔。回到我在貝爾實驗室軟體生產研究機構（不用懷疑，確實就是*生產*！）工作的日子。我們有個不嚴謹的發現，建議使用一致性的縮排風格，是程式低錯誤率的最顯著指標之一。當時我們原本希望架構或程式語言或其他更高概念的東西是影響品質的因素，當我們以為專業能力應歸功於對工具的掌握和高尚的設計方法時，那些工廠的機器，那些寫程式的人（Coder），僅僅是在應用程式裡，添加一致的縮排風格就產生了價值，對此我們感受到是種恥辱。引用我自己十七年前的著作，這樣子的風格不僅止於區分能力是否能勝任而已。日本人的世界觀，瞭解每個日常工作者的重要價值，更瞭解系統的發展應該歸功於這些工作者每天簡單的行動。品質是百萬個無私的照顧行為所得到的結果——而非任何從天而降的偉大方法。這些行為雖然簡單，但並不代表它們簡化。而且更不是指這些行為容易。它們是人類努力至極，才能做出的偉大而美麗的造物。忽視了它們，就不是完整的人。

當然，我仍然提倡放寬思考的範疇，也特別推崇那些，起源於深度領域知識和軟體可用性方法的價值。但這本書與那些無關——或者說，至少沒有明顯的關係。本書有一些微妙的訊息博大精深，不該懷才不遇。這些訊息與真的在寫程式，以寫程式為志向的人，如 Peter Sommerlad（彼得・松馬拉得）、Kelvin Henney（凱爾文・海尼）和 Giovanni Asproni（喬凡尼・阿斯普羅尼）等人所說的格言相吻合。他們主張並鼓吹的格言如「程式即設計」和「簡單的程式」等。然而我們必須要謹記，介面就是程式，而其結構更能說明我們程式的架構，更關鍵的是，介面採取謙遜的姿態，認同了設計存在於程式碼之中。對於製造而言，重做代表額外的花費，但對設計而言，重做代表了創造出價值。我們應該將程式碼看作是，設計這種高尚行為的漂亮呈現——設計是一種過程，並不是一個靜止的終點。是耦合性和凝聚力在程式裡的架構協調。如果你聽到 Larry Constantine（賴瑞・康斯坦丁）所描述的耦合性和凝聚力，他是以程式碼的角度來介紹這些名詞的——而不是用 UML 那種高階抽象的概念來描述的。Richard Gabriel（里查德・加百列）在他的文章「抽象詳論」裡告訴我們，抽象是一種邪惡行為。程式碼是一種除惡的行為，而 clean code 也許是神聖的行為。

回到我的 Ga-Jol 小包裝盒，我想值得一提的是，丹麥諺語想建議我們的，並不只要在意小事，還要對小事**誠實**。這代表要對程式碼誠實，也必須對同事坦承程式碼的狀態，而且最重要的是，對於我們的程式碼，我們自己也要誠實面對。我們是否盡力遵守「讓營地比我們來之前更乾淨」的規範？在我們簽入程式之前，我們有對程式進行重構嗎？這並不是一件附帶要做的事情，這可是敏捷開發價值的核心。在 Scrum 的建議實踐裡，說明重構是「完成」概念的一部份。無論是架構和 clean code 都沒有堅持要做到完美，只希望我們誠實地盡己所能做到最好而已。*To err is human; to forgive, divine.*（**孰能無過，神亦寬恕**）。在 Scrum 裡，我們讓一切透明可見。我們晾出髒衣服。我們誠實面對程式碼的狀態，我們的程式碼永不可能完美。我們成為更完整的人，更配得上神的眷顧，更接近於細節中的偉大。

在我們的專業裡，我們迫切地需要，我們所能得到的幫助。如果乾淨的商店地板能減少意外，放置妥當的商店工具能增進產能，那我會不顧一切的爭取它們。至於這本書，是我看過將精益（Lean）原則應用於軟體的書中，最具務實性的一本。我預期，這群務實的小型編輯團隊，一起努力了好幾年，不但是為了要更好，而且也要將他們的知識，化成你現在手中的禮物，送給同業的人們。在 Bob 大叔寄給我這份手稿之後，我發現這個世界又更美好了一點。

崇高見解的練習已經完成，我要來清理我的書桌了。

James O. Coplien（詹姆士・考帕里安）
於 莫爾札克，丹麥（Mørdrup, Denmark）

Introduction

序

唯一有效的『程式品質』度量單位：
每分鐘罵髒話的次數（*WTFs/minute*）

The only valid measurement
of code quality: WTFs/minute

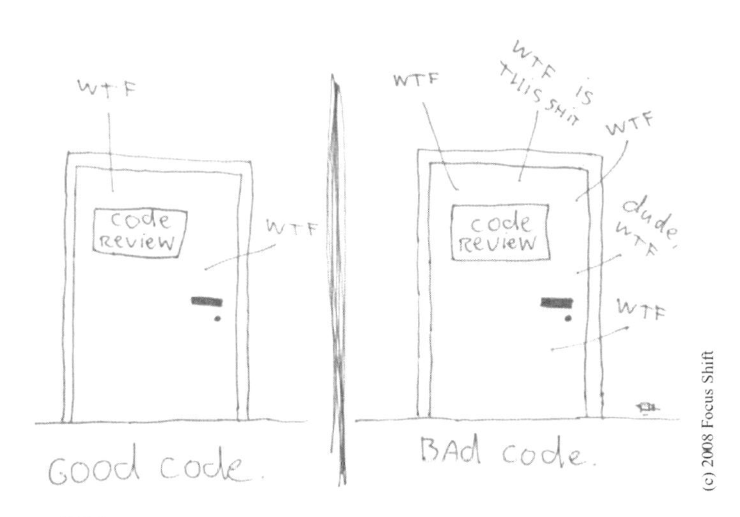

得到 Thom Holwerda **的善意許可後重製**
原圖來自 http://www.osnews.com/story/19266/WTFs_m

哪一扇門代表你的程式碼？哪一扇門代表你的團隊或公司？為什麼我們會在那個房間裡？這只是普通的程式碼審閱，還是產品上線後才發現一連串可怕的問題？我們正恐慌地進行除錯，仔細鑽研我們之前認為可順利運作的程式？有一大群的顧客正在流失，而經理正在你的背後緊盯你的除錯進度？我們要如何確定我們會在正確的門後進行修補工作？答案就是：*craftsmanship*（工藝典範）。

學習工藝典範可分為兩部份：知識和實作。你必須獲得程式工藝師所知道的原則、模式、實踐及啟發等知識，並且必須研磨這些知識，透過努力實作和練習，將之完全溶入你的手指、眼睛和身體裡。

我可以教你騎腳踏車的物理原理。事實上，古典數學的表達方式相對而言更為簡潔明白。重力、磨擦力、角動量、質量中心等等名詞，可以用不到一整頁的方程式來說明。在給定這些方程式的情況下，我可以證明給你看，騎腳踏車是可實踐的動作，還可以給你順利騎腳踏車所需的全部知識。即使告訴你那麼多，在你第一次騎腳踏車時，依舊還是會從腳踏車上跌下來。

寫程式也是這樣。我們或許可以寫下關於 clean code「感覺良好」的所有原則，並放手讓你開始撰寫 clean code（也就是說，讓你從腳踏車上跌下來），但哪有老師會這樣教我們？而如此做，你又會被造就成怎麼樣的學生呢？

不，這本書不會如此做。

學習如何撰寫 clean code 是**困難的任務**，不只必須掌握原則和模式的知識，還必須在這方面**流過汗水**才行。你必須自行練習並體驗失敗。你必須觀察別人的練習與失敗。你必須看到別人在半途卡住，然後探索他們卡住的歷程。你必須看到他們苦惱於下決定，然後看著他們為了錯誤決定而付出的代價。

在閱讀本書的同時，請準備好要費力地做功課。這並不是一本「感覺良好」的書籍，讓你可以在飛機上開始閱讀，然後在降落前讀完它。這本書將會讓你開始做功課，而且是**用功地做功課**。那這是什麼樣的功課呢？你將閱讀程式——而且是大量的程式。你將被質疑然後思考，某段程式好在哪裡，壞在哪裡。你將被要求，跟著我們將模組拆解開來，然後再重新組合在一起。這會花上不少的時間和精力，但我們覺得這一切都是值得的。

我們將本書分成三部份。第一部份含有許多章節，這些章節將描述撰寫 clean code 的原則、模式及實踐，這些章節包含了不少的程式碼篇幅，閱讀它們頗具有挑戰性。這些章節替你準備好閱讀第二部份所需的背景知識。如果你只閱讀完第一部份就不讀了，那只能祝你好運了！

本書的第二部份，是較困難的功課。這裡包含許多複雜性不斷增加的案例討論。每個案例都是對於程式碼進行某種程度的清理練習——將某些有問題的程式碼轉換成問題少一點的程式碼。在這個部份的細節是**非常細緻的**，你將不得不在故事（narrative）與程式碼列表（code listings）之間翻來覆去。你必須分析和理解那些我們正在工作中的程式碼，而且要能理解為什麼我們要進行這些程式碼的變動。替你自己空出一些時間，因為閱讀這些章節會花上你好幾天的時間。

本書的第三部份就是到了收割的時候。這部份只有一個章節，列出案例討論時搜集到的程式啟發和氣味。當我們在案例討論裡走過和清理程式碼時，我們替我們所採取的行為紀錄了每個原因，並整理成一種程式啟發或氣味。我們試著去瞭解自己對於閱讀和修改程式碼時的反應，並努力地理解，為何我們會有這樣的感受，為何會這樣作。結果就成為了一個知識庫，當中收集著我們在撰寫、閱讀和清理程式碼時的思維。

如果你在小心閱讀本書第二部份的案例討論時，沒有做好功課，那麼這個知識庫的幫助就非常有限。在這些案例討論裡，我們對於每次進行的修改，仔細地標註了相關啟發的向後參照。這些向後參照以中括號的形式出現，例如：[H22]。這些標號讓你可以看到這些啟發被應用和撰寫之處的**上下文！**這些程式啟發本身並不是那麼有價值，**我們在案例討論裡進行清理程式時，這些啟發和我們所下的決定之間的關係，才是有價值之處。**

為了要進一步幫助你瞭解這些關係，我們在本書的尾端放置了交互參照的資訊，列出了每個向後出處參照所在的頁碼。你可以利用這個資訊，來查詢某個特定的啟發，在何處被運用到。

如果你閱讀了第一和第三部份，然後略讀案例討論的部份，那你將只是又閱讀了一本關於優質軟體的「感覺良好」書籍，但如果你花一些工夫，研究這些案例討論，包括每一個微小的步驟，每一個下決定的時刻——如果你以我們的角度，強迫自己以我們的思維路徑進行思考，那你會獲得更多、更豐富的理解，對於那些原則、模式、實踐、還有啟發的理解。這樣的話，就不再是一種「感覺良好」的知識，因為這些知識已經融入到你的身體、手指和內心裡。就如同你熟練如何騎腳踏車之時，腳踏車就變成你身體的一部份延伸，這些知識也會融入成為你的一部份了。

致謝

插圖

感謝本書的兩位藝術家，Jeniffer Kohnke 和 Angela Brooks。Jeniffer 負責繪製各章節的開頭，令人驚嘆的創意插圖，以及繪製 Kent Beck、Ward Cunningham、Bjarne Stroustrup、Ron Jeffries、Grady Booch、Dave Thomas、Michael Feathers、還有我自己的肖像畫。

Angela 負責繪製各個章節內部用來裝飾的靈巧插圖。她替我在過去幾年完成了不少的插圖，包括許多在 *Agile Software Development: Principles, Patterns, and Practices*《敏捷軟體開發: 準則，模式，實踐》一書裡的插圖，她也是我非常滿意的大女兒。

其它

特別在這裡也要感謝審閱本書的人，如 Bob Bogetti、George Bullock、Jeffey Overbey、Matt Heusser，他們是非常嚴厲的、非常殘酷的、也非常無情的。他們認真地要求我進行必要的改進。

感謝我的出版者，Chris Guzikowski，感謝他所有的支持、鼓勵和樂觀的贊同。也感謝培生的編輯團隊，包括 Raina Chrobak，讓我保持著誠實和守時的態度。

感謝 Micah Martin 以及所有在第八道光www.8thlight.com替本書審閱及鼓勵的人們。

感謝所有在 Object Mentors 的過去、現在和未來的人，包括：Bob Koss、Michael Feathers、Michael Hill、Erik Meade、Jeff・Langr、Pascal Roy、David Farber、Brett Schuchert、Dean Wampler、Tim Ottinger、Dave Thomas、James Grenning、Brain Button、Ron Jeffries、Lowell Lindstrom、Angelique Martin、Cindy Sprague、Libby Ottinger、Joleen Craig、Janice Brown、Susan Rosso 等人。

感謝我的摯友和生意上的好夥伴，Jim Newkirk，他教導我許多比他認為還要更多的事情。感謝 **Kent Beck、Martin Fowler、Ward Cunningham、Bjarne Stroustrup、Grady Booch**、以及所有我其它的導師、夥伴以及所有陪襯者。感謝 John Vlissides 在關鍵的時刻一直都在這裡。感謝 Zebra 的人們允許我，讓我大聲說出一個函式應該有多長。

接著最後，感謝正在閱讀本書的你，感謝你。

For Ann Marie: The ever enduring love of my life.

獻給 *Ann Marie*：我生命中，永恆不渝的愛情。

Contents

目錄

Chapter 3 函式

Chapter 4 註解

Appendix A 平行化之二

無瑕的程式碼

你因為兩個原因來讀這本書：首先，你是位程式設計師。再者，你想成為一位更好的程式設計師。非常好，我們需要更好的程式設計師。

這是一本關於良好程式設計的書，也是一本佈滿程式碼的書。我們將從各種不同的角度來剖析程式碼。我們將從上往下、從下往上、由內而外的討論。當完成了這些目標，我們會對程式設計有更多的認識。除此之外，我們也將能夠說出好程式與不好程式的差別，並知道如何撰寫好的程式，更能知道如何將不好的程式碼轉換成好的程式碼。

程式碼將一直存在

也許有人認為一本討論程式碼的書有些過時了 —— 程式碼已經不再是主要的議題，該關心的是模型（models）或是需求。確實有些人暗示寫程式已接近尾聲，再過不久，所有的程式碼都會被自動產生而不必由人來撰寫。商人將可利用既有規格產生程式碼，不再需要程式設計師了。

這根本是亂講！我們永遠不可能完全不用寫程式，因為程式碼代表了需求的細節。在某種程度上，這些細節不能被忽略或抽象化，它們必須被明確處理。撰寫機器能執行的細節需求稱為**撰寫程式**（*programming*），而這些明確描述的文字稱為**程式碼**（*code*）。

我預期程式語言的抽象化層次將持續提升，我也認為一些偏向於某專門領域的特定程式語言數目會持續成長。這是一件非常好的事，但這並不代表程式碼會被排除，事實上，用這些高階語言所撰寫的規格仍然是程式碼！這些程式碼仍需要是嚴謹的、準確的、以及夠正式的和詳盡的，足以讓機器能夠瞭解並執行它。

某些傢伙認為程式碼總有一天會消失，就像期望數學不必太正式的數學家。他們期待有一天，能創造出一種機器，該機器能猜出我們想要什麼，而不是我們說什麼才做什麼。這些機器必須具備理解人類的能力，以便能夠完美地將模糊不清的需求轉換成可執行的程式，進而達到我們所想要的目的。

這樣子的情形永遠不會發生。就算是人類，有著直覺和想像力，都不一定能夠將顧客的模糊想法產生一個對應的成功系統。的確，需求規格原則是否教會了我們什麼，有的，那就是，這些被完整規範的需求，如果同程式碼般的正式，那麼需求規格就可以用來當作測試程式碼時的可執行測試案例。

記住，程式碼是最終被我們用來闡述需求的語言。我們也許會創造一些類似需求的語言，或許也會開發一些工具來幫助我們去解析或組合這些需求，並將這些需求轉換為正式的結構。然而，我們永遠無法省略必要的精確性，所以程式碼會永遠存在。

劣質的程式碼

我最近讀到 Kent Beck（肯特・貝克）所著之《*Implementation Patterns*（實作模式）》[1] 的序言，他說：「... 本書是基於一種頗脆弱的前題之上 —— 好的程式碼所在乎的...」一種**脆弱的**前題？我並不同意。我認為那是一種在所有的程式技藝裡，最堅固的（robust）、最受支持的、最能負載的前提（我認為 Kent 應該也知道）。好的程式碼是重要的，因為我們知道，如果缺少了好的程式碼，我們必須花費非常多的時間來對付它。

我知道有一間公司，在 80 年代後期開發了一個**殺手級**的應用程式。它非常熱門，有很多專家購買並使用這個程式。但後來發行的週期開始拖長，程式裡的錯誤也無法在下次發行之前修復，程式載入的時間越來越長，崩潰的機率也越來越高。我還記得在某天，我沮喪地關掉了這個應用程式，並且決定不再使用它。不久之後，這家公司就倒閉了。

二十幾年以後，我遇到該公司早期的一位員工，我問他當時發生了什麼事情。他的答案確認了我的憂慮沒錯，因他們急於將產品上市，導致他們的程式碼變得一團糟。當他們開始加入越來越多的產品特點時，程式碼就變得越來越糟糕，一直到他們再也無法管理這團混亂。**劣質的程式碼導致了這家公司的倒閉。**

你是否曾被不好的程式碼所阻礙呢？如果你是一位有經驗的程式設計師，你必定感受過很多次這樣的阻礙。更確切地，我們賦予這樣的情形一個名詞，叫做**蹚水**（*wading*）。我們蹚過這些不好的程式碼，就像艱難地行走在佈滿糾結荊棘的泥潭上和隱藏的陷阱當中，努力地尋找出路，希望得到一些提示與線索，告訴我們到底發生了什麼事。然而，我們看到的卻是越來越多無意義的程式碼。

想當然爾，不好的程式碼構成了阻礙。那麼又為何要寫這樣的程式碼呢？

你試著要快點完成程式功能嗎？還是你在趕時間？也許是。大概你覺得沒有足夠的時間去把工作做好，你的老闆可能會因為你花時間在整理你的程式碼，而對你發脾氣。也許你只是厭倦了繼續寫這份程式，而想要草草結束。也或者你看見了其他你承諾要完成的待辦事項裡，有一些必須先將這個模組加入，才能夠前往下一個工作。我們都曾經做過這樣的事情。

---

[1] [Beck07]

我們都曾經盯著我們剛造成的那一團雜亂程式，然後選擇留著它，擇日再來做改善。當看到那一團雜亂的程式能順利運行，我們的心情也放鬆不少，認為能順利運行的雜亂程式總比什麼都沒有來得強。我們都說過，待會兒再回來重新整理程式。當然，在那些日子裡，我們都還沒聽過勒布朗克法則（LeBlanc's law）：待會兒等於永不。

雜亂程式的代價

如果你是一位有兩或三年以上工作經驗的程式設計師，你也許有被別人設計的雜亂程式牽絆過的經驗。如果你的程式設計經驗不只兩或三年，你可能有被雜亂程式拖累的經驗，拖累的程度可說是非常顯著的。開發團隊在專案的開發初期發展迅速，然而，在一或兩年以後，會發現他們的發展速度如同蝸牛的前進速度。每次的修改都讓程式分裂成兩塊或三塊以上，這些修改不是簡單的工作。系統每次增加或修改功能時，都需要去「瞭解」這些混亂、曲折、及打結的程式碼，然後就會有更多混亂、曲折、及打結的程式碼又被加入。等過了一段時間後，這團雜亂的程式碼變得龐大、艱深且巨高，導致程式無法被整理簡化，絕對不可能辦到。

當寫出這團雜亂的程式碼時，這個開發團隊的產能就會持續下降，逐漸趨近於零。當產能降低時，管理團隊只有一件事能做，就是想辦法雇用更多的新員工，期待能夠增加產能。新的員工對系統的設計並不熟稔，所以他們不知道什麼樣的修改才符合設計的原意，什麼樣的修改會破壞設計的原意。除此之外，新進的員工及團隊裡的其他人，都為了增加產能而面臨著巨大的壓力。於是乎，他們製造了更多雜亂的程式碼，導致產能更進一步趨近於零。如圖 1-1 所示。

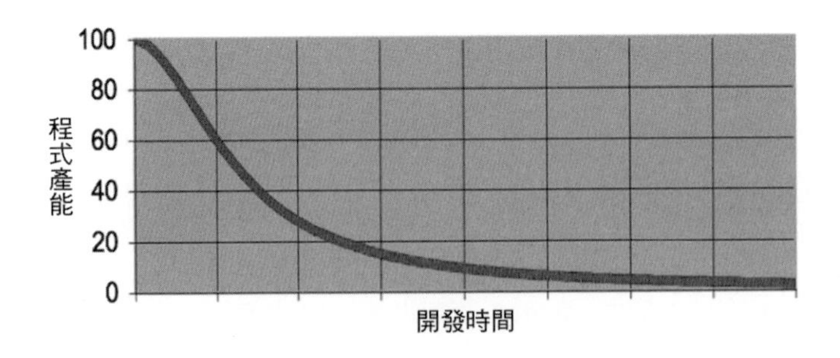

圖 1-1 程式產能 vs. 開發時間

富麗堂皇的新設計

最後，團隊開始反抗了。他們告訴老闆，無法在這個厭惡的程式基礎上繼續開發。他們要求得重新設計。雖然老闆並不想花資源在一個專案的全新設計上，但他們也無法否認產能已經到了很糟糕的地步。最後老闆只好屈服於開發者的要求，同意開發這個看起來富麗堂皇的新設計。

一個新的專業團隊被組織起來了。每個人都想要加入這個新團隊，因為這是一個新建的專案，他們可以從頭開始，創造一些真正美妙的系統。然而，只有最優秀或最聰明的工程師可以被選入這個專業的新團隊，其他人必須繼續維護現行的舊系統。

現在有兩個團隊在競爭了。專業新團隊必須要建立一個擁有所有舊系統功能的新系統，除此之外，他們也必須跟上舊系統的更動腳步。直到新系統能做到所有舊系統的功能之前，管理團隊是不會隨意更換舊系統的。

這場競爭會花上非常久的時間，我曾經看過經歷十年升級的案例。而且到了完成的時間，原本待在專業新團隊的成員早就離開了。現在的成員又因為這套新系統太糟糕了，而要求再重新設計整個系統。

如果你曾經歷過我剛剛說的故事，那怕只是一小段，那你應該知道花時間保持程式碼的整潔，並不只關係到成本的效益，還關乎到專業職場的生存之道。

態度

你是否曾經遇過本來只需要花幾個小時就可以完成的事，卻讓你痛不欲生了好幾個禮拜？你是否曾經遇過本來只需要修改一小行程式，卻讓你必須在幾百個不同的模組裡進行修改？這種狀況屢見不鮮。

為什麼修改程式會發生這些事情呢？為什麼優良的程式碼會如此快速地變質成劣質的程式碼呢？對此，我們有許多的解釋。我們抱怨需求一變再變，違背了原本的設計。我們感嘆開發進度過於緊湊，導致無法把事情做好。我們滔滔不絕地將原因歸咎於愚蠢的主管、偏執的客戶、無用的市場型態及電話消毒器。但是，親愛的呆伯特（譯註：www.dilbert.com，諷刺職場的現實漫畫作品），錯並不在這些事物上，而是在我們本身，我們不夠專業。

這也許是自食苦果。為什麼造成這團雜亂是**我們的**錯？為什麼錯不在客戶的需求呢？為什麼錯不關開發的進度規劃呢？為什麼錯不在愚蠢的主管和無用的市場型態呢？難道他們不該分攤一些責任嗎？

不可以怪在他們身上。因為主管和市場商人必須從**我們**這裡獲取他們想要的資訊，進而去做出保證和承諾。而且，就算他們沒有問我們，我們也不該羞於告知他們，我們真正的想法。使用者要我們驗證需求在系統中是否可行，而專案管理者尋求我們的協助和意見，才能排出進度表。我們深入地參與了專案的計畫，所以必須共同承擔失敗的責任，特別是那些關於劣質程式碼的失敗。

你說「等等！」。「如果我不做主管交待的事，我會被開除的。」也許不會，因為大部分的主管都希望知道事實，就算他們表現得不像那樣。大部分的主管想要好品質的程式碼，就算他們受到開發時程的困擾。他們可能會用盡心力保護他們的時程和需求，因為這是他們的工作。但用同樣的心力來保護程式碼，就是**你的**工作了。

讓我們把這一點講得更清楚，想想如果你是一位醫生，然後有一位病患要求你不要像傻子般在手術前洗淨雙手，因為洗手會花太多時間[2]？顯而易見的，病患就是老闆，但是醫生完全應該拒絕遵守這種需求，為什麼呢？因為醫生比病患知道更多關於疾病與感染的風險，如果醫生屈服於病患的要求〈先不論有沒有犯罪〉，那就顯得太不專業了。

同理可知，如果程式設計師遵守那些不懂劣質程式碼風險的主管的意願，這些程式設計師也顯得相當不專業。

最根本的難題

程式設計師面臨一個基本價值的難題。有著數年以上經驗的開發者，都知道之前的爛程式會降低他們的效率。然而，開發者都感受過截止期限的壓力，所以只好產生一些爛程式來達到目標。總之，他們並沒有花時間來讓開發速度變得更快。

真正的專家知道難題的第二部分是錯的。你製造了爛的程式**並不會**因此趕上截止日期，事實上，爛程式只會馬上讓你的開發速度變得更慢，並導致你錯過截止日期。在截止日期前完成工作的**唯一**方法——讓開發速度變快的**唯一**方法——就是隨時隨地，都確保程式碼盡可能的整齊潔淨。

2　在 1847 年的時候，依格納絲・希門爾薇絲（Ignaz Semmelweis）第一次向醫師建議要作清洗手部的動作時，是被拒絕的。主要的原因是醫生們覺得太過忙錄，無法在病患到下個病患的空檔時間，去清洗他們的雙手。

Clean Code 的藝術？

假設你已認可『雜亂的程式會是開發的一大阻礙』，假設你已承認『讓開發快速的方式就是持續保持程式碼整潔』，接著你一定會問自己：「該如何撰寫 Clean Code 呢？」。在你根本不瞭解什麼樣的程式碼是整潔的之前，最好不要試著寫它。

壞消息是，要撰寫整潔的程式碼，就像繪一幅畫。大多數的人都能區分出畫的好壞。然而，能夠分辨好壞，並不代表我們知道如何畫好一幅畫。所以，能夠分辨程式碼的好壞，也不代表我們知道如何寫出 Clean Code。

想寫出 Clean Code，需要有紀律地運用無數的小技巧，才能刻苦地習得「整潔的感覺」（cleanliness），這種「程式感」（code-sense），是能寫出 Clean Code 的關鍵因素。有些人天生就負有「程式感」的天份，有些人則必須靠後天努力習得「程式感」。「程式感」不僅能讓我們看出程式碼的好壞，而且還更進一步地，提供我們一套方法，可以有紀律地將爛程式碼轉為好程式碼（Clean Code）。

一個缺乏「程式感」的程式設計師，看到雜亂的模組時，可以辨認出它是雜亂的，然而卻沒有辦法改良它。一個**具備**「程式感」的程式設計師，看到雜亂的模組時，可以看出它還有哪些更好的選擇以及可以如何改變。「程式感」幫助程式設計師選擇最佳的改良版本，引導程式設計師制定出一連串的改善計畫，將雜亂的模組改良。

簡而言之，一個能夠寫出 Clean Code 的程式設計師，如同一位藝術家，能將空白畫面經過一連串的變換，變成由優雅程式碼所構成的系統。

什麼是 Clean Code？

對於每位程式設計師而言，每個人都可能對 Clean Code 有著不同的定義，所以我請教了一些有名又非常資深的程式設計師，來分享他們的看法。

Bjarne Stroustrup（比雅尼·史特勞斯特魯普）：C++語言的發明人，也是《*The C++ Programming Language*（C++ 程式語言）》一書的作者

> 我喜歡我的程式優雅又有效率。邏輯直截了當，使得錯誤無處可躲。盡量降低程式的相依性，以減輕維護上的工夫。根據清楚的策略，完備處理錯誤的程式碼。盡可能地最佳化程式效能，以避免引起他人，因對於程式進行無章法的最佳化，而把程式弄得一團亂。Clean Code 只做好一件事。

Bjarne 使用「優雅」這個詞，是多麼貼切呀！我的 MacBook®裡的字典是如此定義這個詞：「在外觀或舉止上，令人愉快地得體和合宜，或也令人愉快地巧妙和簡約。」請注意在「令人愉快」這個詞上的加強語氣，可知 Bjarne 覺得閱讀 Clean Code 應該是可以「令人愉快」的。閱讀 Clean Code，就如同看到精緻巧工的音樂盒，或是駕駛到設計精良的車子，能帶給你會心的一笑。

Bjarne 也提到了效率，還重複了兩次。我們不必感到意外，畢竟他是 C++的發明人。但我想那並不全然只是想要追求執行速度。多餘浪費的程式發展週期，是不優雅也不令人愉快的。而且請注意 Bjarne 如何來描述不優雅所造成的結果，他使用了「引起」這個詞，這是個不爭的事實。劣質的程式容易引起程式碼更雜亂。當有人試圖去修改劣質程式碼時，程式碼往往越變越糟糕。

務實的 Dave Thomas（大衛・湯馬斯）和 Andrew Hunt（安卓・杭特），《*The Pragmatic Programmer*》的作者，用了不同的說法，他們透過破窗效應理論[3]的比喻來做解釋。現在某棟建築物破掉了一些窗戶，似乎無人關心這件事，於是大家也不再關心，他們放任更多的窗戶破掉。最終，他們甚至主動打破了窗戶，在牆上開始塗鴉，讓垃圾開始堆積，起初的一扇破窗開啟了毀敗的道路。

Bjarne 也提到了處理錯誤的程式碼必須完備，代表必須遵守注意細節的紀律。簡略錯誤處理只是程式設計師用來粉飾忽略細節的方式，此外，如記憶體流失（memory leak）也是，競爭情況（race conditions）也是，不一致的命名方式又是另外一種。結論是 Clean Code 對細節相當在意。

---

3 http://en.wikipedia.org/wiki/Broken_windows_theory

Bjarne 最後以 Clean Code 只做好一件事，作為回答的結語。毫無疑問的，許多軟體設計的準則都會濃縮成這個簡單的告誡。作者們皆一而再地試圖表達這個想法，劣質的程式碼一次想做太多的事情，而弄混了原本程式碼的意圖。一個稱得上是 Clean Code 的程式碼，在於它很**專注**，每個函式（function）、每個類別（class）、每個模組（module）都能表達單一的意圖，不受到週邊細節的干擾及汙染。

Grady Booch（格雷迪．布奇）：《*Object Oriented Analysis and Design with Application*（物件導向分析設計與應用）》一書的作者

> Clean Code 是簡單又直接明瞭的，讀來就像一篇優美的散文。Clean Code 絕不會掩蓋設計者的意圖，反而充滿著俐落的抽象概念，以及直截了當的程式控制敘述。

Grady 提到了不少和 Bjarne 相同的觀點，但他是以**可讀性**的角度來看待。我特別喜歡他所提到「Clean Code 就像一篇好的散文」這個觀點。回憶你曾讀過的好書，那些細膩的文字是如何在腦海中形成生動的影像！好似看了一場電影，不是嗎？更棒的是，你還看到那些角色，聽到那些聲音，體驗著其中的感動和幽默。

閱讀 Clean Code 當然和閱讀魔戒《*Lord of the Rings*》截然不同。儘管如此，文學的隱喻仍是不錯的選擇。就像一本好的小說，Clean Code 應該能清楚地表現出待解問題的張力，它應該將張力推到最高點，接著用真相揭露出解答的方式來化解這個張力，讓讀者發出「啊哈，就該如此！」的讚嘆。

我發現 Grady 使用了「俐落的抽象概念」這個迷人的矛盾修飾，畢竟「俐落」這個詞和「具體」有著類似的意義。我的 MacBook 字典如此定義「俐落」：**在不猶豫及不拘小節的情形下，講求實際並伶俐地做出決定**。儘管有著雙重的意義，但這樣的字詞傳達了強而有力的訊息，我們撰寫的程式碼應該說明事實，不該使人臆測。程式碼只包含必要的資訊，讓讀者感受到我們的果決。

「大咖」Dave Thomas（戴夫．湯馬斯），物件技術國際協會（OTI）的創立者，Eclipse 策略的教父

> Clean Code 是可被原作者以外的開發者閱讀與增強的。它應當包含單元測試與驗收測試。它應使用有意義的名稱。它應該只提供一種而非多種途徑來完成某項任務。它應藉由明確地定義，並提供清楚而盡可能少一點的 API（應用程式介面），以盡可能減少相依性。程式碼必須依照語言的規定，透過字面來表達含義，而這些規定也導致，並非所有的必要資訊都可由程式碼本身清楚地表達。

Dave 著重在程式的可讀性，這點與 Grady 的看法相似，但兩人有一個重要的差異。Dave 主張 Clean Code 應該可以很容易讓他人增強。這看似顯而易見，但它也不應被過分強調。因為，畢竟容易被閱讀的程式碼和容易被修改的程式碼之間，仍然是有區別的。

Dave 將整潔感與測試連上關係！若在十年前，這樣的連結會引起許多人的挑眉質疑，然而測試趨動的開發模式（Test Driven Development）現今已在產業中造成深遠的影響，並且成為最基礎的準則之一。Dave 是對的，如果沒有經過測試的程式碼，就稱不上是整潔的（clean）。就算這個程式再優雅，就算這個程式有多麼容易被閱讀或多麼容易被理解，如果程式未曾被測試過，它就是不整潔的（unclean）。

Dave 使用了兩次**盡可能少**。很明顯地，他偏愛小一點的程式，而不是越大越好。的確，自從有軟體以來，這就是個常見的規範。越小就越好。

Dave 也提及到，程式碼應該透過字面表達含義，這多少參考了 Knuth（克努斯）的著作—《*Literate Programming*》[4]。結論就是，程式應當照這樣的形式來撰寫，才能讓人們能夠讀懂。

---

4 [Knuth92]。

Michael Feathers（麥克．菲瑟斯）《*Working Effectively with Legacy Code*》一書的作者

> 我可以列出所有我在 Clean Code 中看到的特點，但有一種特點，是凌駕在所有特點之上的。Clean Code 一看就知道，一定是由某位重視且照料它的人所撰寫的。你沒有很明顯的方法，可以讓此程式碼變得更好，因為所有該注意的事項都被程式作者想過了。如果你試著去改良它，你只會徒勞無功，回到原點，然後感激當初程式作者留給你的程式碼——如此全心全意照料它的某人所留下的程式碼。

一言蔽之：照料。這的確是本書的主題，也許本書的副標題應該命為《如何照料程式碼》。

Michael 真是一針見血。Clean Code 是一種被照料過的程式碼，有人花了時間讓程式碼保持簡單並有條不紊，他們已在細節上適當地注意，他們在照料程式。

Ron Jeffries（羅恩．傑佛瑞），《*Extreme Programming Installed*》和《*Extreme Programming Adventure in C#*》的作者

Ron 最初的工作是在美國空軍戰略指揮部裡寫 Fortran 程式，他幾乎使用過每一種程式語言來寫程式，也幾乎在所有種類的機器上開發過程式。請特別留意他所說的話。

> 近年來，我開始使用（也差不多摸透了）Beck 的簡單程式碼規則（Beck's rules of simple code），以下依優先順序，列出簡單程式碼的特質：
>
> - 能通過所有的測試
> - 沒有重複的程式碼
> - 充份表達系統設計的構思
> - 具有最少數量的實體（entities），實體包含類別、方法（methods）、函式、或其他類似的實體等等。
>
> 在這當中，我主要著重在重複的程式碼這個地方。當同樣的事情被一做再做，這是一個徵兆，代表我們的想法並沒有被適當地表達在程式碼中。

我試圖弄清楚那是什麼，然後試圖把想法表達的更清楚。

表達力對我而言，包括了有意義的命名，而且我常常會一再地重新命名，最後才決定使用哪個名稱。使用 Eclipse 這類的現代程式發展工具，重新命名的工作相當容易，所以並不會造成我的麻煩。

然而，表達力不僅止於命名這件事。我也會檢查某個物件或某個方法是否做超過一件以上的任務，如果發生在一個物件時，代表它可能需要切割為兩個或更多個物件。如果發生在一個方法時，我會用方法提煉（Extract Method）技巧來重構（refactoring）它，使得該方法能夠更清楚地表達本身想要達到的功能，並由其子方法來說明功能是如何完成的。

重複的程式碼和表達力讓我深深地思考什麼是 Clean Code。記住這兩點，在改良不好的程式碼時，就能發揮很大的功用。不過，另一件我所注意到的事，就比較難以解釋。

工作了這些年來，在我看來，所有的程式都是由非常相似的元素所組成。例如「在集合裡頭找東西」。不論我們是擁有一個包含員工記錄的資料庫；或是擁有一個由鍵與值構成的雜湊映射表（hash map）；或是一個包含某種項目的陣列（array），我們都可以發現，我們是想在某個集合裡找出一個特定的東西。當我發現又出現了這類工作時，我通常會把具體的實作包裹到一個更抽象的方法或類別中。這樣做帶來了許多有趣的好處。

我現在可以先用一個較簡單的東西（例如雜湊映射）來實現這個功能。由於搜尋功能的所有引用都被包含在我小小的抽象集合裡，因此，我可以在任何我想做的時候，去改變具體實作的手段。這樣一來，我不但可以開發的更快速，也同時保有修改的空間。

此外，集合的抽象概念往往引起我的注意，提醒我注意「真正」發生的是什麼事，避免我過度深入地去實作集合的所有行為。因為我真正需要的，只是一些相當簡單的搜尋方式，來找到想找的東西。

減少重複、具有高度的表達力、並及早建立簡單抽象概念，這些對我而言，就是撰寫 Clean Code 的方法。

以上，Ron 只用了幾小段的文字，就歸納出本書的內容。每個重點都被提及了，包含避免重複，只專注在一件事上，具有表達力，以及微小的抽象概念等。

Ward Cunningham（沃德．坎寧安），維基（Wiki）的發明人，Fit（Framework for Integrated Test；整合測試軟體框架）的發明人，eXtreme Programming（極限程式設計）的共同發明人。Design Pattern（設計模式）的背後推手。Smalltalk 及 OO（物件導向）的思想領袖。任何在意程式碼好壞者的教父。

> 當每個你看到的程式，執行結果都與你想的差不多，你會察覺到你正工作在 Clean Code 之上。當程式碼使得程式語言看起來像是為了解決該問題而存在時，你可以稱它為優美的程式碼。

這樣的描述方式就是 Ward 的風格。你邊讀就邊點頭稱是，接著又不自覺地繼續讀著下個主題。聽起來非常合理，淺顯易懂，看起來沒有什麼深奧的地方，你也許會覺得，這跟你想的差不多，但讓我們再仔細的看下去。

「...跟你想的差不多」，你上次遇到執行結果跟你的預期差不多的程式模組，是什麼時候呢？你看到的模組不大多是糾結的、複雜的，又令人費解的嗎？不是誤導了準則嗎？你不是常常需要從系統吐露的線索中，想辦法抽絲剝繭，盡力勾勒出你正在閱讀的模組輪廓嗎？上次你看到讓你點頭如搗蒜（如同看到 Ward 的描述），一再稱讚的好程式，是什麼時候呢？

Ward 認為在閱讀 Clean Code 時，你不應有所驚訝。更確切的說，你不會花太多工夫。你閱讀程式碼，而程式碼的執行結果就如同你的預期。程式碼應該是簡單明瞭又令人信服的。每個模組都會為下個階段的模組鋪路，告訴你下個模組該如何來撰寫。整潔的程式被極良好的撰寫，讓你不會去注意到它。就像所有出色的設計一般，設計者讓整潔的程式看起來有著不可置信的簡單。

對於優美的概念，Ward 的看法又是什麼呢？我們都會抱怨，這個程式語言不是針對解決我們面臨的問題而設計的，但 Ward 的說法，把責任推回到我們身上。他說優美的程式碼會讓程式語言看起來就像是為了該問題而設計的，所以讓程式語言看起來簡單，是我們自己的責任。要小心，通常程式語言是偏執的。並不是程式語言讓程式碼看起來淺顯易懂，而是程式設計師讓程式語言變得淺顯易懂。

思維學派

那我自己（Bob 大叔）又是怎麼想的呢？我自己覺得 Clean Code 應該是怎樣的呢？本書將會以細節到不可思議的地步來告訴你，什麼是我和我的同道所認定的 Clean Code。我們也會告訴你，怎樣才算是整潔的變數名稱（clean variable name），怎樣才算是整潔的函式（clean function），怎樣才算是整潔的類別（clean class），諸如此類。我們將我們提出的主張看做是不容置疑的主張，我們不會為我們刺耳的言論而道歉。對於我們而言，在職業生涯的這個階段裡，這些主張是不容許懷疑的，是我們 Clean Code 學派的宗旨。

武術家並不認為哪一個流派才是最好的武術，也不認為在武術中有哪一招是凌駕在所有招式之上的無敵絕招。武術大師大多獨樹一幟，並創造自己的流派，吸引學生來拜師學藝。所以，我們可以看到巴西的格雷西家族創立及傳授的格雷西柔術（Gracie Jiu Jistu），也可以看到東京的奧山龍峰創立及傳授的八光流柔術（Hakkoryu Jiu Jistu），也看到美國的李小龍（Bruce Lee）創立及傳授的截拳道 （Jeet Kune Do）。

門派弟子沉浸在開宗祖師的教義中，他們全心全意地學習大師所傳授的技巧，並排斥其他門派的門風。當弟子學成之後，他們可能拜投到別的大師門下，來拓展他們的知識與技能。最終，有些弟子不但完備了這些技能，還發明了新的技法，自己也開創了新的流派。

沒有任何一個門派是絕對**正確的**。然而，身在某個門派時，這些傳授技法**就是**正確的。畢竟，大師們提供了一些練習該門派武術（如八光流或截拳道）的技法，照著技法所進行的武術在該門派內都是正確的方式。但這個門派裡傳授的技法，在別的門派中則未必是正確的。

您可以把本書看作是**整潔程式碼之物件學派**（*Object Mentor School of Clean Code*，譯註：*Object Mentor* 是作者創立的一間公司，倡議物件導向與敏捷開發）的說明，本書所傳授的，就是**我們**如何練習此派技藝的方式。我們敢說，如果你遵循著這些教誨，你會和我們享受到一樣的好處，並且，你可以學到如何寫出整潔又專業的程式碼。但不要武斷地覺得我們絕對是「對的」，還有其他學派及其他大師，也像我們一樣主張他們專業的看法，你也有必要從他們的想法中學到東西。

當然，本書的許多建議是具有爭議性的，你或許不會完全同意這些建議，甚至可能激烈反對某些建議。這些都沒關係，我們也無法主張自己的看法就是最終的權威。另一方面，本書的建議是我們苦思許久而得的想法。在數十年的經驗中，我們不斷地試驗，並從錯誤中學習。所以先不論你是否同意我們的想法，如果你根本沒有看到，或尊重我們的看法，你應該要感到羞愧。

我們是作者

在 Javadoc 裡的 @author 欄位告訴我們——我們是誰？我們是作者。舉一件與作者相關的事——「有作者，就有讀者」。更確切地，與讀者有良好的溝通是作者的**責任**。下次當你寫程式的時候，記得你就是作者，而讀者會對你的作品下評論。

你也許會問：「讓程式具備可讀性應該花多少工夫？不是大部分的努力，都應該放在寫程式上嗎？」

你曾經重播過編輯階段嗎？在 80 或 90 年代時，像 Emacs 這樣的編輯器，能追蹤每一個鍵盤敲打的動作。你可以先工作一個小時，然後像加速播放影片一樣，重播整個編輯階段。當我使用這個功能時，我覺得結果很有趣。

重播畫面顯示，絕大多數的動作，都在做捲軸移動及瀏覽其他模組！

> Bob 進入了模組
>
> 他往下捲找到要修改的函式
>
> 他停下來思考要做什麼
>
> 喔，他正在向上捲，移動至模組的頂端，檢查變數的初始狀況。
>
> 現在他向下捲回到原本的地方，然後開始打字。
>
> 哇咧，他刪掉他剛輸入的東西。
>
> 他再一次輸入。
>
> 他再一次刪掉。
>
> 他要輸入某樣東西，但才打了一半，就又馬上刪除掉。
>
> 他向下捲至另外一個函式，該函式會呼叫他剛修改的函式，他想看看它是如何呼叫函式的。
>
> 他捲回到原本的地方，又再次輸入了他剛剛刪掉的程式碼。

> 他又停下來了。
>
> 他再度刪掉剛剛輸入的程式碼。
>
> 他打開另外一個視窗，檢查另一個子類別，想看看這個函式是否有被覆載（overridden）？
>
> …

你大概知道我想表達什麼了。的確，花在閱讀程式與花在寫程式的時間，比例大約超過 10 : 1。當我們要撰寫新的程式碼前，其實先花了不少工夫在**不斷地**瞭解舊的程式碼。

因為這個比例相當高，所以我們希望程式碼可以變得更易讀（即便這樣易讀的程式碼更難寫）。的確，沒有辦法不先讀程式就去寫程式，**所以讓程式碼更容易閱讀，也會讓程式碼變得更容易撰寫**。

你沒辦法跳脫這個邏輯，因為你無法在未讀過周邊程式碼之前，就開始寫程式。你今天寫程式的難易度，取決於周邊程式碼的可讀性高低。所以如果你想要更快速地開發，更快速地完成任務，你想寫得輕鬆點，就請先讓你的程式碼容易閱讀吧。

童子軍規則

光是把程式碼寫好還不夠，程式碼還應**持續地保持整潔**，此原則不因時間而改變。我們都看過程式碼，隨著時間的流逝，而逐漸腐敗和毀壞，我們應該主動地去防止這種情況的發生。

美國童子軍有個簡單的規則，同時也可應用在我們的專業領域。

> 離開營地前，讓營地比使用前更加乾淨[5]。

如果我們每次簽入時，都能讓程式碼比簽出時，來得整潔一點點，如此，程式碼根本不會腐壞。程式的整理並非總是大事，也許只是改變了一個變數名稱讓意義更明瞭，只是將過大的函式拆解成更多小的函式，只是消除一些重複的程式碼，只是清除一個複合的 `if` 敘述。

---

5 這是從 Robert Stephenson Smyth Baden-Powell（羅伯特·史蒂芬生·史密斯·貝登堡）對童子軍的告別詞改編而來：「試著讓這世界比你來時，更好一點...」

你可以想像自己在一個隨著時間，而程式碼逐漸變得更好的專案裡工作嗎？你相信其他的做法會更專業嗎？難道，持續性的改善不是職業精神本質的一部分嗎？

前傳及原則

從許多角度看來，本書就像我在 2002 年所撰寫《*Agile Software Development: Principles, Patterns, and Practices*（PPP）（中譯本：敏捷軟體開發：原則、樣式及實務）》的前傳。PPP 該書探討的是物件導向設計的原則，還有許多內行開發者的專業習慣。如果你沒有讀過 PPP，你可能會發現 PPP 將延續本書所提及的事例，如果你已經讀過 PPP，會發現該書的許多觀點，將在此書以程式碼的角度來呈現。

在本書中，你將發現本書在某些地方參考了各種設計原則，包括單一職責原則（Single Responsibility Principle, SRP），開放封閉原則（Open Closed Principle, OCP），以及相依性反向原則（Dependency Inversion Principle, DIP）等。而在 PPP 的書裡，會更深入地探索以上幾個原則。

總結

看完一本談論藝術的書，並不能保證讓你成為一位藝術家。它能帶給你的，是藝術家所使用的工具、所開發的技法、及思維過程。同樣的道理，本書也不能保證讓你成為一位好的程式設計師，也不能保證賦予你「程式感」。本書能夠做到的只是，讓你瞭解優良程式設計師的思維，以及他們所使用的程式技巧、技術和開發的工具。

就像一本談論藝術的書，本書將會充分的說明細節。本書會含有大量的程式碼，你會看到一些優良的程式碼，也會看到一些劣質的程式碼。你也會看到劣質程式碼是如何轉變成優良程式碼。你將會看到一連串的啟發、規則及技巧。你會看到一個又一個的範例。而讀完本書之後，最終會如何，就必須由你自己來做決定了。

還記得那個關於演奏會小提琴家的老掉牙笑話嗎？有個小提琴家在前往演奏會的路上迷路了，他在轉角問了一位老人家，該如何到達卡內基音樂廳（Carnegie Hall）呢？老人家看著小提琴家，也看了看他手臂下的小提琴，說道：「多練點吧！孩子，你還得再練練呀！」。

參考書目

[Beck07]: *Implementation Patterns* , Kent Beck, Addison-Wesley, 2007.

[Knuth92]: *Literate Programming*, Donald E. Knuth, Center for the Study of Language and Information, Leland Stanford Junior University, 1992.

第2章

有意義的命名

Tim Ottinger

導論

命名在軟體裡無處不見。我們替變數、函式、參數(arguments)、類別和套件(packages)命名。我們還替程式原始檔命名，也替原始檔所在的目錄命名。我們替 jar 檔案、war 檔案和 ear 檔案命名。我們不斷地命名、命名，再命名。因為需要做如此多的命名，我們最好能把它做好。接下來我們將介紹，良好命名的幾個簡單規則。

讓名稱代表意圖——使之名符其實

要命名的有意義，說起來簡單。我們是**認真嚴肅地**看待命名這件事，請您牢記這一點。選一個好的名稱是相當花時間的，但省下來的時間比花掉的時間還多，所以好好注意命名這檔事。當發現有更好的名稱時，就應該替換掉原本的名稱。因著你如此做，所有閱讀你所寫程式碼的人（包括你自己）都會更開心。

變數、函式或類別的名稱，要能解答大部分的問題。它應該要告訴你，它為什麼會在這裡出現、它要做什麼用、還有該如何使用它。如果一個名稱還需要註解的輔助，那麼這個名稱就不具備展現意圖的能力。

```
int d; // 消逝的天數(elapsed time in days)
```

名稱 d 沒有傳達出任何資訊，它並不會引起一種對消逝時間或天數聯想的感覺。我們應該選擇能夠具體指明計量以及計量單位的名稱：

```
int elapsedTimeInDays;
int daysSinceCreation;
int daysSinceModification;
int fileAgeInDays;
```

選擇能夠展現意圖的名稱，能夠更容易地瞭解和修改程式碼。請試著說說，下列程式碼的目的為何？

```
public List<int[]> getThem() {
  List<int[]> list1 = new ArrayList<int[]>();
  for (int[] x : theList)
    if (x[0] == 4)
      list1.add(x);
  return list1;
}
```

為什麼試著說出上述程式碼要做什麼，是一件相當困難的事？這裡面並沒有複雜的運算式（expressions），空格和縮排也符合常規，只使用三個變數及兩個常數（constants），甚至沒有提及其他類別或多型方法（polymorphic methods），只是（看起來像是）一個陣列的列表（List）而已。

問題並不在於程式碼的簡易度，而在於程式碼的**隱含性**（*implicity*）（我們來創造一個新詞）：即程式的上下文資訊未能由程式本身明確地展現出來的程度。上述程式碼隱含著要求我們能夠回答下列問題：

1. theList 裡存放著什麼類型的東西？

2. theList 裡索引 0 的項目，代表的意義是什麼？

3. 數值 4 的意義是什麼？

4. 我該如何使用回傳的列表？

這些問題的答案，並沒有在這個程式範例裡透露，**但它們應該要辦到這件事**。想像我們正在開發一款踩地雷的遊戲，我們發現，盤面是由一連串儲存格所構成，本來的名稱為 theList，那我們就該將之重新命名為 gameBoard。

盤面的每個儲存格都由一個簡單的陣列來表示，我們更進一步地發現索引 0 是用來表示所在地雷格的狀態值，而且狀態值為 4 代表此地雷格已經被「插旗」。只要把這些意念融入到名稱當中，程式碼就能獲得相當大的改善：

```
public List<int[]> getFlaggedCells() {
  List<int[]> flaggedCells = new ArrayList<int[]>();
  for (int[] cell : gameBoard)
    if (cell[STATUS_VALUE] == FLAGGED)
      flaggedCells.add(cell);
  return flaggedCells;
}
```

請注意，程式碼的簡易度（或複雜度）並未改變，程式內仍有著相同數量的運算子及常數，也有著同等深度的巢狀結構，但程式碼卻顯得明確多了。

更進一步地，我們可以將地雷格寫成一個簡單的類別 Cell，取代原有的整數陣列。如此一來，Cell 類別就能擁有一個透露意圖的函式（命名為 isFlagged），使之達到隱藏魔術數字（magic number）的目的。我們來看看新改版的函式：

```
public List<Cell> getFlaggedCells() {
  List<Cell> flaggedCells = new ArrayList<Cell>();
  for (Cell cell : gameBoard)
    if (cell.isFlagged())
      flaggedCells.add(cell);
  return flaggedCells;
}
```

簡單地利用重新命名，就能理解發生了什麼事，這足以顯示出選個好名稱的魔力。

避免誤導

程式設計師必須避免留下喪失程式原意的錯誤線索。我們應該避開使用那些與原意圖相違背的常見字詞。舉例來說，hp、aix 及 sco 都是不恰當的變數名稱，因為它們是 Unix 平台或其類似平台的名稱。就算你正在撰寫關於三角形斜邊（hypotenuse）的程式，hp 看似一個很好的縮寫變數名稱，但仍可能會誤導程式的原意。

不要用 accountList 當作一群帳戶的變數名稱，除非該變數的型態真的是 List。字詞 List 對程式設計師具有特定的意義。如果儲存帳戶的容器並非是一個 List，就可能會導致錯誤的認知[1]。總之，使用 accountGroup、bunchOfAccounts 或只是簡單的 accounts 都會是比較好的選擇。

名稱如果只有一點點的不同，在使用時必須特別小心。你覺得需要花多久的時間才能在某個模組（module）裡分辨出 XYZControllerForEfficientHandlingOfStrings 和 XYZConrollerForEfficientStoreageOfStrings 的細微不同呢？這些變數過於相似了。

拼寫與意圖相似的字詞就是**恰當資訊**，而使用與意圖不一致的拼寫就是**誤導**了。在現今的 Java 開發環境裡，我們喜愛利用程式碼自動補齊的功能。我們只須寫下名稱的少部分字母，然後按下某些快捷鍵組合（如果有的話），接著便出現一連串可補齊的名稱。在依照字母排序的相似變數名稱裡，若名稱間有明顯的差異，自動補齊功能就相當管用。因為開發者喜歡用名稱來選取所需的物件，不會想要去看你提供的詳細註解，甚至也不想去看該類別提供的方法列表。

舉個實際又恐怖的名稱誤導例子，例如使用小寫的 L 或是大寫的 O 當變數名稱，特別是在兩者都使用時，問題更形嚴重。問題想當然爾出在，這兩個字母看起來太像是常數的「一」和「零」。

```
int a = l;
if ( O == l )
  a = O1;
else
  l = 01;
```

也許讀者會認為以上是一個特別設計出來的例子，其實這樣的例子在程式碼裡屢見不鮮。在某種狀況下，程式碼作者會用不同的字型來暗示並加強其中的差異。不過，這種

[1] 待會我們還會討論到，即便這個容器真的是個 List，還是盡可能不要把容器的型態加入到名稱當中。

解決辦法必須透過口耳相傳或記載於文件等方式，傳遞給將來所有的開發者。這個問題，在不需要產生額外的工作情況下，只要利用簡單的重新命名就可以被解決。

產生有意義的區別

有時候，程式設計師僅僅只是為了滿足編譯器或直譯器的規定而撰寫了某些程式碼，他們同時也替自己惹了不少麻煩。舉例來說，因為你無法在同一個視野（scope）範圍內，使用相同的名稱代表兩個不同的東西，因此你極可能隨意地修改了一個名稱。有時候，因為正確的名稱拼寫會導致無法編譯[2]，結果反而去做出一個令人驚訝的動作，如故意拼錯使之能夠順利通過編譯。

增加數字的序列或無意義的字詞或許可以滿足編譯器的規定，但這並不是一個好的程式設計。假使名稱必須有所不同，那麼它們也應該代表著不同的意義才是。

數字序列命名法（a1, a2, ... , aN）跟意圖命名法是完全背道而馳的。由數字序列命名法得到的名稱雖非誤導，但它們仍屬無效資訊，它們無法提供任何可供人猜測程式作者意圖的線索。以下列程式為例：

```
public static void copyChars(char a1[], char a2[]) {
  for (int i=0; i< a1.length; i++) {
    a2[i] = a1[i];
  }
}
```

如果改用 source 和 destination 當作參數名稱，這個函式會更容易猜測其意圖。

無意義的字詞是另一種無意義的區別。想像你有一個 Product 類別，如果又有另一個叫做 ProductInfo 或 ProductData 的類別，那就只是讓名稱不同而已，無法使它們代表的意義不同。Info 和 Data 是不可區分的無意義字詞，就像英文中使用的冠詞，a、an 和 the 般，無法區分其意義。

順帶一提，如果能夠代表有意義的區別，那麼使用像是 a 和 the 當字首的習慣就沒有不對的地方。舉例來說，你可能用 a 代表所有的區域變數，用 the 代表所有的函

---

2 思考這樣的例子，如果因為 class 已經被使用，而創造一個 klass 的變數名稱，這真的是一個很恐怖的習慣。

式參數[3]。但如果只是因為你已經有了一個 zork 變數，所以只好決定將另一個要取名的變數，取名為 theZork，那問題就來了。

無意義的字詞是多餘的，variable 這個字眼永遠不應該出現在變數名稱裡，table 這個字眼也永遠不應該出現在表格名稱裡。那 NameString 會比 Name 這個命名好些嗎？Name 有可能會是浮點數嗎？如果是的話，那就打破了之前所說的誤導規則。試著想像，如果你找到一個 Customer 類別，而另外一個類別叫做 CustomerObject，你能瞭解兩者的差別在哪嗎？哪一個又最能代表顧客的付款記錄呢？

有一個我們熟知的應用程式出現上述的情況，為了保護當事者，我們改變了名稱。以下是確切的錯誤形式：

```
getActiveAccount();
getActiveAccounts();
getActiveAccountInfo();
```

這個專案的程式設計師要如何知道，該呼叫哪個函式才是對的？

在沒有特別約定的情況下，變數名稱 moneyAmount 和 money 是沒有區別的，變數名稱 customerInfo 和 customer 也是沒有區別的，accountData 也和 account 沒有區別，還有 theMessage 和 message 同樣也沒有區別。要區別名稱，就請用讀者能辨識出不同之處的區別方式。

使用能唸出來的名稱

人類對於字詞是很在行的，有一大部分的腦袋都專注在字詞的概念上。在定義裡，字詞應該是能夠發音的。如果不好好利用我們腦海裡，這一大塊處理字詞的語言區域，是相當丟臉的事情。因此，讓你的命名能夠唸得出來。

如果你唸不出你取的名稱，你就只能像白癡般用拼音來討論它。「嗯，在這裡的變數ㄆㄇㄅ三ㄇㄧㄊ（bee cee arr three cee enn tee），我們有個ㄆㄧㄖㄎ（pee ess zee kyew）整數，瞭解了嗎？」因為寫程式是一個社交型的活動，能不能發音是相當重要的一件事。

我知道有間公司，寫了一個叫 genymdhms，意思是由產生日期（generation date）、年份（year）、月份（month）、天（day）、小時（hour）、分鐘（miniute）和秒（seconds）

---

3 Bob 大叔曾經在撰寫 C++時有這樣的習慣，後來放棄了這樣的習慣。因為現代的開發編輯器能提供更明顯的區別，使得這樣的習慣變得不再必要。

所組成，所以他們到處說他們叫做「真歪耶滴愛耶愛斯（gen why emm dee aich emm ess）」。我有一個很惱人的習慣，硬是要把縮寫當成正常的字詞唸出來，於是我發出了「真呀姆打嘿姆（gen-yah-mudda-hims）」的發音。不久後有一群設計師及分析師，也學我的發音方式，聽起來相當愚蠢，不過因為我們正在開玩笑，所以這樣還挺好玩的。不管是否有趣，實際則是我們正在容忍這些粗糙的命名。因為這些粗糙的命名，向新開發者解釋變數的意義必須讓變數做額外的解釋時，然後他們總是自己唸著捏造出來的愚蠢字詞，卻不使用適當的英文字詞。比較以下的程式碼

```
class DtaRcrd102 {
  private Date genymdhms;
  private Date modymdhms;
  private final String pszqint = "102";
  /* ... */
};
```

和

```
class Customer {
  private Date generationTimestamp;
  private Date modificationTimestamp;;
  private final String recordId = "102";
  /* ... */
};
```

現在就能夠進行有一點智商的對話：「嘿，麥克，看一下這個記錄，為什麼產生記錄的時間戳記（timestamp）是明天！這怎麼可能發生呢？」

使用可被搜尋的名字

使用單一字母的名稱和數值常數有個特別的問題，它們無法容易地在一篇文字中被找到。

某人也許可以很容易地去搜尋 MAX_CLASSES_PER_STUDENT（每個學生的修課數量上限），但如果想搜尋數字 7，就頗為麻煩了。搜尋結果，可能會是在一個檔案名稱中找到這個數字，也可能在其它的常數定義中找到這個數字，或是在不同的運算式中找到使用意圖不同的這個數字。更糟的是，如果該常數是個較長的數字，且有人曾將之修改過，就會逃過程式設計師的搜索，因此產生了錯誤（bug）。

同樣地，如果程式設計師可能會搜尋字詞，那麼用 e 來命名變數就不是好的選擇。字母 e 是英文裡最常被使用的字母之一，幾乎在每個程式的每段程式碼中都可能出現。就這

一點而言，長命名勝過短命名，在程式碼中，使用可被搜尋的名稱也勝過將常數當作名稱的一部分。

至於我個人的偏好，是只有在宣告小函式的區域變數時，才會使用單一字母的變數。**命名的長度應該與其視野（scope）的大小相對應。**

如果一個變數或常數，在程式裡不少地方都可能使用到，那最好給它們一個容易被搜尋到的名稱。再一次來比較：

```
for (int j=0; j<34; j++) {
  s += (t[j]*4)/5;
}
```

和

```
int realDaysPerIdealDay = 4;
const int WORK_DAYS_PER_WEEK = 5;
int sum = 0;
  for (int j=0; j < NUMBER_OF_TASKS; j++) {
    int realTaskDays = taskEstimate[j] * realDaysPerIdealDay;
    int realTaskWeeks = (realdays / WORK_DAYS_PER_WEEK);
    sum += realTaskWeeks;
}
```

上面程式碼裡的變數 sum，並不是一個特別有用的命名，但至少它是可搜尋的。而使用表達意圖的命名，雖然會產生一個較長的函式內容，但仔細想想，尋找 WORK_DAYS_PER_WEEK，比起尋找數字 5，要容易多少，而且這樣做還可以過濾掉不需要的部分，只留下有表達意圖的名稱。

避免編碼

編碼已經夠多了，不要再增加我們的負擔。將型態或視野資訊也編碼到名稱裡，反而是增加額外的解碼負擔。每位新的員工，除了要學習工作所需的程式碼（通常是相當可觀的）外，還要學習另一種編碼「語言」來瞭解程式碼，這是一個極不合理的要求。對於員工在解決問題時，這是一個不必要的心理負擔。此外，加入編碼的名稱大部分都不好發音，而且很容易打錯。

匈牙利標誌法

在古早的年代，我們還在使用有命名長度限制的程式語言時，真是遺憾，我們因為需要，所以打破了不使用編碼命名的規則。Fortran 強制使用者進行命名編碼，使用者必須在名稱的第一個字母編入資料型態（type）。早期版本的 BASIC 只允許使用一個字母加一個數字來當作名稱，匈牙利標誌法（HN）則將編碼提昇到一個全新的境界。

匈牙利標誌法在 Windows C API 裡相當重要，那時，裏頭的所有東西，無非是整數 handle（integer handle），或長指標（long pointer）與 void 指標，否則就是「字串」的幾種實現（有著不同的用途和屬性）。那時候的編譯器不會進行資料型態的檢查，所以程式設計師需要使用匈牙利標誌法，來幫助他們記住資料型態。

現代的程式語言有更豐富的型態系統，而且編譯器替我們記住型態，並強制要求這些型態的一致。此外，使用較小的類別和簡短的函式是一股趨勢，而如此一來，人們使用變數時，通常也看得到這些變數的宣告區塊。

Java 的程式設計師不需要進行型態編碼，因為物件本身就有嚴格型態的特性。而且，開發編輯環境已經相當先進，可以在編譯器開始執行前，就發現型態使用上的錯誤。也因此，如今匈牙利標誌法（HN）及其它種類的型態編碼變成了阻礙。它們使得在替變數、函式、類別進行重新命名或更換型態時變得困難重重，也使得程式碼更難以被理解，甚至編碼系統還可能會誤導讀者。

```
PhoneNumber phoneString;
// name not changed when type changed!
```

成員的字首（Member Prefixes）

你再也不需要在成員變數的前方加上字首 m_。因為你的類別和函式已經盡可能的縮小，導致你不需要額外加上字首。此外，你應該使用能將成員變數凸顯或變色的編輯環境，來區分它跟其它程式碼的不同。

```
public class Part {
  private String m_dsc; // The textual description
  void setName(String name) {
    m_dsc = name;
  }
}
```

```
public class Part {
  String description;
  void setDescription(String description) {
    this.description = description;
  }
}
```

除此之外，人們會很快學會忽略字首（或字尾），只會看名稱中真正有意義的部分。當我們看過更多的程式碼，我們就更不會察覺到字首的存在。最後，字首成為看不見的雜訊，以及古早程式碼的代表。

介面（Interfaces）和實作（Implementations）

有時，我們會在某些特例的情況下，使用編碼。舉例來說，你在建立一個形狀的 ABSTRACT FACTORY（抽象工廠）。這個工廠是一個介面，且會由一個具體的類別來實作它。那你會如何命名它們呢？是 `IShapeFactory` 和 `ShapeFactory` 嗎？我偏好讓介面不加額外的修飾。在現今常見的多餘字首 `I`，講好聽的，是個讓人分心的事物；講難聽的，根本就是費話。我並不想讓我的使用者知道，我交給他們的是一個介面，我只想讓他們知道，這是一個 `ShapeFactory`（形狀工廠）。所以如果我必須將介面或實作，兩者之一進行名稱編碼，我會選擇將實作編碼，稱之為 `ShapeFactoryImp`，甚或是醜陋的 `CShapeFactory`，都比對介面進行編碼好一些。

避免思維的轉換

讀者不應該還得將你取的名稱，在腦中想一遍，翻成他們所熟知的名稱。這個問題通常源自於，開發者應選擇使用問題領域的術語，還是要使用解決方案領域的術語。

這是個單一字母的變數命名問題。如果變數視野非常小，而且沒有其它命名衝突，迴圈計數變數當然可命名為 `i` 或 `j` 或 `k`（但請永遠不要命名為 `l`!）。這是因為，用單一字母名稱的變數作為迴圈的計數器，是常見的慣例。但在其它多數的程式區段裡，使用單一字母的命名是一個很爛的選擇。這只是一個無意義的變數符號，讀者必須在腦中做額外的轉換，才能對應到真實的概念。而且，如果只是因為名稱 `a` 和 `b` 已經被使用，所以選擇命名為 `c` 的話，那就真的是再糟糕不過的理由了。

一般來說，程式設計師是相當聰明的一群人。聰明的人有時候喜歡透過測試腦筋的小把戲，來炫耀他們的聰明才智。畢竟，如果你有把握記住，`r` 代表去掉網路協定（scheme）和網域名稱的 url（網址），那你一定非常的聰明。

一位聰明的程式設計師和一位專業的程式設計師，其中的不同在於，專業的程式設計師知道「清楚明白才是王道」。專業人士運用本身的好能力，寫出讓別人可以瞭解的程式碼。

類別的命名

類別和物件應該使用名詞或名詞片語來命名，例如：Customer（顧客）、WikiPage（維基頁面）、Account（帳戶）和 AddressParser（地址解析器）。在命名類別時，應避免命名為 Manager（管理者）、Processor（處理者）、Data（資料）或 Info（資訊）。類別的名稱也不應該是動詞。

方法的命名

方法應該使用動詞或動詞片語來命名，例如：postPayment（登記款項）、deletePage（刪除頁面）或 save（儲存）。根據 javabean 的標準[4]，取出器（accessors）應該使用 get 當字首、修改器（mutators）應使用 set 當字首、判定（predicates）應該使用 is 當字首。

```
string name = employee.getName();
customer.setName("mike");
if (paycheck.isPosted())...
```

當建構子被多載（overloaded）時，請使用名稱中含有參數資訊的靜態工廠方法。舉例如下：

```
Complex fulcrumPoint = Complex.FromRealNumber(23.0);
```

通常比下面這個敘述還要恰當。

```
Complex fulcrumPoint = new Complex(23.0);
```

並建議，可考慮強制將對應的建構子設定為私有的（private）函式。

不要裝可愛

如果命名的方式過於賣弄小聰明，只有懂作者幽默感的人，才會記得這些名稱。他們怎會知道 HolyHandGrenade（神聖手榴彈）這個函式要做些什麼工作呢？當然，這很可愛，但是在這個例子中，DeleteItems（刪除項目）似乎是比較好的函式名稱。清楚闡述比起娛樂價值，來得重要多了。

4 http://java.sun.com/products/javabeans/docs/spec.html

裝可愛的程式碼經常以俗話或俚語的形式來呈現。舉例來說，不要使用 whack()（重敲猛擊），來代表 kill()（終止）。也不要使用具有文化差異的玩笑來命名，例如用 eatMyShorts()（吃我的褲檔）來代表 abort()（中途停止）。

清楚闡述你想表達的意思，也讓欲表達的意思被描述出來。

每個概念使用一種字詞

替單一抽象概念挑選一個字詞，並堅持持續地使用它。舉例來說，在命名『不同的類別的取得方法』時，採用了 fetch、retrieve 和 get 這些不同的名稱，這就是一件困擾我們的事情。你要如何去記住，該在哪個類別裡面，使用相對應的方法？不幸的是，為了要使用正確的方法名稱，你常需要去記住，到底是哪一家公司，哪一個團體，或是哪一個人寫了這個函式庫或類別。不然的話，你就必須花費大量的時間，來查看標頭檔和之前的程式碼範例，才能使用到正確的方法。

現今的開發編輯環境，如 Eclipse 和 IntelliJ，提供了內文感知（context-sensitive）線索提示的功能，提示並列出該物件可以呼叫的方法。而這段提示通常不會顯示你在函式或參數附近所下的註解。如果函式的參數*名稱*來自於函式宣告處，你就算是很幸運了。函式的命名必須要獨一無二且具備一致性，如此你才不必進行額外的瀏覽，就能選到正確的方法。

同樣地，在同一個程式庫裡，分別使用了 controller（控制器）、manager（管理員）和 driver（驅動程式），一樣會讓人感到困惑。DeviceManager（裝置管理員）和 ProtocolController（協定控制器）的實質差別是什麼？為什麼不都改用 controller，或不都改用 manager 呢？這兩個不都是 driver 的意思嗎？使用這樣的命名方式，會讓你認為這是有著不同型態和隸屬不同類別的兩個物件。

使用一致的詞彙，對往後那些必須使用你所撰寫程式碼的程式設計師來說，是一種極大的恩惠。

別說雙關語

避免使用同一個字詞代表兩種不同的目的。使用同一個字詞，來代表兩種不一樣的想法，基本上就是雙關語。

如果你遵循著「每個概念使用一種字詞」規則，你最後可能會使得許多類別裡都有 add（增加）這個方法。只要這些 add 方法的參數串列和回傳值在語意上是相同的，那一切就都很好。

為了一致性，某人可能決定使用字詞 add，但實際上卻沒有增加的意思。舉例來說，假設我們有許多類別的 add 方法，是用來相加或相連兩個現有的值，然後形成新的值。假設我們要再寫一個新的類別，此類別有一個方法，會將單一個參數放入一個集合容器中，我們可以將之稱為 add 嗎？這似乎是保持一致的，因為我們已經有很多的 add 方法了，但是這個例子和前一個例子的語意是不同的，所以我們應該使用像 insert（插入）或 append（附加）之類的名稱。把新的方法也命名為 add，就是一種雙關語的表現。

身為作者，我們的目標是讓我們的程式碼盡可能易於理解。我們希望程式可以被快速瀏覽，而不需要花時間奮力苦讀。就像大眾在閱讀受歡迎的平裝版書籍，作者有責任將程式的意涵闡述清楚，而不是像學者閱讀學術論文般，得從中努力挖掘出真正的含意。

使用解決方案領域的命名

記住，閱讀你程式的人也是程式設計師。所以，儘量使用電腦科學（Computer Science, CS）領域的術語，如演算法名稱、模式名稱（pattern names）、數學詞彙等等。每次都用問題領域的詞彙來命名，是不明智的作法，因為我們並不希望協同工作者必須來來回回，向客戶詢問每個字詞的涵義，而事實上，他們早就可以透過另一個名稱理解程式的概念了。

AccountVisitor（帳戶造訪者）的命名，對於熟悉 VISITOR 模式的程式設計師來說，是有意義的。哪個程式設計師不知道 JobQueue（工作佇列）是什麼呢？在程式裡，程式設計師必須做太多技術相關的事，所以替這些變數選個技術性的名稱，通常是最適合的作法。

使用問題領域的命名

當你想完成某件工作時，如果沒有「程式設計師熟悉的術語」可供命名的話，就請使用該問題領域的術語來命名吧。如此，至少維護程式碼的程式設計師還可以詢問該領域的專家，該名稱代表什麼意思。

將解決方案和問題領域的概念分離開來，是一個好的程式設計師及設計者應該做的工作。如果某段程式碼與問題領域的概念更為相關，就應該從問題領域中，挑選適當的名稱來命名。

添加有意義的上下文資訊（Context）

只有極少部分的命名，能由命名本身瞭解到足夠的意義——大部分的命名都做不到。反而，你必須將名稱放置於上下文中，亦即將名稱放在擁有良好名稱的類別、函式或命名空間裡，讀者才容易理解該名稱的意義。當以上的方法都無法表達恰當的意義時，在命名中加上字首就是最後的必要手段了。

想像著你有一些變數，命名為 firstName（名字）、lastName（姓氏）、street（街道）、houseNumber（門號）、city（城市）、state（州）及 zipcode（郵遞區號）。放在一起看的話，很清楚這是一份地址。但如果你在方法裡只單獨看到 state 這個變數，你還會推測它是地址的一部分嗎？

你可以利用字首來增加上下文資訊：addrFirstName（地址的名字）、addrLastName（地址的姓氏）及 addrState（地址的州）等等，至少讀者會瞭解這些變數是某個更大結構的一部分。當然，一個更好的解法是，產生一個名為 Address（地址）的類別，如此，連編譯器都能理解，這些變數隸屬於一個更大的概念。

想想在 Listing 2-1 裡的方法，裡頭的變數都需要一個更有意義的上下文資訊嗎？函式的名稱只提供了部分的上下文資訊，演算法則提供了剩下的上下文資訊。當你閱讀這個函式時，你看到了三個變數，number（數字）、verb（動詞）及 pluralModifier（複數型態修改器），是「guess statistics（統計猜測）」的一部分資訊。不幸地，這個上下文必須靠推斷才能得到，當你第一眼看到這個方法時，這些變數的意義是難以理解的。

Listing 2-1　處於含糊不清的上下文資訊中的變數

```
private void printGuessStatistics(char candidate, int count) {
    String number;
    String verb;
    String pluralModifier;
    if (count == 0) {
      number = "no";
      verb = "are";
      pluralModifier = "s";
    } else if (count == 1) {
      number = "1";
      verb = "is";
```

Listing 2-1（續） 處於含糊不清的上下文資訊中的變數

```
      pluralModifier = "";
    } else {
      number = Integer.toString(count);
      verb = "are";
      pluralModifier = "s";
    }
    String guessMessage = String.format(
      "There %s %s %s%s", verb, number, candidate, pluralModifier
    );
    print(guessMessage);
}
```

這個函式有兩個特色，❶函式有些許過長，以及❷區域變數幾乎在整段函式裡都被使用。為了要將此函式分割成較小的函式，我們需要新增一個 GuessStatisticsMessage（統計猜測訊息）類別，並讓這三個變數成為此類別的成員變數。如此一來，就替這三個變數提供了清楚的上下文資訊。它們在**定義**上絕對是 GuessStatisticsMessage 的一部分。透過將函式分割成更小的函式，不僅改善上下文的資訊，也使得演算法變得更加整潔。（請見 Listing 2-2）

Listing 2-2 處於上下文資訊中的變數

```
public class GuessStatisticsMessage {
  private String number;
  private String verb;
  private String pluralModifier;

  public String make(char candidate, int count) {
    createPluralDependentMessageParts(count);
    return String.format(
      "There %s %s %s%s",
       verb, number, candidate, pluralModifier );
  }

  private void createPluralDependentMessageParts(int count) {
    if (count == 0) {
      thereAreNoLetters();
    } else if (count == 1) {
      thereIsOneLetter();
    } else {
      thereAreManyLetters(count);
    }
  }

  private void thereAreManyLetters(int count) {
    number = Integer.toString(count);
    verb = "are";
    pluralModifier = "s";
  }
```

Listing 2-2（續） 處於上下文資訊中的變數

```
  private void thereIsOneLetter() {
    number = "1";
    verb = "is";
    pluralModifier = "";
  }

  private void thereAreNoLetters() {
    number = "no";
    verb = "are";
    pluralModifier = "s";
  }
}
```

別添加無理由的上下文資訊

想像有一個虛構的應用程式，叫「豪華版的加油站（Gas Station Deluxe）」。在此應用程式裡，把每個類別都加上 GSD 字首，似乎不是一個好主意。如此，你就是和你的開發工具作對。你輸入了 G，然後按下補齊鍵，接著你獲得了系統裡所有類別的建議，列表看似有一哩長，你認為這樣做聰明嗎？為什麼要讓 IDE（整合開發工具）沒法子幫助你呢？

同樣地，假如你在 GSD 的帳戶模組裡，創造了一個 MailingAddress（郵寄地址）類別，然後命名它為 GSDAccountAddress。接著，你在顧客聯絡表單上，需要一個郵件地址的變數，你會使用 GSDAccountAddress 嗎？這看起來是恰當的命名嗎？十七個字母裡有十個是多餘或是毫不相干的字母。

較小的名稱若能清楚地表達涵義，通常好過於較長的名稱。盡量減少在名稱上加入不必要的內文資訊。

accountAddress（帳戶地址）和 customerAddress（顧客地址）這類的名稱，對於 Address（地址）類別的物件實體來說，是一個不錯的命名，但對於類別來說，則是一個糟糕的命名。Address（地址）這種名稱，對於類別來說則是不錯的命名。如果我需要區分 MAC addresses（媒體存取控制位址）、port addresses（連接埠位址）和 Web addresses（網頁位址），我可能會命名成 PostalAddress（郵政地址）、MAC（媒體存取控制）及 URI（統一資源識別元），這樣的名稱更加精確，也是所有命名方式的要點。

總結

要挑選一個好名稱，最困難的點在於，它需要良好的描述技巧及共通的文化背景。與其說這是技術、商業、或管理方面的議題，不如說這是一種訓練上的問題。而這個領域內的許多人並沒有去學著把選擇名稱這件事做好。

由於擔心其它的開發者會反對重新命名，因此，人們往往害怕去做這類的事。但其實，如果我們把名稱變得更好，大家反倒會感激你。在大多數的時候，我們並不會真的去記住每個類別和方法的名稱，我們利用現代的開發工具，來協助我們處理這些細節（例如補齊名稱），使得我們能更專心在把程式碼寫的像一段文章和句子，或至少看起來像表格和資料結構（句子並不一定是最好呈現資料的方式）。當你進行重新命名時，你可能會令某人感到驚奇，就像你看到任何程式碼的改善一樣。別讓重新命名阻礙了你的前進。

遵循上面所說的規則，然後觀察你的程式碼可讀性是否獲得了改善。如果你正在維護別人的程式碼，使用重構工具協助解決可讀性的問題。做這些改善，不僅能在短期內有所成果，長遠看來，也能持續獲得成果。

第3章

函式

在早期寫程式的時候，系統是由程序（routines）和子程序（subroutines）所組成。接著，到了使用 Fortran 和 PL/1 的年代，系統是由程式（programs）、子程式（subprograms）及函式（functions）所組成。如今，只有函式還留著，繼續被使用。函式是所有程式組成的首要基礎，本章將介紹如何把函式寫好。

試著思考一下 Listing 3-1 的程式碼。要在 FitNesse[1]裡找到長一點的程式，是一件很困難的事。不過在我花了點時間搜尋之後，還是找到了。它不僅冗長，也包含了重複的程式碼和不少詭異的字串，還包含了許多奇怪又隱誨的資料型態和 API。請你花三分鐘，看看你可以瞭解這段程式到什麼程度？

Listing 3-1 HtmlUtil.java (FitNesse 20070619)

```
public static String testableHtml(
  PageData pageData,
  boolean includeSuiteSetup
) throws Exception {
  WikiPage wikiPage = pageData.getWikiPage();
  StringBuffer buffer = new StringBuffer();
  if (pageData.hasAttribute("Test")) {
    if (includeSuiteSetup) {
      WikiPage suiteSetup =
        PageCrawlerImpl.getInheritedPage(
                SuiteResponder.SUITE_SETUP_NAME, wikiPage
        );
      if (suiteSetup != null) {
        WikiPagePath pagePath =
          suiteSetup.getPageCrawler().getFullPath(suiteSetup);
        String pagePathName = PathParser.render(pagePath);
        buffer.append("!include -setup .")
              .append(pagePathName)
              .append("\n");
      }
    }
    WikiPage setup =
      PageCrawlerImpl.getInheritedPage("SetUp", wikiPage);
    if (setup != null) {
      WikiPagePath setupPath =
        wikiPage.getPageCrawler().getFullPath(setup);
      String setupPathName = PathParser.render(setupPath);
      buffer.append("!include -setup .")
            .append(setupPathName)
            .append("\n");
    }
  }
  buffer.append(pageData.getContent());
  if (pageData.hasAttribute("Test")) {
    WikiPage teardown =
      PageCrawlerImpl.getInheritedPage("TearDown", wikiPage);
    if (teardown != null) {
      WikiPagePath tearDownPath =
        wikiPage.getPageCrawler().getFullPath(teardown);
      String tearDownPathName = PathParser.render(tearDownPath);
      buffer.append("\n")
            .append("!include -teardown .")
            .append(tearDownPathName)
```

[1] 一個開放原始程式碼的測試工具。見 www.fitnese.org

Listing 3-1（續） HtmlUtil.java（FitNesse 20070619）

```
                .append("\n");
        }
        if (includeSuiteSetup) {
          WikiPage suiteTeardown =
            PageCrawlerImpl.getInheritedPage(
                    SuiteResponder.SUITE_TEARDOWN_NAME,
                    wikiPage
            );
          if (suiteTeardown != null) {
            WikiPagePath pagePath =
              suiteTeardown.getPageCrawler().getFullPath (suiteTeardown);
            String pagePathName = PathParser.render(pagePath);
            buffer.append("!include -teardown .")
                  .append(pagePathName)
                  .append("\n");
          }
        }
      }
      pageData.setContent(buffer.toString());
      return pageData.getHtml();
    }
```

研究了這個函式三分鐘後，你理解了嗎？可能沒有。因為有太多不同層次的抽象概念混雜在一起。還有太多詭異的字串和奇怪的函式呼叫，混合在被旗標（flag）控制的雙層巢狀 if 結構裡。

然而，只要提取幾個簡單的方法，進行一些重新命名，和一點點的程式重建（restructuring），我就可以在 Listing 3-2 的九行程式碼裡找出函式的意圖。你是否可以再用三分鐘，瞭解下列函式。

Listing 3-2 HtmlUtil.java（重構後）

```
    public static String renderPageWithSetupsAndTeardowns(
      PageData pageData, boolean isSuite
    ) throws Exception {
      boolean isTestPage = pageData.hasAttribute("Test");
      if (isTestPage) {
        WikiPage testPage = pageData.getWikiPage();
        StringBuffer newPageContent = new StringBuffer();
        includeSetupPages(testPage, newPageContent, isSuite);
        newPageContent.append(pageData.getContent());
        includeTeardownPages(testPage, newPageContent, isSuite);
        pageData.setContent(newPageContent.toString());
      }

      return pageData.getHtml();
    }
```

除非你是 FitNesse 的學生，不然你可能無法了解全部的細節。但是，你或許能夠瞭解這個函式作了一些設定，並將頁面拆解成一個測試頁面，最後把此頁面轉換成 HTML 網頁來呈現。如果你熟悉 JUnit[2]，你可能會覺得這個函式隸屬於某種基於 Web（Web-based）的測試框架。想當然爾，這樣的理解是正確的。要從 Listing 3-2 裡獲取這樣的資訊，是相當容易的，然而，在 Listing 3-1 裡卻隱晦難懂。

那麼，是什麼使得 Listing 3-2 裡的函式易讀好懂？我們該如何讓函式透露本身的意圖？我們應該賦予函式什麼特質，使得所有讀者都能直覺地理解他們遇到的是怎麼樣的一個程式？

簡短！

關於函式的首要準則，就是要簡短。第二項準則，就是**要比第一項的簡短函式還要更簡短**。這是一個我無法證明的主張，我無法提供任何研究上的參考文獻，來說明小函式比較好。我能告訴你的是，在近 40 年的歲月裡，我寫過各種長度的函式。我曾經寫過令人難受的 3000 行函式怪物，寫過數不清的 100 至 300 行大小的函式，也寫過只有 20 到 30 行的函式。經過漫長的錯誤嘗試，這些經驗告訴我，函式應該要非常簡短。

在 80 年代的時候，我們習慣一個函式的長度不能超過整個螢幕的高度。當然，那時候我們使用的是 VT100 螢幕，它們只有 24 行，每行 80 個英文字母。而且，編輯器的功能表與狀態行等管理上的需求，就佔用了螢幕的 4 行。現今，已經可以使用絢麗字型及很大的螢幕，你可以在一行裡塞進 150 個字母，一個螢幕也能容納超過 100 行的長度。然而，每行不應該有 150 個字母那麼長，函式的長度也不該是 100 行，函式的長度不要大於 20 行。

那麼，函式應該要多短才好？在 1999 年，我去 Kent Beck 在奧勒岡州的家拜訪。我們坐下來，一起寫了一些程式。在那時候，他秀給我看一個可愛的 Java/Swing 小程式，他稱作**閃閃發光**（*Sparkle*）。這個程式產生一個像《仙履奇緣》裡，仙女魔杖的視覺特效。當你移動滑鼠時，會有閃爍的光芒從滑鼠的游標滴落，像是擁有重力般地掉到視窗的底部。當 Kent 給我看他的程式碼時，我被程式的函式如此簡短給嚇到了，因為我已經習慣 Swing 程式裡出現好幾哩長的函式。在**這個**程式裡，每個函式僅僅只有 2 行，

[2] 一種開放原始碼的 Java 單元測試工具。見 www.junit.org

或 3 行，或 4 行的長度。每個函式都一清二楚，透露出本身的意圖。每個函式帶領著你至下個函式，這就是函式該有的簡短[3]。

你的函式應該要多簡短呢？它們通常要比 Listing 3-2 更簡短！甚或是，Listing 3-2 應該要縮短成 Listing 3-3 那樣短。

Listing 3-3 **HtmlUtil.java（重構再重構）**

```
public static String renderPageWithSetupsAndTeardowns(
  PageData pageData, boolean isSuite) throws Exception {
  if (isTestPage(pageData))
    includeSetupAndTeardownPages(pageData, isSuite);
  return pageData.getHtml();
}
```

區塊（Blocks）和縮排（Indenting）

if、else、while 及其它敘述都應該只有一行，而那行程式通常是函式呼叫敘述。這不僅能維持封閉函式的簡短，也因為在區塊裡被呼叫的函式，具備不錯的函式名稱來描述意圖，因此也能增添類似文件說明的價值。

這也意味著，函式不應該大到包含巢狀結構。因此，函式裡的縮排程度不應該大過一或兩層。當然，這會使得函式更容易閱讀和理解。

只做一件事情

很明顯地，Listing 3-1 的函式做了超過一件的事。它建立了緩衝區，抓取了頁面內容，搜尋了繼承的頁面，產生了路徑，添加神秘的字串，最後產生了 HTML 網頁等等。Listing 3-1 忙著完成各式各樣的事情。反觀，Listing 3-3 只做了一件簡單的事，它將設定與拆解納入到測試頁面。

過去三十年，以下的建議以不同的表達方式呈現。

> 函式應該做一件事情。它們應該把這件事做好。而且他們應該只做這件事。

[3] 我問 Kent 是否還有該份程式碼，但他說找不到了。我找遍了我所有的舊電腦，也徒勞無功。那份程式只能保存在我的記憶裡了。

這個主張的問題在於，我們很難知道哪件事才是「這件事」。Listing 3-3 真的只有做一件事嗎？我們可以把它看成是做了下列三件事：

1. 判斷此頁面是否為測試頁面。
2. 如果是測試頁面的話，則納入設定與拆解步驟。
3. 將此頁面轉換成 HTML 網頁。

所以那一個才是對的？這個函式做了一件事，還是做了三件事？注意，函式的三個步驟，都處於函式名稱下的同一層抽象概念中。我們可以利用簡略的「TO[4]（要）之段落」來敘述這個函式：

> TO `RenderPageWithSetupsAndTeardowns`，檢查此頁面是否為一個測試頁面，如果是的話，就納入設定與拆解步驟。不論是那種情況，都將頁面轉為 HTML 網頁。

如果函式只做了函式名稱下『同一層抽象概念』的幾個步驟，那麼，這個函式就算是只作了一件事。畢竟，我們撰寫這個函式的原因，是因為想將一個較大的概念（也就是該函式的名稱），分解成下一層抽象概念的數個步驟。

我們可以很明顯的看出來，Listing 3-1 包含著許多『不同層次』的抽象概念步驟，所以顯而易見的，它做了超過一件以上的事情。Listing 3-2 則包含『兩層』的抽象概念，這可以透過將之收縮來證明。但我們很難再將 Listing 3-3 做有意義的收縮。我們可以將 `if` 敘述提至 `includeSetupsAndTeardownsIfTestPage` 函式裡面，但這樣僅僅是重新陳述了原本的程式碼而已，並沒有改變程式碼的抽象層次。

因此，觀察函式是否做超過「一件事情」的另一種方法，是看你是否能夠從此函式中，提煉出另外一個新函式，但此新函式不能只是重新詮釋原函式的實現過程（實作）而已 [G34]。

---

[4] LOGO 程式語言使用和 Ruby 一樣的「TO」關鍵字，而 Python 使用「def」，所以每個函式開頭都有「TO」。這在設計函式的過程中，產生了有趣的效應。（譯注：def 代表定義函式的內容，TO 代表要這個函式做什麼，兩者的差別是從哪個角度來看函式內容的問題）

函式的段落

我們將目光轉移到 Listing 4-7。注意 `generatePrimes` 函式（產生質數函式）被拆解成幾個段落，包含**宣告區**（*declarations*）、**初始區**（*initializations*）、**還有過濾區**（*sieve*）。這是做超過一件事情的明顯徵兆，做一件事的函式沒有辦法被合理地分成不同的段落。

每個函式只有一層抽象概念

為了要確定我們的函式只有做「一件事情」，我們需要確定在函式裡的敘述都位在抽象概念的『同一層次』。我們可以很容易看到 Listing 3-1 是如何違反這個準則的。在裡面，我們可以找到一些概念是位於抽象概念的高層次，如：`getHtml()`；有的是位於抽象概念的中層次，如：`String pagePathName = PathParser.render(pagePath)`；而剩下的則是在抽象概念的低層次，如：`.append("\n")`。

一個函式擁有混合層次的抽象概念，總是令人困惑。讀者會無法分辨某個表達式（expression）是一個基本概念還是一個細節。更糟糕的是，就像破窗效應一樣，一但將細節和本質概念混在一起，就會有越來越多的細節雜處於函式裡。

由上而下閱讀程式碼：降層準則

我們希望程式的閱讀就像是由上而下的敘事[5]。我們希望每個函式後面都緊接著『下一層次的抽象概念』，如此，我們在閱讀程式時，可依照看到的一連串函式，對應著抽象層次降層閱讀。我稱這個方法為**降層準則**。

換句話說，我們希望在閱讀程式時，能夠像閱讀一連串 TO 段落，每個段落敘述著目前所處的抽象層次，並且提及了接續的下個層次的 TO 段落。

> 為了（To）要包含設定和拆解，我們先納入設定，再納入測試頁的內容，最後納入拆解。
>
> 為了要納入這些設定值，如果是套件的話，我們會納入套件設定步驟，然後再引入一般的設定步驟。
>
> 為了要納入套件設定，我們先搜尋「SuiteSetup」頁面的上層，然後加入納入該頁面路徑的敘述。
>
> 為了要搜尋上一層 ...

---

5 [KP78], p.37.

程式設計師往往很難學會遵守這樣的準則——『將函式維持在單一層次的抽象概念』。但學習這個技巧非常重要，它是讓函式保持簡短的關鍵，而且還能確保函式「只做一件事」。讓程式碼讀起來像是一連串由上而下的 TO 段落，是讓抽象層次維持同一層次的一個有效的技巧。

看一看本章結尾的 Listing 3-7，它根據這裡描述的準則，來進行 testableHtml 函式的重構。請將焦點放在，每個函式是如何引導到下一個函式，以及每個函式是如何保持在同一個抽象概念層次。

Switch 敘述

要讓 switch 敘述[6]簡短是件很困難的事情。就算一個 switch 敘述只有兩種情況，我也覺得它仍大過於一個單一區塊或一個函式該有的大小。而且，要讓一個 switch 敘述只做一件事情，也是很困難的事。從它的本質來看，switch 敘述總是在做 N 件事情。不幸的是，我們無法永遠避開使用 switch 敘述，但我們能確保讓每個 switch 敘述都被深埋在較低抽象層次的類別裡，而且它永遠不會被重複使用。想當然爾，我們可以利用多型（Polymorphism）來達到這樣的目的。

來看看 Listing 3-4。它顯示了根據職員型態而進行的單一行為。

Listing 3-4 Payroll.java

```
public Money calculatePay(Employee e)
throws InvalidEmployeeType {
    switch (e.type) {
      case COMMISSIONED:
        return calculateCommissionedPay(e);
      case HOURLY:
        return calculateHourlyPay(e);
      case SALARIED:
        return calculateSalariedPay(e);
      default:
        throw new InvalidEmployeeType(e.type);
    }
  }
```

這個函式有幾個問題。第一點，它太冗長，如果再加入新的職員型態時，這個函式會變得更長。第二點，很明顯地，這個函式做了超過一件事情。第三點，因為有超過一個的

[6] 當然，一連串的 if/else 也屬此類討論

埋由來改變此函式，所以它違反了單一職責原則[7]（Single Responsibility Principle，SRP）。第四點，當新型態加入後，函式就必須有所改變，所以它違反了開放閉合原則[8]（Open Closed Principle, OCP）。其實，這個函式最糟糕的問題在於，程式中有其它數不清數量的函式和這個函式有著相同的結構。舉例來說，可能有

```
isPayday(Employee e, Date date),
```

或

```
deliverPay(Employee e, Money pay),
```

如此等等。這些函式都存在著相同有害的結構。

這個問題的解決方法（請見下方的 Listing 3-5），是將 switch 敘述埋藏在（ABSTRACT FACTORY 抽象工廠）[9]的底下，不讓任何人看到它。這個工廠會使用 switch 敘述來產生適當的 Employee 介面的衍生實體（instance），另外，其它不同的函式，例如 calculatePay（計算薪水）、isPayday（是否為薪水日）和 deliverPay（發薪水），都藉由 Employee 介面，透過多型的方式來指派。

我對 switch 敘述的普遍準則是，如果它們只出現一次，而且是用來產生多型物件，並被藏匿在某個繼承關係之下，使其它的系統看不到它們[G23]，那我就可以容忍它們的存在。當然，每個情況都是特殊的，不可足一而論，所以有時候，我也會違反這個準則裡的某些部份。

Listing 3-5 Employee and Factory

```
public abstract class Employee {
  public abstract boolean isPayday();
  public abstract Money calculatePay();
  public abstract void deliverPay(Money pay);
}
-----------------
public interface EmployeeFactory {
  public Employee makeEmployee(EmployeeRecord r) throws InvalidEmployeeType;
}
-----------------
public class EmployeeFactoryImpl implements EmployeeFactory {
  public Employee makeEmployee(EmployeeRecord r) throws InvalidEmployeeType {
```

---

7 a. http://en.wikipedia.org/wiki/Single_responsibility_principle
b. http://www.objectmentor.com/resources/articles/srp.pdf

8 a. http://en.wikipedia.org/wiki/Open/closed_principle
b. http://www.objectmentor.com/resources/articles/ocp.pdf

9 [GOF].

Listing 3-5（續） Employee and Factory

```
        switch (r.type) {
          case COMMISSIONED:
            return new CommissionedEmployee(r) ;
          case HOURLY:
            return new HourlyEmployee(r);
          case SALARIED:
            return new SalariedEmploye(r);
          default:
            throw new InvalidEmployeeType(r.type);
        }
      }
    }
```

使用具描述能力的名稱

在 Listing 3-7 裡，我更換了範例的函式名稱。把 testableHtml（可測試的網頁）改成 SetupTeardownIncluder.render（設定及拆解的納入者.呈現者）。因為這個名稱更能貼切地描述函式在做些什麼，我認為這是更好的名稱。

我也讓替幾個私有方法取了個具有描述性質的名稱，例如 isTestable（是否能被測試）或 includeSetupAndTeardownPages（納入已設定和已拆解的頁面）。好名稱的價值不會被高估，還記得 Ward 的準則嗎：「**當每個你看到的程式，執行結果都與你想的差不多，你會察覺到你正工作在 Clean Code 之上。**」為了遵守這個準則，有一半的工夫是花在替只做一件事的簡短函式選個好名稱。只要函式越簡短和越集中在做該做的事情上，就越容易替函式取個具有描述性質的名稱。

別害怕去取較長的名稱，一個較長但具描述性質的名稱，比一個較短但難以理解的名稱還要好。一個較長且具備描述性質的名稱，也比一個較長且具備描述性質的註解來得更好。使用某種命名的慣例，可以使用多個易讀的字詞組合，並善加利用這些字詞組合，使函式名稱能自我說明該函式的意圖。

別害怕花時間選一個名稱。的確，你需要試過好幾個不同的名稱，並且放入程式中，閱讀看看。現代的 IDE，如 Eclipse 或 InteliJ，讓更換名稱變成一件很容易的事。使用其中一種 IDE 來試試看，替換不同的名稱，直到找到你認為具有足夠描述性質的名稱為止。

選擇具描述性質的名稱，能夠闡明你心中的模組規劃，並且能夠幫助你去改良它。當你在尋找一個適合的名稱時，也會順便做好適當的程式碼重建，這並不是什麼稀罕的事。

維持命名的一致性。在你的模組裡，使用一致的片語、名詞與動詞來替函式取名。想想這些例子，名稱 includeSetupAndTeardownPages（納入設定和拆解頁面）、includeSetupPages（納入設定頁）、inlcudeSuiteSetupPage（納入套件設定頁面）和 includeSetupPage（納入設定頁）。這些名稱使用著類似的措辭，依序說了一個故事。的確，假設我只讓你看到以上的函式序列，你會問自己：「includeTeardownPages、includeSuiteTeardownPage 和 includeTeardownPage 這些函式會發生什麼事呢？」這就是「...都與你想的差不多。」

函式的參數

函式的參數數量，最理想的是零個（零參數函式；niladic），其次是一個（單參數函式；monadic），再不然就是兩個（雙參數函式；dyadic）。可以的話，盡量避免使用三個參數（三參數函式；triadic）。如果要使用超過三個參數（多參數函式；polyadic），必須有非常特殊的理由 —— 否則無論如何都不應該如此做。

參數的使用是困難的議題。它們具有透露概念的能力，這也是為什麼我在例子裡將它們都移除的原因。例如，例子裡的 StringBuffer。我們如果以參數的方式傳遞它，而不是使用一個實體變數，那麼，讀者每次看到它，都得重新詮釋它。當你正在閱讀模組講述的故事時，includeSetupPage() 比 includeSetupPageInfo(newPageContent) 更容易理解。參數和函式處於不同的抽象層次，而且參數強迫你去瞭解目前並不那麼重要的細節（即 StringBuffer）。

從測試的角度來看，使用參數是件更困難的事。想像這樣的狀況，要寫出一個測試案例，在所有參數可能的組合時，都能順利運作，是多麼困難的一件事。如果沒有參數的話，這將變得多麼簡單。如果只有一個參數，應該也不會是太困難的事。如果有兩個參數，那麼測試就會稍微變得有一點挑戰性。如果要測試包含超過兩個以上參數的各種組合，那可是會令人怯步的。

輸出型的參數比輸入型的參數更難以理解。當我們閱讀一個函式時，我們習慣於『參數是**輸入到函式**』的概念，而**輸出**值則是透過回傳值（return value）來傳遞。我們並不會預期回傳的資訊會透過參數來傳遞，所以輸出型的參數往往讓我們得反覆細看才能恍然大悟。

除了不使用參數之外，使用只有一個輸入型參數的函式，是最好的作法。要理解 SetupTeardownIncluder.render(pageData)是一件非常容易的事。很明顯地，我們想要**呈現**（*render*）pageData 物件的資料。

單一參數的常見形式

傳遞單一參數至函式裡，有兩個極為常見的理由。❶你也許會問『與這個參數有關的問題』，例如 boolean fileExists("MyFile")。❷你也可能『對這個參數進行某種操作，將該參數轉換成某種東西，然後**回傳**』。舉例來說，InputStream fileOpen ("Myfile")會將 String 型態的檔案名稱字串轉換成輸入串流 InputStream 型態的回傳值。這兩種用法，是讀者看到函式時，預期的結果。你應該選擇能明顯區分這兩種理由的名稱，而且總在一致的上下文裡使用這樣的命名原則（請參考後文，關於指令和查詢的分離。）

有一個比較不普遍，但非常有用的單一參數型式，就是**事件**（*event*）。在這種型式中，會有一個輸入型參數，沒有任何的輸出型參數。整個程式刻意將函式呼叫看作是一個事件，並利用參數去修改系統的狀態。例如，用來代表密碼輸入失敗次數的 void passwordAttemptFailedNtimes(int attempts)函式。小心使用這樣的型式，並且必須讓讀者清楚瞭解到這是一個事件，謹慎地選擇名稱和上下文資訊。

如果不符合以上型式的話，試著不要使用單一參數。例如，void includeSetupPageInfo (StringBuffer pageText)。在做轉換時，使用輸出型的參數而不使用回傳值，會令人困惑。如果一個函式會轉換輸入的參數，那轉換後的產物應該要出現在回傳值裡。的確，像 StringBuffer transform(StringBuffer in)這樣的函式宣告，會比 void transform(StringBuffer out)來得恰當。即便在第一種型式中，只簡單回傳了輸入的參數，至少它仍遵守了轉換的形式。

旗標（flag）參數

使用旗標參數是一種非常爛的做法。將一個布林變數傳遞給函式，是一種非常恐怖的習慣。這馬上會使得方法的署名（signature[10]）變得複雜，等同於大聲宣布此函式做了不止一件事。當布林值是 true，它做了一件事，當布林值是 false，它又做了另外一件事！

[10] [譯註 1] 方法的署名或簽名（signature）是定義方法的第一行，也就是包含參數宣告的那一行。

在 Listing 3-7 中，我們別無選擇，因為函式呼叫者已經將旗標傳入，而我想要把重構範圍限制在函式及其以下的範疇內。當方法呼叫 render(true)時，讀者會感到困惑。將滑鼠移過去，看見 render(boolean isSuite)，或許有點幫助，但還是不夠。我們應該將此函式分裂成兩個函式：renderForSuite()和 renderForSingleTest()。

兩個參數的函式

有兩個參數的函式，會比單一參數的函式更難理解。舉例來說，writeField(name)函式比 writeField(outputStream, name)[11]更易於理解。雖然兩者的意思都很清楚，但當眼睛掃過前者時，更容易發現函式的意義。後者則需要短暫的停頓，直到我們發現其實可以忽略第一個參數。而**這樣的忽略**會導致某些問題，因為我們不應該輕忽程式碼的每個部份，我們忽略的部份往往就是程式錯誤（bugs）的藏身之處。

當然，有些時候，使用兩個參數是恰當的。例如，宣告平面上的一個點 Point p = new Point(0,0);，是非常合理的行為。直角座標系上的點，在本質上就是需要兩個參數。的確，當我們看到 new Point(0)時，反而會感到非常驚訝。在座標點的案例裡，兩個參數是**由有序元件組成的單一值**。然而，在 outputStream 和 name 的案例中，兩個參數並非自然的組合，也非自然的順序。

就算像是 assertEquals(expected, actual)這樣子明顯預期會有兩個參數的函式，也是有問題的。你曾經搞錯過幾次 actual 和 expected 的位置？這兩個參數並沒有自然的順序，亦即 expected 和 actual 的先後順序是一個需要經過訓練後，才能學會的慣例。

使用兩個參數的函式並不邪惡，你必然會遇到這樣的機會。雖然如此，你仍應注意，使用它們有所代價。如果有一些機制可以將兩個參數轉換成一個參數時，你就應該好好的利用。例如，你可以把 writeField 方法變成 outputStream 裡的一個成員，如此一來，你就能使用 outputStream.writeField(name)這樣的語法。或者你可以把 outputStream 變成類別裡的成員變數，這樣就不必將它傳遞到方法裡。也或許你可以分離出一個新類別 FieldWriter，將 outputStream 引入到這個新類別的建構子中，並在這個類別裡提供一個 write 方法。

[11] 我剛重構完一個包含三個參數的模組，我讓 outputStream 成為類別裡的欄位（成員變數），並且將所有呼叫 writeField 的敘述轉換成單一參數型式的呼叫，使得程式變得更加整潔。

三個參數的函式

理解三個參數的函式，比理解兩個參數的函式，更為艱難。參數的順序性，看到函式時的停頓，對於參數的忽略等種種問題，都加倍嚴重。我建議你在建立三個參數的函式之前，應該謹慎地思考。

舉例來說，想想需要三個參數，多載的 `assertEqual` 函式：`assertEquals(message, expected, actual)`。你有過幾次，看到 `message`，卻以為它是 `expected` 呢？我常被這個三個參數的函式給絆住或頓住，事實上，*每當我看到*這個三個參數的函式時，我都需要反覆地查看，然後才學會應該忽略 `message`。

在另一方面，這裡介紹一個並沒有那麼陰險的三參數函式：`assertEquals(1.0, amount, .001)`。雖然仍需要反覆查看，但這個函式值得這樣做。檢查兩個浮點數在某個精確度下是否相等，是一個不可多得的好習慣。

物件型態的參數

當一個函式看起來需要超過兩個或三個的參數時，很可能需要將當中的一些參數包裝在一個類別裡。看看以下的兩個範例，宣告的不同之處：

```
Circle makeCircle(double x, double y, double radius);
Circle makeCircle(Point center, double radius);
```

利用建立物件的方式，減少函式參數的數量，看起來似乎是在作弊，但其實不然。當一堆變數一起被傳遞時，如同上例中變數 `x` 和變數 `y` 的傳遞方式，它們是某個概念裡的相似部份，而這個概念應該獲得一個屬於它的名稱。

參數串列

有時候，我們希望能傳遞不同數量的參數給函式。看看 `String.format` 方法的例子：

```
String.format("%s worked %.2f hours.", name, hours);
```

在以上的例子裡，如果可變數量的參數都被同等看待，那它們就和型態為 `List` 的單一參數等價，因著這樣的原因，`String.format` 本質上是兩個參數的函式。確實，`String.format` 在以下的宣告裡，的確只有兩個參數。

```
public String format(String format, Object... args)
```

所以套用同樣的規則，參數的數量如果是可變的，那麼函式可以是單一參數、兩個參數或三個參數的函式。但如果給它們更多的參數，那就是個錯誤了。

```
void monad(Integer... args);
void dyad(String name, Integer... args);
void triad(String name, int count, Integer... args);
```

動詞和關鍵字

替函式選一個好名稱，可以產生許多良好的附加價值，例如解釋函式的意圖、解釋函式參數的順序性及意圖。在單一參數的形式中，函式和參數要形成一個動詞／名詞的良好配對。舉例來說，寫入名稱 write(name) 函式就有這樣的效果。不管這個「名稱(name)」是什麼東西，它都會被「寫入（written）」。我們還可以使用一個更好的函式名稱，將名稱寫入欄位 writeField(name)，更能告訴我們「名稱(name)」是一個「欄位(field)」。

最後一個例子，是關於**關鍵字**型式的函式命名。使用這樣的型式，代表我們也將『參數的名稱』編碼加入到函式名稱裡，舉例來說，assertEquals 函式名稱如果寫成 assertExpectedEqualsActual(expected, actual)，會是更好的選擇，這樣子就減輕了需要記住參數順序的負擔。

要無副作用

副作用（Side effects）就像是謊言。你的函式保證只做一件事，卻**暗地裡**偷偷做了其它事情。有時候會使得同類別的其它變數，產生不可預期的改變。有時候它會將之轉換成參數傳遞給其它函式，或是轉變成系統的全域變數。這兩種都是詐欺和有害的不信任行為，常會導致奇怪的時空耦合（temporal coupling）和順序相依性的問題。

思考一下，在看似無害的例子 Listing 3-6 裡，這個函式使用一個標準的演算法來將一個 userName 和 password 進行配對。如果配對成功的話，它會回傳 true，如果不成功的話，則回傳 false。但這個函式也有副作用，你能找出在哪裡嗎？

Listing 3-6 UserValidator.java

```
public class UserValidator {
  private Cryptographer cryptographer;

  public boolean checkPassword(String userName, String password) {
    User user = UserGateway.findByName(userName);
    if (user != User.NULL) {
```

Listing 3-6（續） UserValidator.java

```
        String codedPhrase = user.getPhraseEncodedByPassword();
        String phrase = cryptographer.decrypt(codedPhrase, password);
        if ("Valid Password".equals(phrase)) {
          Session.initialize();
          return true;
        }
      }
      return false;
    }
  }
```

想當然，副作用就出現在呼叫工作階段的初始化 Session.initialize()這個函式時。checkPassoword 函式在做密碼檢查的時候，函式名稱並沒有提及它會初始整個工作階段。所以當呼叫者誤信這個函式的名稱，認為它只做它應該做的事，而將之用來檢查使用者帳戶的有效性時，就冒著可能毀掉整個工作階段資料的風險。

這個副作用產生了時空耦合。那就是，checkPassoword 函式只能在特定的時空（也就是，只有在初始工作階段是安全時）被呼叫。當它被呼叫而出問題時，工作階段資料就會在無意間遺失了。時空耦合相當令人困惑，尤其是當它隱藏在一個副作用裏頭時。如果你必須有一個時空耦合，你應該在函式的名稱中說明清楚。在這個例子裡，雖然這樣做，很明顯會違反「只做一件事」準則，但我們仍可能會將原函式重新命名為檢查密碼及初始工作階段 checkPasswordAndInitializeSession。

輸出型的參數

參數在大部份的情況下，都自然地被解讀成函式的輸入。如果你寫程式的經驗已經超過好幾年，我確信你遇到一個輸出型而非輸入型的參數時，會仔細地再三檢查。例如：

```
appendFooter(s);
```

這個函式真的是 s 接在某個東西的後方嗎？還是這個函式會把某些頁尾加到 s 的後面？回頭去看這個函式的宣告署名，並不會花太多的時間，請看：

```
public void appendFooter(StringBuffer report)
```

只有當我們花時間去查看函式的宣告，才能釐清我們的疑慮。任何迫使你查看函式署名的情況，都等同於『再三檢查』。這中斷了我們的思考，要盡可能地避免。

在物件導向程式設計尚未出現的日子，有時候是需要輸出型的參數。然而，諸如此類的需求，在物件導向程式設計出現以後，便消失了。因為 this 有預謀地扮演了輸出型參數的角色，換句話說，它如果改為下列方式來呼叫 appendFooter 會比較好。

```
report.appendFooter();
```

整體而言，應該要避免使用輸出型參數。如果你的函式必須要改變物件的某種狀態，就讓該物件改變其本身的狀態吧。

指令和查詢的分離

函式應該要能做某件事，或能回答某個問題，但兩者不該同時發生。你的函式應該修改某物件的狀態，或回傳某些與物件有關的資訊，如果想同時完成這兩個目標，就會讓人感到困惑。想想以下的函式例子：

```
public boolean set(String attribute, String value);
```

這個函式設定了某個屬性的值，當設定成功，就會回傳 true。若回傳 false 時，代表該屬性並不存在。這樣子就導致出現了下面的詭異敘述：

```
if (set("username", "unclebob"))...
```

試著從讀者的角度來看這段程式，上面的敘述代表什麼意思呢？這是在問「username」屬性是否在之前已經被設定成「unclebob」嗎？還是在問「username」屬性是否成功設定成「unclebob」？因為不知道「set」是動詞還是形容詞，所以很難從這段呼叫中去推敲真正的意義。

雖然作者本意是要把 set 當作是動詞，但內文的 if 敘述卻使之感覺像是一個形容詞。所以這段敘述像是在說「如果 username 屬性已經在之前被設定成 unclebob 時」，而非「將 username 設定成 unclebob，如果設定成功的話，接下來就...」。

或許我們可以利用重新命名 set 函式來解決這個問題，也就是將之重新命名為 setAndCheckIfExists，但此舉對於增加 if 敘述的可讀性，並沒有太大的幫助。真正的解決方式，是將指令（command）和查詢（query）分開，才能避免這樣模稜兩可的情形。

```
if (attributeExists("username")) {
   setAttribute("username", "unclebob");
   ...
}
```

使用例外處理取代回傳錯誤碼

要指令型函式回傳錯誤碼，有點違反指令和查詢分離的原則，這代表鼓勵在 if 敘述的判別處，將指令型函式當作判斷表達式使用。

```
if (deletePage(page) == E_OK)
```

這樣的用法雖然不會引起動詞／形容詞的困惑，但會導致更深層的巢狀結構。當你回傳一個錯誤碼，就是要求呼叫者必須馬上處理這個錯誤。

```
if (deletePage(page) == E_OK) {
  if (registry.deleteReference(page.name) == E_OK) {
    if (configKeys.deleteKey(page.name.makeKey()) == E_OK){
      logger.log("page deleted");
    } else {
      logger.log("configKey not deleted");
    }
  } else {
    logger.log("deleteReference from registry failed");
  }
} else {
  logger.log("delete failed");
  return E_ERROR;
}
```

從另一方面來說，如果你使用『例外處理』取代『錯誤碼』，那錯誤處理的程式碼就能從正常愉快的主要路徑中抽離出來，也簡化了程式碼：

```
try {
  deletePage(page);
  registry.deleteReference(page.name);
  configKeys.deleteKey(page.name.makeKey());
}
catch (Exception e) {
  logger.log(e.getMessage());
}
```

提取 Try/Catch 區塊

Try/catch 區塊本身是難看的，在正常的程式運作中混入了錯誤處理，會混淆程式的結構。所以比較好的作法是，從函式中將 try 和 catch 區塊提取出來。

```
public void delete(Page page) {
  try {
    deletePageAndAllReferences(page);
  }
  catch (Exception e) {
    logError(e);
```

```
    }
  }

  private void deletePageAndAllReferences(Page page) throws Exception {
    deletePage(page);
    registry.deleteReference(page.name);
    configKeys.deleteKey(page.name.makeKey());
  }

  private void logError(Exception e) {
    logger.log(e.getMessage());
  }
```

在以上的例子中，delete 函式只跟錯誤處理有關，所以很容易理解，然後就將之忽略。而 deletePageAndAllReferences 函式（刪除頁面及所有的參考關係函式）只跟完全刪除一個頁面有關。錯誤處理可以忽略掉。如此的作法提供了良好的區隔，使得程式更容易理解和修改。

錯誤處理就是一件事

函式應該只做一件事，而錯誤處理就是一件事。所以，一個處理錯誤的函式，應該不能再做其它的事。這暗示著（如同上面的例子），如果關鍵字 try 存在於一個函式裡，它幾乎就是該函式的開頭字眼，而且在 catch/finally 區塊之後，理當不應有其他任何的程式碼。

Error.java 的依附性磁鐵

若回傳錯誤碼，通常意味著，在某個類別或列舉（enum）中定義了所有的錯誤碼。

```
  public enum Error {
    OK,
    INVALID,
    NO_SUCH,
    LOCKED,
    OUT_OF_RESOURCES,
    WAITING_FOR_EVENT;
  }
```

這樣的類別就像是**依附性的磁鐵**，其它許多的類別必須引入和使用它。所以，當 Error num（錯誤列舉）有所改變時，其它相關的類別就必須重新編譯和重新部署[12]。這會對 Error 類別形成一種負面的壓力。程式設計師會因此不想加入新的錯誤碼，因為他們必

[12] 那些不想重新編譯及重新部署的人，最終會發現，還是得作這些事。

須將全部的程式，重新打造和部署。所以它們只會重複使用原本已有的錯誤碼，而不添加新的錯誤碼。

當你使用例外處理，而非使用錯誤碼時，新的例外可由例外類別衍生出來，不必被迫重新編譯和重新部署[13]，就可以加入到現有的程式中。

不要重複自己[14]

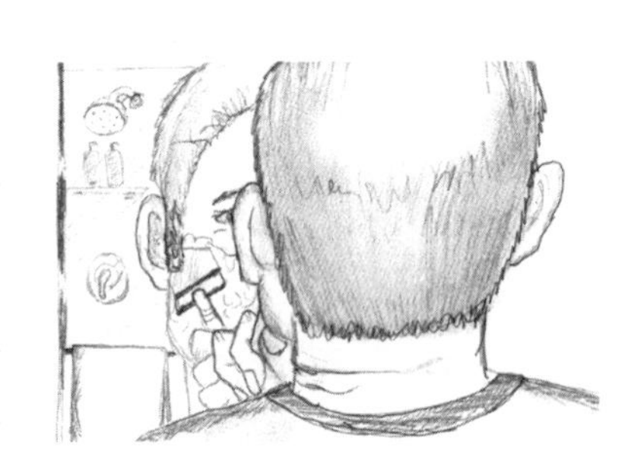

回頭仔細閱讀 Listing 3-1，你會注意到有一個演算法重複了四次，每次都做了 SetUp、SuiteSetUp、TearDown 及 SuiteTearDown。要找出這些重複的地方並不容易，因為這四個部份和其它的程式碼混雜在一起，而且重複並不完全相同。話雖如此，這些重複仍是個問題，因為它們讓程式變得很擁擠，而且當演算法某些地方需要改變時，這些修改的地方需要花費四倍的工夫，因此也讓遺漏而導致的錯誤，發生的機會變成四倍。

Listing 3-7 的 include 方法消弭了這些重複。重新閱讀這段程式碼時，會發現在減少重複以後，整個模組的可讀性增加了。

重複程式碼也許是軟體裡所有邪惡的根源。許多準則或慣例都是為了控制或移除它而發明的。例如，資料庫的 Codd's normal forms（柯德正規法）是用來消除資料的重複。又例如，物件導向程式設計是利用將程式碼集中到基本類別裡，來避免冗餘（redundant[15]）。結構化程式設計、剖面導向程式設計（Aspect Oriented Programming）、元件導向程式設計（Component Oriented Programming）等，全部都包含一些減少重複程式碼的策略。這樣看來，從副程式（subroutine）發明以來，軟體發展領域的所有創新，都是為了消除原始碼中的重複。

---

13 這是一個開放封閉原則的範例(OCP)[PPP02]。

14 DRY（Don't Repeat Yourself；不要重複自己）原則。[PRAG]。

15 [譯注 2]redundant 這個字眼代表著，原本只需要一個，但現在有很多個，那麼除了需要的那一個之外，其餘的就稱為冗餘

結構化程式設計

有一些程式設計師遵循 Edsger Dijkstra（艾茲赫爾・戴克斯特拉）提出的結構化程式設計準則[16]，Dijkstra 說道，每個函式，及每個函式裡的區塊，都應該只有一個進入點及一個離開點。要遵守這個準則，代表在一個函式裡，只能有一個 return 敘述，迴圈內不能有任何的 break 或 continue 敘述，而且**永遠**不可以有 goto 敘述。

我們在贊同結構化程式設計的目標和紀律時，也要知道當這些準則在遇到非常小的函式時，助益有限。只有在遇到大型函式時，這些準則才能表現出巨大的好處。

所以如果你能保持函式的短小，那麼偶爾出現 return、break 或 continue 敘述並沒有壞處，而且有時候比單一進入點，單一離開點的準則更具表達力。另一方面，goto 敘述只有在大型函式裡才有用，所以應該避免使用。

你要如何寫出這樣的函式？

寫軟體就如同其它任何的寫作一般，當你寫一篇論文或一篇文章時，你會先直接把想法寫下來，然後開始琢磨，直到讀起來很通順。第一份初稿通常是粗糙而雜亂無章的，所以你開始修改，重新組織整個文章段落，將文章改善至你想要的樣子。

當我開始寫函式，一開始總是又複雜又長，有很多的縮排和巢狀迴圈，有很長的參數串列，有著隨意的命名，也有重複的程式碼。但我也有一整套的單元測試，測試範圍涵蓋了每一行粗糙的程式碼。

於是我開始琢磨和改善程式碼，將函式分開，重新命名，減少重複。我也會縮短方法並重新安排方法的順序。有時候我會打散整個類別，並持續保持單元測試能夠通過。

最後，當函式符合本章所提及的準則時，我會結束這個函式的修改。我不會從一開始就這麼寫，我也不認為有人可以辦得到。

16 [sp72]。

總結

每個系統都是由某個特定領域的語言設計而成的，而這種特定領域語言則是『程式設計師為了描述系統所設計的』。函式是這個語言裡的動詞，類別則是這個語言裡的名詞。系統的函式和類別，是需求文件裡名詞和動詞的猜測，這並不是突然冒出的可怕古代見解，更確切的說，這是更古老就存在的事實。程式設計的藝術，是，也永遠是，一種語言設計的藝術。

程式設計大師在撰寫程式時，並不認為自己是在寫程式，而是在說故事。他們利用所選定的程式語言相關工具，幫助他們建造更豐富更有表達力的語言，讓這個語言可以用來說故事。這個特定領域語言的一部分是函式階級架構，也就是描述所有關於該系統所發生的行為。利用一些巧妙的遞迴技巧，這些行為使用它們定義的特定領域語言，來描述它們自己的那一小部份故事。

這個章節是說明如何將函式寫好的技法。如果你遵照其中的作法，你的函式會簡短、有良好的命名以及漂亮的結構。但永遠不要忘記你真正的目標是在描述系統的故事，而你撰寫的函式必須要整潔地結合在一起，形成一種清楚又精確的語言，來幫助你講述故事。

Listing 3-7 SetupTeardownIncluder.java

```
package fitnesse.html;

import fitnesse.responders.run.SuiteResponder;
import fitnesse.wiki.*;

public class SetupTeardownIncluder {
  private PageData pageData;
  private boolean isSuite;
  private WikiPage testPage;
  private StringBuffer newPageContent;
  private PageCrawler pageCrawler;


  public static String render(PageData pageData) throws Exception {
    return render(pageData, false);
  }

  public static String render(PageData pageData, boolean isSuite)
    throws Exception {
    return new SetupTeardownIncluder(pageData).render(isSuite);
  }

  private SetupTeardownIncluder(PageData pageData) {
    this.pageData = pageData;
    testPage = pageData.getWikiPage();
    pageCrawler = testPage.getPageCrawler();
    newPageContent = new StringBuffer();
  }
```

Listing 3-7（續） SetupTeardownIncluder.java

```
  private String render(boolean isSuite) throws Exception {
    this.isSuite = isSuite;
    if (isTestPage())
      includeSetupAndTeardownPages();
    return pageData.getHtml();
  }

  private boolean isTestPage() throws Exception {
    return pageData.hasAttribute("Test");
  }

  private void includeSetupAndTeardownPages() throws Exception {
    includeSetupPages();
    includePageContent();
    includeTeardownPages();
    updatePageContent();
  }

  private void includeSetupPages() throws Exception {
    if (isSuite)
      includeSuiteSetupPage();
    includeSetupPage();
  }

  private void includeSuiteSetupPage() throws Exception {
    include(SuiteResponder.SUITE_SETUP_NAME, "-setup");
  }

  private void includeSetupPage() throws Exception {
    include("SetUp", "-setup");
  }

  private void includePageContent() throws Exception {
    newPageContent.append(pageData.getContent());
  }

  private void includeTeardownPages() throws Exception {
    includeTeardownPage();
    if (isSuite)
      includeSuiteTeardownPage();
  }

  private void includeTeardownPage() throws Exception {
    include("TearDown", "-teardown");
  }

  private void includeSuiteTeardownPage() throws Exception {
    include(SuiteResponder.SUITE_TEARDOWN_NAME, "-teardown");
  }

  private void updatePageContent() throws Exception {
    pageData.setContent(newPageContent.toString());
  }
```

Listing 3-7（續） **SetupTeardownIncluder.java**

```
  private void include(String pageName, String arg) throws Exception {
    WikiPage inheritedPage = findInheritedPage(pageName);
    if (inheritedPage != null) {
      String pagePathName = getPathNameForPage(inheritedPage);
      buildIncludeDirective(pagePathName, arg);
    }
  }

  private WikiPage findInheritedPage(String pageName) throws Exception {
    return PageCrawlerImpl.getInheritedPage(pageName, testPage);
  }

  private String getPathNameForPage(WikiPage page) throws Exception {
    WikiPagePath pagePath = pageCrawler.getFullPath(page);
    return PathParser.render(pagePath);
  }

  private void buildIncludeDirective(String pagePathName, String arg) {
    newPageContent
      .append("\n!include ")
      .append(arg)
      .append(" .")
      .append(pagePathName)
      .append("\n");
  }
}
```

參考書目

[KP78]: Kernighan and Plaugher, *The Elements of Programming Style*, 2d. ed., McGraw-Hill, 1978.

[PPP02]: Robert C. Martin, *Agile Software Development: Principles, Patterns, and Practices*, Prentice Hall, 2002.

[GOF]: *Design Patterns: Elements of Reusable Object Oriented Software*, Gamma et al., Addison-Wesley, 1996.

[PRAG]: *The Pragmatic Programmer*, Andrew Hunt, Dave Thomas, Addison-Wesley, 2000.

[SP72]: *Structured Programming*, O.-J. Dahl, E. W. Dijkstra, C. A. R. Hoare, Academic Press, London, 1972.

第 4 章

註解

「不要替糟糕的程式碼寫註解 —— 重寫它」
——Brian W. Kernighan（布萊恩・格尼漢）和 P.J. Plaugher（普勞賀）[1]

沒有什麼可以比一段放對位置的註解，更能提供助益。沒有什麼可以比一段無聊教條式的註解，更能弄亂模組。也沒有什麼可比一段陳舊而混沌不清的註解，更能傳播傷害性的謊言及提供錯誤的資訊。

註解不像辛德勒名單（Schindler's List），它們並非「全然是好的」。事實上，在最好的情況下，註解也只不過是一種必要之惡。如果我們的程式語言有足夠的表達力，或者，

1 [KP78], p.144.

我們有天賦能細膩地運用這些語言來呈現我們的意圖，那麼我們就不需要太多的註解——也許我們根本不需要註解。

適當地使用註解是用來『彌補我們用程式碼表達意圖的失敗』。注意，我使用了**失敗**這個字眼，我是認真的。註解總是代表了失敗。我們需要註解，因為我們無法每次都找到不使用註解就能表達意圖的方法。但使用它們並不值得慶賀。

所以，當你發現你必須要寫註解的時候，先仔細思考，看看有沒有其它辦法來扭轉形勢，直接以程式碼來表達意圖。當每次你成功地以程式碼來表達意圖時，你應該讚美一下自己。當每次你需要撰寫註解時，你應該為了自己表達意圖的失敗感受而做個鬼臉。

為什麼我如此鄙視註解？因為它們說謊。雖然不是每次都這樣，也不是故意要這樣，但實在太常發生這樣的狀況。一個註解存在的時間越久，事實就越來越偏離當初的程式碼解釋，甚至可能完全就是個誤導。原因很簡單，因為程式設計師並沒有如實地維護它們。

程式碼會被修改和演化。程式區塊會被搬來搬去，有時候被分離，有時候被重製，有時候又重新結合在一起，形成獅頭羊身蛇尾的怪物（chimera）。不幸的是，註解無法每次都跟著一起移動——**沒辦法**永遠跟著移動，於是太常看到，註解和它原本要解釋的程式碼分開了，變成了孤單的段落，準確性也一再地降低。例如，看看以下的註解和它原本打算要說明的程式行，發生了什麼事：

```
MockRequest request;
private final String HTTP_DATE_REGEXP =
  "[SMTWF][a-z]{2}\\,\\s[0-9]{2}\\s[JFMASOND][a-z]{2}\\s"+
  "[0-9]{4}\\s[0-9]{2}\\:[0-9]{2}\\:[0-9]{2}\\sGMT";
private Response response;
private FitNesseContext context;
private FileResponder responder;
private Locale saveLocale;
// Example: "Tue, 02 Apr 2003 22:18:49 GMT"
```

其它的實體變數可能會在之後，被加入到 HTTP_DATE_REGEXP 常數和它的說明註解之間。

某些論點或許會強調，程式設計師理應要有一定的紀律，讓註解保持良好的修復性、相關性及準確性。我同意這個論點，他們的確應該要這樣做。但我更主張，把力氣花在讓程式變得更清楚易懂，這樣一來，從一開始就不需要註解的存在。

不準確的註解，遠比沒有註解還糟糕。它們欺騙、誤導我們，它們開了永遠不會兌現的空頭支票，它們留下了不需要，也不應該再被遵守的舊規定。

真相永遠只存在於一個地方：程式碼。只有程式碼能忠實地告訴你它的作用，它是唯一準確的事實來源。因此，雖然註解在某些時候是無法避免的，但我們應該竭盡所能，讓註解減至最少。

註解無法彌補糟糕的程式碼

寫註解的其中一個動機，是因為程式寫的太糟糕。我們想寫一個模組，知道它可能結構鬆散和令人困惑，我們知道這個模組一團亂，於是我們告訴自己：「喔喔，我最好為它寫個註解！」。錯了，你最好把它弄整潔。

整潔具有表達力又極少使用註解的程式碼，遠優於雜亂複雜又滿是註解的程式碼。與其花時間寫註解來解釋你所造成的混亂，不如花時間去整理那堆混亂的程式碼。

用程式碼表達你的本意

有時，程式碼在解釋本身行為時，並非一個好用的工具。不幸的是，許多程式設計師便因此認為，程式碼很少能（如果能的話）做好解釋這項工作。這顯然是錯誤的。你希望看到哪段程式碼？是這個：

```
// Check to see if the employee is eligible for full benefits
if ((employee.flags & HOURLY_FLAG) &&
    (employee.age > 65))
```

還是這個？

```
if (employee.isEligibleForFullBenefits())
```

只要多想個幾秒鐘，就能表達程式碼大部分的意圖。在大部份的情況下，你想要寫下的註解，都可以簡單地融入到建立的函式名稱當中。

有益的註解

有些註解是必要的或有益的。我們來看一些我認為值得佔用一些空間的註解。不過請記住，真正有益的註解，是你想辦法不寫它的註解。

法律型的註解

有時候，公司的程式撰寫標準規範，會強迫我們必須寫下某些關於法律方面的註解。舉例來說，在每個原始碼檔案的開頭寫入著作權聲明及作者資訊，就是必須且合理的註解。

例如，下面是 FitNesse 中，每個原始碼檔案開頭都會放置的標準註解。我可以非常開心的告訴你，我們的 IDE 會自動地收縮隱藏這些註解，並不會因此顯得雜亂。

```
// Copyright (C) 2003,2004,2005 by Object Mentor, Inc. All rights reserved.
// Released under the terms of the GNU General Public License version 2 or later.
```

像這樣的註解，內容不應該直接是契約或法律條款。如果可能的話，讓註解去參考一個標準的許可或其它的外部文件，會比直接將所有的條款及條件全都列在註解裡還好。

資訊型註解

有時候，透過註解提供一些基本資訊是非常有用的。例如，下面這個註解說明了一個抽象方法（abstract method）的回傳值：

```
// Returns an instance of the Responder being tested.
protected abstract Responder responderInstance();
```

像這樣的註解，有時是有幫助的，但如果可能的話，用函式的名稱去傳達訊息會是更好的作法。例如，將函式重新命名為 `responderBeingTested`，那此例的註解就變成是多餘的了。

這裡有個還不錯的例子：

```
// format matched kk:mm:ss EEE, MMM dd, yyyy
Pattern timeMatcher = Pattern.compile(
  "\\d*:\\d*:\\d* \\w*, \\w* \\d*, \\d*");
```

這個例子的註解讓我們知道，這個正規表示式是用來比對，被 `SimpleDateFormat.format` 利用特定格式，格式化後的時間和日期。同樣地，它還有更好、更清晰的作法，也就是將程式碼移到一個特別的類別裡，而該類別可以轉換日期和時間的格式。如此的話，註解也可能變成是多餘的了。

對意圖的解釋

有時候，註解不僅提供關於實作的有用資訊，也提供某個決定背後的意圖資訊。在接下來的例子裡，我們看到寫在註解裡的一個有趣決定。當在比較兩個物件時，作者決定把他的物件類別放置在比其它東西更高的排序位置。

```
public int compareTo(Object o)
{
  if(o instanceof WikiPagePath)
  {
    WikiPagePath p = (WikiPagePath) o;
    String compressedName = StringUtil.join(names, "");
    String compressedArgumentName = StringUtil.join(p.names, "");
    return compressedName.compareTo(compressedArgumentName);
  }
  return 1;  // we are greater because we are the right type.
}
```

這裡有個甚至更好的例子。你也許不會同意程式設計師對於這個問題的解法，但至少你可以瞭解他想要做什麼。

```
public void testConcurrentAddWidgets() throws Exception {
  WidgetBuilder widgetBuilder =
    new WidgetBuilder(new Class[]{BoldWidget.class});
  String text = "'''bold text'''";
  ParentWidget parent =
    new BoldWidget(new MockWidgetRoot(), "'''bold text'''");
  AtomicBoolean failFlag = new AtomicBoolean();
  failFlag.set(false);
  //This is our best attempt to get a race condition
  //by creating large number of threads.
  for (int i = 0; i < 25000; i++) {
    WidgetBuilderThread widgetBuilderThread =
      new WidgetBuilderThread(widgetBuilder, text, parent, failFlag);
    Thread thread = new Thread(widgetBuilderThread);
    thread.start();
  }
  assertEquals(false, failFlag.get());
}
```

闡明

有時候，註解把難解的參數或回傳值翻譯成具有可讀性的文字，這種註解是有幫助的。一般來說，如果可以讓參數和回傳值自我闡述清楚其本意，會是一個更好的選擇；但如果參數或回傳值是標準函式庫裡的一部份，或是某些你不能修改的程式碼，那麼加入一段幫助闡明的註解，就變得很有用處。

```
public void testCompareTo() throws Exception
{
  WikiPagePath a = PathParser.parse("PageA");
  WikiPagePath ab = PathParser.parse("PageA.PageB");
  WikiPagePath b = PathParser.parse("PageB");
  WikiPagePath aa = PathParser.parse("PageA.PageA");
  WikiPagePath bb = PathParser.parse("PageB.PageB");
  WikiPagePath ba = PathParser.parse("PageB.PageA");

  assertTrue(a.compareTo(a) == 0);    // a == a
  assertTrue(a.compareTo(b) != 0);    // a != b
  assertTrue(ab.compareTo(ab) == 0);  // ab == ab
  assertTrue(a.compareTo(b) == -1);   // a < b
  assertTrue(aa.compareTo(ab) == -1); // aa < ab
  assertTrue(ba.compareTo(bb) == -1); // ba < bb
  assertTrue(b.compareTo(a) == 1);    // b > a
  assertTrue(ab.compareTo(aa) == 1);  // ab > aa
  assertTrue(bb.compareTo(ba) == 1);  // bb > ba
}
```

當然，萬一闡明性的註解並不正確的話，那就冒了相當大的風險。回頭重讀上一個例子，會發現想證明註解的正確性是多麼的困難。這也解釋了為什麼闡明性的註解既是必要的，但又帶有風險。所以在寫這類的註解之前，請想想是否已經沒有其他的辦法了，所以才這樣做，然後請加倍注意這些註解的正確性。

對於後果的告誡

有時候，能警告其它程式設計師，會出現某種特殊後果的註解，也是有用的。例如，下面有段註解，說明了為何要將某個特定的測試案例關掉：

```
// Don't run unless you
// have some time to kill.
public void _testWithReallyBigFile()
{
  writeLinesToFile(10000000);

  response.setBody(testFile);
  response.readyToSend(this);
  String responseString = output.toString();
  assertSubString("Content-Length: 1000000000", responseString);
  assertTrue(bytesSent > 1000000000);
}
```

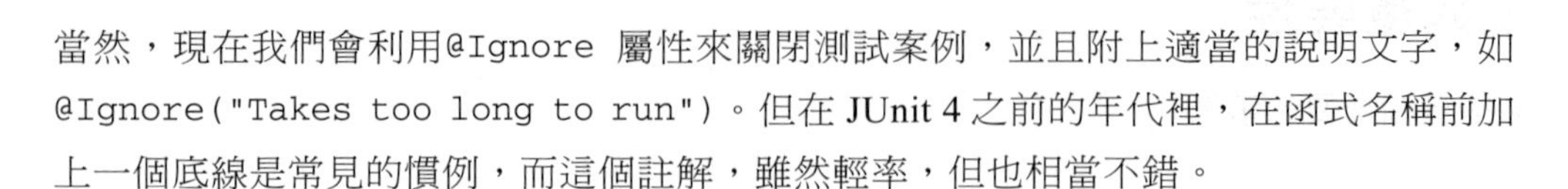

當然，現在我們會利用`@Ignore` 屬性來關閉測試案例，並且附上適當的說明文字，如`@Ignore("Takes too long to run")`。但在 JUnit 4 之前的年代裡，在函式名稱前加上一個底線是常見的慣例，而這個註解，雖然輕率，但也相當不錯。

這裡有另外一個更切中要害的例子：

```
public static SimpleDateFormat makeStandardHttpDateFormat()
{
  //SimpleDateFormat is not thread safe,
  //so we need to create each instance independently.
  SimpleDateFormat df = new SimpleDateFormat("EEE, dd MMM yyyy HH:mm:ss z");
  df.setTimeZone(TimeZone.getTimeZone("GMT"));
  return df;
}
```

你也許會抱怨，應該還有其它更好的辦法來解決這個問題，我可能會同意你的看法。但這個註解被放置於此，可說是相當有道理。因為它可以避免某些操之過急的程式設計師，為了追求更好的效率，而使用靜態初始器。

TODO（待辦事項）註解

以//TODO 的形式留下一些「待辦」的筆記在註解裡，某些時候是合理的行為。在接下來的例子裡，TODO 註解說明了為什麼要使用實作退化的函式，還有這個函式未來應該變成什麼樣子。

```
//TODO-MdM these are not needed
// We expect this to go away when we do the checkout model
protected VersionInfo makeVersion() throws Exception
{
  return null;
}
```

TODO（待辦事項）是程式設計師認為應該要完成的事情，但因為某些原因無法在此刻做到。這種註解可能是提醒移除過時的功能，或者請某人注意某個問題。也可能是請某人尋找更好的命名，或因著依賴於某個未來計劃而提醒所需要的修改。不管這樣的 TODO 目標是什麼，都不應該成為讓糟糕程式碼留在系統裡的藉口。

現今，大部份不錯的 IDE，都提供了特別的功能來找出所有的 TODO 註解，所以這些待辦事項不至於找不到。然而，你不會希望你的程式碼充斥著一堆 TODO，所以要定期地審視這些待辦事項，並且刪除已經不再需要的待辦事項。

放大重要性

某些無關緊要的事情，可以透過註解來放大其重要性。

```
String listItemContent = match.group(3).trim();
// the trim is real important. It removes the starting
// spaces that could cause the item to be recognized
// as another list.
new ListItemWidget(this, listItemContent, this.level + 1);
return buildList(text.substring(match.end()));
```

公共 API 裡的 Javadoc

沒有什麼能比一個良好描述的公共 API 更有用處和令人滿意了。Java 標準函式庫裡的 Javadoc，便是一個例子。如果沒有它們的話，我們撰寫 Java 程式將會有一定的難度。

如果你正在撰寫一個公共的 API，那你就應該替它寫一個良好的 Javadoc。但也要記住本章其他部分的建議，Javadoc 也可能像其它任何的註解一樣，產生誤導性、非區域性及非誠實性的現象。

糟糕的註解

大部份的註解都屬於這一類的註解。通常它們是爛程式的藉口，給爛程式撐腰，或是程式設計師的自言自語，只是為了不充份做出決定找個說詞。

喃喃自語

只因為你感覺你應該，所以你就撲通寫下一個註解，或是只因開發流程的要求，所以你就寫下一個註解，這是一種亂寫的行為。如果你決定要寫下註解，你就應該花上必要的時間，確保你寫出的是最好的註解。

例如，我在 FitNesse 裡找到如下的例子。原本這應該是個有用的註解，卻因為作者當初的急躁，或是不夠用心，他的喃喃自語變成了一個謎語：

```
public void loadProperties()
{
  try
  {
    String propertiesPath = propertiesLocation + "/" + PROPERTIES_FILE;
    FileInputStream propertiesStream = new FileInputStream(propertiesPath);
    loadedProperties.load(propertiesStream);
  }
  catch(IOException e)
  {
    // No properties files means all defaults are loaded
  }
}
```

在 catch 區塊裡的註解代表了什麼意義？很清楚地，它對作者代表了某些意義，但這個意義並沒有被很好的表達出來。明顯可見的是，如果執行時出現了 IOException，代表著找不屬性檔案；而在此狀況下，所有的預設值都會被載入。但誰會載入這些預設值呢？會在 loadProperties.load 之前載入嗎？還是等到 loadProperties.load 捕捉到例外之後，才載入預設值，然後將例外向上傳遞，我們在此可忽略這個例外？又或是 loadProperties.load 在嘗試載入檔案之前，先載入所有的預設值呢？寫上這段註解是否只是因為，作者在安慰自己，不要在意 catch 區塊留下了空白？或者是——這種可能最可怕——作者在提醒自己，晚些時候要回到這個區塊，補寫載入預設值的程式碼？

我們唯一的辦法，只有檢查系統裡其它部份的程式，才能知道到底發生了什麼事。任何未能與你做好溝通，強迫你去查看其它套件的註解，都是一種失敗的註解，也不值得我們浪費儲存空間去保留它。

多餘的註解

Listing 4-1 是一個含有開頭註解的簡單函式，這完全是個多餘的註解，讀這段註解可能比讀程式碼花上更多的時間。

Listing 4-1 waitForClose

```
// Utility method that returns when this.closed is true. Throws an exception
// if the timeout is reached.
public synchronized void waitForClose(final long timeoutMillis)
throws Exception
{
  if(!closed)
  {
    wait(timeoutMillis);
    if(!closed)
      throw new Exception("MockResponseSender could not be closed");
  }
}
```

這段註解提供了什麼？很明顯，它並沒有比程式碼本身透露出更多的訊息。它沒有解釋這段程式碼，也沒有提供這段程式碼的意圖或理由，它甚至比程式碼本身更難理解。事實上，這段註解比程式本身更不精確，誤導讀者接受不準確的資訊，而非真正的瞭解程式碼。這有點像一個過度誇耀的二手車銷售員，向你擔保你根本不需要檢查車蓋裡的東西。

現在來看看 Listing 4-2，從 Tomcat 摘取多餘而無用的 Javadoc。這些註解只會使程式碼凌亂及模糊其意圖，它們並不存在文件價值。更糟糕的是，我只列出了剛開始的一些程式碼，在整個模組中還有更多這樣的東西。

Listing 4-2 ContainerBase.java (Tomcat)

```
public abstract class ContainerBase
  implements Container, Lifecycle, Pipeline,
  MBeanRegistration, Serializable {

  /**
   * The processor delay for this component.
   */
  protected int backgroundProcessorDelay = -1;

  /**
   * The lifecycle event support for this component.
   */
  protected LifecycleSupport lifecycle =
    new LifecycleSupport(this);

  /**
   * The container event listeners for this Container.
   */
  protected ArrayList listeners = new ArrayList();

  /**
   * The Loader implementation with which this Container is
   * associated.
   */
  protected Loader loader = null;

  /**
   * The Logger implementation with which this Container is
   * associated.
   */
  protected Log logger = null;

  /**
   * Associated logger name.
   */
  protected String logName = null;

  /**
   * The Manager implementation with which this Container is
   * associated.
   */
  protected Manager manager = null;

  /**
   * The cluster with which this Container is associated.
   */
  protected Cluster cluster = null;
```

Listing 4-2（續） ContainerBase.java (Tomcat)

```
/**
 * The human-readable name of this Container.
 */
protected String name = null;

/**
 * The parent Container to which this Container is a child.
 */
protected Container parent = null;

/**
 * The parent class loader to be configured when we install a
 * Loader.
 */
protected ClassLoader parentClassLoader = null;

/**
 * The Pipeline object with which this Container is
 * associated.
 */
protected Pipeline pipeline = new StandardPipeline(this);

/**
 * The Realm with which this Container is associated.
 */
protected Realm realm = null;

/**
 * The resources DirContext object with which this Container
 * is associated.
 */
protected DirContext resources = null;
```

誤導型註解

有時候程式設計師在出自於好意的情況下，但卻寫下了不夠精確的註解。在 Listing 4-1 裡，我們可以看到另一個更多餘且誤導的註解。

你是否發現這個註解是如何誤導人的？**當** this.closed 變成 true，這個方法並未返回。這個方法只在**判斷**到 this.closed 是 true 時才會返回；其它的狀況，它會盲目等待一段時間，等待時間結束後，**如果** this.closed 依舊不是 true，這個方法會拋出一個例外。

這些細微的錯誤訊息，潛藏在註解裡面，使之比起程式碼本身，更難去閱讀。並且可能導致其它程式設計師無掛慮地呼叫此函式，並預期此函式在 this.closed 變為 true

時，會立即返回。那個可憐的程式設計師，最後可能在除錯工具裡默默地發現，為什麼他的程式執行得如此慢的真正原因。

規定型註解

如果有一條規則是這麼說的，每個函式都必須有一個 Javadoc，或每個變數都應該要有註解來說明，那麼這樣的規定就有夠傻的了。像這樣的註解，只會使得程式碼更加凌亂，傳遞更多的謊言，產生更多的困惑和製造散亂的程式結構。

例如，要求每個函式都擁有一個 Javadoc，就會產生如 Listing 4-3 一般，令人厭惡的註解。那些凌亂物沒有任何的價值，只會混淆程式碼，並製造潛在的謊言和誤導。

Listing 4-3

```
/**
 *
 * @param title The title of the CD
 * @param author The author of the CD
 * @param tracks The number of tracks on the CD
 * @param durationInMinutes The duration of the CD in minutes
 */
public void addCD(String title, String author,
                  int tracks, int durationInMinutes) {
  CD cd = new CD();
  cd.title = title;
  cd.author = author;
  cd.tracks = tracks;
  cd.duration = duration;
  cdList.add(cd);
}
```

日誌型註解

有時候，人們每次在開始編輯程式碼時，都會在模組的開頭加上一條註解。這些註解累積久了，便形成每次修改程式的日記或日誌。我曾經在某些模組裡，看過有著幾十頁像這類型的日誌項目。

```
* Changes (from 11-Oct-2001)
* --------------------------
* 11-Oct-2001 : Re-organised the class and moved it to new package
*               com.jrefinery.date (DG);
* 05-Nov-2001 : Added a getDescription() method, and eliminated NotableDate
*               class (DG);
* 12-Nov-2001 : IBD requires setDescription() method, now that NotableDate
*               class is gone (DG); Changed getPreviousDayOfWeek(),
*               getFollowingDayOfWeek() and getNearestDayOfWeek() to correct
```

```
*                bugs (DG);
* 05-Dec-2001 : Fixed bug in SpreadsheetDate class (DG);
* 29-May-2002 : Moved the month constants into a separate interface
*                (MonthConstants) (DG);
* 27-Aug-2002 : Fixed bug in addMonths() method, thanks to N???levka Petr (DG);
* 03-Oct-2002 : Fixed errors reported by Checkstyle (DG);
* 13-Mar-2003 : Implemented Serializable (DG);
* 29-May-2003 : Fixed bug in addMonths method (DG);
* 04-Sep-2003 : Implemented Comparable. Updated the isInRange javadocs (DG);
* 05-Jan-2005 : Fixed bug in addYears() method (1096282) (DG);
```

在很久以前，因為我們沒有原始碼管控系統，所以我們有很好的理由，在每個模組的開頭產生和維護這樣的日誌項目。然而如今，這些又臭又長的日誌，只會使得模組更雜亂和淆混。它們應該徹底被移除掉。

干擾型註解

有時候你會發現某些註解毫無用處，就只會干擾我們。它們重新陳述很明顯的事實，又沒有提供任何新的資訊。

```
/**
 * Default constructor.
 */
protected AnnualDateRule() {
}
```

沒有被干擾到，**真的嗎**？那這段程式碼又如何：

```
/** The day of the month. */
    private int dayOfMonth;
```

這裡還有個多餘註解的典範：

```
/**
 * Returns the day of the month.
 *
 * @return the day of the month.
 */
public int getDayOfMonth() {
  return dayOfMonth;
}
```

這些註解是如此地干擾我們的閱讀，所以我們都學會了忽略它們。當我們閱讀程式碼時，我們的眼光會單純地略過這些註解。最後，當註解周邊的程式碼被修改之後，註解便開始成了謊言。

Listing 4-4 的第一個註解看似恰當的[2]，它解釋了為何 `catch` 區塊被忽略，但第二個註解就是純粹的干擾性字眼。很明顯地，因為程式設計師沮喪地在函式中編寫 `try/catch` 區塊，所以他需要宣洩，因而寫下這些註解。

Listing 4-4 startSending

```
private void startSending()
{
  try
  {
    doSending();
  }
  catch(SocketException e)
  {
    // normal. someone stopped the request.
  }
  catch(Exception e)
  {
    try
    {
      response.add(ErrorResponder.makeExceptionString(e));
      response.closeAll();
    }
    catch(Exception e1)
    {
        //Give me a break!
    }
  }
}
```

與其宣洩在一個無用又會產生干擾的註解裡，程式設計師應該有另一個認知，透過改善程式的結構，他的沮喪就可以被排解。他應該將精力用來把最後的 `try/catch` 區塊，提出到單獨的函式裡，如 Listing 4-5 所示。

Listing 4-5 startSending（重構後）

```
private void startSending()
{
  try
  {
    doSending();
  }
  catch(SocketException e)
  {
    // normal. someone stopped the request.
  }
```

2 現今開發編輯器流行著檢查註解裡的拼字功能，這對常閱讀大量程式碼的我們，有著無比的助益。

Listing 4-5（續） startSending（重構後）

```
    catch(Exception e)
    {
      addExceptionAndCloseResponse(e);
    }
  }

  private void addExceptionAndCloseResponse(Exception e)
  {
    try
    {
      response.add(ErrorResponder.makeExceptionString(e));
      response.closeAll();
    }
    catch(Exception e1)
    {
    }
  }
```

將『製造干擾字詞的誘惑』轉化成『改善程式碼的決心』，你將發現自己成為一位更優秀且更快樂的程式設計師。

可怕的干擾

Javadoc 也可能是干擾的來源。以下的 Javadoc（擷取自一個著名的開放原始碼程式庫)的主要目的是什麼？答案是：一點意義都沒有。它們只是一些不應被要求，但卻被要求提供說明文件所造成的多餘性干擾型註解。

```
/** The name. */
private String name;

/** The version. */
private String version;

/** The licenceName. */
private String licenceName;

/** The version. */
private String info;
```

再次小心地重新閱讀這些註解，你是否看到因為複製貼上而造成的錯誤？如果作者對於他寫的（或貼上的）註解一點也不用心，那麼讀者還能期待，從註解中得到些什麼嗎？

當你可以使用函式或變數時就別使用註解

思考以下連綿不絕的程式碼：

```
// does the module from the global list <mod> depend on the
// subsystem we are part of?
if (smodule.getDependSubsystems().contains(subSysMod.getSubSystem()))
```

可以被改寫為沒有註解的程式碼：

```
ArrayList moduleDependees = smodule.getDependSubsystems();
String ourSubSystem = subSysMod.getSubSystem();
if (moduleDependees.contains(ourSubSystem))
```

原本程式碼的作者可能（不太像）是先把註解寫好，然後為了滿足註解而去撰寫程式碼。不過，作者接著應該像我一樣進行程式碼的重構，讓註解可以被移除。

位置的標誌物

有時候，程式設計師喜歡在原始檔裡標記某個特別的地方。舉例來說，最近在閱讀程式的時候，我發現了這樣的一行註解：

```
// Actions //////////////////////////////////
```

只有在某些極少的特殊情況下，利用這樣的橫幅旗幟來聚集某些特定的函式，才是一種合理的行為。但通常，它們只是一種凌亂物，應該被移除 —— 特別是在註解結尾處有一長串無意義的斜線時。

試著以這樣的方式去思考。當你不常見到橫幅旗幟，那麼一個橫幅旗幟對你來說，就會是驚訝的且明顯的。所以請謹慎一點使用它們，只有當使用效果非常顯著時才使用它們。如果你過度使用橫幅旗幟，他們就會變成被你忽略的一種背景陪襯物而已。

右大括號後面的註解

某些時候，程式設計師會在結尾右大括號 "}" 的地方，留下一些特別的註解，如 Listing 4-6 所示。這對一個較長且有著深層巢狀結構的函式而言，可能是有意義的，但對於偏好短小封裝型函式的我們而言，只會造成凌亂。所以，如果當你覺得需要在結尾右大括號處留下註解，不如試著簡短你的函式來取代這樣的行為。

Listing 4-6 wc.java

```
public class wc {
  public static void main(String[] args) {
    BufferedReader in = new BufferedReader(new InputStreamReader(System.in));
    String line;
    int lineCount = 0;
    int charCount = 0;
    int wordCount = 0;
    try {
      while ((line = in.readLine()) != null) {
        lineCount++;
        charCount += line.length();
        String words[] = line.split("\\W");
        wordCount += words.length;
      } //while
      System.out.println("wordCount = " + wordCount);
      System.out.println("lineCount = " + lineCount);
      System.out.println("charCount = " + charCount);
    } // try
    catch (IOException e) {
      System.err.println("Error:" + e.getMessage());
    } //catch
  } //main
}
```

出處及署名

```
/* Added by Rick */
```

原始碼管控系統非常專精於程式碼修改過程的記錄，對於某人於什麼時間加入了什麼程式碼，都能記得相當清楚，沒有必要用小小的署名來汙染你的程式碼。你也許會覺得這種註解，在需要知道是"誰"可以協助討論程式碼的時候，相當有用。但就現實面來說，這些註解放在那裏年復一年，也變得越來越不準確且與原作者不相關了。

再一次強調，想儲存此類的資訊，原始碼管控系統會是一個比較好的選擇。

被註解起來的程式碼

這裡有一些把程式碼註解掉的作為，這是很討人厭的，不要這樣做！

```
    InputStreamResponse response = new InputStreamResponse();
    response.setBody(formatter.getResultStream(), formatter.getByteCount());
//  InputStream resultsStream = formatter.getResultStream();
//  StreamReader reader = new StreamReader(resultsStream);
//  response.setContent(reader.read(formatter.getByteCount()));
```

當別人看到這些被註解掉的程式碼時，會沒有勇氣刪除它們。他們會覺得這些程式碼被留著一定有它的理由，因為很重要所以不能將它們刪除。所以這些被註解掉的程式碼，就像是一瓶壞掉的葡萄酒，在瓶底所沉澱的殘渣。

來看看 apache（阿帕契）公共庫裡的程式碼：

```
this.bytePos = writeBytes(pngIdBytes, 0);
//hdrPos = bytePos;
writeHeader();
writeResolution();
//dataPos = bytePos;
if (writeImageData()) {
    writeEnd();
    this.pngBytes = resizeByteArray(this.pngBytes, this.maxPos);
}
else {
    this.pngBytes = null;
}
return this.pngBytes;
```

為什麼那兩行程式要被註解起來？它們很重要嗎？它們是作為未來即將修改時的提示嗎？或者它們只是某人於多年前將之註解起來，但又懶得清理的不相關或不想要的程式碼。

在過去曾有一段時間，約略在 60 年代的時候，被註解掉的程式碼可能是有用的資訊。但我們現在已經擁有優良原始碼管控系統很久了，這些系統會替我們記錄程式碼的編修歷史軌跡，我們再也不需要去註解掉這些程式碼，直接刪掉這些程式碼吧，我保證這些程式碼不會不見的。

HTML 型式的註解

原始碼裡有 HTML 型式的註解，是相當令人厭惡的，你可以從以下的程式碼瞭解到其惱人的程度。它讓某個地方裡（編輯器或 IDE 裡）本來易讀的註解，變得難以閱讀。如果註解要被某些工具（例如 Javadoc）提取出來成為網頁，那麼把這些註解以適當的 HTML 裝飾起來應該是工具的責任，而不是程式設計師的責任。

```
/**
 * Task to run fit tests.
 * This task runs fitnesse tests and publishes the results.
 * <p/>
 * <pre>
 * Usage:
 * &lt;taskdef name=&quot;execute-fitnesse-tests&quot;
 *     classname=&quot;fitnesse.ant.ExecuteFitnesseTestsTask&quot;
 *     classpathref=&quot;classpath&quot; /&gt;
```

```
* OR
* &lt;taskdef classpathref=&quot;classpath&quot;
*            resource=&quot;tasks.properties&quot; /&gt;
* <p/>
* &lt;execute-fitnesse-tests
*     suitepage=&quot;FitNesse.SuiteAcceptanceTests&quot;
*     fitnesseport=&quot;8082&quot;
*     resultsdir=&quot;${results.dir}&quot;
*     resultshtmlpage=&quot;fit-results.html&quot;
*     classpathref=&quot;classpath&quot; /&gt;
* </pre>
*/
```

非區域性的資訊

如果你非得要寫註解，那就要確保它只會用來描述附近的程式碼。不要在一個區域性的註解裡，提供整個系統的全域資訊。例如，下面的 Javadoc 註解。它是個可怕的冗餘，提供了關於預設連接埠的資訊，這是個離題的事實。不過，這個函式完全沒有控制預設值該是什麼，這個註解不是用來說明這個函式的，而是另一個系統裡離這個區塊很遠的函式。想當然爾，這裡也沒有保證，當含有預設值資訊的程式改變時，這裡的註解也會跟著修改。

```
/**
 * Port on which fitnesse would run. Defaults to <b>8082</b>.
 *
 * @param fitnessePort
 */
public void setFitnessePort(int fitnessePort)
{
  this.fitnessePort = fitnessePort;
}
```

過多的資訊

不要把一些有趣的歷史討論記錄，或是一些不相關的細節描述，放進你的註解裡。下述的註解是從測試函式是否正確編碼及解碼 base64 的模組中所擷取出來的。正在閱讀程式的人，除了 RFC 的文件編號以外，根本不需要理解註解裡難懂的訊息。

```
/*
   RFC 2045 - Multipurpose Internet Mail Extensions (MIME)
   Part One: Format of Internet Message Bodies
   section 6.8. Base64 Content-Transfer-Encoding
   The encoding process represents 24-bit groups of input bits as output
   strings of 4 encoded characters. Proceeding from left to right, a
   24-bit input group is formed by concatenating 3 8-bit input groups.
   These 24 bits are then treated as 4 concatenated 6-bit groups, each
   of which is translated into a single digit in the base64 alphabet.
```

```
    When encoding a bit stream via the base64 encoding, the bit stream
    must be presumed to be ordered with the most-significant-bit first.
    That is, the first bit in the stream will be the high-order bit in
    the first 8-bit byte, and the eighth bit will be the low-order bit in
    the first 8-bit byte, and so on.
  */
```

不顯著的關聯

註解及被描述的程式碼之間的關聯應該是顯而易見的。如果你遇到了麻煩，所以要寫註解，那你至少要讓讀者有辦法看出註解與程式碼之間的關係，這樣才能理解註解在說些什麼。

例如，下面是一個從 apache 公共庫所取得的註解。

```
/*
 * start with an array that is big enough to hold all the pixels
 * (plus filter bytes), and an extra 200 bytes for header info
 */
this.pngBytes = new byte[((this.width + 1) * this.height * 3) + 200];
```

過濾位元組是什麼？和+1 有關係嗎？或者跟*3 有關係呢？還是和兩者都有關係？一個像素是用一個位元組來表示嗎？為什麼是 200？註解的目的在於說明無法表達本意的程式碼。如果連註解本身都需要額外的解釋，那真是一件遺憾的事。

函式的標頭

簡短的函式並不需要太多的描述。替只做一件事的小型函式挑選一個好的名稱，通常比『將註解寫在函式標頭』來得更優。

非公共程式碼裡的 Javadoc

儘管 Javadoc 對於公共 API 是有幫助的，但對於不想成為公共的程式碼，那就不是這麼回事了。替系統裡的類別和函式產生 Javadoc 頁面，並非在各種狀況下都適用，而且拘泥在 Javadoc 所要求的額外格式，通常只會產生一些無關又不想要的廢物，分散人們的注意力而已。

範例

我替第一個 *XP Immersion* 課程[3]寫了一個模組套件放在 Listing 4-7 裡。原先最初的本意是當作糟糕程式碼和註解風格的範例。Kent Beck 後來在一群熱情的學生面前，重構了這段程式，使之變成令人愉快的程式碼。不久後，我在拙著《*Agile Software Development: Principles, Patterns, and Practices*（中譯本：敏捷軟體開發：原則、樣式及實務）》以及我第一篇發表於軟體開發（*Software Development*）雜誌的巧匠（*Craftsman*）文章中，皆採用了這個範例，我發現這個模組迷人的地方在於，在過去一段時間，我們很多人都認為它具備了「良好的說明文件」，但我們現在再來看它，卻覺得它是一小團混亂。看看你能找出多少個關於註解的問題。

Listing 4-7 GeneratePrimes.java

```
/**
 * This class Generates prime numbers up to a user specified
 * maximum. The algorithm used is the Sieve of Eratosthenes.
 * <p>
 * Eratosthenes of Cyrene, b. c. 276 BC, Cyrene, Libya --
 * d. c. 194, Alexandria. The first man to calculate the
 * circumference of the Earth. Also known for working on
 * calendars with leap years and ran the library at Alexandria.
 * <p>
 * The algorithm is quite simple. Given an array of integers
 * starting at 2. Cross out all multiples of 2. Find the next
 * uncrossed integer, and cross out all of its multiples.
 * Repeat untilyou have passed the square root of the maximum
 * value.
 *
 * @author Alphonse
 * @version 13 Feb 2002 atp
 */
import java.util.*;

public class GeneratePrimes
{
  /**
   * @param maxValue is the generation limit.
   */
  public static int[] generatePrimes(int maxValue)
  {
    if (maxValue >= 2) // the only valid case
    {
      // declarations
      int s = maxValue + 1; // size of array
      boolean[] f = new boolean[s];
      int i;
```

[3] 譯注 1：ObjectMentor 開設的一個關於極限程式設計的課程

Listing 4-7（續） GeneratePrimes.java

```
        // initialize array to true.
        for (i = 0; i < s; i++)
          f[i] = true;

        // get rid of known non-primes
        f[0] = f[1] = false;

        // sieve
        int j;
        for (i = 2; i < Math.sqrt(s) + 1; i++)
        {
          if (f[i]) // if i is uncrossed, cross its multiples.
          {
            for (j = 2 * i; j < s; j += i)
              f[j] = false; // multiple is not prime
          }
        }

        // how many primes are there?
        int count = 0;
        for (i = 0; i < s; i++)
        {
          if (f[i])
            count++; // bump count.
        }

        int[] primes = new int[count];

        // move the primes into the result
        for (i = 0, j = 0; i < s; i++)
        {
          if (f[i]) // if prime
            primes[j++] = i;
        }

        return primes; // return the primes
      }
      else // maxValue < 2
        return new int[0]; // return null array if bad input.
    }
  }
```

在 Listing 4-8 裡，你會看到一個同一模組重構後的版本。請注意，關於註解的使用已經被明顯地限制住，在整個模組裡只有兩個註解，這兩個註解都具有足夠的說明性。

Listing 4-8 PrimeGenerator.java（重構後）

```
/**
 * This class Generates prime numbers up to a user specified
 * maximum. The algorithm used is the Sieve of Eratosthenes.
 * Given an array of integers starting at 2:
 * Find the first uncrossed integer, and cross out all its
```

Listing 4-8(續) PrimeGenerator.java(重構後)

```
 * multiples. Repeat until there are no more multiples
 * in the array.
 */

public class PrimeGenerator
{
  private static boolean[] crossedOut;
  private static int[] result;

  public static int[] generatePrimes(int maxValue)
  {
    if (maxValue < 2)
      return new int[0];
    else
    {
      uncrossIntegersUpTo(maxValue);
      crossOutMultiples();
      putUncrossedIntegersIntoResult();
      return result;
    }
  }

  private static void uncrossIntegersUpTo(int maxValue)
  {
    crossedOut = new boolean[maxValue + 1];
    for (int i = 2; i < crossedOut.length; i++)
      crossedOut[i] = false;
  }

  private static void crossOutMultiples()
  {
    int limit = determineIterationLimit();
    for (int i = 2; i <= limit; i++)
      if (notCrossed(i))
        crossOutMultiplesOf(i);
  }

  private static int determineIterationLimit()
  {
    // Every multiple in the array has a prime factor that
    // is less than or equal to the root of the array size,
    // so we don't have to cross out multiples of numbers
    // larger than that root.
    double iterationLimit = Math.sqrt(crossedOut.length);
    return (int) iterationLimit;
  }

  private static void crossOutMultiplesOf(int i)
  {
    for (int multiple = 2*i;
         multiple < crossedOut.length;
         multiple += i)
      crossedOut[multiple] = true;
  }
```

Listing 4-8（續） PrimeGenerator.java（重構後）

```
    private static boolean notCrossed(int i)
    {
      return crossedOut[i] == false;
    }

    private static void putUncrossedIntegersIntoResult()
    {
      result = new int[numberOfUncrossedIntegers()];
      for (int j = 0, i = 2; i < crossedOut.length; i++)
        if (notCrossed(i))
          result[j++] = i;
    }

    private static int numberOfUncrossedIntegers()
    {
      int count = 0;
      for (int i = 2; i < crossedOut.length; i++)
        if (notCrossed(i))
          count++;

      return count;
    }
  }
```

我們容易去爭論第一段的註解是多餘的，因為它讀起來非常像 generatePrimes 函式本身。然而，我認為這個註解可以用來幫助讀者瞭解演算法，所以我傾向把這段註解留著。

第二個註解幾乎可以確定是必要的，它解釋了為什麼使用平方根當作迴圈終止條件的原理。我無法找到一個簡單的變數名稱，也找不到不同的程式碼結構，可以清楚地描寫這個重點。從另一方面來說，使用平方根法，也可能只是我的個人想法。在限制迴圈執行次數不大於平方根的情況下，我是否真的省到那麼多時間？會不會計算平方根的時間，比我省下來的時間更多呢？

這的確是個值得好好思考的問題。使用平方根當作迴圈執行次數的上限，讓身為古早 C 語言及組合語言駭客的我，感到了一定程度的滿意。但我並不認為，每個人都值得多花時間和精力來瞭解其中的原理。

參考書目

[KP78]: Kernighan and Plaugher, *The Elements of Programming Style*, 2d. ed., McGraw-Hill, 1978.

第5章

編排

當人們打開並查看底層的程式時，我們希望他們因為原始碼的整齊、一致及注意細節而感到印象深刻。我們要他們因為程式碼的井然有序而感到驚訝。我們要他們在捲動而端看模組時，眉毛會不由自主的上揚。我們要他們感受到這份程式是由專業人士所撰寫。反之，如果他們看到的是一團雜亂的程式，看起來就像是由一群喝醉的水手所撰寫的，那麼他們很可能會斷定，這樣不細心的行為必然會遍及專案的每個角落。

你應該好好照顧你的程式，確保它有著良好的編排。你應該選擇一些簡單的規則，來管理好程式的編排，並持續地運用這些規則。如果你正在一個團隊裡工作，那整個團隊應該同意使用統一的編排規則，然後所有的成員都遵循著這套規則。這樣一來，自動化工具就可以利用這些規則，替你處理程式的編排。

編排的目的

首先，讓我們先明瞭一件事。程式的編排是很*重要的*。因為太重要，所以我們不能忽略它，也因為太重要，所以我們必須嚴肅加以看待。程式的編排是一種溝通方式，而溝通是專業開發者的首要之務。

也許你覺得「讓程式碼能工作」才是專業開發者的首要之務。然而，我希望從現在開始，這本書能夠讓你重新反思這個想法。你今天開發的功能，極可能在下次的釋出版本被修改，然而程式碼的可讀性，將會對以後每個可能的改變，產生深遠的影響。程式碼的風格和可讀性，會在程式中立下先例，持續地影響程式的可維護性及可擴充性，就算程式碼已經被修改到無法認出原本的面貌，或者程式碼已經消失，你的程式風格和紀律依然會存在。

那麼，什麼樣的編排風格最能夠有效地幫助我們進行溝通？

垂直的編排

讓我們先從垂直的大小開始說起。一個原始碼檔案應該多大才好？在 Java 裡面，檔案大小幾乎和類別的大小相去不遠。當我們講到類別的時候（第 10 章），我們會討論到類別的大小，在這個時候，我們只考慮到檔案的大小。

那麼大多數的 Java 原始檔有多大呢？事實證明，檔案大小的範圍非常廣，而且有某些明顯不同的風格，圖 5-1 顯示出有哪些不同的地方。

圖 5-1 顯示了七個不同的專案，包括 Junit、FitNesse、testing、Time and Money、JDepend、Ant 和 Tomcat。圖中穿越矩形方塊的垂直線兩端，告訴我們在不同的專案裡，最小和最大的檔案長度。而矩形方塊，則約代表 1/3（一個標準偏離差[1]）的檔案，而矩形方塊的

---

[1] 圖中的矩形方塊，代表由平均值向上和向下各一半的標準差大小。是的，我知道檔案長度的大小分佈，並不是一種常態分佈，所以這樣的標準偏離差在數學上並不準確。但我們在這裡並不追求絕對的精準，我們只是想要感覺檔案的大小而已。

中間位置，就是檔案大小的平均值。所以 FitNesse 專案裡的檔案大小平均約略是 65 行，然後有 1/3 的檔案大小落在四十行和一百多行之間。在 FitNesse 裡最大的檔案大小約略是 400 行，而最小的則只有 6 行。請注意，垂直的圖表刻度是對數，因此垂直的微小差異，在絕對大小上，意味著極大的差異。

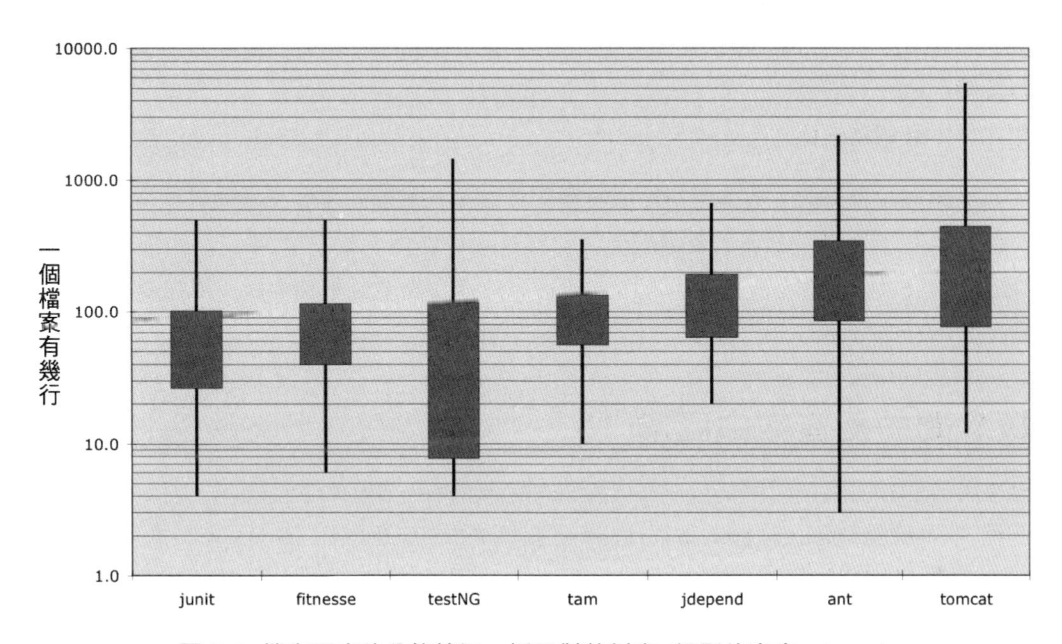

圖 5-1 檔案長度的分佈情況，採用對數刻度 (矩形的高度=sigma)

Junit、FitNesse 和 Time and Money（tam）是由相對較小的檔案所組成。這三個專案都沒有超過 500 行的檔案，而且大多數的檔案都少於 200 行。另一方面，在 Tomcat 和 Ant 裡，有一些檔案的大小是數千行，而且有將近一半的檔案大小都超過 200 行。

這意味著什麼？這似乎是在告訴我們，想建造重要的大型系統（FitNesse 約略有 50,000 行程式碼），如果只使用大多數 200 行，最長不超過 500 行的程式碼檔案，還是可以辦得到。雖然這不該是硬性的規定，但也是值得可取的規定。簡短的程式檔往往比大型的程式檔更容易讓人理解。

報紙的啟發

想想一篇寫得很棒的報紙文章，你從上往下地閱讀它。在報紙的上方，你期待看到頭條的敘述，告訴你整篇報導在談論些什麼，讓你可以決定是否要繼續閱讀。接著第一段文章描述了整篇報導的概要，細節資訊先被隱藏了起來，第一段只告訴你粗略的概念。在你持續向下閱讀的同時，你會慢慢發現所有的細節都一一的浮現，直到你了解所有的日期、姓名、引言、主張或其它芝麻蒜皮的小事。

我們希望原始檔內容就像報紙的報導文章，程式裡的名稱簡單易懂，又具有足夠的說明性。名稱應該足以告訴我們，是否已經位在正確的模組中。在原始檔的最上方，能夠提供高階的概念和演算法，在我們往下閱讀的時候，程式的細節會慢慢地呈現，直到發現原始檔中最低階的函式及細節為止。

一份報紙是由好幾篇文章所組成；大部份的文章都相當簡短，有些稍長一點，只有非常少數的文章會佔滿一整頁的報紙版面，這樣的編排使得報紙是**有用的**。如果一份報紙只有一篇冗長的故事，故事是由凌亂的事實、日期和姓名聚集而組成，那我們根本就不會想閱讀它。

概念間的垂直空白區隔

幾乎所有的程式都是從左至右，由上往下的閱讀。每一行程式碼都代表一個表達式或某個程式子句，還有每一段程式碼都代表一個完整的思緒。應該用空白行來分隔這些思緒。

以 Listing 5-1 為例。這裡利用空白行來分隔套件（package）的宣告、類別庫的引入及不同的函式。這個非常簡單的規則，會對程式碼的視覺版面造成一個深遠的影響。每一個空白行代表一個視覺上的提示，提示著空白行的後方將接續一個新而不同的概念。當你仔細向下閱讀程式碼時，你的眼光會被吸引到空白行之後的第一行。

Listing 5-1 BoldWidget.java

```
package fitnesse.wikitext.widgets;

import java.util.regex.*;

public class BoldWidget extends ParentWidget {
  public static final String REGEXP = "'''.+?'''";
  private static final Pattern pattern = Pattern.compile("'''(.+?)'''",
    Pattern.MULTILINE + Pattern.DOTALL
  );

  public BoldWidget(ParentWidget parent, String text) throws Exception {
    super(parent);
    Matcher match = pattern.matcher(text);
    match.find();
    addChildWidgets(match.group(1));
  }
```

Listing 5-1（續） BoldWidget.java

```
    public String render() throws Exception {
      StringBuffer html = new StringBuffer("<b>");
      html.append(childHtml()).append("</b>");
      return html.toString();
    }
  }
```

在 Listing 5-2 中，空白行被刪除了，造成程式碼的可讀性明顯失焦了。

Listing 5-2 BoldWidget.java

```
  package fitnesse.wikitext.widgets;
  import java.util.regex.*;
  public class BoldWidget extends ParentWidget {
    public static final String REGEXP = "'''.+?'''";
    private static final Pattern pattern = Pattern.compile("'''(.+?)'''",
      Pattern.MULTILINE + Pattern.DOTALL);
    public BoldWidget(ParentWidget parent, String text) throws Exception {
      super(parent);
      Matcher match = pattern.matcher(text);
      match.find();
      addChildWidgets(match.group(1));}
    public String render() throws Exception {
      StringBuffer html = new StringBuffer("<b>");
      html.append(childHtml()).append("</b>");
      return html.toString();
    }
  }
```

當你的眼光不再專注時，這樣的效應會更明顯。在第一個例子裡，每個不同的程式區塊都會引起你的注意，然而，第二個例子似乎是把不同的概念給混在一起。但其實，這兩個程式碼之間的區別，只有垂直的空白空間而已。

垂直密度

如果垂直空白區分開了各個概念，那麼垂直密度則意味著密切相關的程度。所以一群程式碼之間如果密切相關的話，它們就該是垂直緊密的。注意看 Listing 5-3 的無用註解，是如何切開兩個變數的關聯性。

Listing 5-3

```
public class ReporterConfig {

  /**
   * The class name of the reporter listener
   */
  private String m_className;

  /**
   * The properties of the reporter listener
   */
  private List<Property> m_properties = new ArrayList<Property>();

  public void addProperty(Property property) {
    m_properties.add(property);
}
```

Listing 5-4 容易閱讀多了，它剛好處於「視線範圍內」，至少對我來說是這樣。我不需要移動我的頭和眼睛，就可以看到並瞭解到，這是一個含有兩個變數及一個方法的類別。而上一個程式碼範例，則讓我必須移動不少次的眼睛及頭，才能夠達到相同程度的理解。

Listing 5-4

```
public class ReporterConfig {
  private String m_className;
  private List<Property> m_properties = new ArrayList<Property>();

  public void addProperty(Property property) {
    m_properties.add(property);
  }
```

垂直距離

你是否曾經像小狗追著自己的尾巴一樣，在一個類別裡不斷循環地尋找，從一個函式跳到另一個函式，在原始檔裡上下捲動，試著推敲這些函式和什麼事物相關、如何運作，最後卻如同身處於老鼠窩般的困惑？你是否曾經想要找出定義中的變數或函式的繼承關係？這實在是讓人感到沮喪的，因為你試著想要瞭解整個系統到底在**做什麼**，但你卻花上大把的時間及腦力，想辦法去找出和記住這些片斷的程式放**在哪裡**。

具有極度類似的概念，在程式的垂直編排上，應該盡可能的靠近[G10]。很明顯的，這項準則在同概念但分散於不同檔案的情形下並不適用。但除非你有一個很好的理由，否則相近的概念不該被分散在不同的檔案裡。的確，本段所描述的準則，也是避免使用 protected 變數（保護級變數）的理由之一。

那些因為相近而被放置在同一份原始檔的概念，它們之間的垂直分隔應該變成一種度量，用來衡量它們對彼此的了解有多重要。我們應該避免迫使讀者在不同的檔案和類別間，跳來跳去地閱讀。

變數宣告（Variable Declarations）：變數的宣告應該盡可能靠近變數被使用的地方，因為我們的函式非常簡短，所以區域變數應該在每個函式的最上方進行宣告，就像這個在 Junit 4.3.1 專案裡找到的稍長函式一樣。

```
private static void readPreferences() {
  InputStream is= null;
  try {
    is= new FileInputStream(getPreferencesFile());
    setPreferences(new Properties(getPreferences()));
    getPreferences().load(is);
  } catch (IOException e) {
    try {
      if (is != null)
        is.close();
    } catch (IOException e1) {
    }
  }
}
```

迴圈的控制變數應該在迴圈敘述裡宣告，就像這個從相同專案裡找到的簡短可愛函式一樣。

```
public int countTestCases() {
  int count= 0;
  for (Test each: tests)
    count += each.countTestCases();
  return count;
}
```

在某些極少數的情況下，稍長函式裡的變數可能會宣告在程式區塊的最上方，或是在迴圈開始之前。在以下的程式碼中，你可以看到類似的變數宣告，這個程式碼是由 TestNG 中某一個相當冗長的函式中間所取出的程式片段。

```
...
for (XmlTest test : m_suite.getTests()) {
      TestRunner tr = m_runnerFactory.newTestRunner(this, test);
      tr.addListener(m_textReporter);
      m_testRunners.add(tr);

      invoker = tr.getInvoker();
```

```
        for (ITestNGMethod m : tr.getBeforeSuiteMethods()) {
          beforeSuiteMethods.put(m.getMethod(), m);
        }

        for (ITestNGMethod m : tr.getAfterSuiteMethods()) {
          afterSuiteMethods.put(m.getMethod(), m);
        }
      }
  ...
```

實體變數（Instance variables）：從另一方面來說，實體變數應該被宣告在類別的上方。這並不會增加這些變數的垂直距離，因為在一個設計良好的類別裡，許多（如果不是全部）該類別的方法都會使用到這些實體變數。

實體變數應該被擺放在哪個地方，一直以來有著不少的辯論。在 C++裡，我們通常實踐所謂的***剪刀準則***（scissors rule），這個準則把所有的實體變數都放置於類別的最下方。然而在 Java 裡的常規，則是將它們都放在類別的最上方。我認為沒有其它理由再去遵循其它的常規，因為最重要的是，實體變數應該被宣告在一個大家都熟悉的地方，這樣，大家就應該知道要到哪裡去尋找這些宣告資訊。

思考一下，在 JUnit 4.3.1 的 `TestSuite` 類別，這是個奇怪的例子。我已經大量的削減這個類別，使它能切中要點的進行說明。如果你讀到下列程式碼的一半位置，你會看到有兩個實體變數在這裡被宣告。要把它們放在更好的地方，可能有點難度。讀這段程式碼的人，只能意外地偶而發現這裡有兩個宣告（就像我一樣）。

```
public class TestSuite implements Test {
  static public Test createTest(Class<? extends TestCase> theClass,
                                String name) {
    ...
  }

  public static Constructor<? extends TestCase>
  getTestConstructor(Class<? extends TestCase> theClass)
  throws NoSuchMethodException {
     ...
  }

  public static Test warning(final String message) {
    ...
  }

  private static String exceptionToString(Throwable t) {
    ...
  }

  private String fName;
```

```
  private Vector<Test> fTests= new Vector<Test>(10);

  public TestSuite() {
  }

  public TestSuite(final Class<? extends TestCase> theClass) {
    ...
  }

  public TestSuite(Class<? extends TestCase> theClass, String name) {
    ...
  }
  ... ... ... ... ...
}
```

相依的函式（Dependent Functions）：如果某個函式呼叫了另外一個函式，那麼這兩個函式，在垂直的編排上要盡可能地靠近，而且如果可行的話，呼叫敘述應該要在被呼叫函式的上方，這能使得程式本身有自然的順序。如果確實地遵循這個慣例，讀者能夠確信函式的定義，很快就會出現在呼叫敘述的後段程式碼裡。例如從 FitNesse 裡取出的程式碼片段 Listing 5-5。注意到最上方的函式是如何呼叫其下方的函式，接著其下方函式又依次再呼叫了更下方的函式。這使得我們更容易去尋找到被呼叫的函式，並大大的增加了整個模組的可讀性。

Listing 5-5 WikiPageResponder.java

```
public class WikiPageResponder implements SecureResponder {
  protected WikiPage page;
  protected PageData pageData;
  protected String pageTitle;
  protected Request request;
  protected PageCrawler crawler;

  public Response makeResponse(FitNesseContext context, Request request)
    throws Exception {
    String pageName = getPageNameOrDefault(request, "FrontPage");
    loadPage(pageName, context);
    if (page == null)
      return notFoundResponse(context, request);
    else
      return makePageResponse(context);
  }

  private String getPageNameOrDefault(Request request, String defaultPageName)
  {
    String pageName = request.getResource();
    if (StringUtil.isBlank(pageName))
      pageName = defaultPageName;
    return pageName;
  }
```

Listing 5-5（續） WikiPageResponder.java

```
  protected void loadPage(String resource, FitNesseContext context)
    throws Exception {
    WikiPagePath path = PathParser.parse(resource);
    crawler = context.root.getPageCrawler();
    crawler.setDeadEndStrategy(new VirtualEnabledPageCrawler());
    page = crawler.getPage(context.root, path);
    if (page != null)
      pageData = page.getData();
  }

  private Response notFoundResponse(FitNesseContext context, Request request)
    throws Exception {
    return new NotFoundResponder().makeResponse(context, request);
  }

  private SimpleResponse makePageResponse(FitNesseContext context)
    throws Exception {
    pageTitle = PathParser.render(crawler.getFullPath(page));
    String html = makeHtml(context);

    SimpleResponse response = new SimpleResponse();
    response.setMaxAge(0);
    response.setContent(html);
    return response;
  }
...
```

稍微離題一下，這個程式片段，提供了一個保持常數在適當層次的良好案例[G35]。"FrontPage"這個常數，可以埋藏在 getPageNameOrDefault 函式裡。然而這樣子作，就會把大家預期的常數隱藏在一個不適當的低層次函式中，這不是我們希望看到的。比較好的作法應該是，將常數宣告放在一個大家比較容易找到的地方，再將之傳遞到真正使用這個常數的地方。

概念相似性（Conceptual Affinity）：程式裡的某些程式碼，**希望能**和其它程式碼盡可能地相近，因為它們在概念上有著相似的性質。當這個相似性越高時，它們之間的垂直距離就應該越短越好。

如同我們已經知道的事實，這樣的相似性可能是基於某個直接的相關性，例如一個函式呼叫另外一個函式，或一個函式使用了一個變數。但相似性也可能基於其它的原因，例如當一連串的函式都執行類似的工作，那麼這些函式彼此之間就具有相似性。來看看以下從 JUnit 4.3.1 所取出的程式片段：

```
public class Assert {
  static public void assertTrue(String message, boolean condition) {
    if (!condition)
      fail(message);
  }

  static public void assertTrue(boolean condition) {
    assertTrue(null, condition);
  }

  static public void assertFalse(String message, boolean condition) {
    assertTrue(message, !condition);
  }

  static public void assertFalse(boolean condition) {
    assertFalse(null, condition);
  }
...
```

這些函式彼此有著概念上的高度相似性，因為它們使用類似的命名規則，也執行相同基本工作的變異版本。它們呼叫彼此的行為，則是次要的相似性。就算它們沒有互相呼叫，它們還是應該盡可能地擺放在一起。

垂直的順序

總括來說，我們希望函式呼叫呈現一種向下的相依性。也就是說，一個被呼叫的函式，應該要出現在『執行呼叫的函式』的下方[2]。這也產生了一個良好的向下流程，由上往下查看原始碼時，可以依序發現高層模組，再接著找到低層模組。

就像報紙裡的文章，我們期待最重要的概念會最先出現，希望用最少的細節來表達它們。我們期待最底層的細節最後才出現。這讓我們可以略讀整個原始檔內容，而從最前面幾個函式得到要點及主旨，而不需要埋首於細節中。Listing 5-5 便是用這樣的準則來進行編排，也許，第 290 頁的 Listing 15-5 與第 58 頁的 Listing 3-7 是更好的例子。

水平的編排

一行的程式碼應該有多寬呢？為了要回答這個問題，讓我們先來看看典型程式的程式碼寬度。我們再次檢查了七個不同的專案，圖 5-2 說明了七個專案各行寬度的分佈情況。其分佈的規律性令人印象深刻，45 個字元左右的寬度尤其如此。確實，從 20 到 60 的

2 在 Pascal、C 和 C++中，情況完全不同，因為這些語言規定函式必須在被呼叫前先行定義，或者至少必須先行宣告。

寬度，每一種都大約佔全部的 1%，這樣就有 40%了！也許其餘的 30%是小於 10 字元的寬度。還記得這是對數刻度嗎，所以高於 80 字元的線性下降，還原回來其實是非常可觀的下降。很明顯地，程式設計師偏愛短寬度的程式碼。

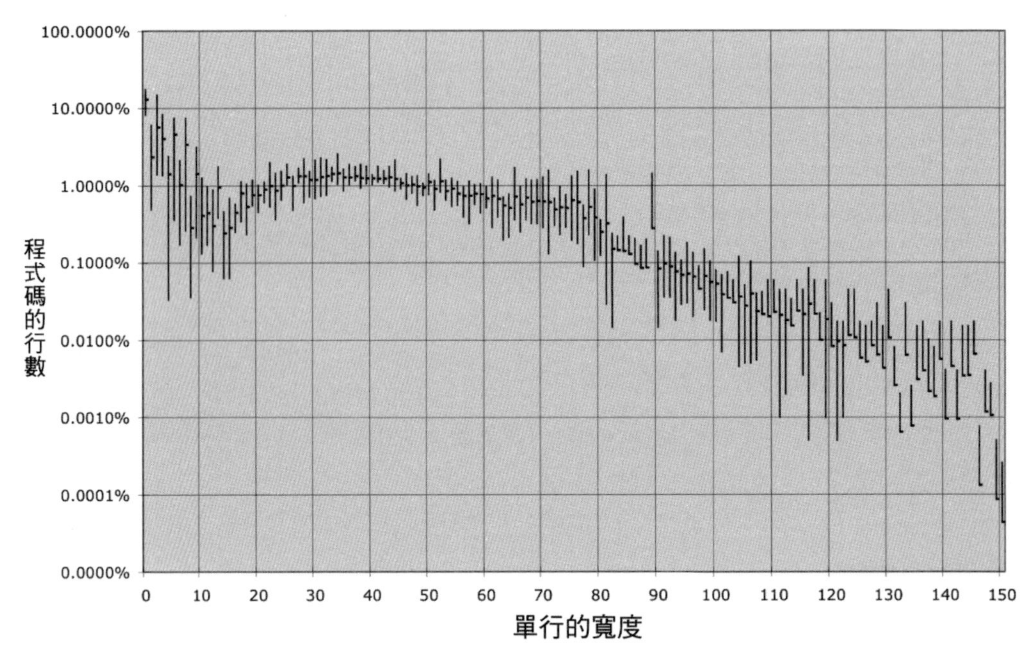

圖 5-2 Java 程式碼的寬度分佈

這說明了我們必須要奮力讓我們的程式碼保持短寬度。古老的 Hollerith（何樂禮）的 80 字元寬度限制似乎有點武斷，然而我並不反對將最大寬度設定在 100 字元，或甚至是 120 字元。但超過這樣的限制，就顯得有點太草率了。

我遵守著一個原則，不需要使用捲軸捲到右方才是適當的寬度。但現今的螢幕寬度已經太寬，而且年輕的程式設計師能將字型縮小，甚至小到螢幕寬度能夠一次容納 200 個字元。不要做這樣的事，我個人的寬度上限是 120 個字元。

水平的空白間隔和密度

我們利用水平的空白來區分事情。那些高度相關及完全不相關的事情，都可以利用水平的空白將之區分開來。思考以下的函式範例：

```
private void measureLine(String line) {
  lineCount++;
  int lineSize = line.length();
  totalChars += lineSize;
  lineWidthHistogram.addLine(lineSize, lineCount);
  recordWidestLine(lineSize);
}
```

我在設定運算子（assignment operators）的附近都添加了空白，使其更為突出。設定敘述裡，有兩個不同但重要的元素：左邊和右邊，空白使得這兩者的分隔更為突出。

在另一方面，由於『函式』和『其參數』高度相關，因此我並不會在函式名稱和小左括號之間加入空白。空白只會讓它們看起來是分隔的而非相關的。在函式括號裡的參數群，我利用逗號來做強調，將函式內的參數分開。

空白的另一種用途是強調運算子的優先權。

```
public class Quadratic {
  public static double root1(double a, double b, double c) {
    double determinant = determinant(a, b, c);
    return (-b + Math.sqrt(determinant)) / (2*a);
  }

  public static double root2(int a, int b, int c) {
    double determinant = determinant(a, b, c);
    return (-b - Math.sqrt(determinant)) / (2*a);
 }

  private static double determinant(double a, double b, double c) {
    return b*b - 4*a*c;
  }
}
```

看看這樣的編排讓方程式是如何的方便閱讀。乘法因子之間沒有空白，代表他們有較高的優先權。因為加法和減法的優先權較低，因此用空白將其左右的元素分開。

不幸地，大部份的程式碼重新編排工具，對於運算子的優先權支援相當缺乏，而且從頭到尾都採用相同的空白規則。所以，像上面這種細微的空白編排，很可能在你用自動化工具重新編排後就消失了。

水平的對齊

當我還是一位組合語言的程式設計師時[3]，我習慣利用水平對齊的方式來強調某個特定的結構。當我開始使用 C、C++及 Java 寫程式時，仍持續將一連串變數宣告的名稱對齊，或者將一連串設定敘述的右值對齊。我寫的程式碼可能會長得像這個樣子：

```
public class FitNesseExpediter implements ResponseSender
{
  private   Socket          socket;
  private   InputStream     input;
  private   OutputStream    output;
  private   Request         request;
  private   Response        response;
  private   FitNesseContext context;
  protected long            requestParsingTimeLimit;
  private   long            requestProgress;
  private   long            requestParsingDeadline;
  private   boolean         hasError;

  public FitNesseExpediter(Socket          s,
                           FitNesseContext context) throws Exception
  {
    this.context =            context;
    socket =                  s;
    input =                   s.getInputStream();
    output =                  s.getOutputStream();
    requestParsingTimeLimit = 10000;
  }
```

後來我發現，這樣的對齊模式一點幫助也沒有。這樣的對齊強調了不該注意的東西，讓我的目光無法看到程式真正的意圖。例如，在上面的第一串宣告裡，你會不自覺被吸引去由上而下閱讀著一連串的變數名稱，而忽略了它們的型態。同樣地，在一連串的設定敘述裡，你會被吸引由上而下的看著一連串的右值，而忽略了設定運算子。更糟糕的是，自動化的重新編排工具，通常會毀掉此類的編排對齊。

於是最後，我不再做這樣的事情了。現在，我傾向不再為宣告與設定敘述做特別的對齊，就像下列的程式碼一樣，因為這樣的對齊有個嚴重的缺陷。如果我有較長的列表需要被對齊，**問題會出在列表的長度**，而不是缺乏對齊。如下的 FitNesseExpediter，宣告的列表長度暗示著這個類別應該要被拆開了。

[3] 我在和誰開玩笑？我仍然是一位組合語言的程式設計師。你可以讓男孩從此遠離重金屬音樂，但你無法將重金屬音樂從男孩的心中抹滅。

```
public class FitNesseExpediter implements ResponseSender
{
  private Socket socket;
  private InputStream input;
  private OutputStream output;
  private Request request;
  private Response response;
  private FitNesseContext context;
  protected long requestParsingTimeLimit;
  private long requestProgress;
  private long requestParsingDeadline;
  private boolean hasError;

  public FitNesseExpediter(Socket s, FitNesseContext context) throws Exception
  {
    this.context = context;
    socket = s;
    input = s.getInputStream();
    output = s.getOutputStream();
    requestParsingTimeLimit = 10000;
  }
```

縮排

一個原始檔是個階層結構，而非大綱結構。檔案內包含了全部的資訊，各個類別附屬在檔案之下，各個方法附屬在類別之下，程式區塊附屬在方法之下，子程式區塊又附屬在母程式區塊之下，如此遞迴下去。在這個階層結構下的各個階層都是一個視野（scope），名稱可以在其內宣告，而宣告和可執行敘述也可以在其內解釋。

為了要讓視野的層次結構更顯而易見，我們根據各行在階層結構下的層級，對原始碼的各行進行了縮排。檔案層次的敘述是不用被縮排的，例如類別的宣告。類別裡的方法，會被向右縮排一個層級。方法內部的實現過程（實作），會比方法的宣告再向右縮排一個層級。而子程式區塊的內容又比母程式區塊向右縮排了一個層級，依此類推。

程式設計師相當依賴縮排的設計，他們在視覺上將各行程式碼的左邊界對齊，並且依據它們的縮排層次，來瞭解這段程式碼是屬於哪個視野。這讓他們可以快速地略過某些視野，例如 `if` 或 `while` 敘述的內部實現過程通常與目前所在的層次較無關連，所以可以快速略過。他們的目光從左邊開始掃瞄，尋找新的方法宣告、新的變數，甚至是新的類別。如果沒有了縮排，程式在視覺上將無法被人類輕易地閱讀。

考慮以下兩個程式，它們在語法和語義上是完全相同的：

```
public class FitNesseServer implements SocketServer { private FitNesseContext
context; public FitNesseServer(FitNesseContext context) { this.context =
context; } public void serve(Socket s) { serve(s, 10000); } public void
serve(Socket s, long requestTimeout) { try { FitNesseExpediter sender = new
FitNesseExpediter(s, context);
sender.setRequestParsingTimeLimit(requestTimeout); sender.start(); }
catch(Exception e) { e.printStackTrace(); } } }

-----

public class FitNesseServer implements SocketServer {
  private FitNesseContext context;

  public FitNesseServer(FitNesseContext context) {
    this.context = context;
  }

  public void serve(Socket s) {
    serve(s, 10000);
  }

  public void serve(Socket s, long requestTimeout) {
    try {
      FitNesseExpediter sender = new FitNesseExpediter(s, context);
      sender.setRequestParsingTimeLimit(requestTimeout);
      sender.start();
    }
    catch (Exception e) {
      e.printStackTrace();
    }
  }
}
```

你的眼睛能夠迅速察覺已縮排檔案的程式結構，你幾乎能非常迅速地找到變數、建構子、存取器還有方法。你大概只花了幾秒鐘，就能瞭解這段程式碼是關於一個 socket（網路接口）的前端，還有設定等待的時間。然而沒有縮排的版本，如果不花上一些時間奮力研究，是無法弄懂的。

違反縮排的規則：在某些時候，會因為簡短的 if 敘述、while 迴圈或簡短的函式，讓我們想要違反縮排的規則。但我總是又回到原本的程式，將縮排加進這些簡短的程式碼裡頭。

所以，我會避免將視野層級坍陷成如下的一行程式：

```
public class CommentWidget extends TextWidget
{
  public static final String REGEXP = "^#[^\r\n]*(?:(?:\r\n)|\n|\r)?";
```

```
    public CommentWidget(ParentWidget parent, String text){super(parent, text);}
    public String render() throws Exception {return ""; }
  }
```

我更喜歡將之展開和縮排為原本的視野層級，如下：

```
  public class CommentWidget extends TextWidget {
    public static final String REGEXP = "^#[^\r\n]*(?:(?:\r\n)|\n|\r)?";

    public CommentWidget(ParentWidget parent, String text) {
      super(parent, text);
    }

    public String render() throws Exception {
      return "";
    }
  }
```

空視野範圍

有時候 while 或 for 迴圈裡的程式區塊是空白的，如下所示。我不喜歡這類的結構，所以會試著去避免產生此類狀況。當無法避免的時候，我會確保空白區塊也被適當的縮排，並且使用大括號將之括起來。我無法告訴你，我被靜靜座落在 while 迴圈後面同一行的分號給愚弄過多少次。除非你讓分號自己獨立一行，並利用縮排，否則要看到分號的存在，是相當困難的一件事。

```
    while (dis.read(buf, 0, readBufferSize) != -1)
      ;
```

團隊的共同準則

這個段落的主題是一種文字遊戲，每個程式設計師有自己偏愛的編排，但如果他身處在一個團隊裡，那他必須以團隊的編排準則為主。

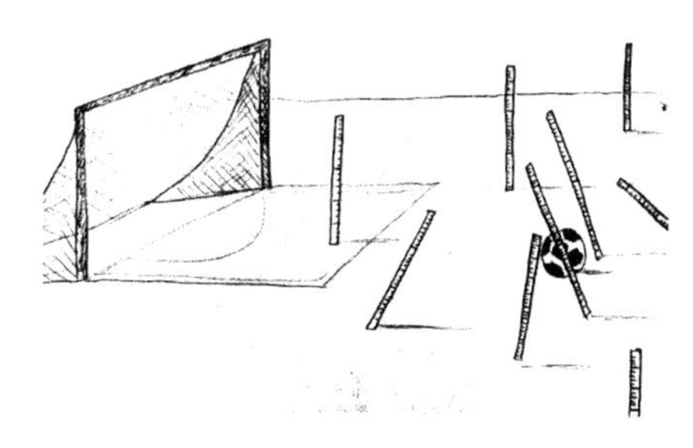

一個團隊的開發者，應該要認同某一種編排風格，而且所有團隊的成員都該使用這個編排風格。我們維持一致的軟體編排風格。我們並不想讓它看起來是由一群意見不合的個體所寫成的。

在 2002 年，我啟動 FitNesse 專案時，我坐下來和整個團隊一起討論程式碼的風格。只花了我們十分鐘，我們便決定該在哪裡放置括號，縮排的寬度應該是多少，我們該如何命名類別、變數、方法或其它類似的東西。接著我們將這些準則，設定到 IDE 的程式碼編排器裡，然後便維持此風格至今。有某些並非我喜愛的風格，但它們是由整個團隊所決定的共同準則，身為團隊一員的我，在 FitNesse 專案裡寫程式時，會持續遵守團隊的共同準則。

記住，一個好的軟體系統，是由一套具良好可讀性的文件所組成。它們需要有一致且順暢的風格，讀者要能確信，他／她在某個原始檔看到的編排所代表的意義，在別的原始檔也是相同的。不要在原始碼中摻入雜亂的個人風格程式碼，這樣會增加閱讀原始碼的複雜性。

Bob 大叔的編排準則

我個人最常使用的準則非常簡單，可利用 Listing 5-6 的程式碼來說明，看看以下的程式碼是如何成為最佳的程式碼標準範本。

Listing 5-6 CodeAnalyzer.java

```
public class CodeAnalyzer implements JavaFileAnalysis {
  private int lineCount;
  private int maxLineWidth;
  private int widestLineNumber;
  private LineWidthHistogram lineWidthHistogram;
  private int totalChars;

  public CodeAnalyzer() {
    lineWidthHistogram = new LineWidthHistogram();
  }

  public static List<File> findJavaFiles(File parentDirectory) {
    List<File> files = new ArrayList<File>();
    findJavaFiles(parentDirectory, files);
    return files;
  }

  private static void findJavaFiles(File parentDirectory, List<File> files) {
    for (File file : parentDirectory.listFiles()) {
      if (file.getName().endsWith(".java"))
        files.add(file);
      else if (file.isDirectory())
        findJavaFiles(file, files);
    }
  }
```

Listing 5-6（續） CodeAnalyzer.java

```
public void analyzeFile(File javaFile) throws Exception {
  BufferedReader br = new BufferedReader(new FileReader(javaFile));
  String line;
  while ((line = br.readLine()) != null)
    measureLine(line);
}

private void measureLine(String line) {
  lineCount++;
  int lineSize = line.length();
  totalChars += lineSize;
  lineWidthHistogram.addLine(lineSize, lineCount);
  recordWidestLine(lineSize);
}

private void recordWidestLine(int lineSize) {
  if (lineSize > maxLineWidth) {
    maxLineWidth = lineSize;
    widestLineNumber = lineCount;
  }
}

public int getLineCount() {
  return lineCount;
}

public int getMaxLineWidth() {
  return maxLineWidth;
}

public int getWidestLineNumber() {
  return widestLineNumber;
}

public LineWidthHistogram getLineWidthHistogram() {
  return lineWidthHistogram;
}

public double getMeanLineWidth() {
  return (double)totalChars/lineCount;
}

public int getMedianLineWidth() {
  Integer[] sortedWidths = getSortedWidths();
  int cumulativeLineCount = 0;
  for (int width : sortedWidths) {
    cumulativeLineCount += lineCountForWidth(width);
    if (cumulativeLineCount > lineCount/2)
      return width;
  }
  throw new Error("Cannot get here");
}
```

Listing 5-6（續） CodeAnalyzer.java

```
  private int lineCountForWidth(int width) {
    return lineWidthHistogram.getLinesforWidth(width).size();
  }

  private Integer[] getSortedWidths() {
    Set<Integer> widths = lineWidthHistogram.getWidths();
    Integer[] sortedWidths = (widths.toArray(new Integer[0]));
    Arrays.sort(sortedWidths);
    return sortedWidths;
  }
}
```

第 6 章

物件及資料結構

這裡有個讓變數保持私有的（private）理由：我們不希望有任何人依賴這些變數。我們想保持一個自由的空間，這空間讓我們能自由地更改變數的型態，或是在出現突如其來的奇想或衝動時，能自由地變更實現內容的程式碼。那為什麼，還有這麼多的程式設計師，自動替他們的物件加上讀取函式（getters）和設定函式（setters），讓他們的私有變數如同公用變數一般呢？

資料抽象化

比較 Listing 6-1 和 Listing 6-2 的不同之處，兩者都代表垂直座標系上的座標點資料。然而，其中一個範例將如何實現的過程全曝露出來，而另一個範例則將之完全隱藏起來。

Listing 6-1　具體的座標點

```
public class Point {
  public double x;
  public double y;
}
```

Listing 6-2　抽象的座標點

```
public interface Point {
  double getX();
  double getY();
  void setCartesian(double x, double y);
  double getR();
  double getTheta();
  void setPolar(double r, double theta);
}
```

Listing 6-2 的美妙之處在於，你無法分辨這個實現過程是使用直角座標系，還是極座標系。也有可能兩者皆否！雖然如此，但這樣的界面仍然明白地表示這是一種資料結構。

不過，它展現的還不只單單是資料結構而已，它的方法限制了一種存取的手段。你可以獨立讀取座標軸資訊，但必須同時設定一個單點的所有座標資訊。

而另一方面，在 Listing 6-1 裡，非常清楚告知我們，實現過程採用的是直角座標系，並且強制我們必須單獨操作各軸座標，這曝露了程式的實現過程。的確，就算是把變數設定為私有的，我們還是可以透過變數的取出及設定函式來存取變數，因此，程式的實現過程仍然曝露在外。

將實現的過程隱藏，並不單只是在變數之上加一層函式的介面而已。將實現的過程隱藏，確切來說，就是一種抽象化的過程！類別不只是透過讀取及設定函式讓變數供人存取而已，更確切的說，它提供了一個抽象介面，讓使用者在不需要知道實現過程的狀態下，還能夠操縱資料的**本質**。

比較一下 Listing 6-3 和 Listing 6-4，前者使用較具體的詞彙，來討論一個交通工具還剩下多少燃料，而後者雖然也做同樣的事，但後者使用了百分比的抽象概念。在較具體的例子裡，你幾乎可以確定這些函式只是變數的存取者（存取器）。在較抽象的例子裡，你對於其內部資料的型態，皆一無所知。

Listing 6-3 具體化的交通工具類別

```
FuelTankCapacityInGallons();
  double getGallonsOfGasoline();
}
```

Listing 6-4 抽象化的交通工具類別

```
public interface Vehicle {
  double getPercentFuelRemaining();
}
```

在以上的兩個例子裡，後者的例子是較佳的選擇。我們並不想將資料的細節曝露在外，我們想要的是，利用抽象化的詞彙來表達資料。這並不是只透過介面及讀取、設定函式就能完成，嚴謹一點的最好作法是，想辦法找到最能詮釋『資料抽象概念』的方式。而最糟糕的作法，則是天真快樂地加上讀取函式及設定函式而已。

資料/物件的反對稱性

這兩個例子會告訴你，物件和資料結構的不同之處。物件將它們的資料在抽象層後方隱藏起來，然後將操縱這些資料的函式曝露在外。資料結構則將資料曝露在外，而且也沒有提供有意義的函式。回到本文的開頭，然後再重新閱讀一次。注意這兩則定義，它們不僅是對立的且本質上也是互補的。這些差異看似微不足道，但其實意義深遠。

例如，Listing 6-5 的程序式圖形（procedural shape）範例。Geometry 類別操控了三種圖形類別，這三個圖形類別是簡單的資料結構，不帶有額外的行為，所有的操縱行為都定義在 Geometry 類別裡面。

Listing 6-5 程序式圖形

```
Public class Square {
  public Point topLeft;
  public double side;
}

public class Rectangle {
  public Point topLeft;
  public double height;
  public double width;
}

public class Circle {
  public Point center;
  public double radius;
}
```

Listing 6-5（續） 程序式圖形

```
public class Geometry {
  public final double PI = 3.141592653589793;

  public double area(Object shape) throws NoSuchShapeException
  {
    if (shape instanceof Square) {
      Square s = (Square)shape;
      return s.side * s.side;
    }
    else if (shape instanceof Rectangle) {
      Rectangle r = (Rectangle)shape;
      return r.height * r.width;
    }
    else if (shape instanceof Circle) {
      Circle c = (Circle)shape;
      return PI * c.radius * c.radius;
    }
    throw new NoSuchShapeException();
  }
}
```

物件導向程式設計師可能會因為這樣的設計，皺起他們的眉頭，並抱怨這是程序式（結構化；Procedural）的程式設計——他們可能是對的。但這樣的嘲笑並不保證是正確的。試著思考當 `perimeter()` 函式被添加到 `Geometry` 類別時，會發生什麼樣的事情。這些圖形類別完全不會受到影響！任何其它相依於圖形類別的類別，也不會受到任何影響！另一方面，如果我新增了一個圖形類別，我必須改變在 `Geometry` 裡所有的函式來處理它。同樣地，請再重讀一次本文，注意這兩種情形是截然相反的。

現在來思考 Listing 6-6，這是採用物件導向的解法。這裡的 `area()` 方法是多型的。`Geometry` 類別在此已不再需要。所以，如果我增加一個新的圖形類別，沒有任何已存在的**函式**會受到影響，但如果我增加一個新的函式，則所有的**圖形**類別都必須被修改[1]。

Listing 6-6 多型的圖形

```
public class Square implements Shape {
  private Point topLeft;
  private double side;

  public double area() {
    return side*side;
```

[1] 在這裡不同設計的方法，對有經驗的物件導向設計者來說，是早就知道的事情：舉例而言，VISITOR（訪客）模式或 dual-dispatch（雙向分派）。但這些技巧都各自花上不少工夫，而且通常又會回到結構化程式（procedural program）的結構。

Listing 6-6（續） 多型的圖形

```
    }
  }

  public class Rectangle implements Shape {
    private Point topLeft;
    private double height;
    private double width;

    public double area() {
      return height * width;
    }
  }

  public class Circle implements Shape {
    private Point center;
    private double radius;

    public final double PI = 3.141592653589793;
    public double area() {
      return PI * radius * radius;
    }
  }
```

再一次地，我們又看見了兩則對立且本質上是互補的定義。這揭露了物件和資料結構基本的二分性：

> 結構化的程式碼（使用資料結構的程式碼）容易添加新的函式，而不需要變動已有的資料結構。而物件導向的程式碼，容易添加新的類別，而不用變動已有的函式。

反過來說，也是成立的：

> 結構化的程式碼難以添加新的資料結構，因為必須改變所有的函式。物件導向的程式碼難以添加新的函式，因為必須改變所有的類別。

因此，使用物件導向而感到困難的事物，在結構化裡卻比較容易；然而，使用結構化而感到困難的事物，在物件導向卻比較容易。

在任何複雜的系統裡，總是有想要增加新資料型態，而非增加新函式的時候。在這種狀況下，物件和物件導向是最適合的。在另一方面，也會有想增加新函式，而非增加新資料型態的時候，在這種狀況下，結構化和資料結構是較為適合的。

成熟的程式設計師知道一個概念，要讓每件事物都是一個物件是一個神話。某些時候，你真的只想使用簡單的資料結構，並透過結構式的程式碼來操作這些資料結構。

德摩特爾法則（The Law of Demeter）

這裡有個著名的**德摩特爾法則**[2]，這個法則告訴我們，模組不該知道『關於它所操縱物件的內部運作』。如上的最後一個段落所述，物件將它們的資料隱藏起來，然後曝露其本身的操縱行為。這告訴我們，一個物件不應該透過存取者曝露其內部的結構。因為如果這樣做的話，便是曝露而非隱藏本身的內部結構了。

更詳細地解釋，德摩特爾法則告訴我們，一個類別 *C* 內的方法 *f*，應該只能呼叫以下事項的方法：

- *C*
- 任何由 *f* 所產生的物件
- 任何當作參數傳遞給 *f* 的物件
- *C* 類別裡實體變數所持有的物件

方法**不該**呼叫『由任何函式所回傳之物件』的方法。換句話說，只和朋友說話，不跟陌生人聊天。

以下的程式碼[3]違反了德摩特爾法則（除了違反其他法則之外），因為在 `getOptions()` 的回傳物件上，呼叫了 `getStratchDir()`，還有在 `getScratchDir()` 的回傳物件上，呼叫了 `getAbsolutePath()`。

```
final String outputDir = ctxt.getOptions().getScratchDir().getAbsolutePath();
```

火車事故

上述的程式碼，因為看起來像一連串連接在一起的火車車廂，所以通常被稱為火車事故（train wreck）。一連串相連的程式呼叫，通常被認為是一種很懶散的程式風格，應該要加以避免[G36]。最好的作法是將此類程式碼分割成下述的形式：

```
Options opts = ctxt.getOptions();
File scratchDir = opts.getScratchDir();
final String outputDir = scratchDir.getAbsolutePath();
```

---

2 http://en.wikipedia.org/wiki/Law_of_Demeter

3 從 Apache 專案框架取得

這兩個程式碼片段是否違反德摩特爾法則？很明顯地，這個模組知道 ctxt 物件含有選項（options），而選項包含暫時目錄（scratch directory），暫時目錄又包含絕對路徑（absolute path）。這裡有著太多資訊讓一個函式事先知道了。呼叫函式知道如何去操縱一堆不同的物件。

這到底算不算違反了德摩特爾法則，這要取決於 ctxt、Options 和 ScratchDir 是物件還是資料結構。如果它們是物件，那麼它們的內部結構應該被隱藏起來，而非曝露在外，因此能夠獲知它們內部的資訊，就明顯地違反了德摩特爾法則。從另一方面來看，如果 ctxt、Options 和 ScratchDir 只是一種無其它行為的資料結構，那它們在本質上必然會揭露內部的結構，所以德摩特爾法則在這種狀況下並不適用。

屬性存取函式（存取器）的使用會搞混這個問題。如果撰寫為下列程式碼，我們可能不會被問到是否違反德摩特爾的相關問題。

```
final String outputDir = ctxt.options.scratchDir.absolutePath;
```

當資料結構沒有函式，且僅僅使用公用變數時；或物件只有私有變數及公用函式時，這個問題就不會讓人那麼疑惑。然而，有一些框架和標準（例如：beans），甚至要求在非常簡單的類別裡，也必須要有存取器和修改器。

混合體

這種混淆有時會導致不幸的混合結構，即半物件半資料結構。它們擁有函式來作一些重要的事，它們也有公共變數或公共存取器、修改器，不論出於哪種意圖及目的，他們將私有變數公用化，吸引其它外部函式使用這些私有變數，就像一個結構化程式使用資料結構一般[4]。

像這般的混合體，會使得程式難以添加新的函式，同時，也難以添加新的資料結構。這類的混合體是兩種世界裡最糟的情況，應避免產生此類混合體。它們代表著一種糊塗的設計，也代表作者根本不確定（或者更糟的是，根本完全忽略），它們是否需要函式或型態的保護。

4 在 [Refactoring（重構）]一書裡，這種行為有時候被稱作功能羨慕（Feature Envy）。

隱藏結構

那如果 ctxt、options 和 scratchDir 是擁有真實行為的物件，又該怎麼辦呢？由於物件應將其內部結構隱藏起來，因此我們就不能探索物件的內部。這時候我們該如何拿到暫存目錄（scratch directory）的絕對路徑（absolute path）呢？

```
ctxt.getAbsolutePathOfScratchDirectoryOption();
```

或是

```
ctx.getScratchDirectoryOption().getAbsolutePath()
```

第一個選項會導致 ctxt 物件擁有非常非常多的方法。而第二個選項則假設 getStractchDirectoryOption()會回傳資料結構，而不是回傳物件。沒有一個選項是讓人感到愉悅的。

如果 ctxt 是一個物件，那我們應該要告訴它去做**某某事情**；我們不應該還被問到它的內部結構是什麼。那為什麼我們想要取得暫存目錄（scratch directory）的絕對路徑（absolute path）呢？我們想要拿路徑來做些什麼呢？在同樣的模組裡面，讓我們來思考下述在同樣模組裡的程式碼（在原程式碼的好幾行之後）如下：

```
String outFile = outputDir + "/" + className.replace('.', '/') + ".class";
FileOutputStream fout = new FileOutputStream(outFile);
BufferedOutputStream bos = new BufferedOutputStream(fout);
```

不同層次的細節構成的混合物[G34][G6]有點麻煩。點、斜線、副檔名和 File 物件不該被如此不小心地混合在一起和混合在包裝好的程式碼裡。然而，先忽略這些，我們發現，取得暫存目錄的絕對路徑是因為『要在此目錄下產生一個給定名稱的檔案』。

所以，如果我們叫 ctxt 物件做如下的事情，又如何呢？

```
BufferedOutputStream bos = ctxt.createScratchFileStream(classFileName);
```

對於物件而言，做這件事看起來挺合理的！如此，讓 ctxt 能夠隱藏其內部結構，且避免現在的函式因『探索它不該知道的物件內部』，而違反德摩特爾法則。

資料傳輸物件（Data Transfer Objects, DTO）

最佳的資料結構形式，是一個類別裡只有公用變數，沒有任何函式。這種資料結構有時被稱為資料傳輸物件或 DTO。DTO 是非常有用的結構，尤其是當我們要和資料庫溝通或解析由 socket 傳來的訊息或諸如此類的事情時。它們在將『資料庫的原始資料』轉換成『應用程式內的物件』時，往往應用於轉換過程中的第一階段。

更常見的形式是在 Listing 6-7 裡的「bean（豆子）」。bean 擁有可以被讀取、設定函式操作的私有變數。bean 的半封裝特性，讓某些純物件導向支持者可以有比較好的感受，但通常沒有其他好處。

Listing 6-7 address.java

```
public class Address {
  private String street;
  private String streetExtra;
  private String city;
  private String state;
  private String zip;

  public Address(String street, String streetExtra,
                 String city, String state, String zip) {
    this.street = street;
    this.streetExtra = streetExtra;
    this.city = city;
    this.state = state;
    this.zip = zip;
  }

  public String getStreet() {
    return street;
  }

  public String getStreetExtra() {
    return streetExtra;
  }

  public String getCity() {
    return city;
  }

  public String getState() {
    return state;
  }

  public String getZip() {
    return zip;
  }
}
```

活動記錄

活動記錄（Active Records）是一種特殊的 DTO，它們是擁有公用（或是可讓 bean 存取的）變數的資料結構；但它們通常擁有 `save` 與 `find` 等用來瀏覽的方法。而通常，活動記錄是由資料庫表格或資料來源直接轉換而來。

不幸的是，我們常發現，開發者會試著將這類的資料結構看作是物件，然後加入處理商業法則（business rule）的方法。這非常的不恰當，因為會產生資料結構與物件的混合物。

當然，比較好的解法應該是，將活動記錄看作是純資料結構，並另外建立包含商業法則，隱藏內部資料（這些資料很可能就是活動記錄的實體）的物件。

總結

物件會曝露它們的行為並隱藏其內部資料。這讓我們能在不改變現有行為的情況下，輕易地添加新類型的物件；同時，這也造成在現有物件上添加新行為的困難性。資料結構會曝露其資料但不會有顯著的行為，這讓我們能輕易地在現有的資料結構上添加新的行為，卻也造成在現有函式上添加新資料結構的困難性。

在任何給定的系統上，我們有時候希望能夠有『增加新資料型態的彈性』，所以在系統的這個部份，我們喜歡使用物件導向的設計。在其它時候，我們會希望有『增加新行為的彈性』，所以在系統的這個部份，我們較偏好資料型態和結構化的設計。優秀的軟體開發者能理解其箇中原因，在不帶有偏頗的情況下，選擇最適合的方法來完成手中的工作。

參考書目

[Refactoring]: *Refactoring: Improving the Design of Existing Code* , Martin Fowler et al., Addison-Wesley, 1999.

第7章

錯誤處理

Michael Feathers

你可能會覺得奇怪，在一本關於 Clean Code 的書裡，為什麼會有一個章節在談論錯誤處理。錯誤處理只是在寫程式時必須作的事之一。輸入可能發生異常，裝置可能出現狀況。簡單來說，事情可能會出錯，而當出錯時，身為程式設計師的我們，有責任確保我們的程式碼仍會做它該做的事。

然而，在這裡必須特別闡明『錯誤處理』和『整潔程式』之間的關係。許多程式碼完全由錯誤處理所主宰。當我提及主宰這個詞的時候，並不是指錯誤處理就是程式碼的一切。我指的是因為散亂的錯誤處理程式碼，導致我們幾乎無法瞭解原本的程式碼想要做什麼。錯誤處理很重要，**但如果它模糊了原本程式碼的邏輯，那就不對了。**

在本章中，我將會勾勒出大量的技巧和需要考慮的地方，讓你寫出又整潔又耐用的程式——既優雅又瀟灑進行錯誤處理的程式。

使用例外事件而非回傳錯誤碼

回到古早時代，當時很多程式語言並沒有例外事件這種概念。在這些程式語言裡，處理和回報錯誤的技巧受到很大的限制。你可以設定一個錯誤旗幟（flag），或是回傳錯誤碼，讓呼叫者能藉此檢查函式執行的狀況。Listing 7-1 的程式使用了這個技巧。

Listing 7-1 **DeviceController.java**

```
public class DeviceController {
  ...
  public void sendShutDown() {
    DeviceHandle handle = getHandle(DEV1);
    // Check the state of the device
    if (handle != DeviceHandle.INVALID) {
      // Save the device status to the record field
      retrieveDeviceRecord(handle);
      // If not suspended, shut down
      if (record.getStatus() != DEVICE_SUSPENDED) {
        pauseDevice(handle);
        clearDeviceWorkQueue(handle);
        closeDevice(handle);
      } else {
        logger.log("Device suspended. Unable to shut down");
      }
    } else {
      logger.log("Invalid handle for: " + DEV1.toString());
    }
  }
  ...
}
```

使用這個方法會產生一個問題，它會使得呼叫者的程式碼變得雜亂。呼叫者必須在呼叫結束以後，立即檢查錯誤。不幸的是，呼叫者很容易忘記要做這樣的檢查。也因此，較好的作法是，在你遇到一個錯誤的時候，拋出一個例外事件，如此，呼叫程式碼就會變得乾淨許多。錯誤處理的邏輯不該模糊原程式的邏輯。

在 Listing 7-2 的程式中，我們將方法修改成可偵測錯誤進而拋出例外事件的程式碼。

Listing 7-2 **DeviceController.java（使用例外事件）**

```
public class DeviceController {
  ...

  public void sendShutDown() {
    try {
      tryToShutDown();
    } catch (DeviceShutDownError e) {
      logger.log(e);
    }
  }
```

Listing 7-2（續） **DeviceController.java（使用例外事件）**

```
    private void tryToShutDown() throws DeviceShutDownError {
      DeviceHandle handle = getHandle(DEV1);
      DeviceRecord record = retrieveDeviceRecord(handle);
      pauseDevice(handle);

      clearDeviceWorkQueue(handle);
      closeDevice(handle);
    }

    private DeviceHandle getHandle(DeviceID id) {
      ...
      throw new DeviceShutDownError("Invalid handle for: " + id.toString());
      ...
    }

    ...
  }
```

注意看看這個程式變得多麼得乾淨，這並只不是美觀上的問題。這個程式變得更好的原因，在於原先糾纏在一起的兩件事情（將裝置關閉的演算法和錯誤處理），現在被分開處理了。你現在可以分別看待各個事情，然後分別瞭解它們。

在開頭寫下你的 Try-Catch-Finally 敘述

在例外事件中最有趣的事情，就是它們能在你的程式裡**定義一個視野**（*scope*）。當你在 try-catch-finally 敘述的 try 區塊執行程式時，代表程式的執行隨時可能被中斷，中斷後會接續在 catch 區塊裡繼續執行。

在某種程度上，try 區塊就像是種交易處理（transaction）。不管在 try 裡發生了什麼意外，catch 讓程式維持在一致的狀態。因著這個理由，如果你寫的程式可能會拋出例外事件，請養成讓 try-catch-finally 成為開頭敘述的好習慣。try-catch-finally 敘述能夠幫助你定義，不論 try 區塊裡發生什麼樣的意外，什麼該是使用者預見的結果。

讓我們來看看這個例子，我們需要寫一些程式來開啟某個檔案，並且讀取一些序列化物件。

我們先寫一個單元測試程式碼，當中顯示，當檔案不存在時，會獲得一個例外事件：

```
@Test(expected = StorageException.class)
public void retrieveSectionShouldThrowOnInvalidFileName() {
  sectionStore.retrieveSection("invalid - file");
}
```

這個測試驅使我們建立下面這個可供測試的暫時模擬函式（stub）：

```
public List<RecordedGrip> retrieveSection(String sectionName) {
  // dummy return until we have a real implementation
  return new ArrayList<RecordedGrip>();
}
```

我們的測試失敗了，因為它並未拋出例外事件。所以接下來，我們改寫了程式碼，讓程式碼試圖去存取一個無效的檔案。這個操作應該會拋出一個例外事件：

```
public List<RecordedGrip> retrieveSection(String sectionName) {
  try {
    FileInputStream stream = new FileInputStream(sectionName)
  } catch (Exception e) {
    throw new StorageException("retrieval error", e);
  }
  return new ArrayList<RecordedGrip>();
}
```

我們獲得了例外事件，所以這次算是通過了測試。現在，我們可以進行重構了。我們可以限縮例外事件的型態，讓我們抓取的例外型態能夠符合實際由 `FileInputStream` 建構子拋出的例外型態：`FileNotFoundException`。

```
public List<RecordedGrip> retrieveSection(String sectionName) {
  try {
    FileInputStream stream = new FileInputStream(sectionName);
    stream.close();
  } catch (FileNotFoundException e) {
    throw new StorageException("retrieval error", e);
  }
  return new ArrayList<RecordedGrip>();
}
```

現在我們利用了 `try-catch` 結構來定義一個視野，我們可以利用測試趨動開發（TDD），來建造其餘所需的邏輯。這些邏輯的程式碼將加在 `FileInputStream` 和 `close` 之間，然後假裝什麼事情也沒有發生。

試著去寫出會強制拋出例外的測試，接著在你的例外處理中，添加適當的行為來符合你的測試。這將使你先建立 `try` 區塊的交易處理視野，並且也會幫助你維護該視野內的交易處理。

使用不檢查型例外（Use Unchecked Exceptions）

這樣的爭辯已經結束。Java 程式設計師為了檢查型例外（checked exceptions）的好處和壞處已經爭論了許多年。當檢查型例外第一次在 Java 出現時，它們看起來是一個很棒的想法。每個方法的宣告署名都包含了例外，以便回傳給呼叫它的敘述。並且，這些例外還被當成方法型態的一部份，如果署名與程式碼所做的事不符，就無法通過編譯。

在這種情況下，我們覺得檢查型例外可能是個很棒的想法；的確，他們產生了某些好處。然而，現在我們很清楚地瞭解到，這樣的檢查型例外在一個耐用的軟體系統裡面，並不是必須的。C#並不支援檢查型例外，雖然經過勇敢地嘗試，但 C++也不支援檢查型例外。連 Python 和 Ruby 都不支援檢查型例外。這些程式語言依然可寫出耐用的軟體系統。因此，我們必須決定（我是說真的）檢查型例外是否真的那麼有價值。

如此做，要付出什麼樣的代價呢？使用了檢查型例外的代價是違反了開放閉合準則（Open/Closed Principle）[1]。如果你從方法中拋出一個檢查型例外，而 catch 卻寫在三層以外的方法，那麼**你必須替拋出例外與 catch 之間的所有方法，在方法署名處都加上該例外的宣告**。這也代表了，如果對軟體中較低層次的函式進行修改，會迫使必須修改其一連串高層次函式的署名。被影響而修改的模組必須重新建立及部署，即便它們內部的程式碼所關注的東西並未改變過。

考慮一個大型系統的函式呼叫階層，頂層函式呼叫比它下一層的函式，下一層的函式又呼叫更下一層的函式，依此類推下去。如果現在有某個最低層次的函式，被修改成一定得拋出例外。如果這個例外是檢查型的，那麼這個函式的署名必須增加一個 throws 子句，而這也意味著，每個呼叫執行這個函式的函式，都必須被修改，第一種修改方式是修改成能捕捉這個例外事件並加以處理。第二種修改方式是在署名處也增加一個 throws 子句，依此類推地修改下去，最終的結果是，從軟體最底層至最高層都進行了一連串的修改！函式的密封性被破壞了，因為所有在拋出例外路徑上的函式，都必須瞭解更低階例外的細節。例外的設計原意是允許你在較遠處才處理錯誤，但可恥的是，檢查型例外卻會因此而打破封閉性原則。

---

[1] [Martin]

如果你正在寫一個關鍵重要的函式庫，那麼檢查型例外有時候還滿管用的：因為你必須捕捉例外事件。但對於一般的應用程式開發而言，檢查型例外在相依性所花費的工夫比實質效益還要高上不少。

提供發生例外的相關資訊

每一個你所拋出的例外都應該要提供足夠的內文資訊，以便判斷發生錯誤的原因和位置。在 Java 裡，你可以從任何一個例外事件裡，獲得堆疊追蹤的訊息；不過，堆疊追蹤無法告訴你失敗操作原本的意圖是什麼。

產生一個有益的錯誤訊息，讓它隨著例外訊息一起傳遞。訊息中應該包含是哪個操作發生錯誤，以及錯誤的型態是什麼。如果你的應用程式會記錄執行過程的相關資訊，那就請傳遞足夠的資訊給 catch 區塊，使例外能夠被記錄下來。

從呼叫者的角度定義例外類別

錯誤的分類有很多種方式。我們可以依照例外的來源作分類：它們是從一個元件還是其他地方產生的？或者也可以按照例外的型態來作分類：它們是裝置錯誤、網路連線失敗、還是程式撰寫上的錯誤？然而，當我們在應用程式裡定義例外類別時，我們最關心的應該是，*它們是如何被捕捉的*。

讓我們來看看一個例外分類不佳的例子。這裡有個 try-catch-finally 敘述，是為了第三方軟體的函式庫呼叫所撰寫的。這個敘述包含了該函式庫可能拋出的所有例外事件。

```
ACMEPort port = new ACMEPort(12);

try {
  port.open();
} catch (DeviceResponseException e) {
  reportPortError(e);
  logger.log("Device response exception", e);
} catch (ATM1212UnlockedException e) {
  reportPortError(e);
  logger.log("Unlock exception", e);
} catch (GMXError e) {
  reportPortError(e);
  logger.log("Device response exception");
} finally {
  …
}
```

這段敘述包含著非常多重複的程式碼，但我們並不會感到驚訝。在大多數的例外處理中，不論真正造成例外的原因是什麼，我們做的事都是一些標準化流程的處理事項。我們必須將錯誤記錄下來，然後確保能繼續執行我們的程式。

在這種狀況下，因為我們知道這類的處理程序，不管是哪種例外事件，做的事情大致上都相同，所以我們只要包裹（wrap）呼叫的 API，並確保它只會回傳共用的例外型態，那麼就可以大幅簡化程式。

```
LocalPort port = new LocalPort(12);
try {
  port.open();
} catch (PortDeviceFailure e) {
  reportError(e);
  logger.log(e.getMessage(), e);
} finally {
  …
}
```

LocalPort 只是一個簡單的包裹類別，幫我們捕捉和翻譯從 ACMEPort 類別所拋出的例外事件：

```
public class LocalPort {
  private ACMEPort innerPort;

  public LocalPort(int portNumber) {
    innerPort = new ACMEPort(portNumber);
  }

  public void open() {
    try {
      innerPort.open();
    } catch (DeviceResponseException e) {
      throw new PortDeviceFailure(e);
    } catch (ATM1212UnlockedException e) {
      throw new PortDeviceFailure(e);
    } catch (GMXError e) {
      throw new PortDeviceFailure(e);
    }
  }
  …
}
```

像我們為 ACMEPort 定義的這種包裹（Wrapper）是非常有用的。事實上，包裹第三方 API 是非常好的實作技巧。當你包裹了一個第三方 API，你就減少了對它的依賴：在將來，你不必花太多力氣，就可選擇更換使用另一個不同的函式庫。此外，當你在測試自己的程式時，包裹也有助於模擬第三方的呼叫。

包裹的最後一個優點在於，你不會被某個廠商的 API 設計給侷限住。你可以定義讓自己感覺舒適的 API。在前面的例子裡，針對 `port` 裝置故障時的例外狀況，我們只定義了單一的例外事件型態，接著我們可以發現，這樣的改變就能寫如此整潔的程式碼。

通常，對於程式碼的某個特定區域而言，單一的例外事件類別是比較有幫助的。伴隨例外事件而發出的資訊，可用來分辨錯誤種類。如果你想捕捉某一個例外事件，並允許其它例外事件通過時，那就使用不同的例外類別。

定義正常的程式流程

如果你遵循上一段的建議，最終你會成功地分隔程式裡的商業法則及錯誤處理，大量的程式碼會看起來像整潔簡單的演算法。然而，這樣的作法，會將錯誤處理推至程式的邊緣。你將外部 API 進行包裹，好讓你能拋出自製的例外事件，在程式碼的上方，你定義了錯誤處理的程式，替你處理任何會中止運算的例外。在大部份的狀況下，這是一個很好的安排，不過有時候，你可能不想要中止運算。

讓我們來看個例子，這是一個笨拙的程式碼，取自某個記帳應用程式的加總消費功能：

```
try {
  MealExpenses expenses = expenseReportDAO.getMeals(employee.getID());
  m_total += expenses.getTotal();
} catch(MealExpensesNotFound e) {
  m_total += getMealPerDiem();
}
```

在這個商業法則裡，如果肉類被消費了，那肉類消費會加總在總消費中。如果該日未消費的話，員工可以得到一日總量的伙食補貼。這個例外搞亂了程式的邏輯。如果我們不需要處理特殊情況的話，不是更好嗎？這樣的話，我們的程式會變得較為簡短扼要，程式可能會變成像這樣：

```
MealExpenses expenses = expenseReportDAO.getMeals(employee.getID());
m_total += expenses.getTotal();
```

我們可以將程式碼變得這麼簡單嗎？其實是可以的。我們可以修改 ExpenseReportDAO，讓它總是回傳一個 MealExpense 物件。如果未消費肉類的話，那它就回傳一個伙食補貼的 MealExpense 物件。

```
public class PerDiemMealExpenses implements MealExpenses {
  public int getTotal() {
    // return the per diem default
  }
}
```

這樣的寫法稱作 SPECIAL CASE PATTERN[Fowler]（特殊情況模式）。你建立一個類別，或設定一個物件，讓它能夠替你處理特殊情況。當你這樣做時，客戶端的程式碼就不必處理例外行為，因為例外行為被包裹在特殊情況物件裡。

不要回傳 null（空值）

我認為，要討論錯誤處理，就要提到，究竟我們是做了什麼導致錯誤的發生。第一個項目就是回傳 null（空值）。我無法細數有多少個我看過的應用程式，幾乎每兩行就出現檢查 null 的敘述。以下就是一個範例：

```
public void registerItem(Item item) {
  if (item != null) {
    ItemRegistry registry = peristentStore.getItemRegistry();
    if (registry != null) {
      Item existing = registry.getItem(item.getID());
      if (existing.getBillingPeriod().hasRetailOwner()) {
        existing.register(item);
      }
    }
  }
}
```

如果你在上面這種程式中工作，看起來似乎不算太壞，但其實壞透了！當我們回傳 null 時，我們是在給自己增加額外的工作量，也是在給呼叫者找麻煩。只要有一處忘記檢查 null，就會導致應用程式進入混亂無法控制的狀態。

你是否注意到一個情況，在巢狀 if 敘述的第二行裡，並沒有進行 null 的檢查？如果在程式運作時，persistentStore 是 null，會發生什麼樣的事情呢？我們可能會在執行期遇到 NullPointerException，也許有人在程式頂端捕捉了 NullPointerException，也可能沒有捕捉。兩種作法都**很糟糕**，因為你不知道要如何處理這個從應用程式深層所拋出的 NullPointerException 例外。

我們很容易發現，上述程式碼的問題是出在沒有做 null 檢查，但實則不然，其實問題是出在程式碼做了**太多**的 null 檢查。如果你想要讓方法回傳 null，那不如試著拋出一個例外事件，或回傳一個 SPECIAL CASE 物件（特殊情況物件）來取代回傳 null。如果你正要呼叫一個會回傳 null 的第三方 API 方法，試著將這個方法用另一個新方法包裹起來，新方法會幫你拋出例外事件，或回傳一個 SPECIAL CASE 物件。

在大部份的情況下，特殊情況物件能簡單地進行補救措施。想像你有以下的程式碼：

```
List<Employee> employees = getEmployees();
if (employees != null) {
  for(Employee e : employees) {
    totalPay += e.getPay();
  }
}
```

現在，getEmployees 能回傳 null，但它真的有必要這樣做嗎？如果我們修改了 getEmployees 函式，使得它回傳一個空白串列（empty list），我們便可將這段程式碼整理成：

```
List<Employee> employees = getEmployees();
for(Employee e : employees) {
  totalPay += e.getPay();
}
```

很幸運地，Java 有 Collections.emptyList()這個函式，它會回傳一個事先定義的不可變串列（immutable list），讓我們可以針對上述目的來使用：

```
public List<Employee> getEmployees() {
  if( .. there are no employees .. )
    return Collections.emptyList();
}
```

如果你按照這種方式來寫程式，你就可以把發生 NullPointerExceptions 的機率降至最低，而你的程式也會變得更整潔。

不要傳遞 null

方法回傳 null 是糟糕的行為，然而，傳遞 null 到方法裡是更糟糕的行為。除非你工作所使用的 API 會預期你可能傳遞 null，否則，你應該盡可能避免傳遞 null。

讓我們透過一個例子來解釋原因。這裡有一個計算兩點距離的簡單方法：

```
public class MetricsCalculator
{
  public double xProjection(Point p1, Point p2) {
    return (p2.x - p1.x) * 1.5;
  }
  …
}
```

如果有某人傳遞一個 null 參數到函式裡，會發生什麼事呢？

```
calculator.xProjection(null, new Point(12, 13));
```

當然，我們會獲得一個 NullPointerException 例外。

那我們該如何修正呢？我們可以建立一個新的例外型態，然後將之拋出：

```
public class MetricsCalculator
{
  public double xProjection(Point p1, Point p2) {
    if (p1 == null || p2 == null) {
      throw InvalidArgumentException(
        "Invalid argument for MetricsCalculator.xProjection");
    }
    return (p2.x - p1.x) * 1.5;
  }
}
```

這樣是不是比較好了？這也許比 null 指標例外好一點，但記住，我們還必須替 InvalidArgumentException 定義一個處理程式（handler）。那這個處理程式應該要做些什麼呢？還有沒有更好的辦法呢？

這裡有另一種選擇。我們可以使用一組邏輯判斷（Assertion）如下：

```
public class MetricsCalculator
{
  public double xProjection(Point p1, Point p2) {
    assert p1 != null : "p1 should not be null";
    assert p2 != null : "p2 should not be null";
    return (p2.x - p1.x) * 1.5;
  }
}
```

這具有良好的說明性，但並沒有解決問題，如果某人仍傳遞了 null，我們還是會在程式執行時出現錯誤。

大部份的程式語言並沒有一個很好的方法，來處理意外將 `null` 傳遞給函式的情況。因此在這種情況下，理性的作法是預設禁止傳遞 `null` 給函式。當你這樣做之後，你在寫程式碼時，就會避免傳遞 `null` 給函式，因為你知道如果 `null` 出現在參數裡，代表了潛在問題的預兆。而你以這樣的經驗來撰寫程式，最終也能大幅降低出錯的可能。

總結

雖然 Clean code 是易讀的，但它也必須是耐用的，這並不是兩個相衝突的目標。當我們將錯誤處理看作是另一件重要的事，將之處理成獨立於主要邏輯的可讀程式，代表我們寫出了整潔又耐用的程式碼。當可以做到這樣的程度時，我們就能獨立地處理它，並且在程式的維護性方面，也向前邁進了一大步。

參考書目

[Martin]: *Agile Software Development: Principles, Patterns, and Practices*, Robert C. Martin, Prentice Hall, 2002.

第8章

邊界

James Grenning（詹姆士．格倫寧）撰

我們很少會去控制系統裡的所有軟體。有時候我們買下第三方的軟體套件，或使用開放原始碼套件。其它時候，我們依賴公司其它團隊幫我們建立軟體元件或子系統。不管是為了哪種原因，我們都必須將這些外來的程式碼整潔地整合到我們的程式碼中。在本章，我們將看到一些程式練習和技巧，可以幫助我們保持軟體系統邊界的整潔。

使用第三方軟體的程式碼

在介面的提供者和介面的使用者之間，存在一股天生的張力。第三方軟體套件和框架的提供者，努力讓第三方軟體套件和框架具有更廣泛的適用性，使它們能夠在許多不同的環境中工作，吸引更多的使用者。從另一方面來說，使用者希望介面能夠專注於他們所要的特別需求。這種張力會導致我們的系統邊界出現問題。

以 `java.util.Map` 為例，如你所見的圖 8-1，`Map` 是個功能豐富，範圍很廣的介面。的確，這樣的能力和彈性很有幫助，但也是一種責任。舉例來說，我們的應用程式可能會建立一個 `Map` 並傳遞它到某處。我們可能是希望，這個 `Map` 的所有接收者都不會刪除映射表的任何內容。然而，在圖 8-1（`Map` 的方法列表）最上方卻有一個 `clear()` 方法，`Map` 的任何接收者都有能力清除其內容。又或者，我們的設計慣例是，只有某些特定型態的物件可以被存放到 `Map` 裡，但 `Map` 並不會對儲存在其內的物件做可靠的型態限制。使用者可隨自己高興，在任何的 `Map` 裡，新增加任何型態的項目。

- `clear() void - Map`
- `containsKey(Object key) boolean - Map`
- `containsValue(Object value) boolean - Map`
- `entrySet() Set - Map`
- `equals(Object o) boolean - Map`
- `get(Object key) Object - Map`
- `getClass() Class<? extends Object> - Object`
- `hashCode() int - Map`
- `isEmpty() boolean - Map`
- `keySet() Set - Map`
- `notify() void - Object`
- `notifyAll() void - Object`
- `put(Object key, Object value) Object - Map`
- `putAll(Map t) void - Map`
- `remove(Object key) Object - Map`
- `size() int - Map`
- `toString() String - Object`
- `values() Collection - Map`
- `wait() void - Object`
- `wait(long timeout) void - Object`
- `wait(long timeout, int nanos) void - Object`

圖 8-1 Map 的方法

如果我們的應用程式需要 Sensor（感測器）的 Map，你可能會看到感測器在程式裡，如下被設定：

```
Map sensors = new HashMap();
```

接著，當其它程式需要存取感測器時，你會看到以下的程式碼：

```
Sensor s = (Sensor)sensors.get(sensorId );
```

我們不只一次看到這樣的寫法，這樣的寫法在程式碼中一再地出現。這段客戶端程式碼，必須負責把來自 Map 介面裡的 Object 物件，轉型成正確的資料型態。這樣做行得通，但並不是整潔的程式碼。而且，這樣的程式碼無法自我說明，我們無法得知其目的。透過泛型（generics）的協助，這段程式的可讀性可以有顯著的改善，如下所示：

```
    Map<Sensor> sensors = new HashMap<Sensor>();
...
    Sensor s = sensors.get(sensorId );
```

雖然這樣做，Map<Sensor>解決了我們需要和想要的功能，但其餘功能上的問題還是未獲得解決。

在系統內自由地傳遞 Map<Sensor>的實體，代表著如果連接到 Map 的介面改變時，系統裡會有很多地方也需要連帶修正。你也許覺得這樣的改變似乎不太可能發生，但請記住，在 Java 5 加入泛型的支援時，的確發生過改變。事實上，我們見過一些系統不使用泛型的原因就是因為，要做大量的修改才能自由地使用 Map。

使用 Map 更整潔的作法，可能會像下面這樣。在這段程式碼裡，Sensors 的使用者不必關心是否使用了泛型。選擇是否使用泛型，變做是（且總應該是）實現細節時才需要關心的事。

```
public class Sensors {
  private Map sensors = new HashMap();

  public Sensor getById(String id) {
    return (Sensor) sensors.get(id);
  }
  //省略片段的程式碼
}
```

邊界上的介面（即 Map）被隱藏了。它會因著應用程式其它部分極小的影響而演進。因為轉型和型態管理都在 Sensors 類別內部處理了，所以使用泛型不再是個大問題。

這個介面也經過特別訂製與限制，以符合應用程式的需求。這樣的作法使得程式碼容易理解，也不易被誤用。Sensors 類別實行了設計和商業上的法則。

我們並不建議每次都用封裝的方式來使用 Map，相反地，我們給你的忠告是，不要在你的系統內傳遞 Map（或在邊界上的其它介面）。如果你使用類似 Map 這樣的邊界介面，將它放在類別裡，或放在相近的類別家族裡。避免在公用 API 裡回傳介面，或將介面當作參數傳遞給 API。

探索及學習邊界

第三方軟體幫助我們在更短的時間內，發佈更多功能的軟體。當我們想要利用某些第三方軟體套件時，該從何處開始呢？雖然測試第三方軟體並不是我們的工作，但為了整體程式的益處，我們最好還是替第三方軟體寫一些測試程式。

假設我們不清楚第三方軟體函式庫的使用方式，我們也許會花一到兩天（或者更多的時間）來閱讀文件，然後才決定要如何使用這個函式庫。接著，我們可能會開始在原來的程式裡加上使用第三方軟體的程式碼，看看它們是否如我們預期般運作。我們有時候會長時間陷入在除錯工具裡，試著找出我們的或第三方軟體的程式錯誤，對於這樣的情況，我們習以為常並不感到驚訝。

學習第三方軟體是件困難的事，要整合第三方軟體也是件困難的事，同時要做這兩件事，就加倍的困難。如果我們採取另一種不同的方式，會發生什麼事呢？不在產品程式裡實驗新的東西，而是另外撰寫一些測試程式，來探索與瞭解第三方軟體。Jim Newkirk（金・紐寇克）稱這種測試叫做**學習式測試**（*learning tests*）[1]。

在學習式測試裡，我們比照在應用程式裡的使用方式，來呼叫第三方軟體 API。我們實質上是在做控制實驗，以檢驗我們對於這個 API 的瞭解程度。這個測試的重點在於，我們想要從 API 獲得什麼樣的結果。

---

[1] [BeckTDD], pp. 136-137。

學習 log4j

例如，現在我們想使用 apache 的 log4j 套件，而不使用我們自定的記錄器。我們下載套件，並打開簡介的文件網頁。沒花太多時間閱讀後，我們寫下第一個測試例子，預期將"hello"輸出至主控台（console）。

```
@Test
public void testLogCreate() {
  Logger logger = Logger.getLogger("MyLogger");
  logger.info("hello");
}
```

當我們執行這個測試程式時，記錄器產生了一個錯誤，告訴我們需要 Appender。再花一點時間閱讀文件以後，我們發現這裡有個 ConsoleAppender。於是我們建立了一個 ConsoleAppender，再看看我們是否能夠解開輸出記錄到主控台的秘密。

```
@Test
public void testLogAddAppender() {
  Logger logger = Logger.getLogger("MyLogger");
  ConsoleAppender appender = new ConsoleAppender();
  logger.addAppender(appender);
  logger.info("hello");
}
```

這次我們發現 Appender 並沒有輸出串流。奇怪了——這看起來很合乎邏輯，它應該要有串流的。在透過 Google 的一點幫助後，我們試了試以下的程式：

```
@Test
public void testLogAddAppender() {
  Logger logger = Logger.getLogger("MyLogger");
  logger.removeAllAppenders();
  logger.addAppender(new ConsoleAppender(
      new PatternLayout("%p %t %m%n"),
      ConsoleAppender.SYSTEM_OUT));
 logger.info("hello");
}
```

終於能執行了，在主控台上出現了一個包含"hello"的記錄訊息。我們必須要告訴 ConsoleAppender，將訊息寫到主控台，而這好像怪怪的。

出現一件有趣的事，當我們移除 ConsoleAppender.SystemOut 參數時，我們仍然可以看到"hello"輸出在主控台上。但如果我們移除了 PattenLayout，編譯器又再一次抱怨缺少了輸出串流。這實在是太詭異了。

再將說明文件看仔細一點，我們看到預設的 ConsoleAppender 建構子是「未設定的（unconfigured）」，這看起來既不明顯又沒有什麼作用。這看起來是 log4j 的錯誤（bug），或者至少前後並不一致。

再多花一點時間在 Google 搜尋、閱讀及測試，我們終於完成了測試程式，如 Listing 8-1。我們發現了不少 log4j 工作的方式，且將這些知識寫入了一連串簡單的單元測試裡。

Listing 8-1 LogTest.java

```
public class LogTest {
    private Logger logger;

    @Before
    public void initialize() {
        logger = Logger.getLogger("logger");
        logger.removeAllAppenders();
        Logger.getRootLogger().removeAllAppenders();
    }
    @Test
    public void basicLogger() {
        BasicConfigurator.configure();
        logger.info("basicLogger");
    }

    @Test
    public void addAppenderWithStream() {
      logger.addAppender(new ConsoleAppender(
          new PatternLayout("%p %t %m%n"),
          ConsoleAppender.SYSTEM_OUT));
        logger.info("addAppenderWithStream");
    }

    @Test
    public void addAppenderWithoutStream() {
      logger.addAppender(new ConsoleAppender(
          new PatternLayout("%p %t %m%n")));
        logger.info("addAppenderWithoutStream");
    }
}
```

現在我們知道要如何初始化一個簡單的主控台記錄器，我們也可以將這些知識，封裝到我們自己的記錄器類別裡，如此一來，應用程式裡的其它部份就與 log4j 這個邊界介面隔離開了。

學習式測試比不花工夫更好

學習式測試並沒有多花什麼工夫。因為反正不管怎樣，我們都必須學會這個 API，而寫這些測試來獲得相關知識，是一個簡單又無不良影響的方式。學習式測試是一種很精確的試驗，可幫助我們增進對 API 的瞭解。

學習式測試不僅沒花什麼工夫，它還帶來正向的投資回報。當第三方軟體套件有新版本發佈時，我們可以執行這些學習式測試，來觀察這些軟體套件有無任何行為上的改變。

學習式測試幫助我們驗證第三方軟體是否按照我們預期般的執行。一但整合進來，沒有人可以擔保第三方軟體會一直相容於我們的需求。第三方軟體的原作者有他們的壓力，必須修改他們的程式來滿足他們自己的新需求。他們會修改程式的錯誤和增加新的相容性。每次新發佈的版本都可能帶來新的風險。如果第三方軟體套件的修改，無法通過我們的測試時，我們就能馬上發現出了問題。

不管你是否需要透過學習式測試來學習，還是需要有一套『與生產程式碼採用相同方式的邊界測試』來支援整潔的介面。如果沒有這些**邊界測試**，來減輕升級整合所造成的負擔，我們停留在舊版本程式的時間，可能會比應該停留的時間還要久。

使用尚未存在的程式

還有另一種邊界，一種將已知和未知分開的邊界。在程式碼裡，常常會遇到我們的知識派不上用場的地方。有時候，在邊界的另一邊是未知的（至少現在未知），有時候我們選擇只察看到邊界為止，不再往下探索。

在多年以前，我曾經是某個無線電通訊系統軟體發展團隊的一員。裡頭有一個子系統，叫做「傳送者(Transmitter)」，我們對它的瞭解非常少，而負責這塊子系統的人尚未對其定義介面。我們並不想因此被困住，所以我們在離這塊未知程式碼比較遠的地方，展開我們的開發工作。

對於我們的程式世界在哪裡結束，和新世界在哪裡開始，我們有個很好的想法。當我們在寫程式時，我們有時候會碰觸到邊界。雖然這些未知的迷霧和雲團遮住了我們往邊界看的視線，我們還是能從工作裡了解到，我們**希望**那個邊界介面長成什麼樣子。我們希望告訴傳送者，我們想要的介面像這個樣子：

> 調整傳送者到特定的頻率，並發送得自於這個串流資料的類比訊號。

因為這個 API 尚未被設計出來，所以我們無從得知任務要如何完成。故而我們決定之後再來完成這些細節。

為了避免一直受困，我們定義了自己的介面，我們還替它取了個容易記的名稱，例如 `Transmitter`。我們為它寫了一個 `transmit` 方法，這個方法可接受傳入的頻率和資料串流參數。這就是我們**希望**擁有的介面。

撰寫我們想要的介面，好處在於我們擁有了主控權。這也有助於讓客戶端的程式更容易閱讀，並集中在它該完成的工作上。

在下面的圖 8-2 裡，你可以看到我們把 `CommunicationsController` 類別從傳送者（transmitter）API（這個 API 曾是我們無法控制且未定義的）中隔離出來。利用符合我們應用程式需求的特定介面，我們維持 `CommunicationsController` 程式碼的整潔性且具有表達力。只要傳送者 API 定義好了，我們就撰寫 `TransmitterAdapter`（傳送者轉接器）來做為跨接的橋樑。ADAPTER[2]（轉接器）封裝了與 API 的互動，當 API 升級時，ADAPTER 是唯一需要被修改的地方。

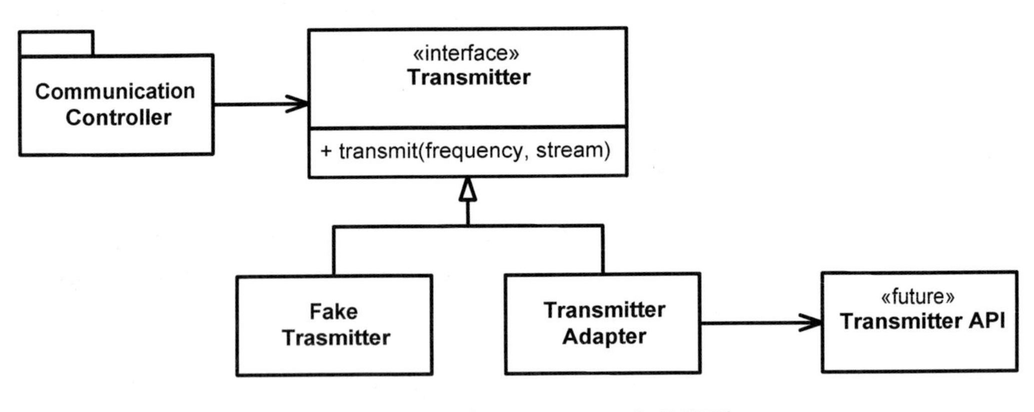

圖 8-2 對傳送者（transmitter）的預測

採用這樣的設計，為測試提供了一個非常方便的接縫（seam[3]）。使用一個適合的 `FakeTransmitter`（假的傳送者），我們就能測試 `CommunicationsController` 類別。當我們獲得 `TransmitterAPI`（傳送者 API）時，我們也能產生邊界測試，來確保我們正確地使用了 API。

---

[2] 請見[GOF]裡的轉接器（Adapter）模式資訊。

[3] 在[WELC]，可參考更多關於接縫（seam）的資訊。

簡潔的程式邊界

有趣的事會發生在邊界上，改變就是其中的一項。好的軟體設計能適應這些改變，而不需要大規模投入或重新撰寫程式。當使用我們無法控制的程式碼時，要特別花工夫去保護已經投入的心力，並且確保不必花太多的工夫，就能因應未來的修改。

在邊界的程式碼必須能清楚的分割，並定義預期的測試。應避免讓我們的程式過度地使用第三方軟體裡的特殊之處。最好是依靠在你可以控制的程式上，而不是你無法控制的程式上，免得最後你反倒受它控制。

藉由讓程式只在最少處引用第三方軟體的方式，來管理第三方軟體的邊界。可能像我們對 Map 所做的方式一樣，將它們封裝起來。或者使用一個 ADAPTER，將我們完美定義的介面轉換成第三方提供的介面。兩種方式都能讓程式碼更容易與我們溝通，促使內部對於邊界的一致性對待，並且當第三方軟體有所改變時，只需要進行極少處的修改。

參考書目

[BeckTDD]: *Test Driven Development,* Kent Beck, Addison-Wesley, 2003.

[GOF]: *Design Patterns: Elements of Reusable Object Oriented Software,* Gamma et al., Addison-Wesley, 1996.

[WELC]: *Working Effectively with Legacy Code,* Addison-Wesley, 2004.

第9章

單元測試

我們的職業（軟體開發與程式設計）在過去十年間有著大幅的進步。在 1997 年，當時根本沒有人聽過什麼是測試驅動程式開發（Test Driven Development）。對於我們之間的大多數人來說，單元測試只是一種拋棄型程式碼，我們寫它是為了確保程式能夠「順利運作」。我們可能煞費苦心地寫下我們的類別和方法，然後製作一些特殊的程式碼來測試它們。一般來說，這可能會包含某種簡單的驅動性程式，讓我們可以手動與我們撰寫的程式進行互動。

我記得在 90 年代中期，我替某個嵌入式即時系統寫了一個 C++程式。這個程式是一個簡單的計時器，其宣告署名如下：

```
void Timer::ScheduleCommand(Command* theCommand, int milliseconds)
```

這個想法很簡單；當指定的 milliseconds（毫秒）時間到了，Command 的 execute 方法會在一個新的執行緒裡執行。但問題是，要如何測試這個程式呢？

我拼湊出一個聆聽鍵盤動作的簡單驅動性程式。每次鍵入一個字元時，驅動性程式會安排一個在五秒鐘後發出的指令，這個指令會鍵入同樣的字元。接著，我在鍵盤上敲打出一段有節奏感的曲調，等待五秒鐘後，同樣的曲調會在螢幕上再次上演。

「I...want-a-girl...just...like-the-girl-who-marr...ied...dear...old...dad.」

當鍵入「.」時，我是真的唱著那段旋律，接著當句點出現在螢幕上時，我又再唱了一遍。

這就是我的測試！當看到這個測試順利運作，我就將之展示給同事看，然後把這段測試程式丟到一旁。

如同我之前提到的，軟體開發與程式設計在過去有著大幅的進步。在今天，我會寫好測試程式，來確保程式裡的每個角落都會如同我預期般地運作。我會將我的程式和作業系統隔離開來，避免直接呼叫作業系統的標準計時函式。我會偽造那些計時函式，讓我對於時間有絕對的控制權。我安排執行『設定布林旗標』的指令，然後將時間往未來調整，觀察這些旗標，是否在我將時間調到正確值時，會從 false 變成 true。

一但我有一套已通過的測試程式時，我會確保任何需要使用到程式碼的人，都能夠方便地使用這些測試程式。我也會確認測試程式和程式碼都被包含在同一個套件裡。

是的，我們有著大幅的進步；但我們還有更長的路要走。敏捷軟體開發（Agile）和測試驅動軟體開發（TDD）運動，鼓勵很多程式設計師撰寫自動化的單元測試程式，而且每天都有越來越多的人加入這樣的開發行列。但一股惱急著將測試加入我們的開發規則中的當下，許多程式設計師忽略了某些關於『將單元測試寫好』方面的更微妙且更重要的重點。

TDD 的三大法則

現在每個知道 TDD 的人，都會要求我們在寫產品程式之前，必須先撰寫好單元測試。這條準則僅僅是冰山露出的一個頂角而已。來看看以下 TDD 的三大法則[1]：

第一法則：在撰寫一個單元測試（測試失敗的單元測試）前，不可撰寫任何產品程式。

第二法則：只撰寫剛好無法通過的單元測試，不能編譯也算無法通過。

第三法則：只撰寫剛好能通過當前測試失敗的產品程式。

這三條法則使你被限制在一個約 30 秒的循環內。測試程式和產品程式是一起被撰寫的：測試程式只比產品程式早幾秒撰寫而已。

如果我們像這樣子寫程式，我們每天會寫下幾十個測試程式，每個月寫下幾百個測試程式，每年寫下幾千個測試程式。如果我們像這樣子寫程式，這些測試會覆蓋所有的產品程式。這些純粹用來測試的大量程式，數量足以和產品程式匹敵，也會產生令人怯步的管理問題。

讓測試程式整潔

幾年前，我被請去指導一個開發團隊。這個開發團隊明確地決定，他們的測試程式不應該以產品程式的維護標準來進行維護。他們相互允許在寫單元測試時，可以打破維護原則，「快速和醜陋」就是他們的口號。他們的變數不需要經過良好的命名，他們的測試函式不需要簡短和具有說明性，他們的單元測試不需要被妥善設計和仔細劃分。只要測試程式可以順利運作，只要這些測試程式涵蓋所有的產品程式，就算是足夠好了。

某些讀者可能會同情他們這樣的決定。也許在很久以前，你在寫測試程式時，有點像我在寫 `Timer` 類別一樣。當我們從撰寫拋棄型的測試程式，轉變成撰寫一套自動化單元測試，其實已經向前邁進了一大步。所以，就像我指導的開發團隊一樣，你可能會決定，有醜陋的測試程式總比沒有測試程式來得強。

然而這個開發團隊並沒有意識到，醜陋的測試程式，如果沒有更糟的話，其實頂多是等同於沒有測試程式。問題在於，這些測試程式必須隨著產品程式的演進而修改。越混亂

---

1 *Professionalism and Test-Driven Development*, Robert C. Martin, Object Mentor, IEEE Software, May/June 2007 (Vol. 24, No. 3) pp. 32–36 http://doi.ieeecomputersociety.org/10.1109/MS.2007.85

的測試程式就越難修改。當測試程式越陷入一團混亂時，你就需要花費越多的時間，將新的測試程式塞進這套測試單元裡，而所花的時間可能比你寫新產品程式的時間還要多。當你修改產品程式時，舊的測試程式就開始失敗，而測試程式中混亂的程式碼，將使得產品程式更難再次通過測試。所以，測試程式變成一種不斷增加的不利條件。

一次又一次的新版本發佈，我的開發團隊花在維護測試套件的時間也隨之增加。到了最後，它變成開發者最大的抱怨對象。當開發經理問到，為什麼開發時間比他們估計的還要長那麼多時，這些開發者就將錯誤歸咎於測試套件。最終，他們被迫將整個測試套件都扔掉。

然而，沒有測試套件，他們就喪失確保『程式修改後是否能按照預期般工作』的能力。沒有了測試套件，他們沒辦法保證『對系統某部分的修改不會搞爛系統其它部份的程式』。所以他們的程式缺陷率開始上升。當非計劃中的缺陷增加時，他們開始害怕修改程式。他們停止維護整理他們的產品程式，因為害怕改變程式，所以導致了更嚴重的缺陷。他們的產品程式開始腐壞，最後變成沒有任何測試、混亂和 bug 叢生的產品程式，以及留下沮喪的顧客們。然後他們自己以為是測試導致他們失敗的。

在某些程度上他們是對的。**的確**是測試導致他們失敗的。但這是因為他們自己決定『容許測試程式可以是混亂的』，這才是失敗的源頭。如果他們能保持測試程式的整潔，測試是不會導致他們失敗的。我可以如此肯定的說，是因為我曾經參加和指導過不少的開發團隊，這些開發團隊都因為能保持單元測試的**整潔**，而獲得成功。

這個故事的寓意很簡單：**測試程式跟產品程式一樣重要**。測試程式不是次等公民，它需要花時間思考、設計和照料，它一定得和產品程式一樣保持整潔。

測試帶來更多的好處

如果你沒有保持測試程式的整潔，你會逐漸失去它們。沒有了它們，你會失去保持產品程式彈性的一切必要條件。是的，你沒有看錯，就是**單元測試**讓我們的程式保持擴充彈性、可維護性及可再利用性。原因很簡單，如果你有了測試程式，你就不會害怕修改你的程式！沒有了測試，每一次的程式修改都可能存在潛藏的錯誤。無論你的程式架構多有擴充彈性，無論你分割設計做得有多好，沒有了測試，你將不願意做改變，因為你害怕會導致其它尚未察覺的錯誤。

但是如果**有了**測試，這樣的恐懼就會完全消失。當你的測試涵蓋率越廣，你就越不害怕。即便你面對的是一個不盡如人意的架構和一個糾纏不清、晦澀的設計，你也可以進行無後顧之憂的修改。事實上，你可以毫無畏懼地**改善**系統架構和設計！

所以，擁有涵蓋產品程式的一套自動化單元測試，是讓你盡可能維護產品設計和架構整潔的唯一關鍵。因為測試讓**修改**變為可行，所以測試帶來了更多的好處。

因此，如果你的測試程式是醜陋的，就會限制住你修改程式碼的能力。並且，你會開始失去改善程式碼架構的能力。測試程式越醜陋，你的程式碼就會變得越醜陋。最終，你失去了測試程式，你的程式碼也腐敗了。

整潔的測試

是什麼造就了一個整潔的測試？三件事，可讀性，可讀性，還是可讀性。可讀性，在單元測試裡可能比在產品程式裡還重要。是什麼讓一個測試程式具有可讀性？答案和讓所有程式具有可讀性一樣：闡明性（clarity）、簡明性（simplicity）及言簡意賅的表達力（density of expression）。在一個測試程式裡，你要盡可能地用最少的表達式來產生最豐富的說明。

看看 Listing 9-1 FitNesse 的程式碼，這三個測試實在難以理解，顯然應該被改善。首先，有非常大量的重複程式碼[G5]，重複呼叫 `addPage` 和 `assertSubString` 這兩個函式。更重要的是，這段程式碼充斥著過多的細節，這些細節與測試的表達力相互抵觸。

Listing 9-1 SerializedPageResponderTest.java

```
public void testGetPageHieratchyAsXml() throws Exception
{
  crawler.addPage(root, PathParser.parse("PageOne"));
  crawler.addPage(root, PathParser.parse("PageOne.ChildOne"));
  crawler.addPage(root, PathParser.parse("PageTwo"));

  request.setResource("root");
  request.addInput("type", "pages");
  Responder responder = new SerializedPageResponder();
  SimpleResponse response =
    (SimpleResponse) responder.makeResponse(
      new FitNesseContext(root), request);
  String xml = response.getContent();

  assertEquals("text/xml", response.getContentType());
  assertSubString("<name>PageOne</name>", xml);
  assertSubString("<name>PageTwo</name>", xml);
```

Listing 9-1（續） SerializedPageResponderTest.java

```
    assertSubString("<name>ChildOne</name>", xml);
  }

  public void testGetPageHieratchyAsXmlDoesntContainSymbolicLinks()
  throws Exception
  {
    WikiPage pageOne = crawler.addPage(root, PathParser.parse("PageOne"));
    crawler.addPage(root, PathParser.parse("PageOne.ChildOne"));
    crawler.addPage(root, PathParser.parse("PageTwo"));

    PageData data = pageOne.getData();
    WikiPageProperties properties = data.getProperties();
    WikiPageProperty symLinks = properties.set(SymbolicPage.PROPERTY_NAME);
    symLinks.set("SymPage", "PageTwo");
    pageOne.commit(data);

    request.setResource("root");
    request.addInput("type", "pages");
    Responder responder = new SerializedPageResponder();
    SimpleResponse response =
      (SimpleResponse) responder.makeResponse(
        new FitNesseContext(root), request);
    String xml = response.getContent();

    assertEquals("text/xml", response.getContentType());
    assertSubString("<name>PageOne</name>", xml);
    assertSubString("<name>PageTwo</name>", xml);
    assertSubString("<name>ChildOne</name>", xml);
    assertNotSubString("SymPage", xml);
  }

  public void testGetDataAsHtml() throws Exception
  {
    crawler.addPage(root, PathParser.parse("TestPageOne"), "test page");

    request.setResource("TestPageOne");
    request.addInput("type", "data");
    Responder responder = new SerializedPageResponder();
    SimpleResponse response =
      (SimpleResponse) responder.makeResponse(
        new FitNesseContext(root), request);
    String xml = response.getContent();

    assertEquals("text/xml", response.getContentType());
    assertSubString("test page", xml);
    assertSubString("<Test", xml);
  }
```

以 PathParser 的函式呼叫為例。它們將字串轉換成網路爬蟲（crawler）使用的 PagePath 實體，這樣的轉換和即將到來的測試毫無關連，只會模糊了原本的意圖而已。建立 responder 的有關細節與 response 的收集和轉型行為，都是無意義的干擾。還有些透過 resource 和參數要求 URL 之類的笨拙程式碼。（我幫忙寫過這段程式碼，所以我可以嚴厲地批評它。）

最終，這段程式碼並不是設計來給人讀的。可憐的讀者被淹沒在大量的細節裡，在真正使用測試程式前，必須先理解大量的細節。

現在，讓我們來看看改善後的測試程式 Listing 9-2。這些測試做完全相同的事，但已經被重構為更整潔也更具表達力的形式。

Listing 9-2 SerializedPageResponderTest.java（重構後）

```
public void testGetPageHierarchyAsXml() throws Exception {
  makePages("PageOne", "PageOne.ChildOne", "PageTwo");

  submitRequest("root", "type:pages");

  assertResponseIsXML();
  assertResponseContains(
    "<name>PageOne</name>", "<name>PageTwo</name>", "<name>ChildOne</name>"
  );
}

public void testSymbolicLinksAreNotInXmlPageHierarchy() throws Exception {
  WikiPage page = makePage("PageOne");
  makePages("PageOne.ChildOne", "PageTwo");

  addLinkTo(page, "PageTwo", "SymPage");

  submitRequest("root", "type:pages");

  assertResponseIsXML();
  assertResponseContains(
    "<name>PageOne</name>", "<name>PageTwo</name>", "<name>ChildOne</name>"
  );
  assertResponseDoesNotContain("SymPage");
}

public void testGetDataAsXml() throws Exception {
  makePageWithContent("TestPageOne", "test page");

  submitRequest("TestPageOne", "type:data");

  assertResponseIsXML();
  assertResponseContains("test page", "<Test");
}
```

這些測試的結構明顯地呈現了建造—操作—檢查（BUILD-OPERATE-CHECK）[2]模式。每個測試很清楚地被拆解成三個部份，第一個部份是建立測試資料，第二個部份是操作這些測試資料，第三個部份是檢查『操作這些測試資料以後，是否產生預期的結果』。

注意，原本那些大量惱人的細節已經被消除了。測試立刻切中主題，並且只使用它們真正需要的資料型態和函式。任何人看到這些測試程式碼，都可以在不被細節誤導和干擾的情況下，馬上瞭解它們到底在做什麼。

特定領域的測試語言

在 Listing 9-2 的測試呈現了一種特別的技巧，它替你的測試程式建造了一個特定領域的語言。我們並非直接使用程式設計師用來操縱系統的 API，而是建立了一連串的函式和公用程式，來間接使用這些 API，讓我們的測試程式更容易撰寫和閱讀。這些函式和公用程式，變成測試使用的一種『特別的 API』。它們可說是一種『測試語言』，程式設計師利用這個語言來幫助他們撰寫測試程式，也幫助將來閱讀這些測試程式的程式設計師進行閱讀。

這種測試 API 並不是從一開始就特別設計的；是從被細節困惑的測試程式進行持續重構的過程中，演化得來的。如同你看到我將 Listing 9-1 重構成 Listing 9-2 的測試程式一般，有紀律訓練的程式設計師也會重構他們的測試程式碼，使之變成更簡潔、更具表達力的形式。

雙重標準

在某種程度上，本章開頭所提及的開發團隊，做的是對的事。測試 API 的程式碼和產品程式碼的確有著不同的軟體工程標準。測試程式碼必須足夠簡明、簡潔、和具表達力，但它不需要和產品程式碼一樣有效率。畢竟，測試程式碼是在測試環境裡，而非在產品環境裡運作，這兩種環境有著非常不同的需求。

讓我們來看看 Listing 9-3 的測試程式，這個測試程式是我寫的，它是某個環境控制系統設計雛形的一部份。在不需要瞭解太多細節的情況下，你就能瞭解這個測試是在做檢查，檢查是否在溫度「過冷」的狀況下，低溫的警示器、暖爐、還有抽風機會全都自動打開。

---

[2] http://fitnesse.org/FitNesse.AcceptanceTestPatterns

Listing 9-3 EnvironmentControllerTest.java

```
@Test
  public void turnOnLoTempAlarmAtThreashold() throws Exception {
    hw.setTemp(WAY_TOO_COLD);
    controller.tic();
    assertTrue(hw.heaterState());
    assertTrue(hw.blowerState());
    assertFalse(hw.coolerState());
    assertFalse(hw.hiTempAlarm());
    assertTrue(hw.loTempAlarm());
  }
```

當然，這裡也有許多細節。舉例來說，tic 函式是要做什麼用的？事實上，我寧願告訴你，不必擔心這個問題，你只需擔心『是否同意，系統的最終狀態，與溫度「過冷」的狀態是一致的』。

當你在閱讀此段測試程式時，你是否注意到，為了查看被檢查的狀態名稱和狀態的意義，你的眼睛必須不斷來回的跳動。你看到 heaterState（暖爐狀態），然後你的眼睛滑至左方的 assertTrue（斷定為真值）。你看到 coolerState（冷卻器狀態），然後你的眼睛必然追蹤至左方的 assertFalse（斷定為偽值）。這個過程令人厭煩而且相當不可靠。它讓測試程式變得難以閱讀。

我將之改善為 Listing 9-4 的程式碼，如你所見，可讀性大幅提升。

Listing 9-4 EnvironmentControllerTest.java（重構後）

```
@Test
  public void turnOnLoTempAlarmAtThreshold() throws Exception {
    wayTooCold();
    assertEquals("HBchL", hw.getState());
  }
```

當然，我建立了一個 wayTooCold 函式，來幫我掩飾住 tic 函式的細節。但值得注意的是，在呼叫 assertEquals 函式時，那個奇怪字串到底是什麼。大寫的字元代表了「開啟」，小寫的字元代表了「關閉」，而且這些字母總是遵循著下列順序：{ heater（暖爐）、blower（抽風機）、cooler（冷卻器）、hi-temp-alarm（高溫警示器）、lo-temp-alarm（低溫警示器）}。

雖然這樣做，違反了關於思維轉換的準則[3]，但在這個例子裡看來似乎是恰當的。注意，一但你知道它的意義，你的眼睛就能滑過這些字串，並且可以馬上解譯出結果。你會發

3 第 28 頁的「避免思維的轉換」

現閱讀這些測試幾乎變成是一種享受。讓我們來看一下 Listing 9-5 的測試程式，來看看它有多麼容易被理解。

Listing 9-5 EnvironmentControllerTest.java（擴展到較大的範圍）

```
@Test
  public void turnOnCoolerAndBlowerIfTooHot() throws Exception {
    tooHot();
    assertEquals("hBChl", hw.getState());
  }

  @Test
  public void turnOnHeaterAndBlowerIfTooCold() throws Exception {
    tooCold();
    assertEquals("HBchl", hw.getState());
  }

  @Test
  public void turnOnHiTempAlarmAtThreshold() throws Exception {
    wayTooHot();
    assertEquals("hBCHl", hw.getState());
  }

  @Test
  public void turnOnLoTempAlarmAtThreshold() throws Exception {
    wayTooCold();
    assertEquals("HBchL", hw.getState());
  }
```

在 Listing 9-6 出現了 getState 函式。注意，這並不是一個有效率的程式碼，如果要讓它有效率，我可能應該採用 StringBuffer。

Listing 9-6 MockControlHardware.java

```
public String getState() {
    String state = "";
    state += heater ? "H" : "h";
    state += blower ? "B" : "b";
    state += cooler ? "C" : "c";
    state += hiTempAlarm ? "H" : "h";
    state += loTempAlarm ? "L" : "l";
    return state;
  }
```

使用 StringBuffer 實在有點難看，就算是在產品程式裡，只要花費的代價不會太多，我會盡可能避免使用 StringBuffer；況且你可能會認為，Listing 9-6 程式碼的代價應該非常小。然而，這個應用程式很明顯是應用於一個嵌入式即時系統，這類系統的電腦與記憶體資源有限。可是在**測試**環境裡，很可能就沒有這個限制了。

這就是雙重標準的本質。有些事，你可能永遠不會在產品環境下做，但在測試環境裡卻相當合適。通常這關係到記憶體大小的問題或中央處理器的效能限制，但整潔的程度永遠不會被列入這個議題的討論當中。

一個測試一次斷言（Assert）

有一些學派的思維[4]認為，在 JUnit 裡的每個測試函式，只能有唯一的一個斷言（assert）敘述。這樣的準則看似過於嚴厲，但好處可以在 Listing 9-5 裡窺見一斑。這些測試只會產生一個結論，人們可以藉此容易且快速地瞭解它們。

那麼 Listing 9-2 該如何解釋呢？我們可以將判斷輸出是否為 XML 的斷言，和判斷檔案是否包含特定子字串的斷言，用某種簡單的方法合併在一起，不過，這看似並不合理。然而，我們可以將測試拆成兩個不同的測試，每個測試有屬於自己的特定斷言，如 Listing 9-7 所示。

Listing 9-7 SerializedPageResponderTest.java（單一斷言）

```
public void testGetPageHierarchyAsXml() throws Exception {
    givenPages("PageOne", "PageOne.ChildOne", "PageTwo");

    whenRequestIsIssued("root", "type:pages");

    thenResponseShouldBeXML();
  }

  public void testGetPageHierarchyHasRightTags() throws Exception {
    givenPages("PageOne", "PageOne.ChildOne", "PageTwo");

    whenRequestIsIssued("root", "type:pages");

    thenResponseShouldContain(
      "<name>PageOne</name>", "<name>PageTwo</name>", "<name>ChildOne</name>"
    );
  }
```

注意，我依據 given-when-then（給定—何時—然後）[5]慣例，替換了函式的名稱。這讓整段測試更容易閱讀。不幸的是，這樣拆解測試程式，會導致重複程式碼的產生。

---

4 請見 Dave Astel（戴夫・阿斯達）的部落格：http://www.artima.com/weblogs/viewpost.jsp?thread=35578

5 [RSpec]。

我們可以利用 TEMPLATE METHOD（樣版方法）[6]模式，來消除這些重複的程式碼，也就是將 *given/when*（給定/何時）的部份移到基底類別裡，*then*（然後）的部份則放在不同的衍生類別裡。或者我們也可以建立一個完全獨立的測試類別，將 *given*（給定）和 *when*（何時）的部分移到`@Before` 函式裡，*when*（何時）的部份則放在`@Test` 函式裡。但是對於這個不重要的問題，這樣的作法似乎有點小題大作。最終，我還是偏好採用 Listing 9-2 中，保留多個斷言的方式。

我認為單一的斷言原則是個不錯的指導方針[7]。我通常會試著建立支援這個指導方針的特定領域測試語言，如 Listing 9-5 所示。但我也不害怕將更多的斷言放在同一個測試裡，我認為最好的目標應該是，測試裡的斷言數量應該盡可能地減少。

一個測試一個概念

也許更好的準則是，在每個測試函式裡只測試一個概念。我們並不想要一個冗長的測試函式，測試這個又測試那個，Listing 9-8 就是這樣的測試例子。因為這段測試一共檢查了三件獨立的事情，它應該被拆解成三個獨立的測試。將三件獨立的事情混合在同一個函式，會強迫讀者得找出每個測試在這裡的理由，還有每個測試區塊要測試什麼。

Listing 9-8

```
/**
 * Miscellaneous tests for the addMonths() method.
 */
public void testAddMonths() {
    SerialDate d1 = SerialDate.createInstance(31, 5, 2004);

    SerialDate d2 = SerialDate.addMonths(1, d1);
    assertEquals(30, d2.getDayOfMonth());
    assertEquals(6, d2.getMonth());
    assertEquals(2004, d2.getYYYY());

    SerialDate d3 = SerialDate.addMonths(2, d1);
    assertEquals(31, d3.getDayOfMonth());
    assertEquals(7, d3.getMonth());
    assertEquals(2004, d3.getYYYY());

    SerialDate d4 = SerialDate.addMonths(1, SerialDate.addMonths(1, d1));
    assertEquals(30, d4.getDayOfMonth());
    assertEquals(7, d4.getMonth());
    assertEquals(2004, d4.getYYYY());
}
```

---

[6] [GOF]。

[7] 「堅持程式該有的樣子」

這三個測試函式應該像下述所示：

- 對於給定的某個有 31 天的月份的最後一天（如 5 月）：
  1. 當你在該日期上加了一個月，如果該月份有 30 天（如 6 月），那麼新的日期應該是第 30 天，而不是第 31 天。
  2. 當你在該日期上加了兩個月，如果第二個月是 31 天的月份，那麼新的日期應該是當月的第 31 天。
- 對於給定的某個有 30 天的月份的最後一天（如 6 月）：
  1. 當你在該日期上加了一個月，如果該月份有 31 天，那麼新的日期應該是第 30 天，而不是第 31 天。

如果像這樣子進行陳述，你會發現有一個通用規則，隱藏在雜亂的測試當中。當你加上一個月時，最後一天的日期並不會大於原本月份的最後一天。這意味著在 2 月 28 日加上一個月以後，新的日期是 3 月 28 日。這應該是一個要被寫出來的有用測試，但這個測試卻被遺漏了。

所以並不是在 Listing 9-8 各程式區塊裡的多重斷言造成了問題，而是這裡有超過一個以上的概念要被測試。所以，最好的法則應該是，在一個概念裡最小化斷言的數量，一個測試函式只測試一個概念。

F.I.R.S.T.[8]

整潔的測試，遵循由以上五個字母縮寫所構成的法則：

Fast（快速）：測試應該要夠快。它們要能被快速地運行，當測試執行緩慢時，你就不會想常常執行它們。如果你不常常執行測試，你就無法及早發現問題，也無法輕易地進行修正。如此，你在整理程式時，就不會覺得很自在。最後，程式就會開始腐敗。

Independent（獨立）：測試程式不應該相互依賴。一個測試不應成為下一個測試的設定條件。你要能獨立地運行各個測試，並且可以按照任何你想要的順序進行測試。當測試相互依賴，第一個測試的失敗會導致一連串接續的失敗，讓錯誤的診斷變得困難，而且可能隱瞞住後續的程式缺陷。

---

8 Object Mentor 的培訓教材

Repeatable（可重複性）：測試程式應該可以在任何環境中重複執行。你要能夠在產品環境中進行測試，在質量保證（QA）環境中進行測試，或當你搭火車回家時，在沒有網路的狀況下依舊能用你的筆電進行測試。如果你的測試無法在任何環境下重複進行，你就永遠會有『為什麼測試會失敗』的藉口。當測試環境沒準備好時，你會發現自己沒辦法進行測試。

Self-Validating（自我驗證）：測試程式應該輸出布林值。不管是測試通過或失敗。你不應該透過察看記錄檔，來分辨測試是否通過。你不應該手動比較兩個不同的文字檔，才能得知測試是否通過。如果測試程式沒有自我驗證的能力，那失敗的判斷就會變成一種主觀的看法，而且執行測試後可能需要很長的手動檢查時間。

Timely（及時）：撰寫測試程式要及時。單元測試要恰好在使其通過的產品程式之前不久撰寫。如果你在撰寫產品程式之後才撰寫測試程式，那你可能會發現產品程式很難被測試。你可能會認為，某些產品程式難以被測試。你可能不會去設計可被測試的產品程式。

總結

我們僅僅只有討論到這個主題的一點皮毛而已。的確，我認為關於**整潔的測試**這個議題，本身就能寫成一本書。測試程式對於一個專案的健康程度，就跟產品程式一樣重要。或許，測試程式可能更重要，因為測試程式保存和加強了產品程式的可擴充彈性、可維護性及可再利用性。所以，持續保持測試程式的整潔，努力讓它們具表達力和簡潔。創造出測試程式 API，使之變成一種特定領域的測試語言，將能幫助你撰寫測試。

如果你讓測試程式腐敗，那麼你的產品程式也會跟著腐敗。保持你的測試整潔。

參考書目

[RSpec]: *RSpec: Behavior Driven Development for Ruby Programmers*, Aslak Hellesøy, David Chelimsky, Pragmatic Bookshelf, 2008.

[GOF]: *Design Patterns: Elements of Reusable Object Oriented Software*, Gamma et al., Addison-Wesley, 1996.

第 10 章

類別

與 Jeff · Langr（傑夫 · 蘭格）共撰

到目前為止，本書專注在如何把程式的每一行和區塊寫好，我們也深入探索如何適當的組成函式，並且如何讓它們彼此相互關連。不過，儘管我們將所有的心力放在『程式碼敘述和敘述所構成的函式』的表達能力，但除非我們把注意力放到程式碼結構的更高層次，否則我們始終無法達到 Clean Code 的境界。

類別的結構

遵循標準 Java 的慣例，一個類別的開頭應該是一連串的變數。如果有任何的公用靜態常數，這些常數應該要被擺在最開頭，緊接著是私有靜態變數，再來是私有實體變數。很少會有讓我們使用公用變數的好理由。

公用函式應該緊接在一連串變數宣告的後方。我們喜歡將私有工具函式，緊接放置在呼叫它的公用函式後方，這遵循了降層法則（stepdown rule），也有助於『讓閱讀程式』就像是在閱讀報紙文章一樣。

封裝

我們希望我們的變數和工具函式保持私有的型態，但我們對此並不執著。有時候我們需要讓變數或工具函式是保護（protected）型態，這樣測試程式才有辦法存取它們。對我們來說，測試就是王道。如果在同一個套件裡的測試程式，需要呼叫某個函式或存取某個變數，我們會讓它們擁有『保護的』或『套件的』視野。無論如何，我們會先想辦法保持私有性，放鬆封裝的限制總是最後不得已的手段。

類別要夠簡短

關於類別的第一準則，就是要讓類別夠簡短。類別的第二準則，就是要比第一準則的類別還要簡短。不，我們並不是要重複和第三章『函式』所敘述的相同文字。但就和函式一樣，當談到類別的設計時，首要準則就是要更簡短。但也和函式一樣，我們立刻遇到了一個問題，「類別應該要多短才好？」

在函式裡，我們計算真正的程式行數，來衡量函式的大小。在類別裡，我們利用不同的量測方式，我們計算**職責的數量**[1]。

Listing 10-1 概述了一個 SuperDashboard 類別，它公開了約七十個公用方法。大部份的開發者應該會同意這個類別太大了，有些開發者甚至會稱 SuperDashboard 類別為「神的類別」。

1 [RDD].

Listing 10-1 太多的職責

```
Public class SuperDashboard extends Jframe implements MetaDataUser {
   public String getCustomizerLanguagePath()
   public void setSystemConfigPath(String systemConfigPath)
   public String getSystemConfigDocument()
   public void setSystemConfigDocument(String systemConfigDocument)
   public boolean getGuruState()
   public boolean getNoviceState()
   public boolean getOpenSourceState()
   public void showObject(MetaObject object)
   public void showProgress(String s)
   public boolean isMetadataDirty()
   public void setIsMetadataDirty(boolean isMetadataDirty)
   public Component getLastFocusedComponent()
   public void setLastFocused(Component lastFocused)
   public void setMouseSelectState(boolean isMouseSelected)
   public boolean isMouseSelected()
   public LanguageManager getLanguageManager()
   public Project getProject()
   public Project getFirstProject()
   public Project getLastProject()
   public String getNewProjectName()
   public void setComponentSizes(Dimension dim)
   public String getCurrentDir()
   public void setCurrentDir(String newDir)
   public void updateStatus(int dotPos, int markPos)
   public Class[] getDataBaseClasses()
   public MetadataFeeder getMetadataFeeder()
   public void addProject(Project project)
   public boolean setCurrentProject(Project project)
   public boolean removeProject(Project project)
   public MetaProjectHeader getProgramMetadata()
   public void resetDashboard()
   public Project loadProject(String fileName, String projectName)
   public void setCanSaveMetadata(boolean canSave)
   public MetaObject getSelectedObject()
   public void deselectObjects()
   public void setProject(Project project)
   public void editorAction(String actionName, ActionEvent event)
   public void setMode(int mode)
   public FileManager getFileManager()
   public void setFileManager(FileManager fileManager)
   public ConfigManager getConfigManager()
   public void setConfigManager(ConfigManager configManager)
   public ClassLoader getClassLoader()
   public void setClassLoader(ClassLoader classLoader)
   public Properties getProps()
   public String getUserHome()
   public String getBaseDir()
   public int getMajorVersionNumber()
   public int getMinorVersionNumber()
   public int getBuildNumber()
   public MetaObject pasting(
      MetaObject target, MetaObject pasted, MetaProject project)
   public void processMenuItems(MetaObject metaObject)
```

Listing 10-1（續） 太多的職責

```
    public void processMenuSeparators(MetaObject metaObject)
    public void processTabPages(MetaObject metaObject)
    public void processPlacement(MetaObject object)
    public void processCreateLayout(MetaObject object)
    public void updateDisplayLayer(MetaObject object, int layerIndex)
    public void propertyEditedRepaint(MetaObject object)
    public void processDeleteObject(MetaObject object)
    public boolean getAttachedToDesigner()
    public void processProjectChangedState(boolean hasProjectChanged)
    public void processObjectNameChanged(MetaObject object)
    public void runProject()
    public void setAçowDragging(boolean allowDragging)
    public boolean allowDragging()
    public boolean isCustomizing()
    public void setTitle(String title)
    public IdeMenuBar getIdeMenuBar()
    public void showHelper(MetaObject metaObject, String propertyName)
    // ... many non-public methods follow ...
}
```

那如果 SuperDashboard 類別只包含如 Listing 10-2 的方法，又如何呢？

Listing 10-2 夠簡短了嗎？

```
public class SuperDashboard extends JFrame implements MetaDataUser {
    public Component getLastFocusedComponent()
    public void setLastFocused(Component lastFocused)
    public int getMajorVersionNumber()
    public int getMinorVersionNumber()
    public int getBuildNumber()
}
```

五個方法不會太多了吧，會嗎？在這個例子裡，雖然方法的數量已經很少了，但 SuperDashboard 類別還是擁有太多的**職責**。

類別的命名應足以描述其職責。事實上，名稱可能是幫忙決定類別大小的第一個手段。如果無法替某個類別取個簡明的名稱，那這個類別很可能就過大了。如果一個類別的名稱越模稜兩可，那這個類別就越有可能擁有太多的職責。例如，如果類別名稱包含含糊的字眼，如 Processor、Manager 或 Super，通常暗示這裡有著不適宜的職責聚集。

在不使用「if」、「and」、「or」或「but」等字眼的情況下，我們應該要能在使用二十五個字詞內替類別寫出一個簡短的描述。那我們該如何描述 SuperDashboard 類別呢？「SuperDashboard 類別提供了對最後擁有焦點元件的存取權限，還允許我們追蹤版本資訊和版本編號。」第一個「還」就是 SuperDashboard 有著太多職責的提示。

單一職責原則

單一職責原則（Single Responsibility Principle, SRP）[2] 主張一個類別或一個模組應該有一個，而且只能有一個**修改的理由**。這個原則同時提供了我們對於職責的定義和類別大小的指導方針。類別應該只有一個職責 —— 唯一的一個修改的理由。

Listing 10-2 的 SuperDashboard 小型類別，看起來有兩個修改的理由。第一，它追蹤了版本資訊，版本資訊似乎在每次軟體更新時，都會一同被更新。第二，它管理了 Java Swing 元件（衍生自 JFrame，頂層 GUI 視窗的 Swing 表現）。毫無疑問地，如果我們修改了任何的 Swing 程式碼，都必須更新版本編號，但反過來則不一定成立；我們改變版本資訊，也可能是因為系統其它程式碼的變更。

試著確認職責（修改的理由）常幫助我們在程式裡，找出或建立較好的抽象概念。我們可以輕易地擷取出三個 SuperDashboard 裡處理版本資訊的方法，並將之移到分離出來的 Version 類別裡（見 Listing 10-3）。Version 類別是一個基於『極可能被其它應用程式重複利用』想法所構思出來的類別！

Listing 10-3 單一職責的類別

```
public class Version {
    public int getMajorVersionNumber()
    public int getMinorVersionNumber()
    public int getBuildNumber()
}
```

單一職責原則是物件導向設計的一個極重要概念，它也是一個讓人容易理解並遵守的簡單概念。但奇怪的是，單一職責原則也往往是最被濫用的類別設計原則。我們仍經常會遇到類別作了太多的事，為什麼呢？

『讓軟體能夠運作』和『讓軟體保持整潔』是完全不同的兩碼子事。多數人的腦容量空間有限，所以我們專注在讓程式能夠運作，而非讓程式有組織性和整潔，這是完全合適的。在寫程式的時候，專注在一件事務上，而把其它事務暫時柄棄，是很重要的撰寫程式技巧，**就像設計程式時**，一次也只能專注在『讓程式運作』或『讓程式整潔』其中之一。而這兩者的重要性是相同的。

---

[2] 你在[PPP]裡，可以讀到更多有關這個原則的描述。

問題在於大部份的人總覺得只要讓程式能夠順利運作，就完成任務了。我們忘記將精力轉換到**其它**和程式組織及整潔相關的事。接著，我們直接前往下一個問題，卻忘了回過頭去，將過多職責的類別，拆解成只有單一職責的單元。

同時，許多開發者擔心，大量的小型、單一目標的類別會讓程式的全貌難以理解。他們覺得，這樣一來，為了要瞭解一個較大工作是如何完成的，他們必須從這個類別瀏覽到那個類別。

然而，有著許多小型類別的系統不比有著少數大型類別的系統，擁有更多移動部位，數量大致只與少數大型類別的系統相等。所以問題在於：你想要將你的工具有組織地放在有許多良好定義和良好標記元件的小型抽屜工具箱裡？還是你只想要少量的大抽屜，然後你可以將所有的東西都丟進去？

每個足夠大的系統，都會含有大量的邏輯和複雜性。管理這些複雜性的首要目標就是**組織**它們，使得開發者知道哪裡可以找到這些東西，而且在某個特定的時間，只需要瞭解目前直接受影響的複雜性。反之，一個有著大型、多重目標的類別，總是讓我們奮力跋涉通過現在不必瞭解的事物，設下重重阻礙來妨礙我們。

再次強調之前的主張：我們想要我們的系統是由許多小型類別所組成，而不是由少數幾個大型類別所組成。每個小類別『封裝單一的職責』、『只有一個修改的理由』以及『與其它少數幾個類別合作來完成系統要求的行為』。

凝聚性

類別應該只有少量的實體變數，類別的每個方法都應該操縱一個或更多個這類型的變數。一般來說，在方法裡操縱越多的變數，代表這個方法更凝聚於該類別。若有某一個類別的每個變數都被使用在每個方法中，那麼這個類別就是具有最大凝聚性的類別。

一般來說，並不建議也不太可能去建立像這樣具有最大凝聚性的類別；而另一方面，我們希望凝聚的程度可以高一些。當凝聚性高一些，就代表類別裡的方法和變數是相互依賴的，並互相結合成一個邏輯上的整體。

讓我們來看看 Listing 10-4 的 `Stack` 類別。這是一個非常具有凝聚性的類別。在三個方法之中，只有 `size()` 方法沒有同時使用到僅有的兩個變數。

Listing 10-4 Stack.java 一個具凝聚性的類別

```
public class Stack {
  private int topOfStack = 0;
  List<Integer> elements = new LinkedList<Integer>();

  public int size() {
    return topOfStack;
  }

  public void push(int element) {
    topOfStack++;
    elements.add(element);
  }

  public int pop() throws PoppedWhenEmpty {
    if (topOfStack == 0)
      throw new PoppedWhenEmpty();
    int element = elements.get(--topOfStack);
    elements.remove(topOfStack);
    return element;
  }
}
```

保持函式簡短和保持參數串列夠小的策略，有時會導致某些子方法群使用的實體變數數量增加。當發生這樣的情形時，幾乎總是代表著，至少有一個其它類別試著從這個大型類別中離開。你應該試著去分離類別中的變數與方法，使之成為兩個或更多個類別，並且讓新的類別擁有更高的凝聚性。

保持凝聚性會得到許多小型的類別

僅將大型函式群拆解成小型函式群，就會導致類別的擴增。考慮一個宣告許多變數的大型函式，你想要把該函式的某一小部分抽取出來成為另一個函式。然而，你想要抽取出來的程式碼中使用了四個在原函式中宣告的變數，你是否需要將這四個變數都當作參數傳遞到新函式呢？

一點都不需要！如果我們將這四個變數升等成為類別的實體變數，那我們就能在不傳遞**任何**參數的情況下，成功地抽取出程式碼。這代表著，要將函式拆解為較小的單位應該是**容易**的事。

不幸的是，因為類別累積了越來越多的實體變數，但只有少數幾個函式共用著這些實體變數，所以類別因此喪失了凝聚性。但是請等一下！如果只有一些函式想要共用特定的幾個變數，這不正是代表著，它們應該自成一個新類別嗎？的確是這樣沒錯。當類別喪失凝聚性時，就將它們拆解開來！

所以，將一個大型函式拆解成許多小函式，通常也給我們機會去分割出更多的類別。這會讓我們的程式擁有更好的組織架構和更透明的結構。

為了展示我所表達的意思，讓我們從 Knuth 的名著 *Literate Programming*[3]，取出一個歷史悠久，倍受尊崇的例子。Listing 10-5 展示了 Knuth 印出質數程式的 Java 版本。這並不是 Knuth 所寫的程式，為了以示公平，因此，這是我利用他的 WEB 工具所輸出的程式。我使用這個程式當做例子，是因為這個程式能夠展示出將大型函式拆解成許多小型函式和類別的切入點。

Listing 10-5 PrintPrimes.java

```
package literatePrimes;

public class PrintPrimes {
  public static void main(String[] args) {
    final int M = 1000;
    final int RR = 50;
    final int CC = 4;
    final int WW = 10;
    final int ORDMAX = 30;
    int P[] = new int[M + 1];
    int PAGENUMBER;
    int PAGEOFFSET;
    int ROWOFFSET;
    int C;
    int J;
    int K;
    boolean JPRIME;
    int ORD;
    int SQUARE;
    int N;
    int MULT[] = new int[ORDMAX + 1];

    J = 1;
    K = 1;
    P[1] = 2;
    ORD = 2;
    SQUARE = 9;

    while (K < M) {
      do {
        J = J + 2;
        if (J == SQUARE) {
          ORD = ORD + 1;
```

3 [Knuth92]。

Listing 10-5（續） PrintPrimes.java

```
          SQUARE = P[ORD] * P[ORD];
          MULT[ORD - 1] = J;
        }
        N = 2;
        JPRIME = true;
        while (N < ORD && JPRIME) {
          while (MULT[N] < J)
            MULT[N] = MULT[N] + P[N] + P[N];
          if (MULT[N] == J)
            JPRIME = false;
          N = N + 1;
        }
      } while (!JPRIME);
      K = K + 1;
      P[K] = J;
    }
    {
      PAGENUMBER = 1;
      PAGEOFFSET = 1;
      while (PAGEOFFSET <= M) {
        System.out.println("The First " + M +
                           " Prime Numbers --- Page " + PAGENUMBER);
        System.out.println("");
        for (ROWOFFSET = PAGEOFFSET; ROWOFFSET < PAGEOFFSET + RR; ROWOFFSET++){
          for (C = 0; C < CC;C++)
            if (ROWOFFSET + C * RR <= M)
              System.out.format("%10d", P[ROWOFFSET + C * RR]);
          System.out.println("");
        }
        System.out.println("\f");
        PAGENUMBER = PAGENUMBER + 1;
        PAGEOFFSET = PAGEOFFSET + RR * CC;
      }
    }
  }
}
```

這個只包含一個函式的程式一團混亂。它有好幾層的縮排結構、過多奇怪的變數及緊密耦合的結構。至少，這個大型的函式應該被拆解成數個較小的函式。

Listing 10-6~10-8 展示了拆解 Listing 10-5 程式碼，使之成為較小類別和函式的結果，並且替這些類別、函式及變數選擇了較有意義的名稱。

Listing 10-6 PrimePrinter.java（重構後）

```
package literatePrimes;

public class PrimePrinter {
  public static void main(String[] args) {
    final int NUMBER_OF_PRIMES = 1000;
```

Listing 10-6（續） PrimePrinter.java（重構後）

```
    int[] primes = PrimeGenerator.generate(NUMBER_OF_PRIMES);

    final int ROWS_PER_PAGE = 50;
    final int COLUMNS_PER_PAGE = 4;
    RowColumnPagePrinter tablePrinter =
      new RowColumnPagePrinter(ROWS_PER_PAGE,
                               COLUMNS_PER_PAGE,
                               "The First " + NUMBER_OF_PRIMES +
                                 " Prime Numbers");
    tablePrinter.print(primes);
  }
}
```

Listing 10-7 RowColumnPagePrinter.java

```
package literatePrimes;

import java.io.PrintStream;

public class RowColumnPagePrinter {
  private int rowsPerPage;
  private int columnsPerPage;
  private int numbersPerPage;
  private String pageHeader;
  private PrintStream printStream;

  public RowColumnPagePrinter(int rowsPerPage,
                              int columnsPerPage,
                              String pageHeader) {
    this.rowsPerPage = rowsPerPage;
    this.columnsPerPage = columnsPerPage;
    this.pageHeader = pageHeader;
    numbersPerPage = rowsPerPage * columnsPerPage;
    printStream = System.out;
  }

  public void print(int data[]) {
    int pageNumber = 1;
    for (int firstIndexOnPage = 0;
         firstIndexOnPage < data.length;
         firstIndexOnPage += numbersPerPage) {
      int lastIndexOnPage =
        Math.min(firstIndexOnPage + numbersPerPage - 1,
                 data.length - 1);
      printPageHeader(pageHeader, pageNumber);
      printPage(firstIndexOnPage, lastIndexOnPage, data);
      printStream.println("\f");
      pageNumber++;
    }
  }

  private void printPage(int firstIndexOnPage,
                         int lastIndexOnPage,
```

Listing 10-7（續） RowColumnPagePrinter.java

```
                                int[] data) {
      int firstIndexOfLastRowOnPage =
        firstIndexOnPage + rowsPerPage - 1;
      for (int firstIndexInRow = firstIndexOnPage;
           firstIndexInRow <= firstIndexOfLastRowOnPage;
           firstIndexInRow++) {
        printRow(firstIndexInRow, lastIndexOnPage, data);
        printStream.println("");
      }
    }

    private void printRow(int firstIndexInRow,
                          int lastIndexOnPage,
                          int[] data) {
      for (int column = 0; column < columnsPerPage; column++) {
        int index = firstIndexInRow + column * rowsPerPage;
        if (index <= lastIndexOnPage)
          printStream.format("%10d", data[index]);
      }
    }

    private void printPageHeader(String pageHeader,
                                 int pageNumber) {
      printStream.println(pageHeader + " --- Page " + pageNumber);
      printStream.println("");
    }

    public void setOutput(PrintStream printStream) {
      this.printStream = printStream;
    }
  }
```

Listing 10-8 PrimeGenerator.java

```
package literatePrimes;

import java.util.ArrayList;

public class PrimeGenerator {
  private static int[] primes;
  private static ArrayList<Integer> multiplesOfPrimeFactors;

  protected static int[] generate(int n) {
    primes = new int[n];
    multiplesOfPrimeFactors = new ArrayList<Integer>();
    set2AsFirstPrime();
    checkOddNumbersForSubsequentPrimes();
    return primes;
  }

  private static void set2AsFirstPrime() {
    primes[0] = 2;
    multiplesOfPrimeFactors.add(2);
  }
```

Listing 10-8（續） PrimeGenerator.java

```
  private static void checkOddNumbersForSubsequentPrimes() {
    int primeIndex = 1;
    for (int candidate = 3;
         primeIndex < primes.length;
         candidate += 2) {
      if (isPrime(candidate))
         primes[primeIndex++] = candidate;
    }
  }

  private static boolean isPrime(int candidate) {
    if (isLeastRelevantMultipleOfNextLargerPrimeFactor(candidate)) {
      multiplesOfPrimeFactors.add(candidate);
      return false;
    }
    return isNotMultipleOfAnyPreviousPrimeFactor(candidate);
  }

  private static boolean
  isLeastRelevantMultipleOfNextLargerPrimeFactor(int candidate) {
    int nextLargerPrimeFactor = primes[multiplesOfPrimeFactors.size()];
    int leastRelevantMultiple = nextLargerPrimeFactor * nextLargerPrimeFactor;
    return candidate == leastRelevantMultiple;
  }

  private static boolean
  isNotMultipleOfAnyPreviousPrimeFactor(int candidate) {
    for (int n = 1; n < multiplesOfPrimeFactors.size(); n++) {
      if (isMultipleOfNthPrimeFactor(candidate, n))
        return false;
    }
    return true;
  }

  private static boolean
  isMultipleOfNthPrimeFactor(int candidate, int n) {
    return
      candidate == smallestOddNthMultipleNotLessThanCandidate(candidate, n);
  }

  private static int
  smallestOddNthMultipleNotLessThanCandidate(int candidate, int n) {
    int multiple = multiplesOfPrimeFactors.get(n);
    while (multiple < candidate)
      multiple += 2 * primes[n];
    multiplesOfPrimeFactors.set(n, multiple);
    return multiple;
  }
}
```

你可能會注意到的第一件事，是這個程式變得更長了。它從原本的一頁多一點點，變成三頁的長度。這裡有幾個增長的理由，第一，重構後的程式使用了更長、更具說明性的變數名稱。第二，重構後的程式，使用了能產生註解效果的函式和類別宣告。第三，我們使用了空白及編排技巧，來維持程式的可讀性。

注意程式如何被拆解成三個不同的主要職責。`PrimePrinter` 類別本身包含了主程式，它的職責是處理執行環境的相關事務。這個類別裡可被喚起的方法有所更改時，類別本身也會有所改變。舉例來說，如果這個程式轉換為 SOAP（簡單物件存取協定）服務，這個類別也會被影響到。

`RowColumnPagePrinter` 類別知道如何在固定的行寬和列高的狀況下，編排一連串的數字並輸出至頁面。如果輸出的編排需要更動時，這個類別也會受到影響。

`PrimeGenerator` 類別知道如何產生一連串的質數。注意，這並不意味著要實體化成一個物件。這個類別只是一個有用的視野，使得它的變數可以被宣告並隱藏住這些變數。當計算質數的演算法有所變動時，這個類別也會改變。

這不是將整個程式重新撰寫！我們並不是從無到有再寫一個新的程式。事實上，當你細看這兩個不同的程式時，你會發現它們都使用相同的演算法和技巧來完成工作。

這些改變是藉由，先寫好一套能驗證第一個程式**確切**行為的測試套件。然後一次一個地進行大量的小型程式變動。每一次的程式變動都會被重新執行，以確保程式的行為並沒有改變。一個又一個的小型改變，第一個程式就被重新整理過，轉變成第二個程式了。

為了變動而構思組織

對大部份的系統而言，系統的改變是持續性的。每次改變都讓我們承受某些風險，這些風險可能會使系統的其它部份不如預期般運作。在一個整潔的系統裡，我們將組織類別，以減少改變帶來的風險。

Listing 10-9 的 `Sql` 類別，根據給定的詮釋資料（metadata），來產生正確格式的 SQL（結構化查詢語言）字串。這是一個尚未完成還在進行的工作，所以尚未支援如 `update` 敘述的 SQL 功能。當 `Sql` 類別需要支援 `update` 敘述時，我們必須「打開」這個類別進行修改。打開一個類別所產生的問題，在於會引來風險。任何對類別的修改，都有潛在的危險，可能會破壞類別其它程式碼的正常功能。所以得進行完全的重新測試。

Listing 10-9 一個必須被打開來進行修改的類別

```
public class Sql {
   public Sql(String table, Column[] columns)
   public String create()
   public String insert(Object[] fields)
   public String selectAll()
   public String findByKey(String keyColumn, String keyValue)
   public String select(Column column, String pattern)
   public String select(Criteria criteria)
   public String preparedInsert()
   private String columnList(Column[] columns)
   private String valuesList(Object[] fields, final Column[] columns)
   private String selectWithCriteria(String criteria)
   private String placeholderList(Column[] columns)
}
```

當我們要增加一種新類型的敘述時，Sql 類別必須被修改。當我們更動某一個敘述型態的細節時，Sql 類別也必須被修改 —— 例如，如果我們需要修改 select 這個功能，使之也支援子集選擇（subselect）時。這裡有兩個 Sql 類別被修改的理由，所以 Sql 類別違反了單一職責原則。

我們可以從簡單組織性的角度，來找出單一職責原則的違反之處。Sql 類別的方法概要裡，有一些私有方法，如 selectWithCriteria，看起來可能只和 select 敘述有關。

私有方法的行為只和類別的小部份子集有關，這是一個非常有用的線索，能讓我們找出可進行改善的可能區塊。然而，系統需要改變自己才是該採取行動的主要誘因。如果 Sql 類別被視為邏輯已完備，那麼我們就不需要去擔心職責拆解的有關問題。如果我們在可預見的未來不會需要 update 功能，那麼我們就不應該動到 Sql 類別。不過，一旦當我們發現自己打開了一個類別，我們就應該考慮修補我們的設計。

那如果我們考慮一個類似 Listing 10-10 的解法，會怎麼樣呢？每個在 Listing 10-9 的 Sql 類別公用介面方法，都被重構到 Sql 類別的衍生類別中。注意，有一些私有的方法，如 valueList，被直接移到需要它們的地方。而常用的私有行為則被移動到 Where 和 ColumnList 這兩個獨立工具類別裡。

Listing 10-10 一組封閉的類別

```
abstract public class Sql {
   public Sql(String table, Column[] columns)
   abstract public String generate();
}

public class CreateSql extends Sql {
   public CreateSql(String table, Column[] columns)
```

Listing 10-10（續） 一組封閉的類別

```
   @Override public String generate()
}

public class SelectSql extends Sql {
   public SelectSql(String table, Column[] columns)
   @Override public String generate()
}

public class InsertSql extends Sql {
   public InsertSql(String table, Column[] columns, Object[] fields)
   @Override public String generate()
   private String valuesList(Object[] fields, final Column[] columns)
}

public class SelectWithCriteriaSql extends Sql {
   public SelectWithCriteriaSql(
      String table, Column[] columns, Criteria criteria)
   @Override public String generate()
}

public class SelectWithMatchSql extends Sql {
   public SelectWithMatchSql(
      String table, Column[] columns, Column column, String pattern)
   @Override public String generate()
}

public class FindByKeySql extends Sql
   public FindByKeySql(
      String table, Column[] columns, String keyColumn, String keyValue)
   @Override public String generate()
}

public class PreparedInsertSql extends Sql {
   public PreparedInsertSql(String table, Column[] columns)
   @Override public String generate() {
   private String placeholderList(Column[] columns)
}

public class Where {
   public Where(String criteria)
   public String generate()
}

public class ColumnList {
   public ColumnList(Column[] columns)
   public String generate()
}
```

在各個類別裡的程式碼變成簡單到令人不敢相信。幾乎不需要花時間就能理解任何一個類別。函式會造成其它函式故障的風險趨近於零。從測試的角度來看，當所有的類別與類別完全切開時，要驗證這個設計的邏輯正確性，是一件簡單到不行的工作。

同樣重要的是，當我們需要增加 update 敘述功能時，沒有任何一個已存在的類別需要修改！我們只要把 update 敘述的程式邏輯撰寫在一個 Sql 類別的新子類別 UpdateSql 裡即可。在這個系統裡，沒有任何程式碼會因為這樣的改變而被破壞。

我們重新架構的 Sql 類別，其邏輯結構是世界上最棒的。它支持單一職責原則，它也支持另一個物件導向類別設計的關鍵原則，也就是開放-閉合原則（Open-Closed Principle, OCP）[4]：類別應該要對擴充具有開放性，但對修改則具有封閉性。我們重新架構的 Sql 類別，對於透過子類別增加新功能是開放的，而當我們在作這樣的修改時，也保持其它類別的封閉且不受影響。我們僅是將 UpdateSql 類別加到該有之處。

我們希望架構我們的系統，使得將來我們想要在系統內新增或修改功能時，能盡可能不把程式其它的部份弄髒。在一個理想的系統裡，我們在不修改現有程式碼的條件下，利用擴充延伸系統的方式，來併入新的功能。

隔離修改

需求會改變，所以程式也會改變。我們在 OO101（物件導向入門介紹課程）裡，學到了所謂的具體類別（concrete classes），這個類別會包含實現的細節（程式碼）和抽象類別，而抽象類別只描述概念，並無實現。當細節進行變動時，一個客戶類別如果相依於具體類別的細節就會產生風險。我們可以利用介面和抽象類別來幫助我們隔離這些細節帶來的風險。

相依於具體細節造成了系統測試的不少挑戰。如果我們正在打造一個 Portfolio（投資組合）類別，而它相依於一個外部的 TokyoStockExchange（東京股市交易）API，透過它去推導出投資組合的價值，那麼測試程式將會受到查詢結果的連帶波動影響。如果我們每五分鐘就會獲得不同的答案，那麼就很難去撰寫一個測試程式。

為了要取代直接相依於 TokyoStockExchange 的 Portfolio 類別設計，我們另外建立一個 StockExchange 介面，此介面只宣告一個方法：

```
public interface StockExchange {
   Money currentPrice(String symbol);
}
```

[4] [PPP]。

在我們的設計中，TokyoStockExchange 類別將會實作這個介面。我們也確保 Portfolio 的建構子接受 StockExchange（股市交易）的參考（reference）作為參數：

```
public Portfolio {
   private StockExchange exchange;
   public Portfolio(StockExchange exchange) {
      this.exchange = exchange;
   }
   // ...
}
```

現在，我們可以為 StockExchange 介面建立一個可測試的嘗試型實作，以模擬 TokyoStockExchange 類別。這個嘗試型實作會固定任何用來測試的股票現值。如果我們的測試顯示投資組合購買了 5 股的微軟股票，我們所寫的嘗試型實作會永遠回傳微軟股票的目前價值為 100 美金一股。我們所設計的 StockExchange 介面嘗試型實作簡化成了『簡單的表格查詢』。接著我們再寫一個，投資組合總價值為 500 美金的測試程式。

```
public class PortfolioTest {
  private FixedStockExchangeStub exchange;
  private Portfolio portfolio;

  @Before
  protected void setUp() throws Exception {
    exchange = new FixedStockExchangeStub();
    exchange.fix("MSFT", 100);
    portfolio = new Portfolio(exchange);
  }

  @Test
  public void GivenFiveMSFTTotalShouldBe500() throws Exception {
    portfolio.add(5, "MSFT");
    Assert.assertEquals(500, portfolio.value());
  }
}
```

如果一個系統能夠盡可能地拆解開來，以上述的方式來進行測試，這個系統將更具有彈性，也更能做到程式再利用的效果。缺乏耦合，代表系統的元素具有較好的隔離效果，隔離於其它元素，也隔離於修改。這樣的隔離，也使得我們更容易瞭解系統的各個元素。

利用這樣的方式進行耦合最小化，我們的類別就遵守了另一個稱之為相依性反向原則（Dependency Inversion Principle, DIP）[5]的類別設計原則。從本質來說，相依性反向原則告訴我們，類別應該要相依於抽象概念，而不是相依在具體細節上。

5 [PPP]。

我們的 `Portfolio` 類別並非相依於 `TokyoStockExchange` 類別的實現細節上，反而是相依於 `StockExchange` 介面。`StockExchange` 介面呈現的是查詢某股現值的抽象概念，這個抽象概念隔離了所有特定的細節，例如市值以及市值是從何處取得等等的細節。

參考書目

[RDD]: *Object Design: Roles, Responsibilities, and Collaborations*, Rebecca Wirfs-Brock et al., Addison-Wesley, 2002.

[PPP]: *Agile Software Development: Principles, Patterns, and Practices*, Robert C. Martin, Prentice Hall, 2002.

[Knuth92]: *Literate Programming,* Donald E. Knuth, Center for the Study of language and Information, Leland Stanford Junior University, 1992.

第11章

系統

Kevin Dean Wampler（凱文．迪恩．萬伯樂）撰

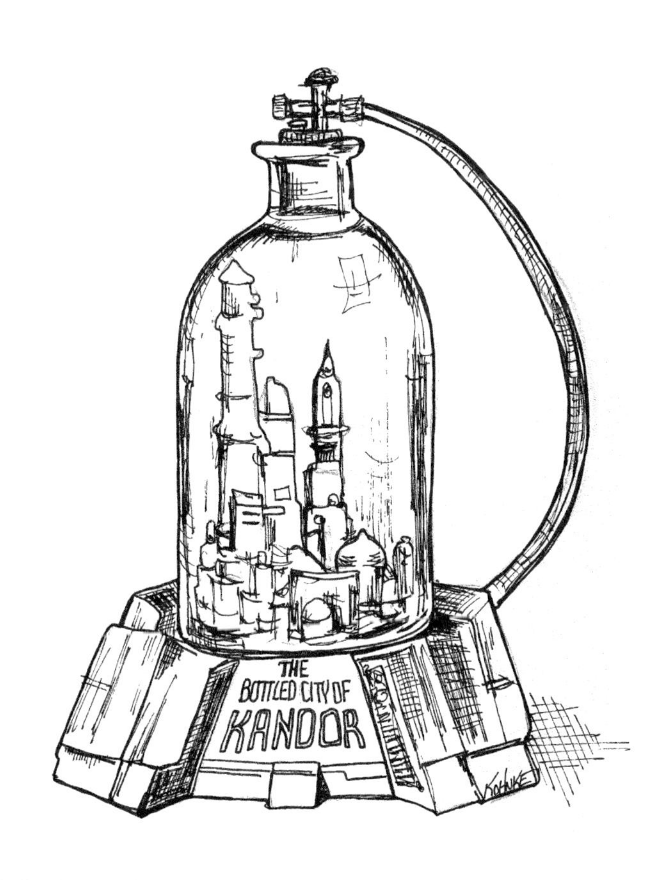

「複雜性真是要命，它侵噬開發者的生命，讓產品難以規劃、建造和測試。」

——Ray Ozzie（雷・奧茲），微軟集團的技術長（CTO）

你要如何建造一個城市？

你有可能自己管理所有的細節嗎？可能是沒辦法的。即便是管理一個已經存在的城市，單單一個人也很難辦到。但是，城市（大多數的時間）依舊在運作。因為城市有一群各司其職的管理團隊，有些人負責水利系統，有些人負責電力供給，有些人負責交通建設，有些人負責執法，有些人負責建築規範，諸如此類的事，讓城市得以順利運作。某些人負責城市的整體規劃，其它人則專注（專心關注）在細節的執行。

因為城市已進化出適當的抽象化層次和模組化，所以能夠順利運行。就算不瞭解整體目標是什麼，個人及其管理的「元件」也能有效地運行。

雖然軟體團隊常常也是這樣子組織而成，但他們工作的系統往往不具有相同的關注點劃分及抽象層次。整潔的程式碼幫助我們在較低抽象層次上，達成這個目標。在本章中，讓我們來思考該如何在較高的抽象層次（系統層次），達成整潔的目標。

劃分系統的建造和使用

首先，思考一下，建造跟使用相比，是非常不同的過程。當我寫這段文章時，我從芝加哥的家往窗戶看去，有一棟新的旅館正在建造當中。今天這只是一棟光禿禿的水泥建築，周圍還有向外突出的大樓起重器和建築電梯，戴著安全硬帽及穿著工作服的工人正在忙碌著。大概在一年之後，這棟旅館將會完工。大樓起重器和建築電梯都會被移走。這棟建築物將會整潔，充滿玻璃落地窗及塗上引人注目的油漆。在這裡工作及停留的人們將會看到很不一樣的景緻。

> 如果起始過程中的應用程式物件在被建造時，伴隨了相互「串連」的相依性，那麼軟體系統應該透過以『執行邏輯』接管『起始過程』的方式，將起始的過程劃分開來。

起始過程是每個應用程式都必須關注的事，也是本章所探討之首件關注的事。將所有關注的事分離開來，是在軟體技巧中，最古老、最重要的設計技巧之一。

不幸的是，大部份的應用程式並沒有將所有關注的事分離開來。起始過程是一段特殊的程式碼，而且還與執行邏輯的程式碼混雜在一起。這裡有一個典型的例子：

```
public Service getService() {
  if (service == null)
    service = new MyServiceImpl(...); // Good enough default for most cases?
  return service;
}
```

上面的例子包含了延遲初始／延遲賦值（LAZY INITIALIZATION/EVALUATION），而這樣做有許多好處。除非我們真的使用了這個物件，否則我們不會因建造而帶來額外的負擔，因此起始時間可以變得更短。我們也保證了這個函式絕不會回傳 null（空值）。

然而，我們現在有了相依於 MyServiceImpl 的硬編碼（也就是寫死的程式碼），及 MyServiceImpl 建構子所需要的一切（我省略未寫）。不分解這些相依性，就無法通過編譯，即便我們在執行時，從未使用過這些型態的物件。

測試也是個問題。如果 MyServiceImpl 是一個龐大的物件，我們需要確保在單元測試呼叫該方法之前，就替 service 指派了適當的測試替身（TEST DOUBLE）[1]或偽造物件（MOCK OBJECT）。因為我們將『建造邏輯』和『正常執行過程』混雜在一起，所以我們必須測試所有的執行路徑（例如 null 值的判斷與其程式區塊）。同時擁有這兩種職責，代表這個方法做了超過一件的事，所以我們稍微違反了**單一職責原則**（*Single Responsibility Principle*）。

最慘的也許是，我們並不知道 MyServiceImpl 物件是否在所有情況下都是正確的物件。我隱約在註解裡透露了這樣的訊息。為什麼這個方法的類別必須知道全域的資訊？我們**真的能夠得知**在這裡該使用哪個正確的物件嗎？是否真的存在一種正確的型態可以適用於所有的狀況？

偶爾出現一次的延遲初始（LAZY-INITIALIZATION）不算是個嚴重的問題。可是在應用程式裡，通常有許多像這類的慣用設定實例。因此，全域設定的**策略**（如果有的話）**分散在**缺少模組化及經常出現明顯重複的應用程式裡。

如果我們**努力**地想要建造一個良好格式且耐用的系統，我們就永遠不該讓這些**方便的**慣用手法破壞程式的模組性。物件建造的起始和連結過程也不該例外。我們應該將這個

1 [Mezzaros07]

過程從正常執行邏輯中分離出來，並將之模組化，而且確保我們擁有整體一致的策略，來解決主要的相依性問題。

主函式 Main 的劃分

從使用中將建立過程分離出來的簡單方法之一，是將所有與建造有關的程式碼都移到主函式 `main`，或者移到主函式所呼叫的模組裡。並且，設計系統的其它部份時，可假設所有的物件都已經被順利建造完成並且被適當地串連在一起。（見圖 11-1）

這樣的控管流程容易被遵循。`main` 函式建造系統所需的物件，然後將這些物件傳遞給應用程式，應用程式可以只專注在使用它們。注意，橫跨『主函式 main 及應用程式之間分離曲線』的相依性直線，直線的箭頭方向代表相依性的方向。它們只有一個方向，都從主函式向外指出來。這代表了應用程式對 `main` 或建立過程一無所悉。應用程式只是單純地期望所有事情都已經被順利地建立完成。

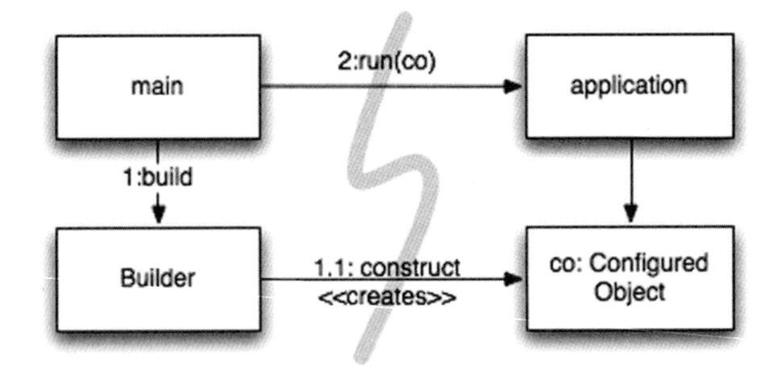

圖 11-1 把建立過程分離到主函式 `main()` 裡

工廠

當然，有些時候也要讓應用程式負起何時要產生物件的責任。舉例來說，在某個訂單處理系統裡，應用程式必須產生 `LineItem`（行列項目）實體，加入到 `Order`（訂單）物件裡。在這種狀況下，我們可以使用抽象工廠（ABSTRACT FACTORY）[2]模式，讓應用程式自行控制何時建立 `LineItems`，但也讓建立的細節隔離於應用程式的程式碼之外。（見圖 11-2）

---

[2] [GOF]。

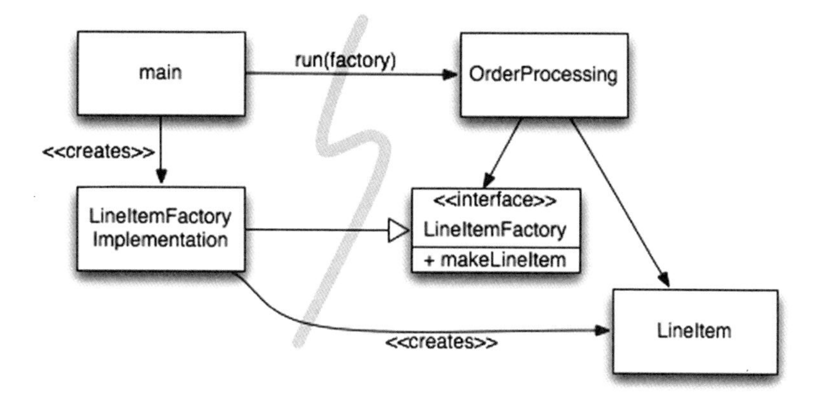

圖 11-2 使用工廠來分離建立過程

再一次注意到，所有的相依性箭頭方向，都從主函式 `main` 指向 `OrderProcessing`（訂單處理）應用程式。這代表了應用程式降低了與建立 `LineItem` 細節之間的耦合性。建立的能力由 `LineItemFactoryImplementation`（行列項目工廠實作）所掌握，而它和主函式 `main` 是在同一側的。然而，這個應用程式對於何時建立 `LineItem` 實體，有著完整的掌控權，而且還能傳遞 application-specific（應用特定）的建構子參數。

相依性注入

將建立過程從使用中分離出來有種強大的機制稱之為**相依性注入**（*Dependency Injection,* DI），這是**控管反轉**（*Inversion of Control,* IoC）在相依性管理[3]裡的一種應用手段。控管反轉是將某個物件的第二個職責，移至其它專注於該職責的物件裡，也因此支援了**單一職責原則**。在相依性管理的範疇裡，一個物件不應負責實體化對本身的相依，反而應該將這個責任交給另一個「授權」的機制，因而將控管權反轉。因為初始的設定是全域型的關注問題，所以這個授權機制通常是「主」程序或是特殊用途的容器（*container*）。

JNDI（Java 命名和目錄介面）的查詢是控管反轉的一種「部分」實作，物件可以向這個介面查詢『有沒有哪一個目錄伺服器吻合某個特定名稱的「服務」？』

```
MyService myService = (MyService)(jndiContext.lookup("NameOfMyService"));
```

---

3 範例請見[Fowler]。

執行呼叫方法的物件無法控管到底會回傳什麼樣的物件（當然，它必須實作了適當的介面），但執行呼叫方法的物件仍然主動地解決了相依性的問題。

真正的相依性注入會再更進一步。類別並不直接解決相依性問題，它反而是完全被動的。它提供用來注入相依性的設定者方法（setter method）或建構子參數（也可能兩者都提供）。在建立的過程中，DI 容器會實體化所需的物件（通常視需求決定），然後使用所提供的建構子參數或設定者方法來串連起物件的相依關係。至於那一個才是實際使用到的相依物件，則是透過配置檔案或特定用途的『建構模組內的程式』來決定。

Spring 框架替 Java 提供了最知名的 DI 容器[4]，你可以在 XML 配置檔中，定義好相互串連的物件，然後在 Java 程式碼裡，透過名稱來請求某個特定的物件。稍後，我們就會看到一個這樣的例子。

但是延遲初始的優點是什麼呢？這種程式慣用法，在 DI 中有時還滿管用的。首先，大部份的 DI 容器在真正需要物件之前，不會建立一個物件。再者，許多這類的容器，替進行喚起的工廠或替進行建立的代理類別（proxy），提供了某些機制，這些機制可以被『延遲賦值』或『類似的最佳化過程』所使用[5]。

擴大

城市從小鎮進化而來，小鎮則由聚落進化而來。起初，道路很狹窄，和沒有道路沒什麼兩樣，經過一段時間，這些道路被鋪設起來，又經過一段時間，這些道路又被拓寬。原本的小型建築物和空地被較大的建築物所取代，有些最後甚至被摩天大樓所取代。

起初，這裡並沒有電力、水利、汙水處理及網際網路（哇！）等服務。伴隨著人口及建築密度的增加，這些服務也逐漸被增添到城市裡。

這些成長並非毫無痛苦。有多少次，當你開著車，卻一輛接一輛排隊等著通過道路「改善」工程，並且問自己：「為什麼他們不在一開始時，就建造足夠寬的道路！？」

但這是無法避免的事情，誰可以事先預期一個小鎮的成長，證明小鎮需要在中央橫亙一條六線道高速公路，這樣的預算妥當嗎？誰會**想要**這樣的道路橫亙在他們的小鎮呢？

---

4 見[Spring]。另外還有一個 Spring.NET 框架。

5 不要忘了，延遲初始／延遲賦值只是一種最佳化的方式，而且可能尚未成熟。

讓系統「一開始就做對」，是一個神話。反之，我們應該只實現今天的**故事**（story，即依照使用者的情節所要求的功能），然後重構它，並且明天再進行系統的擴充，來實現新的故事。這就是重複循環和敏捷逐步增加的本質。測試驅動軟體開發、重構和整潔的程式碼，讓敏捷開發在程式碼層級裡得以實現。

那麼在系統層級，該怎麼辦呢？難道系統架構不需要事先計畫嗎？確實，**系統**不能從簡單的系統遞增成長為複雜的系統，它可以嗎？

> 軟體系統相較於實體的系統來說，是獨特的。**如果**我們持續保持適當的關注點分離，軟體系統的架構就能遞增地成長。

我們稍後會看到，軟體系統『短生命周期特性』的本質，使得這樣的情況變為可能。現在，讓我們先來看一個沒有充分將關注點分離的架構反例。

原本的 EJB1 和 EJB2 架構並沒有將關注點適當地劃分，因此在系統組織的成長上，帶來了不必要的障礙。考慮一個永久性 Bank 類別的一個 *Entity Bean*（實體 Bean），Entity Bean 是關聯式資料在記憶體中的呈現，換句話說，就是指資料表的一行。

首先，你必須定義一個本地端的（在程序裡的）或是遠端的（分離的 JVM）介面，可以讓客戶端使用它。Listing 11-1 列出一些可能的本地端介面：

Listing 11-1　Bank EJB 的一個 EJB2 本地端介面

```
package com.example.banking;
import java.util.Collections;
import javax.ejb.*;

public interface BankLocal extends java.ejb.EJBLocalObject {
  String getStreetAddr1() throws EJBException;
  String getStreetAddr2() throws EJBException;
  String getCity() throws EJBException;
  String getState() throws EJBException;
  String getZipCode() throws EJBException;
  void setStreetAddr1(String street1) throws EJBException;
  void setStreetAddr2(String street2) throws EJBException;
  void setCity(String city) throws EJBException;
  void setState(String state) throws EJBException;
  void setZipCode(String zip) throws EJBException;
  Collection getAccounts() throws EJBException;
  void setAccounts(Collection accounts) throws EJBException;
  void addAccount(AccountDTO accountDTO) throws EJBException;
}
```

我列出銀行地址（Bank's address）的幾個屬性，及一組該銀行擁有的帳戶，每個帳戶擁有各自的資料，並由另一個分離開來的 Account EJB 所持有。Listing 11-2 列出了 Bank Bean 相對應的實作類別。

Listing 11-2　相對應的 EJB2 Entity Bean 實作

```
package com.example.banking;
import java.util.Collections;
import javax.ejb.*;

public abstract class Bank implements javax.ejb.EntityBean {
  // Business logic...
  public abstract String getStreetAddr1();
  public abstract String getStreetAddr2();
  public abstract String getCity();
  public abstract String getState();
  public abstract String getZipCode();
  public abstract void setStreetAddr1(String street1);
  public abstract void setStreetAddr2(String street2);
  public abstract void setCity(String city);
  public abstract void setState(String state);
  public abstract void setZipCode(String zip);
  public abstract Collection getAccounts();
  public abstract void setAccounts(Collection accounts);
  public void addAccount(AccountDTO accountDTO) {
    InitialContext context = new InitialContext();
    AccountHomeLocal accountHome = context.lookup("AccountHomeLocal");
    AccountLocal account = accountHome.create(accountDTO);
    Collection accounts = getAccounts();
    accounts.add(account);
  }
  // EJB container logic
  public abstract void setId(Integer id);
  public abstract Integer getId();
  public Integer ejbCreate(Integer id) { ... }
  public void ejbPostCreate(Integer id) { ... }
  // The rest had to be implemented but were usually empty:
  public void setEntityContext(EntityContext ctx) {}
  public void unsetEntityContext() {}
  public void ejbActivate() {}
  public void ejbPassivate() {}
  public void ejbLoad() {}
  public void ejbStore() {}
  public void ejbRemove() {}
}
```

我並沒有列出相對應的 *LocalHome*（本地端發源地）介面，這個介面本質上是用來建立物件的工廠，也沒有列出你可能會增加的 Bank 類別的尋找器（查詢）方法。

最後，你需要撰寫一個或多個 XML 部署描述檔，將物件有關的映射細節指定給某種永久性的儲存空間，描述期望的事務行為、安全約束等等。

而商業邏輯（business logic）與 EJB2 應用程式「容器（container）」緊密耦合，你必須建立容器型態的子類別，你也必須提供許多該容器所需的生命週期方法。

因為存在和重量級容器的耦合，所以要將單元測試獨立出來變得很困難。模擬容器有其必要，但很困難，或者會花很多時間在部署 EJB 及測試到真實伺服器上。因為緊密的耦合，所以要重覆使用 EJB2 架構外的程式，實際上是不可能的事。

最終，就連物件導向程式設計也被破壞了，一個 bean 不能繼承另外一個 bean。注意到，增加一個新帳戶的邏輯，在 EJB2 bean 裡常定義成「資料傳輸物件（DTO）」，這些物件在本質上是一種沒有行為的「結構」。這樣的作法常導致出現『在本質上擁有相同資料的冗餘型態』，並且也需要在『物件之間複製資料的樣板程式碼』。

橫切關注點

在某些領域裡，EJB2 的架構已經和真實關注點的分離非常接近。例如，獨立在原始檔案之外的部署描述中所宣告的期待交易、安全及部分的持久性行為等。

注意，如持久性這類的**關注點**傾向於橫跨某個領域裡的自然物件邊界。你會想要用相同的策略來使得所有的物件都具備持久性，例如，使用特定的資料庫管理系統（DBMS）[6]而非還是一般文字檔，表格和欄位遵循特定的命名慣例，使用一致的交易語義等等，諸如此類之事。

原則上，你可以從『封裝在模組化的方式』來推理得到永久性的策略。但實際上，你必須在許多不同物件中，實質地散佈永久性策略的實作程式碼。我們以「**橫切關注點**」這個詞來形容像這樣的關注點。再一次地，持久性的框架可能是個模組或領域邏輯，單獨來看，則可能是模組。但問題在於那些領域中的緊密**交叉**區塊。

事實上，EJB 架構用來解決永久性、安全性和交易的方式，是「預期」會使用 AOP[7]（*aspect-oriented programming*,剖面導向程式設計）來完成的方式，AOP 是一種恢復橫切關注點成為模組的常見方式。

---

6 資料庫管理系統（Database management system）。

7 請查閱[AOSD]中有關剖面的一般資訊，或查閱在[AspectJ]和[Cloyer]中，有關 AspectJ-specific 的資訊。

在 AOP 裡，被稱為**剖面**（*aspects*）的建立模組行為，是用來說明系統中哪些點的行為，需要以某些一致性的方式來修改，以支援某個特定的關注點。這樣的說明是以簡潔的宣告或程式設計技巧來完成的。

以永久性為例，你會宣告哪個物件或屬性（或其**模式**）應該是永久性的，並且委派這些永久性的任務給永久性框架。行為修改透過 AOP 框架，以**非侵入性**[8]的方式在目標程式碼裡進行。讓我們來看看，在 Java 的三種剖面或類似剖面的機制。

Java 代理機制

Java 代理機制（Java proxies）適用於簡單的情況，例如在個別的物件或類別裡呼叫包裹方法（wrapping method）。然而，JDK 所提供的動態代理（dynamic proxies），只能和介面一起使用。對於代理類別（proxy class），你必須使用位元組碼操作函式庫（byte-code manipulation library），例如 CGLIB、ASM 或 Javassist[9]等函式庫。

Listing 11-3 列出了替我們的 `Bank` 應用程式提供永久性支援的 JDK 代理機制，程式碼涵蓋了存取與設定帳戶列表的方法。

Listing 11-3　JDK 代理機制範例

```
// Bank.java (suppressing package names...)
import java.utils.*;

// The abstraction of a bank.
public interface Bank {
  Collection<Account> getAccounts();
  void setAccounts(Collection<Account> accounts);
}

// BankImpl.java
import java.utils.*;

// The "Plain Old Java Object" (POJO) implementing the abstraction.
public class BankImpl implements Bank {
  private List<Account> accounts;

  public Collection<Account> getAccounts() {
    return accounts;
  }
  public void setAccounts(Collection<Account> accounts) {
    this.accounts = new ArrayList<Account>();
    for (Account account: accounts) {
```

8　意思是不需要手動編輯目標原始碼

9　參考[CGLIB]、[ASM]和[Javassist]。

Listing 11-3（續） JDK 代理機制範例

```
        this.accounts.add(account);
      }
    }
  }

  // BankProxyHandler.java
  import java.lang.reflect.*;
  import java.util.*;

  // "InvocationHandler" required by the proxy API.
  public class BankProxyHandler implements InvocationHandler {
    private Bank bank;

    public BankHandler (Bank bank) {
      this.bank = bank;
    }

    // Method defined in InvocationHandler
    public Object invoke(Object proxy, Method method, Object[] args)
        throws Throwable {
      String methodName = method.getName();
      if (methodName.equals("getAccounts")) {
        bank.setAccounts(getAccountsFromDatabase());
        return bank.getAccounts();
      } else if (methodName.equals("setAccounts")) {
        bank.setAccounts((Collection<Account>) args[0]);
        setAccountsToDatabase(bank.getAccounts());
        return null;
      } else {
        ...
      }
    }

    // Lots of details here:
    protected Collection<Account> getAccountsFromDatabase() { ... }
    protected void setAccountsToDatabase(Collection<Account> accounts) { ... }
  }

  // Somewhere else...

  Bank bank = (Bank) Proxy.newProxyInstance(
    Bank.class.getClassLoader(),
    new Class[] { Bank.class },
    new BankProxyHandler(new BankImpl()));
```

我們定義了一個被代理包裹起來的 Bank 介面，以及普通舊式的 Java 物件（*Plain-Old Java Object*, POJO）BankImpl，此物件會實作商業邏輯（我們晚點會繼續討論 POJO）。

代理 API 需要一個 InvocationHandler 物件，用來實現對代理的任何 Bank 方法呼叫。我們的 BankProxyHandler 使用了 Java 反射（reflection）API，來將通用方法的呼叫映射到 BankImpl 裡的對應方法，依此類推。

即便是這個簡單的例子，仍然有許多相對較為複雜的程式碼[10]。使用某個位元組操作函式庫，看起來也頗具挑戰性。程式碼的「量」和複雜性，是代理的兩大缺點。它們使得整潔的程式碼很難產生！此外，代理並沒有提供能夠在系統範圍內指定執行「點」的機制，而這個需求正是真正的 AOP 解法[11]之所需。

純 Java AOP 框架

很幸運地，大部份代理機制的樣板都可以由工具來自動處理。代理機制在許多 Java 框架裡都是內定支援的，例如 Spring AOP 和 JBoss AOP，因此可以使用純 Java 程式碼來實現剖面設計[12]。在 Spring 裡，你將商業邏輯撰寫為**普通舊式的 Java 物件**（*Plain-Old Java Object*, POJO）。POJO 物件只單純地專注在它們的領域，它們並不依賴任何企業框架（或其它領域）。也因此，它們在概念上相對簡單，而且更易於測試驅動。相對的簡單性，使你更容易去保證使用者的故事被正確地實現了，而且能替未來的故事提供維護並進化程式碼。

你使用宣告設定檔或 API 來併入所需的應用程式基礎架構，包含永久性、交易、安全性、暫存快取、容錯移轉等等的橫切關注點。在許多例子裡，你實際上只是在指定 Spring 或 JBoss 函式庫，讓這些框架採取對使用者透明的方式來處理使用 Java Proxy 或位元組碼函式庫的機制。這些宣告驅動了相依性注入（DI）容器，使之實體化主要的物件，並依照需求串起這些物件。

Listing 11-4 列出 Spring V2.5 設定檔的一個典型片段，app.xml[13]：

Listing 11-4 Spring 2.X 的設定檔

```
<beans>
  ...
  <bean id="appDataSource"
   class="org.apache.commons.dbcp.BasicDataSource"
   destroy-method="close"
   p:driverClassName="com.mysql.jdbc.Driver"
   p:url="jdbc:mysql://localhost:3306/mydb"
   p:username="me"/>
```

---

10 如果想找更多關於 Proxy API 的細節範例和範例用法，可參考[Goetz]。

11 AOP 有時候會和實作它的技巧搞混，例如方法攔截器和透過代理機制進行的「包裹」。AOP 系統的真正價值在於，用簡明和模組化的方式來具體指定系統行為的能力。

12 見[Spring]和[JBoss]。「純 Java（Pure Java）」代表不使用 AspectJ。

13 改編自 http://www.theserverside.com/tt/articles/article.tss?l=IntrotoSpring25

Listing 11-4（續） Spring 2.X 的設定檔

```
    <bean id="bankDataAccessObject"
     class="com.example.banking.persistence.BankDataAccessObject"
     p:dataSource-ref="appDataSource"/>

    <bean id="bank"
     class="com.example.banking.model.Bank"
     p:dataAccessObject-ref="bankDataAccessObject"/>
    ...
  </beans>
```

每個「bean」就像巢狀「俄羅斯娃娃」裡的一部份，一個由資料存取物件（DAO）代理（包裹過的）的 Bank 類別有一個領域物件，而它本身又是由 JDBC 驅動資料來源所代理。（見圖 11-3）

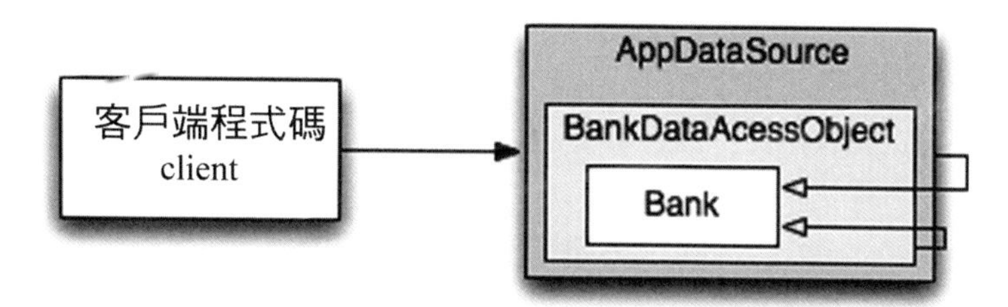

圖 11-3 裝飾者模式的「俄羅斯娃娃」

客戶端程式以為呼叫的是 Bank 的 getAccounts()函式，但事實上它是在和『擴充 Bank POJO 基本行為的一組巢狀裝飾者（DECORATOR）[14] 物件中最外層的那個』進行溝通。我們可以替交易、暫存快取之類的關注點，增加別的裝飾者物件。

在這個應用程式裡，有幾行必要的程式是用來要求相依性注入（DI）容器，按照 XML 檔案所記載指定的資訊，提供系統裡最上層的物件。

```
XmlBeanFactory bf =
  new XmlBeanFactory(new ClassPathResource("app.xml", getClass()));
Bank bank = (Bank) bf.getBean("bank");
```

因為只需要少數幾行與 Spring 有關的 Java 程式碼，應用程式幾乎完全去除了與 Spring 的耦合，消除了 EJB2 系統裡所有的緊密耦合問題。

14 [GOF]。

雖然 XML 既冗長又難以閱讀[15]，在設定檔裡所指定的「方針策略」還是比隱藏在視線之後自動產生的複雜代理機制和剖面邏輯，要來得簡單許多。這種類型的結構是如此引人注目，以至於像 Spring 這樣的框架，引發了 EJB 標準的全面性大整修，進而產生了第 3 版的 EJB。使用 XML 設定檔和／或 Java 5 annotation，EJB3 大大地遵循了『透過宣告來支援橫切關注點的 Spring 模型』。

Listing 11-5 列出了使用 EJB3[16] 重寫的 Bank 物件。

Listing 11-5 EJB3 版的 Bank EJB

```
package com.example.banking.model;
import javax.persistence.*;
import java.util.ArrayList;
import java.util.Collection;

@Entity
@Table(name = "BANKS")
public class Bank implements java.io.Serializable {
   @Id @GeneratedValue(strategy=GenerationType.AUTO)
   private int id;

   @Embeddable // An object "inlined" in Bank's DB row
   public class Address {
      protected String streetAddr1;
      protected String streetAddr2;
      protected String city;
      protected String state;
      protected String zipCode;
   }

   @Embedded
   private Address address;

   @OneToMany(cascade = CascadeType.ALL, fetch = FetchType.EAGER,
              mappedBy="bank")
   private Collection<Account> accounts = new ArrayList<Account>();

   public int getId() {
      return id;
   }

   public void setId(int id) {
      this.id = id;
   }
```

15 這個範例可以利用某些機制來進行簡化，這些機制包括利用慣例高過設定及 Java 5 annotation，來減少明顯可見的「連接」邏輯數量。

16 改編自 http://www.onjava.com/pub/a/onjava/2006/05/17/standardizing-with-ejb3-java-persistence-api.html

Listing 11-5（續） EJB3 版的 Bank EJB

```
    public void addAccount(Account account) {
        account.setBank(this);
        accounts.add(account);
    }

    public Collection<Account> getAccounts() {
        return accounts;
    }

    public void setAccounts(Collection<Account> accounts) {
        this.accounts = accounts;
    }
}
```

這段程式碼比起原先的 EJB2 程式碼整潔許多。有些實體的細節依然存在，出現在 annotation（標準標記@）裡。但是，因為沒有任何資訊出現在 annotation 之外，所以這段程式仍然整潔、清楚且易於進行測試驅動及維護等任務。

如果你願意的話，你可以將某些或全部在 annotation 的永久性資訊移往 XML 部屬描述檔裡，僅留下一個真正純的 POJO。如果永久性映射的細節變動並不頻繁，許多團隊也許會保留這些 annotation，但和 EJB2 的侵入性設計比較起來，已經少了非常多有害的缺點。

AspectJ 剖面設計

最後，能透過剖面設計劃分關注點功能最完整的工具是 AspectJ[17]，這是一套 Java 的延伸擴充，在將剖面設計當作模組建造方面，能提供「第一流」的支援。由 Spring AOP 和 JBoss AOP 所提供的純 Java 方式，對於最多 80 至 90%使用到剖面設計的案例來說，是足夠使用的。然而，AspectJ 卻提供一套非常豐富且強大的工具組用以劃分關注點。AspectJ 的缺點，則是需要採用幾種新的工具，還要學習新語言的建造方式和慣用方式。

藉由最近引進的 AspectJ 的「annotation form（標準標記形式）」，也就是使用 Java 5 annotation 定義純 Java 程式碼的剖面，採用新工具的問題已經減少許多。而且，Spring 框架裡有一些特色，可以幫助對 AspectJ 沒有太多經驗的團隊更容易進行 annotation-based 剖面的組合。

[17] 參考[AspectJ]和[Colyer]。

對於 AspectJ 的全盤討論，已經超出了本書範圍。如需更多資訊，請參考[AspectJ]、[Colyer]、和[Spring]。

測試驅動的系統架構

透過類似剖面設計的方式，來劃分關注點的力量，不該被過份誇大。如果你可以使用 POJO 來撰寫應用程式的領域邏輯，在程式碼層級上，使架構的關注點脫鉤，那就有可能真正地**用測試來驅動**你的架構。採用新的技術，你可以按照需求，將架構從簡單進化到複雜。並不需要**先作大型設計**（*Big Design Up Front*, BDUF[18]）。事實上，BDUF 可能更有害，主要是因為這個設計禁止去改進，原因可能是心理因素的抗拒，不希望浪費先前的努力，也因為做這種設計的選擇，會影響後續關於設計上的想法。

建築師必須做 BDUF，因為一但建造工程已經開始並在順利進行中[19]，就不可能對物理結構的根基進行改變。雖然軟體也有自己的「**物理性**」[20]，但如果軟體架構能有效地劃分其關注點，那麼進行根基的改變，在經濟上還是可行的。

這也代表了，我們可以用「自然簡單」，但又切割良好的架構，來開始設計一個軟體專案，快速交付能順利運行的使用者故事，隨著我們將規模變大時，增加更多的基礎建設。有一些世界上最大型的網站，使用了先進的資料暫存快取、安全性和視覺性等技術，達到了非常高的可用性和效能。因為在每個抽象層級和視野之內，那些最小化的耦合設計都**簡單**地恰當好處。

當然，這並不代表我們在「沒有掌舵者」的狀況下，進入一個專案。我們對於一般範疇、目標、專案的行程、還有最終系統的一般化結構有某些期待。然而，我們必須維持變動的彈性，以應對進化中的環境。

早期的 EJB 架構只是某個『被過度工程化和妥協於關注點劃分』的知名 API。當不是真的被需要時，良好設計的 API 也只不過是個過於強大的工具。一個好的 API，大部份的時間應**消失**在視線範圍內，讓團隊能集中大部份的努力在要實作的使用者故事上。否則，就會有一些架構上的限制，妨礙了交付給使用者最佳化價值的產品。

---

[18] BDUF 是在實作所有東西之前，必須要預先設計*所有東西*的實踐。不要和先做設計（up-front design）的良好實踐有所混淆，

[19] 就算在建造已展開之後，仍然有許多重要的重複探索及細節討論。

[20] 軟體物理性一詞最早被[Kolence]所使用。

回顧這冗長的討論：

> 一個最理想的系統架構，包含了模組化關注點的領域，每個關注點都由普通舊式的 Java（或其他）物件來實作。不同的領域之間，利用最小侵入性的剖面或類似剖面的工具將之整合。這樣的架構可以是測試驅動的，就像程式碼一樣。

最佳化決策

模組化和關注點的劃分，讓分散管理與決策變成是可能的。在一個足夠大的系統裡，不管是一個城市或軟體專案，沒有任何人有辦法做所有的決策。

我們都知道，將責任賦予最合適的人，是最好的作法。但我們時常忘記，有時候**拖延決策至最後一刻**是最好的方式。這並不是懶惰或不負責，這讓我們得以運用可能是最好的資訊進行選擇。過早的決策是在只有部份最佳資訊的狀況下所做的決策。如果太早下決定，我們只會有較少的顧客回饋資訊、較少對專案的內心審視和較少能使用的實作選擇。

> 具有模組化關注點能力的 POJO 系統，提供了敏捷力，允許我們在最新的知識裡，做出最佳、最及時的決策，這些決策的複雜度也因此降低。

聰明地利用可明顯增加價值的標準

建築的建造過程，是個令人驚奇的過程，能讓人好好地審視。主要的原因，在於新建築物被建立的步調（就算在隆冬也一樣），還有那些應用今日科技而實現的卓越設計。建造是一個成熟的產業，有著最佳的零件、方法、還有經過幾世紀演進後的標準。

就算是輕量級和直覺的設計就已足夠應付狀況，但許多團隊依然使用 EJB2，只因為 EJB2 是一項標準。我看過許多團隊著迷於許多**大力炒作**的標準，卻失去『替顧客實作出有價值產品』的焦點。

> 標準技術讓人更簡單地重複使用想法和元件，招募有相關經驗的人才，封裝良好的點子，以及連接各個元件。然而，產生標準的過程，有時候漫長到業界無法等待，而且有些標準，無法準確地符合採用者的真正需求，無法符合他們想要提供的服務。

系統需要特定領域的語言

建築建造，就像大部份的領域，已經發展出豐富的語言，包含了詞彙、慣用語，還有以清晰而簡潔地傳達必要資訊的模式[21]。在軟體裡，特定領域語言（*Domain-Specific Language*, DSL）[22]在最近被重新炒作起來。DSL 是一種小型而獨立的腳本語言，或是在標準語言裡的 API，讓領域專家可利用它把程式寫得像是散文的結構型態。

一個良好的 DSL，能極度地減少領域概念和實作程式碼間「溝通的嫌隙」，就像敏捷實踐最佳化了團隊和專案保管人之間的溝通管道一般。如果你使用領域專家使用的語言來實作領域邏輯，那麼在把領域邏輯轉換成實作時，錯誤轉換的風險也會隨之降低。

DSL 在有效率使用時，能提升程式碼慣用語及設計模式的抽象層次，它們允許開發者在適當的抽象階層透露出程式的本意。

> 特定領域的語言，允許所有抽象層次和應用程式裡的所有領域，從最高階的策略至最低階的細節，都能以 POJO 物件的形式來表達。

總結

系統也必須整潔。侵入性的架構會淹沒了該領域邏輯和嚴重影響敏捷力。當領域邏輯含糊不清時，品質就會有所損害，因為程式的錯誤容易躲藏起來，還有使用者故事也更難以實作出來。如果敏捷力被犧牲了，生產力會有所損害，測試驅動開發的優勢也會消失。

在所有的抽象層級中，意圖都應該是清楚可辨視的。而這樣的狀況只會發生在，撰寫 POJO 和使用了剖面相關機制，非侵入性地組合實作的關注面之時。

不管你是在設計系統或個別的模組，千萬不要忘記使用最簡單就可能可以運作的方式。

---

21 [Alexander]的成果，在軟體社群裡具有特別的影響力。

22 參考[DSL]的範例。[JMock]是一個不錯的例子，是個建立 DSL 的 Java API。

參考書目

[Alexander]: Christopher Alexander, *A Timeless Way of Building,* Oxford University Press, New York, 1979.

[AOSD]: Aspect-Oriented Software Development port, http://aosd.net

[ASM]: ASM Home Page, http://asm.objectweb.org/

[AspectJ]: http://eclipse.org/aspectj

[CGLIB]: Code Generation Library, http://cglib.sourceforge.net/

[Colyer]: Adrian Colyer, Andy Clement, George Hurley, Mathew Webster, *Eclipse AspectJ,* Person Education, Inc., Upper Saddle River, NJ, 2005.

[DSL]: Domain-specific programming language, http://en.wikipedia.org/wiki/Domainspecific_programming_language

[Fowler]: Inversion of Control Containers and the Dependency Injection pattern, http://martinfowler.com/articles/injection.html

[Goetz]: Brian Goetz, *Java Theory and Practice: Decorating with Dynamic Proxies*, http://www.ibm.com/developerworks/java/library/j-jtp08305.html

[Javassist]: Javassist Home Page, http://www.csg.is.titech.ac.jp/~chiba/javassist/

[JBoss]: JBoss Home Page, http://jboss.org

[JMock]: JMock—A Lightweight Mock Object Library for Java, http://jmock.org

[Kolence]: Kenneth W. Kolence, Software physics and computer performance measurements, *Proceedings of the ACM annual conference—Volume 2*, Boston, Massachusetts, pp. 1024–1040, 1972.

[Spring]: *The Spring Framework*, http://www.springframework.org

[Mezzaros07]: *XUnit Patterns*, Gerard Mezzaros, Addison-Wesley, 2007.

[GOF]: *Design Patterns: Elements of Reusable Object Oriented Software*, Gamma et al., Addison-Wesley, 1996.

第 12 章

羽化

Jeff · Langr（傑夫 · 蘭格）撰

透過羽化設計來達到整潔

如果有四個簡單的守則，你遵守以後，就能在工作時幫你產生良好的設計，是不是很棒呢？如果透過這四個守則，讓你更洞悉程式的結構和設計，更容易應用單一職責原則（SRP）和相依性反向原則（DIP）等這類的原則，是不是很棒呢？那如果這四個原則還能促進良好設計的「羽化」過程，是不是更棒呢？

我們之間的大多數人，都覺得 Kent Beck（肯特 · 貝克）所提出的「簡單設計」四守則[1]，在產生良好設計的軟體方面，有著重大的幫助。

[1] [XPE]。

根據 Kent 的說法，若遵循下列守則，一個設計就可以說是「簡單的」：

- 執行完所有的測試
- 沒有重複的部份
- 表達程式設計師的本意
- 最小化類別和方法的數量

這些守則，根據重要性來排序。

簡單設計守則 1：執行完所有的測試

首先同時也是最重要的，設計必須能產生依照預期運行的系統。一個系統也許有著完美的紙上設計，但如果沒有一個簡單的方式，可以驗證系統是否真的如預期般運行，那麼所有的紙上作業都是令人存疑的。

全面進行測試，並且在『所有的時間』都能通過『所有的測試』的系統，才是一種可測試系統。這是顯而易見的一句話，但也是重要的一句話。不能被測試的系統，代表無法被驗證。我們可以說，無法被驗證的系統，永遠不應該進行部署。

幸運的是，為了讓我們的系統能夠被測試，自然我們就會走向小型、單一用途的類別。類別若遵守單一職責原則（SRP），那麼測試就是一件很簡單的事。當我們寫越多的測試程式，我們就越會持續設計出容易被測試的程式。所以，如果能確保系統是完全可測試的，就能幫助我們產生更好的設計。

緊密耦合的程式碼，會造成測試程式撰寫的困難。也因此同樣地，當我們寫越多的測試程式，我們就越會使用更多如相依性反向（DIP）之類的原則，也會使用更多如相依性注入、介面和抽象概念之類的工具，來幫助我們最小化耦合度。如此一來，我們的設計也會獲得更多的改善。

值得注意的是，守則告訴我們要有測試程式，並且持續地執行測試，遵守這樣簡單且明顯的守則，會使我們的系統緊守著物件導向的主要目標，讓程式有低耦合度和高凝聚度。所以，撰寫測試程式，最終帶來了更佳的設計。

簡單設計守則 2~4：程式重構

一但我們有了測試，就能保持程式和類別的整潔。我們利用逐步增加的方式進行程式的重構，來完成這件事。添加了幾行程式後，就要停下腳步來思考新的設計。我們剛剛是否把設計弄退步了？如果是的話，就整理程式碼並執行測試，來證明我們沒有弄壞任何東西。**事實上，如果我們擁有測試，就能消除『整理程式碼會破壞程式碼』的恐懼。**

在這個重構的過程中，我們可以應用與良好軟體設計有關的所有知識。我們可以增加凝聚性、降低耦合度、分離關注點、模組化系統關注點、替函式和類別瘦身、選擇良好的名稱等等。這同時也是我們應用最後三條簡單設計準則的地方：消除重複、確保具有表達力及最小化類別和方法的數量。

禁止重複

重複的程式碼是『良好設計的系統』的主要敵人。它代表了額外的工作、額外的風險及額外不必要的複雜性。重複的程式碼以多種形態出現在程式裡。一段看起來完全相像的程式碼，當然是一種重複。另一段看起來有點類似的程式碼，通常經過轉換整理後會變得更相像，如此，它們會更容易進行重構。重複也可能出現在如實作的重複等其他的型態。舉例來說，我們可能在一個集合（collection）類別裡擁有這兩個方法：

```
int size() {}
boolean isEmpty() {}
```

我們可以替個別的方法產生分別的實作，isEmpty 方法可能會追蹤一個布林值，而 size 方法可能會追蹤一個計數值。或者，我們可以在 isEmpty 方法裡使用 size 方法的定義，用這種方式來消除這類的重複：

```
boolean isEmpty() {
    return 0 == size();
}
```

想要產生一個簡潔的系統，就需要有『想消除重複的意願』，就算是少數幾行程式碼也不能放過。例如下列的程式碼：

```
public void scaleToOneDimension(
     float desiredDimension, float imageDimension) {
  if (Math.abs(desiredDimension - imageDimension) < errorThreshold)
     return;
  float scalingFactor = desiredDimension / imageDimension;
```

```
    scalingFactor = (float)(Math.floor(scalingFactor * 100) * 0.01f);

    RenderedOp newImage = ImageUtilities.getScaledImage(
       image, scalingFactor, scalingFactor);
    image.dispose();
    System.gc();
    image = newImage;
  }
  public synchronized void rotate(int degrees) {
    RenderedOp newImage = ImageUtilities.getRotatedImage(
       image, degrees);
    image.dispose();
    System.gc();
    image = newImage;
  }
```

為了讓這個系統更整潔，我們必須移除在 scaleToOneDimension 和 rotate 方法裡少量的重複程式碼：

```
public void scaleToOneDimension(
     float desiredDimension, float imageDimension) {
   if (Math.abs(desiredDimension - imageDimension) < errorThreshold)
     return;
   float scalingFactor = desiredDimension / imageDimension;
   scalingFactor = (float)(Math.floor(scalingFactor * 100) * 0.01f);
   replaceImage(ImageUtilities.getScaledImage(
     image, scalingFactor, scalingFactor));
}

public synchronized void rotate(int degrees) {
   replaceImage(ImageUtilities.getRotatedImage(image, degrees));
}

private void replaceImage(RenderedOp newImage) {
   image.dispose();
   System.gc();
   image = newImage;
}
```

當我們從非常小的層級提取共同的程式碼時，我們開始意識到這違反了單一職責原則（SRP）。所以我們可能可以將新提取的方法移至另一個類別，這樣做可以提升了它的可見性。團隊的其它成員可能認為這是一個機會，可以更進一步地抽象化新的方法，並且在不同的地方重複利用這段程式碼。這樣的「在小處重複使用」可以讓系統的複雜度大幅地降低。瞭解如何在小處重複使用，對於實現在大處重複使用是不可或缺的一環。

在移除高層級的重複程式碼時，樣版方法（TEMPLATE METHOD）[2]模式是一個常使用的技巧。例如：

```
public class VacationPolicy {
   public void accrueUSDivisionVacation() {
      // code to calculate vacation based on hours worked to date
      // ...
      // code to ensure vacation meets US minimums
      // ...
      // code to apply vaction to payroll record
      // ...
   }

   public void accrueEUDivisionVacation() {
      // code to calculate vacation based on hours worked to date
      // ...
      // code to ensure vacation meets EU minimums
      // ...
      // code to apply vaction to payroll record
      // ...
   }
}
```

在 accrueUSDivisionVacation 和 accrueEUDDivisionVacation 函式裡含有大量相同的程式碼（除了計算法定最少假期以外）。那部分的演算法，會根據員工的型態而改變。

我們可以應用模版方法模式，來消除顯而易見的重複程式碼。

```
abstract public class VacationPolicy {
   public void accrueVacation() {
      calculateBaseVacationHours();
      alterForLegalMinimums();
      applyToPayroll();
   }

   private void calculateBaseVacationHours() { /* ... */ };
   abstract protected void alterForLegalMinimums();
   private void applyToPayroll() { /* ... */ };
}

public class USVacationPolicy extends VacationPolicy {
   @Override protected void alterForLegalMinimums() {
      // US specific logic
   }
}
```

2 [GOF]。

```
public class EUVacationPolicy extends VacationPolicy {
   @Override protected void alterForLegalMinimums() {
      // EU specific logic
   }
}
```

子類別填滿了在 accrueVacation 演算法裡的「洞」，也提供了不重複的資訊。

具表達力

我們之間大多數的人都有過『在費解的程式碼上』工作的經驗，我們之間大多數的人自己也生產過『某些費解的程式碼』。要寫出讓**我們**可以瞭解的程式碼，是一件簡單的事，因為在寫程式碼時，我們正深入瞭解我們試圖解決的問題，然而其它的維護者並不一定對此有著相同程度的理解。

一個軟體專案的大多數成本是在長期的維護上。為了要在程式修改時，盡量減少潛在的缺陷。對於我們來說，是否有能力瞭解系統在做什麼，是個關鍵之處。當系統變得更複雜，開發者也要花更多的時間來瞭解這個系統，而且極可能產生誤解。所以，程式碼要能夠清楚表達原作者的意圖。原作者把程式碼寫得越清楚，其他人就能花越少的時間來理解這段程式碼。這也同時減少了缺陷並降低了維護上的成本。

你可以利用『選擇一個良好的名稱』來加強表達力。我們想要在看到一個類別或函式的名稱，並對照其職責時，不會感到驚訝。

你也可以透過『讓函式和類別簡短』來加強表達力。小型的類別和函式通常比較容易命名、容易撰寫且容易理解。

你也可以利用『標準命名法』來加強表達力。例如，設計模式（design pattern）通常與溝通及表達有關。當你使用這些標準模式的名稱（例如 COMMAND 或 VISITOR）當作『實作模式的類別名稱』時，你可以簡潔地向其它的開發者描述你的設計。

良好撰寫的單元測試也具有豐富的表達力。測試的主要目標之一是透過『用範例學』的方式來扮演說明文件的角色，當有人閱讀我們的測試時，應該能夠快速地理解某個類別是在做什麼的。

不過，要讓程式具有表達力的最重要方式，卻是**嘗試**。很多時候，我們只讓自己的程式碼能夠順利運作，然後就很快地移到下個問題，沒有充分考慮讓程式碼變成是下一個人容易閱讀的程式碼。記住，下一個讀這段程式碼的人，最有可能就是你自己。

所以，讓你的作品有些驕傲之處吧。多花一點時間在你的函式和類別上，選擇較好的名稱，將大型函式拆解成小型函式。廣泛的來說，就只是用心照顧你建造的程式。用心是一項珍貴的資源。

最小化類別及方法的數量

即便是如同消除重複程式碼、讓程式碼具有表達力及單一職責原則這類基本的概念，都可能會做過頭。為了努力讓類別和方法變得簡短，我們可能因此產生太多微型的類別和方法。所以這個守則建議我們，必須讓類別及方法的數量保持少少的。

大量的類別和方法，有時候是無意義的教條主義下的產物。舉例來說，某個程式碼撰寫標準裡，堅持要替每一個類別建立一個介面。或某個開發者，堅持屬性變數（field）和行為（behavior）必須分開寫到資料類別和行為類別裡。這樣的教條，應予以抵制，並採取更務實的作法。

我們的目標是希望，在讓函式及類別簡短的同時，也讓整個系統保持簡短。然而，記住這條守則的優先權，只是簡單設計四守則裡最低的。所以雖然保持小量的類別和函式是重要的事，但測試、消除重複及表達力等其它三條守則，才是更重要的。

總結

是否存在一套簡單的實踐能夠取代經驗？很明顯是沒有。從另一方面來看，在本章和本書所描述的一些實踐，是作者們累積數十年經驗的結晶。遵從這些簡單設計的實踐方式，能促使及鼓勵開發者，可能少花數十年的時間，就能習得堅持良好的守則和設計的模式。

參考書目

[XPE]: *Extreme Programming Explained: Embrace Change,* Kent Beck, Addison-Wesley, 1999.

[GOF]: *Design Patterns: Elements of Reusable Object Oriented Software,* Gamma et al., Addison-Wesley, 1996.

第13章

平行化

Brett L. Schuchert（布雷特．舒克特）撰

「物件是處理過程的抽象化，執行緒是排程的抽象化。」

James O. Coplien（詹姆士・考帕里安）[1]

1 由私人信件中取出

撰寫整潔的平行化程式是困難的 —— 非常困難。相較起來，撰寫一個只在單執行緒裡運行的程式碼，容易多了。要撰寫一個表面上看起來還不錯，但進入到更深層時卻會故障的多執行緒程式也是簡單的事。一般來說，這樣的程式碼能夠順暢運行，但當遇到系統面臨壓力時，就不行了。

在本章中，我們將討論為什麼需要平行化程式設計，以及目前平行化程式設計所遭遇的困難。緊接著我們會給一些建議，試圖解決平行化上的困難，並寫出整潔的平行化程式。最後，我們會討論幾個與平行化程式碼有關的議題，做為總結。

整潔的平行化是一個複雜的議題，值得專書討論。**本書**只會呈現出大略的概要，並在附錄 A 的「平行化之二」，提供較為詳盡的自學文件。如果你只是對平行化感到好奇，那麼本章就能滿足你的需求。如果你想要更深入瞭解平行化，你就需要把自學文件也讀過一遍。

為什麼要平行化？

平行化是一種去耦合的策略，它幫助我們將「**做什麼**」與「**何時做**」分解開來。在單一執行緒的應用程式裡，「**做什麼**」和「**何時做**」具有強烈的耦合性，以至於整個應用程式可透過「程式堆疊向後追縱（stack backtrace）」的方式，來決定程式的狀態。程式設計師可以在這樣的系統裡，設定某個中斷點或一連串的中斷點，來進行除錯的動作，也能透過抵達哪個中斷點，來**得知**系統的狀態。

將「**做什麼**」和「**何時做**」去耦合化，能顯著改善應用程式的產能和結構。從結構的角度來看，應用程式似乎由許多協同合作的電腦所組成，而非只是一個大型的主迴圈。這讓系統更容易被理解，也提供了更強大的方式來分離關注點。

舉例來說，試著思考關於 Web 應用的「Servlet」標準模型，這類系統運行於 Web 或 EJB 容器的保護傘下，讓其能夠**部份地**替你提供平行化的管理服務。當獲得一個網頁請求時，servlet 會以非同步方式執行。servlet 程式設計師並不需要管理所有的請求。**原則上**，每一個 servlet 都是在其自我的小小世界裡執行，與其它 servlet 的執行是分離的。

當然，如果事情那麼簡單，這個章節就沒有存在的必要了。事實上，Web 容器所提供的去耦合功能，離完美的去耦合還非常遙遠。servlet 程式設計師必須要非常警覺、非常小心，來確保他們的平行化程式是正確的。儘管如此，servlet 模型帶來的結構性優點，仍舊是非常重要的。

但結構並非採用平行化的唯一動機。有些系統存在回應時間（response time）和產能（throughput）的限制，需要手動撰寫平行化的解決方案。舉例來說，試著思考一個單一執行緒的資訊聚集程序，它從各種不同的 Web 網站上獲取資訊，然後整合這些資訊，轉換為一份每日摘要。因為這個系統是單一執行緒的，所以它必須一個一個地拜訪 Web 網站，在拜訪下一個網站之前，必須等待前一個網站的拜訪已經完成。這個每日運行的程序，必須在 24 小時之內完成工作。然而，當越來越多的 Web 網站被加入時，程式執行時間不斷地增長，最終這個程式花了超過 24 小時來聚集所有的資料。單一執行緒的程序所花費的時間，大多涉及到等待 Web socket 的 I/O 動作完成。而我們可以利用同時間拜訪多個 Web 網站的多執行緒演算法，來改善這個程序的效能。

或者，考慮一個在某一時間點只處理一個使用者需求的系統，且每個使用者一次只花一秒鐘來處理。這個系統在只有少數使用者的狀況下，可以完全符合反應時間的要求，但當使用者的數量增加，系統的反應時間也會增加。沒有使用者會想要在 150 個使用者的後方排隊等待。我們可以將使用者的需求平行化處理，藉此改善反應時間。

又或者，考慮一個需要解譯大量資料集的系統，但它只能在處理完所有的資料以後，才有辦法提供一個完整的解決方案。也許，每個資料集可以交由不同的電腦來處理，所以許多的資料集就能平行地進行處理。

迷思及誤解

有許多令人信服的理由，讓人想採用平行化解決方案。然而，就像我們之前所提及的，平行化是件**難事**。如果你沒有非常小心，就會產生一些令人難受的情況。思考一下，下列這些常見的迷思和誤解：

- **平行化總可以改善效能**

  平行化**有時候**可以改善效能，但僅限於有很多等待時間可以被多執行緒或多重處理器分享的情況。兩種情況都不簡單。

- **撰寫平行化程式並不需要修改原有的設計**

  事實上，平行化演算法的設計方式，和單一執行緒的設計方式非常的不一樣。而將「**做什麼**」和「**何時做**」去耦合化，通常會在系統的結構上產生巨大效應。

- **當利用 Web 或 EJB 容器來處理平行化時，瞭解平行化所導致的問題變得不是那麼重要**

  事實上，你最好知道你的容器在做些什麼，還有它如何對付本章後面會提到的平行化更新和死結等問題。

關於撰寫平行化軟體，這裡有一些比較中肯的簡短聲明：

- **平行化會帶來某些額外負擔**，額外負擔包含程式的效能以及撰寫額外的程式碼。
- **正確的平行化是複雜的**，即便要解決的是個很簡單的問題。
- **平行化程式的錯誤通常不容易重複出現**，所以這些錯誤常因為只出現一次而被忽略[2]，而沒有將之當作是真正的程式缺陷。
- 平行化常常會要求對於設計策略進行根本性的修改。

挑戰

究竟是什麼造成平行化程式設計上的困難？考慮以下這個簡單的類別：

```
public class X {
  private int lastIdUsed;

  public int getNextId() {
       return ++lastIdUsed;
  }
}
```

讓我們替類別 X 建立一個實體，並設定 lastIdUsed 欄位為 42，然後讓兩個執行緒共享這個實體。現在假設這兩個執行緒都呼叫了 getNextId()方法，這裡有三種可能的結果：

- 執行緒一得到 43 的值，執行緒二得到 44 的值，最終 lastIdUsed 變數值是 44。
- 執行緒一得到 44 的值，執行緒二得到 43 的值，最終 lastIdUsed 變數值是 44。
- 執行緒一得到 43 的值，執行緒二得到 43 的值，最終 lastIdUsed 變數值是 43。

---

2 宇宙射線、短暫脈衝干擾之類的問題。（譯注：作者是在諷刺那些不注重平行化遭遇問題的程式設計師，他們會將偶爾出現的錯誤，推卸給人力無法防備的偶發事件而不加以處理）

第三種執行結果令人吃驚[3]，當兩個執行緒交錯執行且互相影響時，就會發生這樣的狀況。這是因為對於這兩個執行緒來說，有太多種不同的可能路徑走法，可執行完那一行 Java 程式碼，而有些路徑走法會產生不正確的結果。這裡有多少種不同的路徑呢？真的要回答這個問題，我們必須要瞭解 Just-In-Time（即時）編譯器如何處理已產生好的 byte-code（位元組碼），而且還要瞭解 Java 記憶體模組會認為哪些是單元操作行為。

提供一個快速的答案，拿已產生好的 byte-code 來說，對於在 getNextId 方法中執行的兩個執行緒而言，一共有 12,870 種不同的可能執行路徑[4]。如果 lastIdUsed 的變數型態從 int 換成 long，那可能的執行路徑將增加到 2,704,156 種。當然大部份的執行路徑會產生正確的結果。但問題在於，**有一部份路徑會產生錯誤的結果**。

平行化的防禦原則

接下來，有一連串的原則和技巧，是關於如何讓你的系統不受到平行化程式碼帶來的困擾。

單一職責原則

單一職責原則[5]（SRP）主張，對於給定的方法、類別、元件，如果要進行修改的話，應該只能有一個理由。平行化設計本身就已經複雜到足以成為一個修改的理由，也因此值得和其餘的程式碼有所劃分。不幸的是，平行化的實作細節常常直接嵌入在其它的產品程式裡。這裡有幾個需要考慮的地方：

- 平行化相關程式碼有它自己的開發、修改、調校的生命週期。
- 平行化相關程式碼有它自己要應付的挑戰，和現有的非平行化相關程式碼有所不同，而且通常更困難。
- 被錯誤撰寫的平行化程式碼可能以各種方式失敗，即便不加上週邊應用程式碼的負擔，其本身就已經足夠具有挑戰性了。

建議：保持你的平行化相關程式碼與其它程式有清楚的劃分[6]。

---

3 參考附錄 A「深入研究」。

4 參考附錄 A「可能的執行路徑」。

5 [PPP]。

6 參考附錄 A「客户端／伺服端的範例」。

推論：限制資料的視野

就如同我們所看到的，若兩個執行緒修改共享物件的同一個欄位，就會相互干擾，導致出現未預期的行為。一種解法是使用 synchronized（同步化）這個關鍵字，來保護目標共享物件的臨界區域（critical section）程式碼。限制臨界區域的數量很重要。當越多的地方可以更新共享的資料，就越容易產生下列狀況：

- 你會忘記去保護一個或多個臨界區域 —— 破壞了所有會修改到共享資料的程式碼。
- 為了要確認一切都被有效的保護，因此會花上重複的工夫（違反了不要重複原則,DRY[7]）。
- 很難找到錯誤發生的源頭，也很難判斷錯誤發生的原因。

建議：將資料封裝原則謹記在心，並嚴格地限制共享資料的存取次數。

推論：使用資料的複本

一個避免共享資料的好方法，是在一開始就避免『共享』資料。在某些情況下，複製物件並讓它成為唯讀型態，是一個可能的作法。在別的情況下，有可能複製物件，然後從多執行緒收集複製物件的結果，最後則是在單一執行緒中將這些結果合併起來。

如果有一個比較簡單的方式可以避免『共享』物件，那麼這樣的程式碼就能大大遠離產生問題的可能性。你也許會關心建立這些額外物件所產生的成本。那就值得進行個實驗，看看這倒底是不是個問題。然而，如果使用複製物件就可以讓程式碼避免同步問題，那麼因為避免了自身鎖定所省下的時間，很有可能可以彌補建立額外物件和垃圾收集所產生的負擔。

推論：執行緒應盡可能地獨立運行

試著這樣撰寫你的執行緒程式碼，讓每個執行緒只存在於自己的世界裡，與其它的執行緒不共享任何資料。每個執行緒只處理一個客戶端的請求，而且所有請求的資料都是不共享的，這些資料以區域變數的方式儲存。這樣一來，每個執行緒在運行時，就像這世界上只有這一個執行緒而已，因此也就沒有同步的必要。

---

[7] [PRAG]。

舉例來說，HttpServlet 類別的子類別，透過傳遞給 doGet 和 doPost 兩個方法的參數，來取得所有的資訊。這讓每個 Servlet 執行起來，就好像擁有自己專屬的機器一般。只要 Servlet 的程式碼只使用區域變數，就不會有機會讓 Servlet 產生同步問題。當然，大部份使用 Servlet 的應用程式，最後還是會用到如資料庫連線等的共享資源。

建議：試著將資料劃分成可以讓獨立執行緒（可能在不同的處理器執行）操作的獨立子集合。

瞭解你的函式庫

相對於前一個版本，Java 5 提供了許多平行化開發的改善。當你在 Java 5 裡撰寫執行緒程式碼時，應該注意下列幾點：

- 使用函式庫所提供的安全執行緒集合（thread-safe collections）。
- 使用 executor 框架來執行不相關的工作。
- 可行的話，盡可能使用非鎖定（nonblocking）的解法。
- 有幾個函式庫的類別並不提供安全執行緒。

安全執行緒集合

當 Java 還很年輕時，Doug Lea（道格・雷雅）寫了一本著作[8]《*Concurrent Programming in Java*（平行化程式設計——使用 Java）》。他在書裡開發了許多安全執行緒集合，而這些集合日後也成為 JDK 裡 java.util.concurrnet 套件的一部份。該套件裡的集合對於在多執行緒執行時，是具備安全特性的，而且也執行得很好。事實上，幾乎在所有的情況下，ConcurrentHashMap 實作的表現都優於 HashMap 類別，這個類別允許同步的存取行為，而且它還有一些方法，支援非安全執行緒的常見複合操作。如果部署環境至少是 Java 5，那就開始採用 ConcurrentHashMap 類別來開發吧。

8 [Lea99]。

還有其他幾個種類的類別，也可支援進階的平行化程式設計，下表是其中的幾個範例：

ReentrantLock	一個可以被 A 方法中取得，並在 B 方法中釋放的鎖。
Semaphore	傳統 semaphore（號誌）的實作，一個具有計數功能的鎖。
CountDownLatch	在釋放所有等待這個鎖的執行緒之前，這個鎖會先等待指定數量的事件。這使得所有的執行緒都有公平的機會，在同時間啟動。

建議：重新檢閱那些對你有用的類別。使用 Java 開發時，您應該熟悉的類別有 java.util.concurrent、java.util.concrrent.atomic 和 java.util.concurrent.locks 等等。

瞭解你的執行模型

有許多不同的方式，可以用來劃分一個平行化應用程式的行為。為了要討論這些方式，我們需要瞭解一些基本的定義，如下表。

有限資源（Bound Resources）	平行化的環境裡，有的資源大小被固定住或使用數量被限制住。例如資料庫連線或是固定大小的讀寫緩衝器。
互斥（Mutual Exclusion）	同一個時間點內，只有一個執行緒可以存取共享的資料或資源。
飢餓（Starvation）	一個或一組執行緒永遠或一段非常長的時間被禁止執行。舉例來說，總是讓執行最快的執行緒，最優先被執行，而如果這些執行較快的執行緒不斷地出現，執行較慢的執行緒可能會一直處於飢餓狀態。
死結（Deadlock）	兩個或更多個執行緒相互等待其他執行緒停止。每個執行緒都握有一個其它執行緒所需的資源，而且除非它能得到別人手上握有的資源，才能順利執行。所以陷入了相互等待而沒有任何一個陷入死結中的執行緒可以開始執行。
活結（Livelock）	步調一致的多個執行緒，每個執行緒試圖要執行，但發現其它執行緒已經「上路」了。因為共振效應，執行緒試圖有所進展，但卻在一段很長的時間都沒辦法達成——或永遠沒辦法達成。

理解這些定義後，我們現在可以討論平行化程式設計的幾種執行模組了。

生產者 —— 消費者[9]

一個或多個生產者執行緒建立一些工作，然後將之放在一個緩衝區或佇列裡。一個或多個消費者執行緒從這個佇列中取出這些工作，並完成這些工作。在生產者與消費者之間

9 http://en.wikipedia.org/wiki/Producer-consumer

的佇列，是一種**有限資源**。這代表了生產者必須等到佇列裡有了空間，才能進行寫入。消費者必須等到佇列裡有了東西，才能取出消費。生產者和消費者透過佇列進行的合作行為，涉及了生產者和消費者必須彼此送出信號。生產者寫入佇列後，以信號方式告之佇列不再是空的了。消費者讀取佇列後，以信號方式告之佇列不再是滿的了。在兩者繼續執行之前，都隱含著『其實它們是在等待通知』的事實。

讀取者 —— 寫入者[10]

當你有一個共享資源，主要是當作讀取者讀取的資訊來源，但偶爾也會被寫入者更新時，此時，產能就會是一個議題。加強產能會導致飢餓，也會積累未更新的訊息。允許資料更新會影響產能。協調讀取者不去讀取寫入者正在更新的資料，反之亦然，這是一件很棘手的平衡工作。當寫入者傾向於長時間鎖住讀取者的讀取資源，就會發生產能上的問題。

挑戰的地方在於，如何平衡讀取者和寫入者的需求，以實現正確的操作，提供合理的產能，並且避免產生飢餓的情況。一個簡單的策略是等到沒有任何讀取者在進行動作了，才允許寫入者進行更新。然而，如果一直連續有讀取者出現，寫入者就會出現飢餓的情況。從另一方面來說，如果有頻繁的寫入者出現，且這些寫入者擁有優先權，那產能就會被犧牲了。找到其中的平衡點，並避免平行化更新的問題，是這個議題需要著墨的地方。

哲學家用餐[11]

想像有一群哲學家，坐在一張圓桌上用餐。每一隻叉子被擺置在每位哲學家的左手邊，在餐桌中心有個大碗盛著義大利麵。除非肚子餓，不然大部份的時間，哲學家們都在進行哲學思考。當肚子餓時，他們會拿起兩側的叉子，然後開始用餐。除非同時獲得了左右手的兩隻叉子，否則哲學家無法用餐。如果在哲學家右側或左側的哲學家已經拿起了他所需要的其中一隻叉子，他就必須等到那位哲學家用餐完畢，放下叉子以後，他才能拿到叉子進而開始用餐。一但某位哲學家用餐完畢後，他會將所使用的兩隻叉子都放回到桌面上，直到他肚子又開始餓了。

---

[10] http://en.wikipedia.org/wiki/Readers-writers_problem

[11] http://en.wikipedia.org/wiki/Dining_philosophers_problem

將哲學家以執行緒來代替，叉子用資源來代替，那這個問題就和許多程序間爭奪資源的企業級應用程式類似。除非小心仔細的設計，否則像這樣爭奪資源的系統，就會遭遇到死結、活結、產能以及效能下降等問題。

大部份你會遇到的平行化問題，都是這三類問題的變形問題。研究這些演算法，自己撰寫使用它們的解法，如此，你將來在遇到平行化問題時，就會有所準備來面對這類型的問題。

建議：學習這些基本演算法，並瞭解其解決方式。

當心同步方法之間的相依性

同步方法之間的相依性，會導致平行化程式碼裡面的細微錯誤。Java 程式語言裡有 `synchronized`（同步）的概念，可用來保護單一個方法。然而，如果在同一個共享類別裡，有超過一個以上的同步方法，那你的系統就可能是寫錯了[12]。

建議：避免在一個共享物件上使用超過一個方法。

有時候，你無法避免在一個共享物件上，使用超過一個方法。當出現這樣的狀況時，有三種方式能讓你正確撰寫程式碼。

- 基於客戶端的鎖定 —— 讓客戶端程式碼在呼叫第一個方法之前，先鎖定伺服器，並確保這個鎖定的範圍長度直到包含最後一個呼叫的方法為止。
- 基於伺服器端的鎖定 —— 在伺服器端建立一個可以鎖定伺服器的方法，執行所有的方法，然後解鎖。讓客戶端去呼叫這個新方法。
- 適應性伺服器（Adapted Server）—— 建立一個能進行鎖定的中間層，這是一個基於伺服器端的鎖定範例，但這個方法並不修改原本的伺服器程式碼。

保持同步區塊的簡短

`synchronized` 關鍵字可以製造一個鎖定，程式碼的所有區塊都由同一個鎖定來防護，以確保一次只有單一個執行緒會執行區塊內的程式碼。因為鎖定會產生延遲和增添負擔，所以是一種昂貴的行為。因此，我們並不想把程式碼隨意丟到 `synchronized` 敘

[12] 參考附錄 A 的「方法之間的相依性可能破壞平行化程式碼」。

述裡。從另一方面來說，臨界區域必須被周全防護[13]，所以我們在規劃程式碼時，希望盡可能減少臨界區域。

有些天真的程式設計師，為了要達到以上的目的，而使得他們的臨界區域變得非常龐大。然而，擴充同步區塊使之超過了最小臨界區域時，會導致資源競爭的增加，而降低了效能[14]。

建議：盡可能讓你的同步區塊越簡短越好。

撰寫正確的關閉（Shut-Down）程式碼是困難的

撰寫一個能夠保持存活、持續運行的系統，和撰寫一個執行一段時間，然後優雅停止的系統，是不同的事。

優雅停止難以正確達成。常見的問題包含死結[15]等相關的問題，有些執行緒持續等待一個永遠不會來的信號。

舉例來說，想像一個系統，當中含有父執行緒並分裂出許多子執行緒，父執行緒在釋放手中資源前，必須先等待子執行緒都結束運作。如果某個分裂出的子執行緒出現了死結的情況，會發生什麼事呢？這個父執行緒將會永久的等待，而這個系統將永遠不會關閉。

或者，考慮一個已經被指示關閉的類似系統。父執行緒告訴所有分裂出來的子執行緒，放棄它們正在做的工作，馬上結束。但如果有其中兩個子執行緒，運行的方式如同生產者——消費者的配對，假設生產者從父執行緒獲得了關閉的信號，就立刻停止運作了。而消費者也許正在期待一個由生產者所傳達的訊息，因此被鎖定在無法接收關閉信號的程式區塊內。它可能會卡在等待生產者信號而永遠無法結束，進而導致父執行緒也無法結束。

這樣的狀況並不是罕見的情形。所以，如果你一定得撰寫關於優雅關閉的平行化程式碼，為了讓關閉的行為能正確發生，請預留一些時間來處理它。

---

13 關鍵區域是為了保護程式正確性，而禁止同步使用的程式碼區塊。

14 參考附錄 A 的「增進產能」

15 參考附錄 A 的「死結」。

建議：早點思考關於關閉的問題，並且使之盡早能順利運行。這會花上比你預期還要多的時間。你最好也檢視現有的演算法，因為它可能比你想像中還要困難許多。

測試執行緒程式碼

證明程式碼是正確的，是一個不切實際的行為。測試並不保證正確性。然而，好的測試可以將風險減到最低。在單一執行緒的解決方案裡，這是完全正確的想法。當有兩個或更多的執行緒使用相同的程式碼並在共享資料上運行時，事情的複雜性就大幅增加了。

建議：撰寫有能力曝露問題的測試，在不同的程式調校設定、系統調校設定和負載的情況下，頻繁地執行這些測試。如果測試曾經失敗，就追蹤失敗。不要因為系統後來又通過測試了，就忽略失敗。

有很多地方需要被列入考慮。這裡是一些細致的建議：

- 將偽造的失敗看作是潛在的執行緒問題。
- 先讓你的非執行緒程式碼能順利運行。
- 讓你的執行緒程式碼是可隨插即用的。
- 讓你的執行緒程式碼是可調校的。
- 執行比處理器數量還要多的執行緒。
- 在不同的平台上運行。
- 調整你的程式碼，使之試圖產生失敗或強制產生失敗。

將偽造的失敗看作是潛在的執行緒問題

執行緒程式碼（threaded code）會導致「不會失敗」的失敗。大部份的開發者，對於執行緒如何和其它程式碼（也包括其他作者所撰寫的程式碼）互動，沒有直覺。執行緒程式碼的錯誤，可能得執行千次或萬次以後，才會出現一次徵兆。要試圖重新執行系統使得這樣的錯誤重現，總是讓人沮喪。這也常導致開發者將這樣的錯誤歸咎於宇宙射線、硬體突然故障等偶發事件。最好的方式是假設偶發事件並不存在，當偶發事件被忽略越久，就會有越多的程式碼建立在具有潛在缺陷的基礎上。

建議：不要把系統錯誤當作偶發事件。

先讓你的非執行緒程式碼能順利運行

這也許是個很直觀的想法，但再三強調沒有什麼壞處。確保程式碼能夠在非執行緒的狀況下順利運行。一般來說，這代表建立由執行緒呼叫的 POJO。POJO 跟執行緒無關，因此可以在非執行緒的環境外進行測試。當程式碼能夠放入的 POJO 越多，你的系統就會越好。

建議：不要試圖在同一個時間內，追蹤非執行緒和執行緒上的程式錯誤，要確保你的程式在非執行緒的環境裡能順利執行。

讓你的執行緒程式碼是可隨插即用的

撰寫一個能在許多不同設定環境下運行的『支援平行化的程式碼』：

- 單一執行緒與多執行緒執行時有不同的狀況。
- 執行緒程式碼可以和真實程式碼或測試替身互動。
- 與能快速、慢速、變化速度運行的測試替身一起執行。
- 設定測試程式，使測試程式能依照給定的次數重複地執行。

建議：讓你的執行緒程式碼是可隨插即用的，如此你才能在不同設定環境下執行它。

讓你的執行緒程式碼是可調校的

要找到正確的執行緒平衡點，需要不斷地嘗試錯誤。剛開始，透過不同的設定值，測試系統的效能。允許執行緒的數量是可簡單調校的。考慮在系統運行時允許改變執行緒的數量，也考慮基於系統使用率及產能，允許執行緒做出自我調校的行為。

執行比處理器數量還要多的執行緒

事情發生在『系統在不同工作間進行切換』。為了鼓勵發生工作交換（task swapping），請執行比處理器或核心數量還要多的執行緒。當工作交換地越頻繁，就越有機會找到遺漏在臨界區域外的程式碼，或找到會導致死結的程式碼。

在不同的平台上運行

在 2007 年中，我們替平行化程式設計開發了一項課程。這個課程的開發環境主要是 OS X，並在虛擬機內的 Windows XP 裡進行展示。所撰寫的測試是用來展示一個特別的狀況，即在 XP 環境中運行產生的測試失敗頻率，並沒有像在 OS X 中的測試失敗來得頻繁。

在所有的狀況下，被測試的程式已知是不正確的。這只是要強調在不同的作業系統下，會有不同的執行緒管理策略，不一樣的策略會影響程式碼的執行。在不同的環境下，多執行緒程式碼會有不一樣的行為[16]，你應該在每個可能會部署的環境裡，執行你的測試。

建議：盡早並時常讓你的執行緒程式碼在所有的目標平台上運行。

調整你的程式碼，使之試圖產生失敗或強制產生失敗

錯誤躲藏在平行化程式碼裡，是很正常的。簡單的測試通常無法顯露出這些錯誤。的確，它們通常躲藏在正常的程式運作裡，也許會在幾個小時、或幾天、或幾個星期，才會跑出一次這樣的錯誤！

關於執行緒錯誤為什麼會這樣不常出現、分散、還有難以重現？這是因為在幾千條可能的路徑裡，只有非常少數的路徑會經過脆弱的區域，而產生真正的失敗。所以出現失敗路徑的機率可說是低得驚人，這也讓偵察和除錯變得相當困難。

那你要如何增加抓到這些罕見錯誤的機會呢？你可以替你的程式碼進行一項特別的加工，增加如 `Object.wait()`、`Object.sleep()`、`Object.yield()` 及 `Object.priority()` 之類的方法，並強制在不同的次序下呼叫這些方法。

以上每一個方法，都會影響執行的次序，因此也增加了偵查到錯誤的可能性。有問題的程式碼最好能盡早通不過測試，或越常出現錯誤，都是比較好的情況。

這裡有兩個替程式碼加工的方式：

- 手動撰寫（Hand-coded）
- 自動化（Automated）

---

16 .在 Java 裡的執行緒模組，並不保證是先佔式執行緒（preemptive threading），這一點你知道嗎？現代的作業系統支援先佔式執行緒，所以你能「免費的」獲取這項功能。就算是如此，JVM 還是沒有做出保證。

手動撰寫

你可以手動在你的程式碼裡插入呼叫 wait()、sleep()、yield()和 priority()等函式的敘述。當你測試一段特別棘手的程式碼時，應該要這樣做。

下面是一個如此做的範例：

```
public synchronized String nextUrlOrNull() {
    if(hasNext()) {
        String url = urlGenerator.next();
        Thread.yield(); // inserted for testing.
        updateHasNext();
        return url;
    }
    return null;
}
```

插入呼叫 yield()的敘述，會改變程式碼的執行路徑，而且可能會導致程式碼在以前不會失敗的地方產生失敗的結果。如果程式碼真的有問題，不會是因為你增加了 yield()[17] 所導致的。反而，是你的程式碼原本就真的有問題，這個簡單的方式只是讓錯誤更明顯而已。

使用這種方式，會遇到一些問題：

- 你必須手動找到合適的地方來插入呼叫敘述。
- 你要如何知道該在哪裡放置呼叫，以及要放置哪一種函式呼叫。
- 不必要但卻讓這樣的程式碼留在產品程式環境裡，會使得程式碼的執行速度變慢。
- 這是一種試探性的方式，你可能會，也可能不會找到破綻。事實上，好運不一定會一直跟著你。

在測試中，而不是在產品程式裡，我們需要一種實現的手段。我們也需要在不同的運行裡，簡單的混雜不同的設定值，使找到錯誤的機率能夠增加。

很明顯地，如果我們將系統拆解成一堆『完全不瞭解執行緒、也不瞭解控制執行緒的類別』的 POJO，就能更容易地找到合適的地方來插入這些呼叫程式碼。此外，我們還能建立許多以不同方式呼叫 sleep、yield 等函式的 POJO 測試。

---

17 這個案例並不嚴謹。因為 JVM 並不保證提供先佔式執行緒，某個特別的演算法在某個不提供先佔式執行緒的作業系統裡或許總是能順利運行，反之也有可能發生，但卻是因著不同的理由。

自動化

你可以使用一些工具，例如 Aspect-Oriented Framework（剖面導向框架）、CGLIB 或 ASM，透過撰寫程式的手段來加入程式碼。例如，你可以使用一個只有單一方法的類別如下：

```
public class ThreadJigglePoint {
    public static void jiggle() {
    }
}
```

你可以在程式碼不同的地方，加入這個方法呼叫：

```
    public synchronized String nextUrlOrNull() {
        if(hasNext()) {
            ThreadJiglePoint.jiggle();
            String url = urlGenerator.next();
            ThreadJiglePoint.jiggle();
            updateHasNext();
            ThreadJiglePoint.jiggle();
            return url;
        }
        return null;
    }
```

現在你使用了一個隨機選擇「從不做事」、「休眠（sleep）」或「讓出（yield）」的簡單剖面。

或者，想像 ThreadJigglePoint 類別有兩種實作。第一種 jiggle 實作什麼事也沒做，而且使用於產品程式環境裡。第二種實作會產生一個隨機數，用以對休眠、讓出、直接往下執行等進行選擇。如果你做這樣的隨機測試一千次，也許就能剷除某些缺陷。如果測試都通過的話，至少你可以說你已經盡力尋找了，但還是沒找到。雖然這樣的作法看起來有一點過份簡化，但這會是一個用來代替複雜工具的合理抉擇。

有一個叫做 ConTest[18]的工具，由 IBM 所開發，也做了類似的事情，但這個工具的做法會再稍微複雜一些。

重點在於要讓程式碼有一些「變化」，才能讓執行緒在不同的時間以不同的次序來運行。撰寫良好的測試與「變化」的組合，可以大幅地增加找到錯誤的機率。

建議：使用變化的策略來找出錯誤。

[18] http://www.alphaworks.ibm.com/tech/contest

總結

要寫出正確的平行化程式碼，是件困難的事。平常很簡單的程式碼，一旦加入了多執行緒和共享資料的設計時，就變成了惡夢。如果你遇到必須撰寫平行化程式碼的情況，你需要更嚴謹地撰寫整潔的程式碼，否則會遇到細微或不頻繁出現的失敗。

首要注意的是，遵守單一職責原則。將你的系統拆解成一群 POJO，將『與執行緒有關的程式碼』和『與執行緒無關的程式碼』進行適當的劃分。確保當你在測試與執行緒有關的程式碼時，只是在做測試，沒有做其他的事。這意味著與執行緒有關的程式碼應該要短小且專注集中。

瞭解平行化問題可能發生的原因：多執行緒操作著共享的資料，或使用公共資源池內的東西。一些邊界情況的問題特別棘手，例如整潔地關閉程式，或結束一個迴圈的反覆運作等。

學習你的函式庫，並了解基本的演算法。也去了解函式庫提供的那些『與基本演算法類似的』解決問題的特色。

學習如何找到那些必須被鎖定的區域，並且將它們鎖定。不要鎖定那些沒必要被鎖定的區域。避免從一個鎖定的區域中呼叫另一個鎖定的區域，這需要深入了解哪些東西是被共享的以及哪些東西不是被共享的。控制共享物件的數量，也盡可能縮小共享的視野。修改物件的設計，使之將共享的資料提供給客戶端，而不是強迫客戶端來管理共享資料的狀態。

問題可能會突然出現，這些沒有在早期冒出的問題，屬於一次性的偶發事件。之所以稱之為一次性的偶發事件，是因為通常它們只在系統負載過重，或是某些隨機的時候才會發生。

所以，你必須能夠在許多不同的設定狀況下、在不同的平台上，不斷重複地運行你的執行緒相關程式碼。可測試性，當遵守測試驅動開發法則 TDD 後自然衍生的性質，意味著在某種程度上，這種隨插即用的能力，必須能在這種廣泛多樣的設定環境裡，成為必須被支援的一項能力。

如果你有花時間對你的程式碼進行加工，就會大幅改善找到錯誤程式碼的機率。你可以手動撰寫程式碼或利用某些自動化的科技工具來幫助你。及早在這些事情上多花點工夫，在你將程式碼放置於產品環境之前，盡可能地多多執行你的執行緒程式碼。

如果你採取整潔的做法，正確運行的機率將會大大地提昇。

參考書目

[Lea99]: *Concurrent Programming in Java: Design Principles and Patterns*, 2d. ed., Doug Lea, Prentice Hall, 1999.

[PPP]: *Agile Software Development: Principles, Patterns, and Practices*, Robert C. Martin, Prentice Hall, 2002.

[PRAG]: *The Pragmatic Programmer*, Andrew Hunt, Dave Thomas, Addison-Wesley, 2000.

第 14 章

持續地精煉

指令列參數剖析器的案例討論

這個章節是關於一個持續改進的案例討論。你會看到一個在一開始設計得還不錯，但不適合用來進行擴充的模組，接著你會看到我們如何對這個模組進行重構和整理。

大部份的人常常需要解析指令列參數。如果我們沒有一個方便的工具，我們得掃描傳給 main 函式的整個字串陣列。有幾個來自不同來源的好用工具，但沒有一個剛好有我想要的功能。於是，想當然爾，我決定自己來撰寫，我將之稱為：Args（參數們）。

Args 很容易使用。你只需使用『輸入參數和格式化字串』當作建構子的參數，建立 Args 類別的物件實體，接著就能向 Args 實體查詢關於參數的數值。如以下的簡單範例：

Listing 14-1 Args 的簡單使用方式

```
static void main(String[] args) {
  try {
    Args arg = new Args("l,p#,d*", args);
    boolean logging = arg.getBoolean('l');
    int port = arg.getInt('p');
    String directory = arg.getString('d');
    executeApplication(logging, port, directory);
  } catch (ArgsException e) {
    System.out.printf("Argument error: %s\n", e.errorMessage());
  }
}
```

你現在可以看到它是如此的簡單。我們只需要兩個參數，就能產生一個 Args 類別的實體變數。第一個參數代表格式或**範式**（*schema*），字串："l,p#,d*"定義了三個指令列參數。第一個「-l」，代表一個布林參數，第二個「-p」，是一個整數參數，第三個「-d」，是一個字串參數。傳入 Args 建構子的第二個參數，只是原本傳入 main 函式的指令列參數陣列。

如果建構子沒有拋出 ArgsException 例外，代表輸入的指令列已經被成功解析，而且 Args 實體變數已經準備好被查詢了。像 getBoolean、getInteger 和 getString 之類的方法，允許我們使用參數名稱取得參數值。

如果發生了什麼問題，例如格式化字串出錯，或指令列參數本身有問題，就會拋出 ArgsExeception 例外。如果想知道發生了哪一種錯誤，可以利用該例外物件的 errorMessage 方法，方便地取得相關的錯誤描述。

Args 的實現

Listing 14-2 是 Args 類別的實現。請非常仔細地閱讀這段程式碼，我花了不少工夫在編排風格及程式結構上，希望這段程式碼是值得仿傚的。

Listing 14-2 Args.java

```
package com.objectmentor.utilities.args;

import static com.objectmentor.utilities.args.ArgsException.ErrorCode.*;
import java.util.*;
```

Listing 14-2 (續) Args.java

```
public class Args {
  private Map<Character, ArgumentMarshaler> marshalers;
  private Set<Character> argsFound;
  private ListIterator<String> currentArgument;

  public Args(String schema, String[] args) throws ArgsException {
    marshalers = new HashMap<Character, ArgumentMarshaler>();
    argsFound = new HashSet<Character>();

    parseSchema(schema);
    parseArgumentStrings(Arrays.asList(args));
  }

  private void parseSchema(String schema) throws ArgsException {
    for (String element : schema.split(","))
      if (element.length() > 0)
        parseSchemaElement(element.trim());
  }

  private void parseSchemaElement(String element) throws ArgsException {
    char elementId = element.charAt(0);
    String elementTail = element.substring(1);
    validateSchemaElementId(elementId);
    if (elementTail.length() == 0)
      marshalers.put(elementId, new BooleanArgumentMarshaler());
    else if (elementTail.equals("*"))
      marshalers.put(elementId, new StringArgumentMarshaler());
    else if (elementTail.equals("#"))
      marshalers.put(elementId, new IntegerArgumentMarshaler());
    else if (elementTail.equals("##"))
      marshalers.put(elementId, new DoubleArgumentMarshaler());
    else if (elementTail.equals("[*]"))
      marshalers.put(elementId, new StringArrayArgumentMarshaler());
    else
      throw new ArgsException(INVALID_ARGUMENT_FORMAT, elementId, elementTail);
  }

  private void validateSchemaElementId(char elementId) throws ArgsException {
    if (!Character.isLetter(elementId))
      throw new ArgsException(INVALID_ARGUMENT_NAME, elementId, null);
  }

  private void parseArgumentStrings(List<String> argsList) throws ArgsException
  {
    for (currentArgument = argsList.listIterator(); currentArgument.hasNext();)
    {
      String argString = currentArgument.next();
      if (argString.startsWith("-")) {
        parseArgumentCharacters(argString.substring(1));
      } else {
        currentArgument.previous();
        break;
      }
    }
  }
```

Listing 14-2（續） `Args.java`

```
  private void parseArgumentCharacters(String argChars) throws ArgsException {
    for (int i = 0; i < argChars.length(); i++)
      parseArgumentCharacter(argChars.charAt(i));
  }

  private void parseArgumentCharacter(char argChar) throws ArgsException {
    ArgumentMarshaler m = marshalers.get(argChar);
    if (m == null) {
      throw new ArgsException(UNEXPECTED_ARGUMENT, argChar, null);
    } else {
      argsFound.add(argChar);
      try {
        m.set(currentArgument);
      } catch (ArgsException e) {
        e.setErrorArgumentId(argChar);
        throw e;
      }
    }
  }

  public boolean has(char arg) {
    return argsFound.contains(arg);
  }

  public int nextArgument() {
    return currentArgument.nextIndex();
  }

  public boolean getBoolean(char arg) {
    return BooleanArgumentMarshaler.getValue(marshalers.get(arg));
  }

  public String getString(char arg) {
    return StringArgumentMarshaler.getValue(marshalers.get(arg));
  }

  public int getInt(char arg) {
    return IntegerArgumentMarshaler.getValue(marshalers.get(arg));
  }

  public double getDouble(char arg) {
    return DoubleArgumentMarshaler.getValue(marshalers.get(arg));
  }

  public String[] getStringArray(char arg) {
    return StringArrayArgumentMarshaler.getValue(marshalers.get(arg));
  }
}
```

注意，你可以從上而下的閱讀這段程式，不必有過多的跳動式閱讀，也不用先讀後面的程式碼。只有一個地方，你可能需要先向後閱讀，那是關於 ArgumentMarshaler 的定義，我刻意省去了這個部份。如果仔細閱讀過這段程式碼，你應該能夠理解 ArgumentMarshaler 介面的用途，以及其衍生類別在做些什麼。「Listing 14-3~Listing 14-6」列出其中一部份的程式碼供你參考。

Listing 14-3 ArgumentMarshaler.java

```
public interface ArgumentMarshaler{
  void set(Iterator<String> currentArgument) throws ArgsException;
}
```

Listing 14-4 BooleanArgumentMarshaler.java

```
public class BooleanArgumentMarshaler implements ArgumentMarshaler {
  private boolean booleanValue = false;

  public void set(Iterator<String> currentArgument) throws ArgsException {
    booleanValue = true;
  }

  public static boolean getValue(ArgumentMarshaler am) {
    if (am != null && am instanceof BooleanArgumentMarshaler)
      return ((BooleanArgumentMarshaler) am).booleanValue;
    else
      return false;
  }
}
```

Listing 14-5 StringArgumentMarshaler.java

```
import static com.objectmentor.utilities.args.ArgsException.ErrorCode.*;

public class StringArgumentMarshaler implements ArgumentMarshaler {
  private String stringValue = "";

  public void set(Iterator<String> currentArgument) throws ArgsException {
    try {
      stringValue = currentArgument.next();
    } catch (NoSuchElementException e) {
      throw new ArgsException(MISSING_STRING);
    }
  }

  public static String getValue(ArgumentMarshaler am) {
    if (am != null && am instanceof StringArgumentMarshaler)
      return ((StringArgumentMarshaler) am).stringValue;
    else
      return "";
  }
}
```

Listing 14-6 IntegerArgumentMarshaler.java

```
import static com.objectmentor.utilities.args.ArgsException.ErrorCode.*;

public class IntegerArgumentMarshaler implements ArgumentMarshaler {
  private int intValue = 0;

  public void set(Iterator<String> currentArgument) throws ArgsException {
    String parameter = null;
    try {
      parameter = currentArgument.next();
      intValue = Integer.parseInt(parameter);
    } catch (NoSuchElementException e) {
      throw new ArgsException(MISSING_INTEGER);
    } catch (NumberFormatException e) {
      throw new ArgsException(INVALID_INTEGER, parameter);
    }
  }

  public static int getValue(ArgumentMarshaler am) {
    if (am != null && am instanceof IntegerArgumentMarshaler)
      return ((IntegerArgumentMarshaler) am).intValue;
    else
      return 0;
  }
}
```

其它的 ArgumentMarshaler 衍生類別以相同的模式來處理 double（雙倍精準度浮點數）和 String（字串），全部都列出來會弄亂本章的閱讀。我將它們留給讀者自行練習。

還有些小地方的資訊可能會困擾你：關於錯誤代碼常數的定義。它們是定義在 ArgsException 類別中（Listing 14-7）。

Listing 14-7 ArgsException.java

```
import static com.objectmentor.utilities.args.ArgsException.ErrorCode.*;

public class ArgsException extends Exception {
  private char errorArgumentId = '\0';
  private String errorParameter = null;
  private ErrorCode errorCode = OK;

  public ArgsException() {}

  public ArgsException(String message) {super(message);}

  public ArgsException(ErrorCode errorCode) {
    this.errorCode = errorCode;
  }
```

Listing 14-7 (續) ArgsException.java

```
  public ArgsException(ErrorCode errorCode, String errorParameter) {
    this.errorCode = errorCode;
    this.errorParameter = errorParameter;
  }

  public ArgsException(ErrorCode errorCode,
                       char errorArgumentId, String errorParameter) {
    this.errorCode = errorCode;
    this.errorParameter = errorParameter;
    this.errorArgumentId = errorArgumentId;
  }

  public char getErrorArgumentId() {
    return errorArgumentId;
  }

  public void setErrorArgumentId(char errorArgumentId) {
    this.errorArgumentId = errorArgumentId;
  }

  public String getErrorParameter() {
    return errorParameter;
  }

  public void setErrorParameter(String errorParameter) {
    this.errorParameter = errorParameter;
  }

  public ErrorCode getErrorCode() {
    return errorCode;
  }

  public void setErrorCode(ErrorCode errorCode) {
    this.errorCode = errorCode;
  }

  public String errorMessage() {
    switch (errorCode) {
      case OK:
        return "TILT: Should not get here.";
      case UNEXPECTED_ARGUMENT:
        return String.format("Argument -%c unexpected.", errorArgumentId);
      case MISSING_STRING:
        return String.format("Could not find string parameter for -%c.",
                             errorArgumentId);
      case INVALID_INTEGER:
        return String.format("Argument -%c expects an integer but was '%s'.",
                             errorArgumentId, errorParameter);
      case MISSING_INTEGER:
        return String.format("Could not find integer parameter for -%c.",
                             errorArgumentId);
      case INVALID_DOUBLE:
        return String.format("Argument -%c expects a double but was '%s'.",
                             errorArgumentId, errorParameter);
```

Listing 14-7（續） ArgsException.java

```
        case MISSING_DOUBLE:
          return String.format("Could not find double parameter for -%c.",
                               errorArgumentId);
        case INVALID_ARGUMENT_NAME:
          return String.format("'%c' is not a valid argument name.",
                               errorArgumentId);
        case INVALID_ARGUMENT_FORMAT:
          return String.format("'%s' is not a valid argument format.",
                               errorParameter);
      }
      return "";
    }

    public enum ErrorCode {
      OK, INVALID_ARGUMENT_FORMAT, UNEXPECTED_ARGUMENT, INVALID_ARGUMENT_NAME,
      MISSING_STRING,
      MISSING_INTEGER, INVALID_INTEGER,
      MISSING_DOUBLE, INVALID_DOUBLE}
  }
```

值得注意的是，到底還要增加多少程式碼，才能涵蓋這個簡單概念的所有細節。其中一個原因，是因為我們使用了特別嘮叨的程式語言。Java 是一種靜態語言，需要大量的字詞來滿足型態系統的要求。而別種程式語言，例如 Ruby、Python 或 Smalltalk，程式就會短很多[1]。

請再次閱讀這段程式碼。同時特別注意以下幾點，如何命名程式裡的事物、函式的大小及程式的編排。如果你是一位有經驗的程式設計師，你可能會因為這裡和那裡有著不同的風格和結構，而有模擬兩可的說詞。不過，整體而言，我仍然希望你能歸納出，這是一個有良好編排和整潔架構的程式。

舉例來說，如果你想增加一個新的參數型態，例如一個時間參數或複數參數，你會很明顯地發現這不需花什麼工夫就能達成。簡而言之，只需要從 ArgumentMarshaler 新增一個衍生類別、加上一個新的 getXXX 函式、以及在 parseSchemaElement 函式裡添加一段新的 case 敘述。或許還需要添加一個新的 ArgsException.ErrorCode 例外事件代碼及一個新的錯誤訊息，如此而已。

[1] 我最近以 Ruby 重寫這個模組，它只有原版本的 1/7 大小，而且有著更微妙的結構。

我是如何完成這件事的？

讓我將你的思緒放鬆一下。我並不是從一開始就將程式寫成上述那樣的最後版本。更重要的是，我也不預期你一次就能寫下整潔又優雅的程式。如果要說我們在過去幾十年學到些什麼，那就是，與其說程式設計是門科學，不如說程式設計是一門技藝更為貼切。為了要寫整潔的程式碼，你必須先寫下糟糕的程式，**然後去整理它**。

你應該不會因此感到驚訝，當我們讀小學時，就已經知道這樣的事實，老師試著（通常都徒勞無功）教我們要先寫下作文的粗略草稿。在過程中，他們教導我們要先擬出粗糙的草稿，接著修改成第二份草稿，再來撰寫好幾個接續的草稿，直到我們完成最終的版本。他們試著教導我們，寫出整潔作文的過程就是不斷地精煉與改善。

許多新手程式設計師（就像小學生一樣）並未特別地遵守這樣的建議。他們認為寫程式的首要目標，是要讓程式能夠順利運作。當程式能夠「順利運作」，他們就前往下一個工作目標，讓這個「順利運作」的程式，停留在他們最後讓程式「順利運作」的狀態。經驗豐富的程式設計師，知道這是一種專業上的自殺行為。

Args: 粗糙的草稿

Listing 14-8 列出 Args 類別的早期版本，這段程式碼能夠「順利運行」，但這段程式碼卻很雜亂。

Listing 14-8 Args.java（草稿第一版）

```
import java.text.ParseException;
import java.util.*;

public class Args {
  private String schema;
  private String[] args;
  private boolean valid = true;
  private Set<Character> unexpectedArguments = new TreeSet<Character>();
  private Map<Character, Boolean> booleanArgs =
    new HashMap<Character, Boolean>();
  private Map<Character, String> stringArgs = new HashMap<Character, String>();
  private Map<Character, Integer> intArgs = new HashMap<Character, Integer>();
  private Set<Character> argsFound = new HashSet<Character>();
  private int currentArgument;
  private char errorArgumentId = '\0';
  private String errorParameter = "TILT";
  private ErrorCode errorCode = ErrorCode.OK;
```

Listing 14-8（續） Args.java（草稿第一版）

```
private enum ErrorCode {
  OK, MISSING_STRING, MISSING_INTEGER, INVALID_INTEGER, UNEXPECTED_ARGUMENT}

public Args(String schema, String[] args) throws ParseException {
  this.schema = schema;
  this.args = args;
  valid = parse();
}

private boolean parse() throws ParseException {
  if (schema.length() == 0 && args.length == 0)
    return true;
  parseSchema();
  try {
    parseArguments();
  } catch (ArgsException e) {
  }
  return valid;
}

private boolean parseSchema() throws ParseException {
  for (String element : schema.split(",")) {
    if (element.length() > 0) {
      String trimmedElement = element.trim();
      parseSchemaElement(trimmedElement);
    }
  }
  return true;
}

private void parseSchemaElement(String element) throws ParseException {
  char elementId = element.charAt(0);
  String elementTail = element.substring(1);
  validateSchemaElementId(elementId);
  if (isBooleanSchemaElement(elementTail))
    parseBooleanSchemaElement(elementId);
  else if (isStringSchemaElement(elementTail))
    parseStringSchemaElement(elementId);
  else if (isIntegerSchemaElement(elementTail)) {
    parseIntegerSchemaElement(elementId);
  } else {
    throw new ParseException(
      String.format("Argument: %c has invalid format: %s.",
                    elementId, elementTail), 0);
  }
}

private void validateSchemaElementId(char elementId) throws ParseException {
  if (!Character.isLetter(elementId)) {
    throw new ParseException(
      "Bad character:" + elementId + "in Args format: " + schema, 0);
  }
}
```

Listing 14-8（續） Args.java（草稿第一版）

```
private void parseBooleanSchemaElement(char elementId) {
  booleanArgs.put(elementId, false);
}

private void parseIntegerSchemaElement(char elementId) {
  intArgs.put(elementId, 0);
}

private void parseStringSchemaElement(char elementId) {
  stringArgs.put(elementId, "");
}

private boolean isStringSchemaElement(String elementTail) {
  return elementTail.equals("*");
}

private boolean isBooleanSchemaElement(String elementTail) {
  return elementTail.length() == 0;
}

private boolean isIntegerSchemaElement(String elementTail) {
  return elementTail.equals("#");
}

private boolean parseArguments() throws ArgsException {
  for (currentArgument = 0; currentArgument < args.length; currentArgument++)
  {
    String arg = args[currentArgument];
    parseArgument(arg);
  }
  return true;
}

private void parseArgument(String arg) throws ArgsException {
  if (arg.startsWith("-"))
    parseElements(arg);
}

private void parseElements(String arg) throws ArgsException {
  for (int i = 1; i < arg.length(); i++)
    parseElement(arg.charAt(i));
}

private void parseElement(char argChar) throws ArgsException {
  if (setArgument(argChar))
    argsFound.add(argChar);
  else {
    unexpectedArguments.add(argChar);
    errorCode = ErrorCode.UNEXPECTED_ARGUMENT;
    valid = false;
  }
}
```

Listing 14-8（續） Args.java（草稿第一版）

```
private boolean setArgument(char argChar) throws ArgsException {
  if (isBooleanArg(argChar))
    setBooleanArg(argChar, true);
  else if (isStringArg(argChar))
    setStringArg(argChar);
  else if (isIntArg(argChar))
    setIntArg(argChar);
  else
    return false;

  return true;
}

private boolean isIntArg(char argChar) {return intArgs.containsKey(argChar);}

private void setIntArg(char argChar) throws ArgsException {
  currentArgument++;
  String parameter = null;
  try {
    parameter = args[currentArgument];
    intArgs.put(argChar, new Integer(parameter));
  } catch (ArrayIndexOutOfBoundsException e) {
    valid = false;
    errorArgumentId = argChar;
    errorCode = ErrorCode.MISSING_INTEGER;
    throw new ArgsException();
  } catch (NumberFormatException e) {
    valid = false;
    errorArgumentId = argChar;
    errorParameter = parameter;
    errorCode = ErrorCode.INVALID_INTEGER;
    throw new ArgsException();
  }
}

private void setStringArg(char argChar) throws ArgsException {
  currentArgument++;
  try {
    stringArgs.put(argChar, args[currentArgument]);
  } catch (ArrayIndexOutOfBoundsException e) {
    valid = false;
    errorArgumentId = argChar;
    errorCode = ErrorCode.MISSING_STRING;
    throw new ArgsException();
  }
}

private boolean isStringArg(char argChar) {
  return stringArgs.containsKey(argChar);
}

private void setBooleanArg(char argChar, boolean value) {
  booleanArgs.put(argChar, value);
}
```

Listing 14-8（續） Args.java（草稿第一版）

```
private boolean isBooleanArg(char argChar) {
  return booleanArgs.containsKey(argChar);
}

public int cardinality() {
  return argsFound.size();
}

public String usage() {
  if (schema.length() > 0)
    return "-[" + schema + "]";
  else
    return "";
}

public String errorMessage() throws Exception {
  switch (errorCode) {
    case OK:
      throw new Exception("TILT: Should not get here.");
    case UNEXPECTED_ARGUMENT:
      return unexpectedArgumentMessage();
    case MISSING_STRING:
      return String.format("Could not find string parameter for -%c.",
                           errorArgumentId);
    case INVALID_INTEGER:
      return String.format("Argument -%c expects an integer but was '%s'.",
                           errorArgumentId, errorParameter);
    case MISSING_INTEGER:
      return String.format("Could not find integer parameter for -%c.",
                           errorArgumentId);
  }
  return "";
}

private String unexpectedArgumentMessage() {
  StringBuffer message = new StringBuffer("Argument(s) -");
  for (char c : unexpectedArguments) {
    message.append(c);
  }
  message.append(" unexpected.");

  return message.toString();
}

private boolean falseIfNull(Boolean b) {
  return b != null && b;
}

private int zeroIfNull(Integer i) {
  return i == null ? 0 : i;
}

private String blankIfNull(String s) {
  return s == null ? "" : s;
}
```

Listing 14-8（續） Args.java（草稿第一版）

```
  public String getString(char arg) {
    return blankIfNull(stringArgs.get(arg));
  }

  public int getInt(char arg) {
    return zeroIfNull(intArgs.get(arg));
  }

  public boolean getBoolean(char arg) {
    return falseIfNull(booleanArgs.get(arg));
  }

  public boolean has(char arg) {
    return argsFound.contains(arg);
  }

  public boolean isValid() {
    return valid;
  }

  private class ArgsException extends Exception {
  }
}
```

希望你看到這段大量而混亂的程式碼時，第一個反應是：「我確實很高興，還好他沒有只留下像這樣的程式給我！」如果你也這樣覺得，那麼記住，這就是別人在看到你留下的粗糙草稿時，內心的反應。

事實上「粗糙的草稿」，已經是你對這段程式最善意的描述了。很明顯地，這根本只是一段還在撰寫中的程式，實體變數的數量多得驚人，足以讓人卻步，「TILT（傾斜）」等奇怪的字串，HashSets 和 TreeSets，還有 try-catch-block 區塊，全部放在一起成為了一堆腐敗的程式碼。

我並不想寫一段腐敗的程式碼。事實上，我嘗試著讓所有事物合理地組織起來。然而，你可能已經從函式及變數名稱的選擇，程式架構的粗糙，發現了一些問題。但無庸置疑的是，我順利解決了這個問題。

混亂的程式是逐漸累積產生的，更早期的版本還沒有如此糟糕。舉例來說，Listing 14-9 列出了只支援 Boolean 參數的更早期版本。

Listing 14-9 Args.java（只支援 Boolean）

```
package com.objectmentor.utilities.getopts;

import java.util.*;
```

Listing 14-9（續） Args.java（只支援 Boolean）

```
public class Args {
  private String schema;
  private String[] args;
  private boolean valid;
  private Set<Character> unexpectedArguments = new TreeSet<Character>();
  private Map<Character, Boolean> booleanArgs =
    new HashMap<Character, Boolean>();
  private int numberOfArguments = 0;

  public Args(String schema, String[] args) {
    this.schema = schema;
    this.args = args;
    valid = parse();
  }

  public boolean isValid() {
    return valid;
  }

  private boolean parse() {
    if (schema.length() == 0 && args.length == 0)
      return true;
    parseSchema();
    parseArguments();
    return unexpectedArguments.size() == 0;
  }

  private boolean parseSchema() {
    for (String element : schema.split(",")) {
      parseSchemaElement(element);
    }
    return true;
  }

  private void parseSchemaElement(String element) {
    if (element.length() == 1) {
      parseBooleanSchemaElement(element);
    }
  }

  private void parseBooleanSchemaElement(String element) {
    char c = element.charAt(0);
    if (Character.isLetter(c)) {
      booleanArgs.put(c, false);
    }
  }

  private boolean parseArguments() {
    for (String arg : args)
      parseArgument(arg);
    return true;
  }

  private void parseArgument(String arg) {
    if (arg.startsWith("-"))
      parseElements(arg);
  }
```

Listing 14-9（續） Args.java（只支援 Boolean）

```
  private void parseElements(String arg) {
    for (int i = 1; i < arg.length(); i++)
      parseElement(arg.charAt(i));
  }

  private void parseElement(char argChar) {
    if (isBoolean(argChar)) {
      numberOfArguments++;
      setBooleanArg(argChar, true);
    } else
      unexpectedArguments.add(argChar);
  }

  private void setBooleanArg(char argChar, boolean value) {
    booleanArgs.put(argChar, value);
  }

  private boolean isBoolean(char argChar) {
    return booleanArgs.containsKey(argChar);
  }

  public int cardinality() {
    return numberOfArguments;
  }

  public String usage() {
    if (schema.length() > 0)
      return "-["+schema+"]";
    else
      return "";
  }

  public String errorMessage() {
    if (unexpectedArguments.size() > 0) {
      return unexpectedArgumentMessage();
    } else
      return "";
  }

  private String unexpectedArgumentMessage() {
    StringBuffer message = new StringBuffer("Argument(s) -");
    for (char c : unexpectedArguments) {
      message.append(c);
    }
    message.append(" unexpected.");

    return message.toString();
  }

  public boolean getBoolean(char arg) {
    return booleanArgs.get(arg);
  }
}
```

雖然你仍然對這段程式碼有著不少的抱怨，但它其實並沒有那麼糟，它反而是簡潔明瞭的。然而，在這段程式碼裡，你可以很容易的觀察到，它已埋下稍後變成腐敗程式堆的種子，很清楚地能夠看到這段有點小問題的程式碼晚些時候，是如何變成一團亂的。

請注意看，後來的一團亂程式碼，只比這個版本多支援了兩種參數型態：String（字串）和 Integer（整數）。只增加了兩種新型態的參數，卻在程式裡造成巨大的負面效果。將原本具有高維護性的程式碼，轉變成滿佈錯誤與缺點的程式碼。

我採取逐步的方式支援這兩種參數型態。首先，我增加了 String 參數型態，得到以下的程式碼：

Listing 14-10 Args.java（只支援 Boolean 和 String）

```
package com.objectmentor.utilities.getopts;

import java.text.ParseException;
import java.util.*;

public class Args {
  private String schema;
  private String[] args;
  private boolean valid = true;
  private Set<Character> unexpectedArguments = new TreeSet<Character>();
  private Map<Character, Boolean> booleanArgs =
    new HashMap<Character, Boolean>();
  private Map<Character, String> stringArgs =
    new HashMap<Character, String>();
  private Set<Character> argsFound = new HashSet<Character>();
  private int currentArgument;
  private char errorArgument = '\0';

  enum ErrorCode {
    OK, MISSING_STRING}

  private ErrorCode errorCode = ErrorCode.OK;

  public Args(String schema, String[] args) throws ParseException {
    this.schema = schema;
    this.args = args;
    valid = parse();
  }

  private boolean parse() throws ParseException {
    if (schema.length() == 0 && args.length == 0)
      return true;
    parseSchema();
    parseArguments();
    return valid;
  }
```

Listing 14-10（續） Args.java（只支援 Boolean 和 String）

```
private boolean parseSchema() throws ParseException {
  for (String element : schema.split(",")) {
    if (element.length() > 0) {
      String trimmedElement = element.trim();
      parseSchemaElement(trimmedElement);
    }
  }
  return true;
}

private void parseSchemaElement(String element) throws ParseException {
  char elementId = element.charAt(0);
  String elementTail = element.substring(1);
  validateSchemaElementId(elementId);
  if (isBooleanSchemaElement(elementTail))
    parseBooleanSchemaElement(elementId);
  else if (isStringSchemaElement(elementTail))
    parseStringSchemaElement(elementId);
}

private void validateSchemaElementId(char elementId) throws ParseException {
  if (!Character.isLetter(elementId)) {
    throw new ParseException(
      "Bad character:" + elementId + "in Args format: " + schema, 0);
  }
}

private void parseStringSchemaElement(char elementId) {
  stringArgs.put(elementId, "");
}

private boolean isStringSchemaElement(String elementTail) {
  return elementTail.equals("*");
}

private boolean isBooleanSchemaElement(String elementTail) {
  return elementTail.length() == 0;
}

private void parseBooleanSchemaElement(char elementId) {
  booleanArgs.put(elementId, false);
}

private boolean parseArguments() {
  for (currentArgument = 0; currentArgument < args.length; currentArgument++)
  {
    String arg = args[currentArgument];
    parseArgument(arg);
  }
  return true;
}
```

Listing 14-10（續） Args.java（只支援 Boolean 和 String）

```
  private void parseArgument(String arg) {
    if (arg.startsWith("-"))
      parseElements(arg);
  }

  private void parseElements(String arg) {
    for (int i = 1; i < arg.length(); i++)
      parseElement(arg.charAt(i));
  }

  private void parseElement(char argChar) {
    if (setArgument(argChar))
      argsFound.add(argChar);
    else {
      unexpectedArguments.add(argChar);
      valid = false;
    }
  }

  private boolean setArgument(char argChar) {
    boolean set = true;
    if (isBoolean(argChar))
      setBooleanArg(argChar, true);
    else if (isString(argChar))
      setStringArg(argChar, "");
    else
      set = false;

    return set;
  }

  private void setStringArg(char argChar, String s) {
    currentArgument++;
    try {
      stringArgs.put(argChar, args[currentArgument]);
    } catch (ArrayIndexOutOfBoundsException e) {
      valid = false;
      errorArgument = argChar;
      errorCode = ErrorCode.MISSING_STRING;
    }
  }

  private boolean isString(char argChar) {
    return stringArgs.containsKey(argChar);
  }

  private void setBooleanArg(char argChar, boolean value) {
    booleanArgs.put(argChar, value);
  }

  private boolean isBoolean(char argChar) {
    return booleanArgs.containsKey(argChar);
  }
```

Listing 14-10（續） Args.java（只支援 Boolean 和 String）

```
public int cardinality() {
  return argsFound.size();
}

public String usage() {
  if (schema.length() > 0)
    return "-[" + schema + "]";
  else
    return "";
}

public String errorMessage() throws Exception {
  if (unexpectedArguments.size() > 0) {
    return unexpectedArgumentMessage();
  } else
    switch (errorCode) {
      case MISSING_STRING:
        return String.format("Could not find string parameter for -%c.",
                             errorArgument);
      case OK:
        throw new Exception("TILT: Should not get here.");
    }
  return "";
}

private String unexpectedArgumentMessage() {
  StringBuffer message = new StringBuffer("Argument(s) -");
  for (char c : unexpectedArguments) {
    message.append(c);
  }
  message.append(" unexpected.");

  return message.toString();
}

public boolean getBoolean(char arg) {
  return falseIfNull(booleanArgs.get(arg));
}

private boolean falseIfNull(Boolean b) {
  return b == null ? false : b;
}

public String getString(char arg) {
  return blankIfNull(stringArgs.get(arg));
}

private String blankIfNull(String s) {
  return s == null ? "" : s;
}

public boolean has(char arg) {
  return argsFound.contains(arg);
}
```

Listing 14-10（續） Args.java（只支援 Boolean 和 String）

```
    public boolean isValid() {
      return valid;
    }
  }
```

你可以發現程式碼已經開始有點難以控制了，但它還沒有那麼糟糕，但混亂的程式碼已經開始滋長。這是一堆程式碼，但還沒有到腐敗的程度。當再加上整數型態的支援時，這堆程式碼真的就發酵和腐敗了。

所以我停下腳步了

我至少還要多增加兩種參數型態。但我可以分辨得出來，如果照同樣的方式來增加的話，事情就大條了。如果我執意開著推土機向前推，我也許仍可讓程式順利運作，但會留下一個難以修復的爛攤子。如果說該在什麼時候讓這個程式的架構開始變成可維護的，現在該是時候來修繕這段程式碼了。

所以我停止增加新功能，開始進行重構。因為我才剛加入新的 String 和 integer 參數型態，所以知道每加入一種新的參數型態，需要在三個主要的地方增加新的程式碼。首先，每一種參數型態都需要使用一些方式來解析範式元素，以便為參數型態選擇 HashMap。其次，每一種原本是指令列字串的參數型態都需要被解析並轉變成對應的真正型態。最後，每一種參數型態都需要一個 getXXX 方法，使得能透過這個方法將真正的型態回傳給呼叫者。

有著許多不同的型態，但擁有著類似的方法 —— 這聽起來像是一個類別。也因此 ArgumentMarshaler（參數整理器）的概念就產生了。

採取漸近主義

要毀掉一個程式，其中一個最好的方法，就是假借改善之名，進行結構的大幅修改。有些程式甚至永遠無法從這樣的「改善」中恢復過來。問題在於，很難確保程式在修改以後，能像「未改善」之前的程式一樣順利的運作。

為了要避免發生這樣的情形，我採用了測試導向軟體開發（Test-Driven Development, TDD）原則。這種方法的核心教義之一是，在任何時候都保持系統正常運作。換句話說，採用 TDD 時，我並不被允許做出把系統變爛的程式變動。在每次的變動裡，我都必須保證系統能像之前一樣運作。

為了達到這個目標，我需要一套自動化測試，讓我隨時能夠進行測試，並且證實系統的行為沒有改變。所以當我在讓程式碼腐敗的同時，也替 Args 類別建立了一整套的單元及驗收測試。單元測試是以 Java 寫成，並採用 JUnit 進行管理，驗收測試則用 FitNesse 寫成維基（wiki）網頁的格式。我可以隨時進行測試，如果測試通過的話，我就有足夠的信心，相信這個系統會按照我指定的方式運作。

於是，我著手進行大量的微小修改，每次修改都將系統結構朝著 ArgumentMarshaler 概念的方向來發展，而且每次修改都維持系統仍可運作無誤。我做的第一個修改，是將 ArgumentMarshaler 的架構，加在腐敗程式碼的後方（Listing 14-11）。

Listing 14-11 將 ArgumentMarshaler 加在 Args.java 的後方

```
private class ArgumentMarshaler {
    private boolean booleanValue = false;

    public void setBoolean(boolean value) {
      booleanValue = value;
    }

    public boolean getBoolean() {return booleanValue;}
    }

    private class BooleanArgumentMarshaler extends ArgumentMarshaler {
    }

    private class StringArgumentMarshaler extends ArgumentMarshaler {
    }

    private class IntegerArgumentMarshaler extends ArgumentMarshaler {
    }
}
```

很明顯的，這次的修改不會破壞任何東西。於是，我做了一個最簡單的、破壞性盡可能小的修改。我修改了 HashMap，將原本的 Boolean 參數型態換成了 ArgumentMarshaler 參數型態。

```
private Map<Character, ArgumentMarshaler> booleanArgs =
  new HashMap<Character, ArgumentMarshaler>();
```

這會破壞某些敘述的正確性，但我很快就修復這些地方。

```
...
  private void parseBooleanSchemaElement(char elementId) {
    booleanArgs.put(elementId, new BooleanArgumentMarshaler());
  }
..
```

```
  private void setBooleanArg(char argChar, boolean value) {
    booleanArgs.get(argChar).setBoolean(value);
  }
...
  public boolean getBoolean(char arg) {
    return falseIfNull(booleanArgs.get(arg).getBoolean());
  }
```

注意，這些修改的地方，正好是我在之前所提及的地方：參數型態的 parse、set 和 get。不幸的是，雖然只是個小變動，但有些測試已經開始出現失敗的情形。如果你仔細察看 getBoolean 函式，你會發現，如果你在呼叫這個函式時傳入'y'，因為沒有 y 的參數，所以 booleanArgs.get('y') 會回傳 null，然後函式會拋出 NullPointerException 例外。原本的 falseIfNull 函式可以防止這種狀況發生，但在我修改程式以後，讓這個函式在這裡變得不太恰當。

漸近主義要求我，在我進行其它修改之前，要儘速讓這個程式恢復運作。事實上，這個修復並不困難，只需要移動一下檢查 null 的敘述，因為現在已經不必為 boolean 進行 null 檢查；而是要對 ArgumentMarshaller 進行 null 檢查。

首先，我在 getBoolean 函式裡移除了對 falseIfNull 函式呼叫的敘述，它沒什麼作用了，所以我也將 falseIfNull 函式整個刪除。測試依舊以同樣的方式失敗，所以我有信心，相信我沒有引進新的錯誤。

```
public boolean getBoolean(char arg) {
  return booleanArgs.get(arg).getBoolean();
}
```

下一步，我將函式拆解成兩行，然後將 ArgumentMarshaller 放置到它自己的變數 argumentMarshaller 裡。我沒有注意到過長的變數名稱，這是個不好的累贅，而且會弄髒整個函式，於是我將它的名稱縮短為 am [N5]。

```
public boolean getBoolean(char arg) {
  Args.ArgumentMarshaler am = booleanArgs.get(arg);
  return am.getBoolean();

}
```

然後，我將 null 檢查的邏輯也加進去。

```
public boolean getBoolean(char arg) {
  Args.ArgumentMarshaler am = booleanArgs.get(arg);
  return am != null && am.getBoolean();
}
```

字串參數

增加 String 參數的方式和增加 boolean 參數非常類似。我需要修改 HashMap，然後讓 parse、set 及 get 等函式能順利運作。在接下來的程式裡，應該不會有什麼令人驚訝的地方，我在想或許，我似乎該把所有 marshalling（整理）的實作放在 ArgumentMarshaller 基底類別，卻不是放在其衍生類別。

```
  private Map<Character, ArgumentMarshaler> stringArgs =
      new HashMap<Character, ArgumentMarshaler>();
...

  private void parseStringSchemaElement(char elementId) {
    stringArgs.put(elementId, new StringArgumentMarshaler());
  }
...
  private void setStringArg(char argChar) throws ArgsException {
    currentArgument++;
    try {
      stringArgs.get(argChar).setString(args[currentArgument]);
    } catch (ArrayIndexOutOfBoundsException e) {
      valid = false;
      errorArgumentId = argChar;
      errorCode = ErrorCode.MISSING_STRING;
      throw new ArgsException();
    }
  }
...
  public String getString(char arg) {
    Args.ArgumentMarshaler am = stringArgs.get(arg);
    return am == null ? "" : am.getString();
  }
...
  private class ArgumentMarshaler {
    private boolean booleanValue = false;
    private String stringValue;

    public void setBoolean(boolean value) {
      booleanValue = value;
    }

    public boolean getBoolean() {
      return booleanValue;
    }

    public void setString(String s) {
      stringValue = s;
    }

    public String getString() {
      return stringValue == null ? "" : stringValue;
    }
  }
```

同樣地，一次只進行一次修改，同時間讓測試程式也持續保持測試。如果測試出問題的話，我會先確保現在修改的程式可通過測試，然後才進行下次的修改。

如今你應該能看出我的意圖了。當我將所有的整理行為移至 ArgumentMarshaler 基底類別時，我將開始把這些行為下移到其衍生類別裡。這樣的作法允許我在逐漸修改程式的形態時，仍能保持每件事務都持續順利運作。

很明顯地，下一步就是將 int 參數功能也放到 ArgumentMarshaler 裡。同樣地，接著不會有任何讓人感到驚訝的步驟。

```
  private Map<Character, ArgumentMarshaler> intArgs =
       new HashMap<Character, ArgumentMarshaler>();
  ...
  private void parseIntegerSchemaElement(char elementId) {
    intArgs.put(elementId, new IntegerArgumentMarshaler());
  }
...
  private void setIntArg(char argChar) throws ArgsException {
    currentArgument++;
    String parameter = null;
    try {
      parameter = args[currentArgument];
      intArgs.get(argChar).setInteger(Integer.parseInt(parameter));
    } catch (ArrayIndexOutOfBoundsException e) {
      valid = false;
      errorArgumentId = argChar;
      errorCode = ErrorCode.MISSING_INTEGER;
      throw new ArgsException();
    } catch (NumberFormatException e) {
      valid = false;
      errorArgumentId = argChar;
      errorParameter = parameter;
      errorCode = ErrorCode.INVALID_INTEGER;
      throw new ArgsException();
    }
  }
...
  public int getInt(char arg) {
    Args.ArgumentMarshaler am = intArgs.get(arg);
    return am == null ? 0 : am.getInteger();
  }
...
  private class ArgumentMarshaler {
    private boolean booleanValue = false;
    private String stringValue;
    private int integerValue;

    public void setBoolean(boolean value) {
      booleanValue = value;
    }

    public boolean getBoolean() {
```

```
      return booleanValue;
    }

    public void setString(String s) {
      stringValue = s;
    }

    public String getString() {
      return stringValue == null ? "" : stringValue;
    }

    public void setInteger(int i) {
      integerValue = i;
    }

    public int getInteger() {
      return integerValue;
    }
  }
```

當所有的整理行為都移到 ArgumentMarshaler 裡，我開始將個別的功能移到其衍生類別內。第一步要做的是，將 setBoolean 函式移動到 BooleanArguementMarshaller 類別裡，並確保它能被正確的呼叫而執行。於是，我新增了一個叫做 set 的抽象方法。

```
private abstract class ArgumentMarshaler {
  protected boolean booleanValue = false;
  private String stringValue;
  private int integerValue;

  public void setBoolean(boolean value) {
    booleanValue = value;
  }

  public boolean getBoolean() {
    return booleanValue;
  }

  public void setString(String s) {
    stringValue = s;
  }

  public String getString() {
    return stringValue == null ? "" : stringValue;
  }

  public void setInteger(int i) {
    integerValue = i;
  }

  public int getInteger() {
    return integerValue;
  }

  public abstract void set(String s);
}
```

接著，我在 BooleanArguementMarshaller 類別裡實作 set 方法。

```
private class BooleanArgumentMarshaler extends ArgumentMarshaler {
  public void set(String s) {
    booleanValue = true;
  }
}
```

最後，我以呼叫 set 函式來取代呼叫 setBoolean 函式。

```
private void setBooleanArg(char argChar, boolean value) {
    booleanArgs.get(argChar).set("true");
  }
```

測試依舊是全數通過，因為這次的修改使得 set 函式連結到 BooleanArgument-Marshaler 類別，所以我移除了在 ArgumentMarshaler 基底類別的 setBoolean 函式。

注意到在 set 抽象方法裡，使用的是 String 參數，但在 BooleanArgumentMarshaller 類別裡的實作卻不使用這個參數。在此加入這個參數的主要原因是，我知道 StringArgumentMarshaller 和 IntegerArgumentMarshaller 會使用到這個參數。

接著，我想要將 get 方法部署在 BooleanArgumentMarshaler 裡。部署 get 函式總是很難看的作法，因為回傳的型態一定是 Object，在這個案例裡，必須被轉型成 Boolean 型態。

```
public boolean getBoolean(char arg) {
    Args.ArgumentMarshaler am = booleanArgs.get(arg);
    return am != null && (Boolean)am.get();
  }
```

為了要通過編譯，我在 ArgumentMarshaler 裡新增了 get 函式。

```
private abstract class ArgumentMarshaler {
    ...

    public Object get() {
      return null;
    }
  }
```

編譯通過了，但很明顯無法通過測試。只要讓 get 也變成抽象方法，然後在 BooleanArgumentMarshaler 裡實作此方法，就能成功通過測試。

```
private abstract class ArgumentMarshaler {
    protected boolean booleanValue = false;
    ...
```

```
    public abstract Object get();
  }

  private class BooleanArgumentMarshaler extends ArgumentMarshaler {
    public void set(String s) {
      booleanValue = true;
    }

    public Object get() {
      return booleanValue;
    }
  }
```

再一次地，測試都通過了，所以也代表 get 和 set 方法都已經順利部署到 BooleanArgumentMarshaler 類別裡，這讓我能夠在 ArgumentMarshaler 裡移除舊的 getBoolean 函式，並將受保護的（protected）booleanValue 變數向下移至 BooleanArgumentMarshaler 類別裡，並可將之設為 private 變數。

我利用同樣的方式進行 String 的修改。我部署好了 set 和 get 方法，然後刪掉不需要的函式，移動相關的變數。

```
    private void setStringArg(char argChar) throws ArgsException {
      currentArgument++;
      try {
        stringArgs.get(argChar).set(args[currentArgument]);
      } catch (ArrayIndexOutOfBoundsException e) {
        valid = false;
        errorArgumentId = argChar;
        errorCode = ErrorCode.MISSING_STRING;
        throw new ArgsException();
      }
    }
  ...
    public String getString(char arg) {
      Args.ArgumentMarshaler am = stringArgs.get(arg);
      return am == null ? "" : (String) am.get();
    }
  ...
    private abstract class ArgumentMarshaler {
      private int integerValue;

      public void setInteger(int i) {
        integerValue = i;
      }

      public int getInteger() {
        return integerValue;
      }

    public abstract void set(String s);

    public abstract Object get();
  }
```

```
  private class BooleanArgumentMarshaler extends ArgumentMarshaler {
    private boolean booleanValue = false;

    public void set(String s) {
      booleanValue = true;
    }

    public Object get() {
      return booleanValue;
    }
  }

  private class StringArgumentMarshaler extends ArgumentMarshaler {
    private String stringValue = "";

    public void set(String s) {
      stringValue = s;
    }

    public Object get() {
      return stringValue;
    }
  }

  private class IntegerArgumentMarshaler extends ArgumentMarshaler {
    public void set(String s) {

    }

    public Object get() {
      return null;
    }
  }
}
```

最後，我替 integer 也重複了相同的過程。不過還多了一些稍微複雜的地方，因為 integer 需要另外進行解析，而在 parse 的過程中可能會拋出例外。不過整理後的結果好上不少，因為 NumberFormatException 例外的概念都隱藏在 IntegerArgument-Marshaler 類別裡了。

```
private boolean isIntArg(char argChar) {return intArgs.containsKey(argChar);}

  private void setIntArg(char argChar) throws ArgsException {
    currentArgument++;
    String parameter = null;
    try {
      parameter = args[currentArgument];
      intArgs.get(argChar).set(parameter);
    } catch (ArrayIndexOutOfBoundsException e) {
      valid = false;
      errorArgumentId = argChar;
      errorCode = ErrorCode.MISSING_INTEGER;
      throw new ArgsException();
```

```
    } catch (ArgsException e) {
      valid = false;
      errorArgumentId = argChar;
      errorParameter = parameter;
      errorCode = ErrorCode.INVALID_INTEGER;
      throw e;
    }
  }
...
  private void setBooleanArg(char argChar) {
    try {
      booleanArgs.get(argChar).set("true");
    } catch (ArgsException e) {
    }
  }
...
  public int getInt(char arg) {
    Args.ArgumentMarshaler am = intArgs.get(arg);
    return am == null ? 0 : (Integer) am.get();
  }
...
  private abstract class ArgumentMarshaler {
    public abstract void set(String s) throws ArgsException;
    public abstract Object get();
  }
...
  private class IntegerArgumentMarshaler extends ArgumentMarshaler {
    private int intValue = 0;

    public void set(String s) throws ArgsException {
      try {
        intValue = Integer.parseInt(s);
      } catch (NumberFormatException e) {
        throw new ArgsException();
      }
    }

    public Object get() {
      return intValue;
    }
  }
```

當然，這些修改仍會持續通過測試。接著，我想要刪掉在演算法頂端的三個不同映射（Map）。這會使得整個系統更為通用。然而，因為會造成系統的破壞，所以我不能只是將這些映射刪掉而已。反倒是，我替 ArgumentMarshaler 新增一個 Map，然後一個一個的修改方法，使之能夠使用新的 Map 來取代原本的三個映射。

```
public class Args {
...
  private Map<Character, ArgumentMarshaler> booleanArgs =
    new HashMap<Character, ArgumentMarshaler>();
  private Map<Character, ArgumentMarshaler> stringArgs =
    new HashMap<Character, ArgumentMarshaler>();
  private Map<Character, ArgumentMarshaler> intArgs =
```

```
    new HashMap<Character, ArgumentMarshaler>();
  private Map<Character, ArgumentMarshaler> marshalers =
    new HashMap<Character, ArgumentMarshaler>();
...
  private void parseBooleanSchemaElement(char elementId) {
    ArgumentMarshaler m = new BooleanArgumentMarshaler();
    booleanArgs.put(elementId, m);
    marshalers.put(elementId, m);
  }

  private void parseIntegerSchemaElement(char elementId) {
    ArgumentMarshaler m = new IntegerArgumentMarshaler();
    intArgs.put(elementId, m);
    marshalers.put(elementId, m);
  }

  private void parseStringSchemaElement(char elementId) {
    ArgumentMarshaler m = new StringArgumentMarshaler();
    stringArgs.put(elementId, m);
    marshalers.put(elementId, m);
  }
```

這些測試，當然依舊全數通過。下一步，我將 isBooleanArg 函式從以下的內容：

```
  private boolean isBooleanArg(char argChar) {
    return booleanArgs.containsKey(argChar);
  }
```

修改成：

```
private boolean isBooleanArg(char argChar) {
  ArgumentMarshaler m = marshalers.get(argChar);
  return m instanceof BooleanArgumentMarshaler;
}
```

測試依舊通過。所以我對 isIntArg 和 isStringArg 函式做了同樣的修改。

```
private boolean isIntArg(char argChar) {
  ArgumentMarshaler m = marshalers.get(argChar);
  return m instanceof IntegerArgumentMarshaler;
}

private boolean isStringArg(char argChar) {
  ArgumentMarshaler m = marshalers.get(argChar);
  return m instanceof StringArgumentMarshaler;
}
```

測試還是照常通過。接著我以下述的方式，移除所有重複的 marshaler.get 函式呼叫：

```
private boolean setArgument(char argChar) throws ArgsException {
  ArgumentMarshaler m = marshalers.get(argChar);
  if (isBooleanArg(m))
    setBooleanArg(argChar);
```

```
      else if (isStringArg(m))
        setStringArg(argChar);
      else if (isIntArg(m))
        setIntArg(argChar);
      else
        return false;

      return true;
    }

    private boolean isIntArg(ArgumentMarshaler m) {
      return m instanceof IntegerArgumentMarshaler;
    }

    private boolean isStringArg(ArgumentMarshaler m) {
      return m instanceof StringArgumentMarshaler;
    }

    private boolean isBooleanArg(ArgumentMarshaler m) {
      return m instanceof BooleanArgumentMarshaler;
    }
```

沒有什麼充份的理由該保留三個 isxxxArg 方法，所以我直接將程式碼寫在行內（inline）：

```
  private boolean setArgument(char argChar) throws ArgsException {
    ArgumentMarshaler m = marshalers.get(argChar);
    if (m instanceof BooleanArgumentMarshaler)
      setBooleanArg(argChar);
    else if (m instanceof StringArgumentMarshaler)
      setStringArg(argChar);
    else if (m instanceof IntegerArgumentMarshaler)
      setIntArg(argChar);
    else
      return false;

    return true;
  }
```

下一步，我開始在 set 函式裡，使用 marshaler 映射，而不使用其它三個映射。我從 boolean 的部份開始修改。

```
    private boolean setArgument(char argChar) throws ArgsException {
      ArgumentMarshaler m = marshalers.get(argChar);
      if (m instanceof BooleanArgumentMarshaler)
        setBooleanArg(m);
      else if (m instanceof StringArgumentMarshaler)
        setStringArg(argChar);
      else if (m instanceof IntegerArgumentMarshaler)
        setIntArg(argChar);
      else
        return false;
```

```
    return true;
  }
...
  private void setBooleanArg(ArgumentMarshaler m) {
    try {
      m.set("true"); // was: booleanArgs.get(argChar).set("true");
    } catch (ArgsException e) {
    }
  }
```

測試依舊通過了，所以我對 String 和 Integer 也做了同樣的事。這樣一來，我就可以把一些難看的管理例外事件的程式碼，整合到 setArgument 函式內。

```
  private boolean setArgument(char argChar) throws ArgsException {
    ArgumentMarshaler m = marshalers.get(argChar);
    try {
      if (m instanceof BooleanArgumentMarshaler)
        setBooleanArg(m);
      else if (m instanceof StringArgumentMarshaler)
        setStringArg(m);
      else if (m instanceof IntegerArgumentMarshaler)
        setIntArg(m);
      else
        return false;
    } catch (ArgsException e) {
      valid = false;
      errorArgumentId = argChar;
      throw e;
    }
    return true;
  }

  private void setIntArg(ArgumentMarshaler m) throws ArgsException {
    currentArgument++;
    String parameter = null;
    try {
      parameter = args[currentArgument];
      m.set(parameter);
    } catch (ArrayIndexOutOfBoundsException e) {
      errorCode = ErrorCode.MISSING_INTEGER;
      throw new ArgsException();
    } catch (ArgsException e) {
      errorParameter = parameter;
      errorCode = ErrorCode.INVALID_INTEGER;
      throw e;
    }
  }

  private void setStringArg(ArgumentMarshaler m) throws ArgsException {
    currentArgument++;
    try {
      m.set(args[currentArgument]);
    } catch (ArrayIndexOutOfBoundsException e) {
      errorCode = ErrorCode.MISSING_STRING;
      throw new ArgsException();
```

```
    }
  }
```

我已經快要完全移除掉原本的三個舊映射，在那之前，我必須將下述的 getBoolean 函式：

```
public boolean getBoolean(char arg) {
  Args.ArgumentMarshaler am = booleanArgs.get(arg);
  return am != null && (Boolean) am.get();
}
```

修改成下述的程式碼：

```
public boolean getBoolean(char arg) {
    Args.ArgumentMarshaler am = marshalers.get(arg);
    boolean b = false;
    try {
      b = am != null && (Boolean) am.get();
    } catch (ClassCastException e) {
      b = false;
    }
    return b;
  }
```

最後面的變動可能會令人吃驚，為什麼我突然決定要處理 ClassCastException 例外呢？這是因為，我有一組單元測試，也有一組用 FitNesse 寫的驗收測試。事實證明，FitNesse 測試能確保『如果呼叫 getBoolean 時，傳入的參數不是一個布林參數，你會得到一個 false 返回值』，但單元測試的結果卻不是如此。但到目前為止，我只有執行過單元測試而已[2]。

最後一個修改，讓我能夠把另一個對 boolean 映射的使用給移除了。

```
private void parseBooleanSchemaElement(char elementId) {
  ArgumentMarshaler m = new BooleanArgumentMarshaler();
  booleanArgs.put(elementId, m);
  marshalers.put(elementId, m);
}
```

現在我們可以刪除 boolean 映射了。

```
public class Args {
...
  private Map<Character, ArgumentMarshaler> booleanArgs =
    new HashMap<Character, ArgumentMarshaler>();
```

2 為了要避免發生像這樣的意外，我新增一個單元測試，用來喚起所有的 FitNesse 測試。

```
    private Map<Character, ArgumentMarshaler> stringArgs =
      new HashMap<Character, ArgumentMarshaler>();
    private Map<Character, ArgumentMarshaler> intArgs =
      new HashMap<Character, ArgumentMarshaler>();
    private Map<Character, ArgumentMarshaler> marshalers =
      new HashMap<Character, ArgumentMarshaler>();
  ...
```

接著，我用同樣的方式來遷移 String 和 Integer 參數的程式碼，並且對 boolean 做了一些小小的整理。

```
    private void parseBooleanSchemaElement(char elementId) {
      marshalers.put(elementId, new BooleanArgumentMarshaler());
    }

    private void parseIntegerSchemaElement(char elementId) {
      marshalers.put(elementId, new IntegerArgumentMarshaler());
    }

    private void parseStringSchemaElement(char elementId) {
      marshalers.put(elementId, new StringArgumentMarshaler());
    }
  ...
    public String getString(char arg) {
      Args.ArgumentMarshaler am = marshalers.get(arg);
      try {
        return am == null ? "" : (String) am.get();
      } catch (ClassCastException e) {
        return "";
      }
    }

    public int getInt(char arg) {
      Args.ArgumentMarshaler am = marshalers.get(arg);
      try {
        return am == null ? 0 : (Integer) am.get();
      } catch (Exception e) {
        return 0;
      }
    }
  ...
  public class Args {
  ...
    private Map<Character, ArgumentMarshaler> stringArgs =
      new HashMap<Character, ArgumentMarshaler>();
    private Map<Character, ArgumentMarshaler> intArgs =
      new HashMap<Character, ArgumentMarshaler>();
    private Map<Character, ArgumentMarshaler> marshalers =
      new HashMap<Character, ArgumentMarshaler>();
  ...
```

接著，因為三個 parse 方法不再做如此多的事，所以我將它們改成行內格式。

```
private void parseSchemaElement(String element) throws ParseException {
  char elementId = element.charAt(0);
  String elementTail = element.substring(1);
  validateSchemaElementId(elementId);
  if (isBooleanSchemaElement(elementTail))
    marshalers.put(elementId, new BooleanArgumentMarshaler());
  else if (isStringSchemaElement(elementTail))
    marshalers.put(elementId, new StringArgumentMarshaler());
  else if (isIntegerSchemaElement(elementTail)) {
    marshalers.put(elementId, new IntegerArgumentMarshaler());
  } else {
    throw new ParseException(String.format(
    "Argument: %c has invalid format: %s.", elementId, elementTail), 0);
  }
}
```

好的，現在讓我們來瞧瞧程式的整體藍圖架構吧。Listing 14-12 列出了 Args 類別現在的樣子。

Listing 14-12 Args.java（在第一次重構之後）

```
package com.objectmentor.utilities.getopts;

import java.text.ParseException;
import java.util.*;

public class Args {
  private String schema;
  private String[] args;
  private boolean valid = true;
  private Set<Character> unexpectedArguments = new TreeSet<Character>();
  private Map<Character, ArgumentMarshaler> marshalers =
   new HashMap<Character, ArgumentMarshaler>();
  private Set<Character> argsFound = new HashSet<Character>();
  private int currentArgument;
  private char errorArgumentId = '\0';
  private String errorParameter = "TILT";
  private ErrorCode errorCode = ErrorCode.OK;

  private enum ErrorCode {
    OK, MISSING_STRING, MISSING_INTEGER, INVALID_INTEGER, UNEXPECTED_ARGUMENT}

  public Args(String schema, String[] args) throws ParseException {
    this.schema = schema;
    this.args = args;
    valid = parse();
  }

  private boolean parse() throws ParseException {
    if (schema.length() == 0 && args.length == 0)
      return true;
    parseSchema();
```

Listing 14-12（續） Args.java（在第一次重構之後）

```
    try {
      parseArguments();
    } catch (ArgsException e) {
    }
    return valid;
  }

  private boolean parseSchema() throws ParseException {
    for (String element : schema.split(",")) {
      if (element.length() > 0) {
        String trimmedElement = element.trim();
        parseSchemaElement(trimmedElement);
      }
    }
    return true;
  }

  private void parseSchemaElement(String element) throws ParseException {
    char elementId = element.charAt(0);
    String elementTail = element.substring(1);
    validateSchemaElementId(elementId);
    if (isBooleanSchemaElement(elementTail))
      marshalers.put(elementId, new BooleanArgumentMarshaler());
    else if (isStringSchemaElement(elementTail))
      marshalers.put(elementId, new StringArgumentMarshaler());
    else if (isIntegerSchemaElement(elementTail)) {
      marshalers.put(elementId, new IntegerArgumentMarshaler());
    } else {
      throw new ParseException(String.format(
      "Argument: %c has invalid format: %s.", elementId, elementTail), 0);
    }
  }

  private void validateSchemaElementId(char elementId) throws ParseException {
    if (!Character.isLetter(elementId)) {
      throw new ParseException(
      "Bad character:" + elementId + "in Args format: " + schema, 0);
    }
  }

  private boolean isStringSchemaElement(String elementTail) {
    return elementTail.equals("*");
  }

  private boolean isBooleanSchemaElement(String elementTail) {
    return elementTail.length() == 0;
  }

  private boolean isIntegerSchemaElement(String elementTail) {
    return elementTail.equals("#");
  }

  private boolean parseArguments() throws ArgsException {
    for (currentArgument=0; currentArgument<args.length; currentArgument++) {
      String arg = args[currentArgument];
```

Listing 14-12（續） Args.java（在第一次重構之後）

```
      parseArgument(arg);
    }
    return true;
  }

  private void parseArgument(String arg) throws ArgsException {
    if (arg.startsWith("-"))
      parseElements(arg);
  }

  private void parseElements(String arg) throws ArgsException {
    for (int i = 1; i < arg.length(); i++)
      parseElement(arg.charAt(i));
  }

  private void parseElement(char argChar) throws ArgsException {
    if (setArgument(argChar))
      argsFound.add(argChar);
    else {
      unexpectedArguments.add(argChar);
      errorCode = ErrorCode.UNEXPECTED_ARGUMENT;
      valid = false;
    }
  }

  private boolean setArgument(char argChar) throws ArgsException {
    ArgumentMarshaler m = marshalers.get(argChar);
    try {
      if (m instanceof BooleanArgumentMarshaler)
        setBooleanArg(m);
      else if (m instanceof StringArgumentMarshaler)
        setStringArg(m);
      else if (m instanceof IntegerArgumentMarshaler)
        setIntArg(m);
      else
        return false;
      } catch (ArgsException e) {
        valid = false;
        errorArgumentId = argChar;
        throw e;
      }
      return true;
    }

  private void setIntArg(ArgumentMarshaler m) throws ArgsException {
    currentArgument++;
    String parameter = null;
    try {
      parameter = args[currentArgument];
      m.set(parameter);
    } catch (ArrayIndexOutOfBoundsException e) {
      errorCode = ErrorCode.MISSING_INTEGER;
      throw new ArgsException();
    } catch (ArgsException e) {
      errorParameter = parameter;
```

Listing 14-12（續）　Args.java（在第一次重構之後）

```
      errorCode = ErrorCode.INVALID_INTEGER;
      throw e;
    }
  }

  private void setStringArg(ArgumentMarshaler m) throws ArgsException {
    currentArgument++;
    try {
      m.set(args[currentArgument]);
    } catch (ArrayIndexOutOfBoundsException e) {
      errorCode = ErrorCode.MISSING_STRING;
      throw new ArgsException();
    }
  }

  private void setBooleanArg(ArgumentMarshaler m) {
    try {
      m.set("true");
      } catch (ArgsException e) {
    }
  }

  public int cardinality() {
    return argsFound.size();
  }

  public String usage() {
    if (schema.length() > 0)
      return "-[" + schema + "]";
    else
      return "";
  }

  public String errorMessage() throws Exception {
    switch (errorCode) {
      case OK:
        throw new Exception("TILT: Should not get here.");
      case UNEXPECTED_ARGUMENT:
        return unexpectedArgumentMessage();
      case MISSING_STRING:
        return String.format("Could not find string parameter for -%c.",
                             errorArgumentId);
      case INVALID_INTEGER:
        return String.format("Argument -%c expects an integer but was '%s'.",
                             errorArgumentId, errorParameter);
      case MISSING_INTEGER:
        return String.format("Could not find integer parameter for -%c.",
                             errorArgumentId);
    }
    return "";
  }

  private String unexpectedArgumentMessage() {
    StringBuffer message = new StringBuffer("Argument(s) -");
    for (char c : unexpectedArguments) {
```

Listing 14-12（續） `Args.java`（在第一次重構之後）

```
      message.append(c);
    }
    message.append(" unexpected.");

    return message.toString();
  }

  public boolean getBoolean(char arg) {
    Args.ArgumentMarshaler am = marshalers.get(arg);
    boolean b = false;
    try {
      b = am != null && (Boolean) am.get();
    } catch (ClassCastException e) {
      b = false;
    }
    return b;
  }

  public String getString(char arg) {
    Args.ArgumentMarshaler am = marshalers.get(arg);
    try {
      return am == null ? "" : (String) am.get();
    } catch (ClassCastException e) {
      return "";
    }
  }

  public int getInt(char arg) {
    Args.ArgumentMarshaler am = marshalers.get(arg);
    try {
      return am == null ? 0 : (Integer) am.get();
    } catch (Exception e) {
      return 0;
    }
  }

  public boolean has(char arg) {
    return argsFound.contains(arg);
  }

  public boolean isValid() {
    return valid;
  }

  private class ArgsException extends Exception {
  }

  private abstract class ArgumentMarshaler {
    public abstract void set(String s) throws ArgsException;
    public abstract Object get();
  }

  private class BooleanArgumentMarshaler extends ArgumentMarshaler {
    private boolean booleanValue = false;
```

Listing 14-12（續） Args.java（在第一次重構之後）

```
      public void set(String s) {
        booleanValue = true;
      }

      public Object get() {
        return booleanValue;
      }
    }

    private class StringArgumentMarshaler extends ArgumentMarshaler {
      private String stringValue = "";

      public void set(String s) {
        stringValue = s;
      }

      public Object get() {
        return stringValue;
      }
    }

    private class IntegerArgumentMarshaler extends ArgumentMarshaler {
      private int intValue = 0;

      public void set(String s) throws ArgsException {
        try {
          intValue = Integer.parseInt(s);
        } catch (NumberFormatException e) {
          throw new ArgsException();
        }
      }

      public Object get() {
        return intValue;
      }
    }
  }
```

在做了全部的工作之後，還是有一點令人失望的地方。這個結構有比較好一些，但所有的變數都在最上方，還有在 setArgument 函式裡有個可怕的型態判斷，此外，這些 set 函式真的很難看，更不用說所有錯誤處理的部份了。在我們面前還有許多工作要完成。

我真的希望能移除 setArgument 函式裡的型態判斷[G23]，我所希望的是 setArgument 函式只會簡單的呼叫 ArgumentMarshaler.set 函式，而這代表我需要將 setIntArg、setStringArg 及 setBooleanArg 這三個方法往下移動到適當的『ArgumentMarshaler 的衍生類別』裡，但這裡有個問題。

如果你仔細察看 setIntArg 函式，你會發現它用了兩個實體變數：args 和 currentArgs，為了把 setIntArg 往下移動到 BooleanArgumentMarshaler，我必須把 args 和 currentArgs 作為參數傳遞過去。這種作法非常的醜陋[F1]。相反地，我希望只傳遞一個參數就好。很幸運地，這裡有個簡單的解法。我們可以將 args 陣列轉換成一個 list，並向 set 函式傳遞一個 Iterator。接下來的程式花了我十個步驟，每個步驟修改後都通過了測試。但我只把修改結果列出來，你應該能看出哪些是這些微小修改的步驟。

```
public class Args {
  private String schema;
  private String[] args;
  private boolean valid = true;
  private Set<Character> unexpectedArguments = new TreeSet<Character>();
  private Map<Character, ArgumentMarshaler> marshalers =
   new HashMap<Character, ArgumentMarshaler>();
  private Set<Character> argsFound = new HashSet<Character>();
  private Iterator<String> currentArgument;
  private char errorArgumentId = '\0';
  private String errorParameter = "TILT";
  private ErrorCode errorCode = ErrorCode.OK;
  private List<String> argsList;

  private enum ErrorCode {
    OK, MISSING_STRING, MISSING_INTEGER, INVALID_INTEGER, UNEXPECTED_ARGUMENT}

  public Args(String schema, String[] args) throws ParseException {
    this.schema = schema;
    argsList = Arrays.asList(args);
    valid = parse();
  }

  private boolean parse() throws ParseException {
    if (schema.length() == 0 && argsList.size() == 0)
      return true;
    parseSchema();
    try {
      parseArguments();
    } catch (ArgsException e) {
    }
    return valid;
  }
---
  private boolean parseArguments() throws ArgsException {
    for (currentArgument = argsList.iterator(); currentArgument.hasNext();) {
      String arg = currentArgument.next();
      parseArgument(arg);
    }

    return true;
  }
---
  private void setIntArg(ArgumentMarshaler m) throws ArgsException {
```

```
    String parameter = null;
    try {
      parameter = currentArgument.next();
      m.set(parameter);
    } catch (NoSuchElementException e) {
      errorCode = ErrorCode.MISSING_INTEGER;
      throw new ArgsException();
    } catch (ArgsException e) {
      errorParameter = parameter;
      errorCode = ErrorCode.INVALID_INTEGER;
      throw e;
    }
  }

  private void setStringArg(ArgumentMarshaler m) throws ArgsException {
    try {
      m.set(currentArgument.next());
    } catch (NoSuchElementException e) {
      errorCode = ErrorCode.MISSING_STRING;
      throw new ArgsException();
    }
  }
```

這些簡單的修改讓所有的測試都能通過。現在我們可以開始把 set 函式向下移到適當的衍生類別中。首先，我需要在 setArgument 做以下的修改：

```
private boolean setArgument(char argChar) throws ArgsException {
  ArgumentMarshaler m = marshalers.get(argChar);
  if (m == null)
    return false;
  try {
    if (m instanceof BooleanArgumentMarshaler)
      setBooleanArg(m);
    else if (m instanceof StringArgumentMarshaler)
      setStringArg(m);
    else if (m instanceof IntegerArgumentMarshaler)
      setIntArg(m);
    else
      return false;
  } catch (ArgsException e) {
    valid = false;
    errorArgumentId = argChar;
    throw e;
  }
  return true;
}
```

這次的修改很重要，因為我們想要把一連串的 if-else 完全移除。因此，我們需要將錯誤的情況抽離出來。

現在我們可以開始移動 set 函式。setBooleanArg 函式比較簡單，所以我們準備先移動它。我們的目標是要將 setBooleanArg 函式簡化到只與 BooleanArgumentMarshaler 有關。

```
private boolean setArgument(char argChar) throws ArgsException {
    ArgumentMarshaler m = marshalers.get(argChar);
    if (m == null)
      return false;
    try {
      if (m instanceof BooleanArgumentMarshaler)
        setBooleanArg(m, currentArgument);
      else if (m instanceof StringArgumentMarshaler)
        setStringArg(m);
      else if (m instanceof IntegerArgumentMarshaler)
        setIntArg(m);

    } catch (ArgsException e) {
      valid = false;
      errorArgumentId = argChar;
      throw e;
    }
    return true;
  }
---
  private void setBooleanArg(ArgumentMarshaler m,
                             Iterator<String> currentArgument)
                             throws ArgsException {
    try {
      m.set("true");
    catch (ArgsException e) {
    }
  }
```

我們不是剛剛才將那個例外處理放進函式裡嗎？先放入某些程式，待會再將之移出，是在重構過程中很常見的事情。小步驟及維持測試通過，代表你得不斷地移動事物。重構過程有點像是在解魔術方塊，需要很多小步驟以完成最終的大目標，每一個步驟都是基於上一個步驟的結果才得以進行的。

setBooleanArg 函式實際上並不需要 iterator，那我們為什麼還要將之傳遞給函式呢？這是因為 setIntArg 和 setStringArg 函式都需要這個參數！而且因為我打算在 ArgumentMarshaller 裡以抽象函式的方式來部署這三個函式，故而我必須將之傳遞給 setBooleanArg 函式。

所以現在 setBooleanArg 函式已經沒有用了。如果在 ArgumentMarshaler 類別裡有個 set 函式，我們就能直接呼叫這個函式。所以，是時候來建立這個函式了！第一個步驟是在 ArgumentMarshaler 類別裡新增一個抽象方法。

```
private abstract class ArgumentMarshaler {
  public abstract void set(Iterator<String> currentArgument)
                      throws ArgsException;
  public abstract void set(String s) throws ArgsException;
  public abstract Object get();
}
```

當然，這樣做會影響所有的衍生類別，所以我們在各個衍生類別裡也實作一個新的 set 方法。

```
private class BooleanArgumentMarshaler extends ArgumentMarshaler {
  private boolean booleanValue = false;

  public void set(Iterator<String> currentArgument) throws ArgsException {
    booleanValue = true;
  }

  public void set(String s) {
    booleanValue = true;
  }

  public Object get() {
    return booleanValue;
  }
}

private class StringArgumentMarshaler extends ArgumentMarshaler {
  private String stringValue = "";

  public void set(Iterator<String> currentArgument) throws ArgsException {
  }

  public void set(String s) {
    stringValue = s;
  }

  public Object get() {
    return stringValue;
  }
}

private class IntegerArgumentMarshaler extends ArgumentMarshaler {
  private int intValue = 0;

  public void set(Iterator<String> currentArgument) throws ArgsException {
  }

  public void set(String s) throws ArgsException {
    try {
      intValue = Integer.parseInt(s);
    } catch (NumberFormatException e) {
      throw new ArgsException();
    }
  }
```

```
    public Object get() {
      return intValue;
    }
  }
```

現在我們可以刪除 setBooleanArg 函式了！

```
private boolean setArgument(char argChar) throws ArgsException {
    ArgumentMarshaler m = marshalers.get(argChar);
    if (m == null)
      return false;
    try {
      if (m instanceof BooleanArgumentMarshaler)
        m.set(currentArgument);
      else if (m instanceof StringArgumentMarshaler)
        setStringArg(m);
      else if (m instanceof IntegerArgumentMarshaler)
        setIntArg(m);
    } catch (ArgsException e) {
      valid = false;
      errorArgumentId = argChar;
      throw e;
    }
    return true;
  }
```

所有的測試都通過了，而且 set 函式已經部署在 BooleanArgumentMarshaler 裡！現在我們對 String 和 Integer 也做同樣的事。

```
  private boolean setArgument(char argChar) throws ArgsException {
    ArgumentMarshaler m = marshalers.get(argChar);
    if (m == null)
      return false;
    try {
      if (m instanceof BooleanArgumentMarshaler)
        m.set(currentArgument);
      else if (m instanceof StringArgumentMarshaler)
        m.set(currentArgument);
      else if (m instanceof IntegerArgumentMarshaler)
        m.set(currentArgument);

    } catch (ArgsException e) {
      valid = false;
      errorArgumentId = argChar;
      throw e;
    }
    return true;
  }
---
  private class StringArgumentMarshaler extends ArgumentMarshaler {
    private String stringValue = "";

    public void set(Iterator<String> currentArgument) throws ArgsException {
      try {
```

```
        stringValue = currentArgument.next();
      } catch (NoSuchElementException e) {
        errorCode = ErrorCode.MISSING_STRING;
        throw new ArgsException();
      }
    }

    public void set(String s) {
    }

    public Object get() {
      return stringValue;
    }
  }

  private class IntegerArgumentMarshaler extends ArgumentMarshaler {
    private int intValue = 0;

  public void set(Iterator<String> currentArgument) throws ArgsException {
    String parameter = null;
    try {
      parameter = currentArgument.next();
      set(parameter);
    } catch (NoSuchElementException e) {
      errorCode = ErrorCode.MISSING_INTEGER;
      throw new ArgsException();
    } catch (ArgsException e) {
      errorParameter = parameter;
      errorCode = ErrorCode.INVALID_INTEGER;
      throw e;
    }
  }

    public void set(String s) throws ArgsException {
      try {
        intValue = Integer.parseInt(s);
      } catch (NumberFormatException e) {
        throw new ArgsException();
      }
    }

    public Object get() {
      return intValue;
    }
  }
```

然後來個致命的一擊：可以移除型態判斷的程式碼了！必殺！

```
  private boolean setArgument(char argChar) throws ArgsException {
    ArgumentMarshaler m = marshalers.get(argChar);
    if (m == null)
      return false;
    try {
      m.set(currentArgument);
      return true;
    } catch (ArgsException e) {
```

```
      valid = false;
      errorArgumentId = argChar;
      throw e;
    }
  }
```

現在我們可以刪掉 IntegerArgumentMarshaler 裡那些醜陋的函式，然後做一些整理了。

```
private class IntegerArgumentMarshaler extends ArgumentMarshaler {
  private int intValue = 0

  public void set(Iterator<String> currentArgument) throws ArgsException {
    String parameter = null;
    try {
      parameter = currentArgument.next();
      intValue = Integer.parseInt(parameter);
    } catch (NoSuchElementException e) {
      errorCode = ErrorCode.MISSING_INTEGER;
      throw new ArgsException();
    } catch (NumberFormatException e) {
      errorParameter = parameter;
      errorCode = ErrorCode.INVALID_INTEGER;
      throw new ArgsException();
    }
  }

  public Object get() {
    return intValue;
  }
}
```

我們也可以將 ArgumentMarshaler 換成是一個介面。

```
private interface ArgumentMarshaler {
  void set(Iterator<String> currentArgument) throws ArgsException;
  Object get();
}
```

所以現在讓我們來看一下，要在我們的新結構裡，增加一種新的參數型態，是多麼的容易。現在應該只需要非常少的修改，而且這些修改應該是隔離於原本的程式之外的。首先，我們開始新增一個檢查 double 參數的測試用例，看看是否能正確地運作。

```
public void testSimpleDoublePresent() throws Exception {
  Args args = new Args("x##", new String[] {"-x","42.3"});
  assertTrue(args.isValid());
  assertEquals(1, args.cardinality());
  assertTrue(args.has('x'));
  assertEquals(42.3, args.getDouble('x'), .001);
}
```

現在我們整理一下用來解析範式的程式碼，並且為 double 參數增加 ## 的偵測。

```
private void parseSchemaElement(String element) throws ParseException {
  char elementId = element.charAt(0);
  String elementTail = element.substring(1);
  validateSchemaElementId(elementId);
  if (elementTail.length() == 0)
    marshalers.put(elementId, new BooleanArgumentMarshaler());
  else if (elementTail.equals("*"))
    marshalers.put(elementId, new StringArgumentMarshaler());
  else if (elementTail.equals("#"))
    marshalers.put(elementId, new IntegerArgumentMarshaler());
  else if (elementTail.equals("##"))
    marshalers.put(elementId, new DoubleArgumentMarshaler());
  else
    throw new ParseException(String.format(
      "Argument: %c has invalid format: %s.", elementId, elementTail), 0);
}
```

接下來，我們來撰寫 DoubleArgumentMarshaler 類別。

```
private class DoubleArgumentMarshaler implements ArgumentMarshaler {
  private double doubleValue = 0;

  public void set(Iterator<String> currentArgument) throws ArgsException {
    String parameter = null;
    try {
      parameter = currentArgument.next();
      doubleValue = Double.parseDouble(parameter);
    } catch (NoSuchElementException e) {
      errorCode = ErrorCode.MISSING_DOUBLE;
      throw new ArgsException();
    } catch (NumberFormatException e) {
      errorParameter = parameter;
      errorCode = ErrorCode.INVALID_DOUBLE;
      throw new ArgsException();
    }
  }

  public Object get() {
    return doubleValue;
  }
}
```

新增這個類別迫使我們得增加新的 ErrorCode。

```
private enum ErrorCode {
    OK, MISSING_STRING, MISSING_INTEGER, INVALID_INTEGER, UNEXPECTED_ARGUMENT,
    MISSING_DOUBLE, INVALID_DOUBLE}
```

接著我們還需要一個 getDouble 函式。

```
public double getDouble(char arg) {
  Args.ArgumentMarshaler am = marshalers.get(arg);
  try {
    return am == null ? 0 : (Double) am.get();
  } catch (Exception e) {
    return 0.0;
  }
}
```

所有的測試都通過了！就是這麼簡單。接著讓我們來確保是否所有的錯誤處理程式都能正確的運作。下一個測試用例是用來檢查，給##參數『一個無法解析的字串』時，會不會回傳錯誤。

```
  public void testInvalidDouble() throws Exception {
    Args args = new Args("x##", new String[] {"-x","Forty two"});
    assertFalse(args.isValid());
    assertEquals(0, args.cardinality());
    assertFalse(args.has('x'));
    assertEquals(0, args.getInt('x'));
    assertEquals("Argument -x expects a double but was 'Forty two'.",
    args.errorMessage());
  }
---
  public String errorMessage() throws Exception {
    switch (errorCode) {
      case OK:
        throw new Exception("TILT: Should not get here.");
      case UNEXPECTED_ARGUMENT:
        return unexpectedArgumentMessage();
      case MISSING_STRING:
        return String.format("Could not find string parameter for -%c.",
                             errorArgumentId);
      case INVALID_INTEGER:
        return String.format("Argument -%c expects an integer but was '%s'.",
                             errorArgumentId, errorParameter);
      case MISSING_INTEGER:
        return String.format("Could not find integer parameter for -%c.",
                             errorArgumentId);
      case INVALID_DOUBLE:
        return String.format("Argument -%c expects a double but was '%s'.",
                             errorArgumentId, errorParameter);
      case MISSING_DOUBLE:
        return String.format("Could not find double parameter for -%c.",
                             errorArgumentId);
    }
    return "";
  }
```

這個測試通過了。下一步的測試，是要用來確保是否偵測到漏傳的 double 參數。

```
public void testMissingDouble() throws Exception {
  Args args = new Args("x##", new String[]{"-x"});
  assertFalse(args.isValid());
  assertEquals(0, args.cardinality());
```

```
    assertFalse(args.has('x'));
    assertEquals(0.0, args.getDouble('x'), 0.01);
    assertEquals("Could not find double parameter for -x.",
                 args.errorMessage());
  }
```

這個測試也如預期般通過了。我們只是為了保持一切的完整性而撰寫這個測試。

例外事件的程式碼相當難看，而且它並不是真的該放置在 Args 類別裡。我們也拋出了 ParseExcepetion 例外（解析例外），這個例外似乎也不真的該放在這段程式碼裡。所以讓我們將這些例外合在一起寫成 ArgsException 類別，並將之移到屬於它自己的模組裡。

```
public class ArgsException extends Exception {
  private char errorArgumentId = '\0';
  private String errorParameter = "TILT";
  private ErrorCode errorCode = ErrorCode.OK;

  public ArgsException() {}

  public ArgsException(String message) {super(message);}

  public enum ErrorCode {
    OK, MISSING_STRING, MISSING_INTEGER, INVALID_INTEGER, UNEXPECTED_ARGUMENT,
    MISSING_DOUBLE, INVALID_DOUBLE}
}
---
public class Args {
  ...
  private char errorArgumentId = '\0';
  private String errorParameter = "TILT";
  private ArgsException.ErrorCode errorCode = ArgsException.ErrorCode.OK;
  private List<String> argsList;

  public Args(String schema, String[] args) throws ArgsException {
    this.schema = schema;
    argsList = Arrays.asList(args);
    valid = parse();
  }

  private boolean parse() throws ArgsException {
    if (schema.length() == 0 && argsList.size() == 0)
      return true;
    parseSchema();
    try {
      parseArguments();
    } catch (ArgsException e) {
    }
    return valid;
  }

  private boolean parseSchema() throws ArgsException {
    ...
```

```
  }

  private void parseSchemaElement(String element) throws ArgsException {
    ...
    else
      throw new ArgsException(
        String.format("Argument: %c has invalid format: %s.",
                      elementId,elementTail));
  }

  private void validateSchemaElementId(char elementId) throws ArgsException {
    if (!Character.isLetter(elementId)) {
      throw new ArgsException(
        "Bad character:" + elementId + "in Args format: " + schema);
    }
  }

  ...

  private void parseElement(char argChar) throws ArgsException {
    if (setArgument(argChar))
      argsFound.add(argChar);
    else {
      unexpectedArguments.add(argChar);
      errorCode = ArgsException.ErrorCode.UNEXPECTED_ARGUMENT;
      valid = false;
    }
  }

  ...

  private class StringArgumentMarshaler implements ArgumentMarshaler {
    private String stringValue = "";

    public void set(Iterator<String> currentArgument) throws ArgsException {
      try {
        stringValue = currentArgument.next();
      } catch (NoSuchElementException e) {
        errorCode = ArgsException.ErrorCode.MISSING_STRING;
        throw new ArgsException();
      }
    }

    public Object get() {
      return stringValue;
    }
  }

  private class IntegerArgumentMarshaler implements ArgumentMarshaler {
    private int intValue = 0;

    public void set(Iterator<String> currentArgument) throws ArgsException {
      String parameter = null;
      try {
        parameter = currentArgument.next();
        intValue = Integer.parseInt(parameter);
      } catch (NoSuchElementException e) {
```

```
          errorCode = ArgsException.ErrorCode.MISSING_INTEGER;
          throw new ArgsException();
        } catch (NumberFormatException e) {
          errorParameter = parameter;
          errorCode = ArgsException.ErrorCode.INVALID_INTEGER;
          throw new ArgsException();
        }
      }

      public Object get() {
        return intValue;
      }
    }

    private class DoubleArgumentMarshaler implements ArgumentMarshaler {
      private double doubleValue = 0;

      public void set(Iterator<String> currentArgument) throws ArgsException {
        String parameter = null;
        try {
          parameter = currentArgument.next();
          doubleValue = Double.parseDouble(parameter);
        } catch (NoSuchElementException e) {
          errorCode = ArgsException.ErrorCode.MISSING_DOUBLE;
          throw new ArgsException();
        } catch (NumberFormatException e) {
          errorParameter = parameter;
          errorCode = ArgsException.ErrorCode.INVALID_DOUBLE;
          throw new ArgsException();
        }
      }

      public Object get() {
        return doubleValue;
      }
    }
  }
```

這樣子處理超棒的。現在 Args 拋出的例外只有 ArgsException 一種。將 ArgsException 移到它自己的模組裡，代表可以將許多雜七雜八的錯誤支援程式碼從 Args 模組移出，移到那個新模組。新模組提供一個自然且明顯的場所，讓所有的錯誤處理程式都可以被移進來，幫助我們進一步簡化 Args 模組。

現在，我們已經完全將例外與錯誤處理從 Args 模組裡分離出來了（詳情請見 Listing 14-13 至 Listing 14-16）。要完成這樣的分離，約略經過了三十次微小的修改，每一次的修改都保持測試能夠通過。

Listing 14-13 **ArgsTest.java**

```
package com.objectmentor.utilities.args;

import junit.framework.TestCase;

public class ArgsTest extends TestCase {
  public void testCreateWithNoSchemaOrArguments() throws Exception {
    Args args = new Args("", new String[0]);
    assertEquals(0, args.cardinality());
  }

  public void testWithNoSchemaButWithOneArgument() throws Exception {
    try {
      new Args("", new String[]{"-x"});
      fail();
    } catch (ArgsException e) {
      assertEquals(ArgsException.ErrorCode.UNEXPECTED_ARGUMENT,
                   e.getErrorCode());
      assertEquals('x', e.getErrorArgumentId());
    }
  }

  public void testWithNoSchemaButWithMultipleArguments() throws Exception {
    try {
      new Args("", new String[]{"-x", "-y"});
      fail();
    } catch (ArgsException e) {
      assertEquals(ArgsException.ErrorCode.UNEXPECTED_ARGUMENT,
                   e.getErrorCode());
      assertEquals('x', e.getErrorArgumentId());
    }
  }

  public void testNonLetterSchema() throws Exception {
    try {
      new Args("*", new String[]{});
      fail("Args constructor should have thrown exception");
    } catch (ArgsException e) {
      assertEquals(ArgsException.ErrorCode.INVALID_ARGUMENT_NAME,
                   e.getErrorCode());
      assertEquals('*', e.getErrorArgumentId());
    }
  }

  public void testInvalidArgumentFormat() throws Exception {
    try {
      new Args("f~", new String[]{});
      fail("Args constructor should have throws exception");
    } catch (ArgsException e) {
      assertEquals(ArgsException.ErrorCode.INVALID_FORMAT, e.getErrorCode());
      assertEquals('f', e.getErrorArgumentId());
    }
  }

  public void testSimpleBooleanPresent() throws Exception {
```

Listing 14-13（續） ArgsTest.java

```
    Args args = new Args("x", new String[]{"-x"});
    assertEquals(1, args.cardinality());
    assertEquals(true, args.getBoolean('x'));
  }

  public void testSimpleStringPresent() throws Exception {
    Args args = new Args("x*", new String[]{"-x", "param"});
    assertEquals(1, args.cardinality());
    assertTrue(args.has('x'));
    assertEquals("param", args.getString('x'));
  }

  public void testMissingStringArgument() throws Exception {
    try {
      new Args("x*", new String[]{"-x"});
      fail();
    } catch (ArgsException e) {
      assertEquals(ArgsException.ErrorCode.MISSING_STRING, e.getErrorCode());
      assertEquals('x', e.getErrorArgumentId());
    }
  }

  public void testSpacesInFormat() throws Exception {
    Args args = new Args("x, y", new String[]{"-xy"});
    assertEquals(2, args.cardinality());
    assertTrue(args.has('x'));
    assertTrue(args.has('y'));
  }

  public void testSimpleIntPresent() throws Exception {
    Args args = new Args("x#", new String[]{"-x", "42"});
    assertEquals(1, args.cardinality());
    assertTrue(args.has('x'));
    assertEquals(42, args.getInt('x'));
  }

  public void testInvalidInteger() throws Exception {
    try {
      new Args("x#", new String[]{"-x", "Forty two"});
      fail();
    } catch (ArgsException e) {
      assertEquals(ArgsException.ErrorCode.INVALID_INTEGER, e.getErrorCode());
      assertEquals('x', e.getErrorArgumentId());
      assertEquals("Forty two", e.getErrorParameter());
    }
  }

  public void testMissingInteger() throws Exception {
    try {
      new Args("x#", new String[]{"-x"});
      fail();
    } catch (ArgsException e) {
      assertEquals(ArgsException.ErrorCode.MISSING_INTEGER, e.getErrorCode());
      assertEquals('x', e.getErrorArgumentId());
    }
```

Listing 14-13（續） ArgsTest.java

```
  }

  public void testSimpleDoublePresent() throws Exception {
    Args args = new Args("x##", new String[]{"-x", "42.3"});
    assertEquals(1, args.cardinality());
    assertTrue(args.has('x'));
    assertEquals(42.3, args.getDouble('x'), .001);
  }

  public void testInvalidDouble() throws Exception {
    try {
      new Args("x##", new String[]{"-x", "Forty two"});
      fail();
    } catch (ArgsException e) {
      assertEquals(ArgsException.ErrorCode.INVALID_DOUBLE, e.getErrorCode());
      assertEquals('x', e.getErrorArgumentId());
      assertEquals("Forty two", e.getErrorParameter());
    }
  }

  public void testMissingDouble() throws Exception {
    try {
      new Args("x##", new String[]{"-x"});
      fail();
    } catch (ArgsException e) {
      assertEquals(ArgsException.ErrorCode.MISSING_DOUBLE, e.getErrorCode());
      assertEquals('x', e.getErrorArgumentId());
    }
  }
}
```

Listing 14-14 ArgsExceptionTest.java

```
public class ArgsExceptionTest extends TestCase {
  public void testUnexpectedMessage() throws Exception {
    ArgsException e =
      new ArgsException(ArgsException.ErrorCode.UNEXPECTED_ARGUMENT,
                        'x', null);
    assertEquals("Argument -x unexpected.", e.errorMessage());
  }

  public void testMissingStringMessage() throws Exception {
    ArgsException e = new ArgsException(ArgsException.ErrorCode.MISSING_STRING,
                                        'x', null);
    assertEquals("Could not find string parameter for -x.", e.errorMessage());
  }

  public void testInvalidIntegerMessage() throws Exception {
    ArgsException e =
      new ArgsException(ArgsException.ErrorCode.INVALID_INTEGER,
                        'x', "Forty two");
    assertEquals("Argument -x expects an integer but was 'Forty two'.",
                 e.errorMessage());
  }
```

Listing 14-14（續） ArgsExceptionTest.java

```java
  public void testMissingIntegerMessage() throws Exception {
    ArgsException e =
      new ArgsException(ArgsException.ErrorCode.MISSING_INTEGER, 'x', null);
    assertEquals("Could not find integer parameter for -x.", e.errorMessage());
  }

  public void testInvalidDoubleMessage() throws Exception {
    ArgsException e = new ArgsException(ArgsException.ErrorCode.INVALID_DOUBLE,
                                        'x', "Forty two");
    assertEquals("Argument -x expects a double but was 'Forty two'.",
                 e.errorMessage());
  }

  public void testMissingDoubleMessage() throws Exception {
    ArgsException e = new ArgsException(ArgsException.ErrorCode.MISSING_DOUBLE,
                                        'x', null);
    assertEquals("Could not find double parameter for -x.", e.errorMessage());
  }
}
```

Listing 14-15 ArgsException.java

```java
public class ArgsException extends Exception {
  private char errorArgumentId = '\0';
  private String errorParameter = "TILT";
  private ErrorCode errorCode = ErrorCode.OK;

  public ArgsException() {}

  public ArgsException(String message) {super(message);}

  public ArgsException(ErrorCode errorCode) {
    this.errorCode = errorCode;
  }

  public ArgsException(ErrorCode errorCode, String errorParameter) {
    this.errorCode = errorCode;
    this.errorParameter = errorParameter;
  }

  public ArgsException(ErrorCode errorCode, char errorArgumentId,
                       String errorParameter) {
    this.errorCode = errorCode;
    this.errorParameter = errorParameter;
    this.errorArgumentId = errorArgumentId;
  }

  public char getErrorArgumentId() {
    return errorArgumentId;
  }

  public void setErrorArgumentId(char errorArgumentId) {
```

Listing 14-15（續） ArgsException.java

```
    this.errorArgumentId = errorArgumentId;
  }

  public String getErrorParameter() {
    return errorParameter;
  }

  public void setErrorParameter(String errorParameter) {
    this.errorParameter = errorParameter;
  }

  public ErrorCode getErrorCode() {
    return errorCode;
  }

  public void setErrorCode(ErrorCode errorCode) {
    this.errorCode = errorCode;
  }

  public String errorMessage() throws Exception {
    switch (errorCode) {
      case OK:
        throw new Exception("TILT: Should not get here.");
      case UNEXPECTED_ARGUMENT:
        return String.format("Argument -%c unexpected.", errorArgumentId);
      case MISSING_STRING:
        return String.format("Could not find string parameter for -%c.",
                             errorArgumentId);
      case INVALID_INTEGER:
        return String.format("Argument -%c expects an integer but was '%s'.",
                             errorArgumentId, errorParameter);
      case MISSING_INTEGER:
        return String.format("Could not find integer parameter for -%c.",
                             errorArgumentId);
      case INVALID_DOUBLE:
        return String.format("Argument -%c expects a double but was '%s'.",
                             errorArgumentId, errorParameter);
      case MISSING_DOUBLE:
        return String.format("Could not find double parameter for -%c.",
                             errorArgumentId);
    }
    return "";
  }

  public enum ErrorCode {
    OK, INVALID_FORMAT, UNEXPECTED_ARGUMENT, INVALID_ARGUMENT_NAME,
    MISSING_STRING,
    MISSING_INTEGER, INVALID_INTEGER,
    MISSING_DOUBLE, INVALID_DOUBLE}
}
```

Listing 14-16 Args.java

```
public class Args {
  private String schema;
  private Map<Character, ArgumentMarshaler> marshalers =
    new HashMap<Character, ArgumentMarshaler>();
  private Set<Character> argsFound = new HashSet<Character>();
  private Iterator<String> currentArgument;
  private List<String> argsList;

  public Args(String schema, String[] args) throws ArgsException {
    this.schema = schema;
    argsList = Arrays.asList(args);
    parse();
  }

  private void parse() throws ArgsException {
    parseSchema();
    parseArguments();
  }

  private boolean parseSchema() throws ArgsException {
    for (String element : schema.split(",")) {
      if (element.length() > 0) {
        parseSchemaElement(element.trim());
      }
    }
    return true;
  }

  private void parseSchemaElement(String element) throws ArgsException {
    char elementId = element.charAt(0);
    String elementTail = element.substring(1);
    validateSchemaElementId(elementId);
    if (elementTail.length() == 0)
      marshalers.put(elementId, new BooleanArgumentMarshaler());
    else if (elementTail.equals("*"))
      marshalers.put(elementId, new StringArgumentMarshaler());
    else if (elementTail.equals("#"))
      marshalers.put(elementId, new IntegerArgumentMarshaler());
    else if (elementTail.equals("##"))
      marshalers.put(elementId, new DoubleArgumentMarshaler());
    else
      throw new ArgsException(ArgsException.ErrorCode.INVALID_FORMAT,
                              elementId, elementTail);
  }

  private void validateSchemaElementId(char elementId) throws ArgsException {
    if (!Character.isLetter(elementId)) {
      throw new ArgsException(ArgsException.ErrorCode.INVALID_ARGUMENT_NAME,
                              elementId, null);
    }
  }

  private void parseArguments() throws ArgsException {
    for (currentArgument = argsList.iterator(); currentArgument.hasNext();) {
```

Listing 14-16（續） Args.java

```
      String arg = currentArgument.next();
      parseArgument(arg);
    }
  }

  private void parseArgument(String arg) throws ArgsException {
    if (arg.startsWith("-"))
      parseElements(arg);
  }

  private void parseElements(String arg) throws ArgsException {
    for (int i = 1; i < arg.length(); i++)
      parseElement(arg.charAt(i));
  }

  private void parseElement(char argChar) throws ArgsException {
    if (setArgument(argChar))
      argsFound.add(argChar);
    else {
      throw new ArgsException(ArgsException.ErrorCode.UNEXPECTED_ARGUMENT,
                              argChar, null);
    }
  }

  private boolean setArgument(char argChar) throws ArgsException {
    ArgumentMarshaler m = marshalers.get(argChar);
    if (m == null)
      return false;
    try {
      m.set(currentArgument);
      return true;
    } catch (ArgsException e) {
      e.setErrorArgumentId(argChar);
      throw e;
    }
  }

  public int cardinality() {
    return argsFound.size();
  }

  public String usage() {
    if (schema.length() > 0)
      return "-[" + schema + "]";
    else
      return "";
  }

  public boolean getBoolean(char arg) {
    ArgumentMarshaler am = marshalers.get(arg);
    boolean b = false;
    try {
      b = am != null && (Boolean) am.get();
    } catch (ClassCastException e) {
      b = false;
```

Listing 14-16（續） Args.java

```
    }
    return b;
  }

  public String getString(char arg) {
    ArgumentMarshaler am = marshalers.get(arg);
    try {
      return am == null ? "" : (String) am.get();
    } catch (ClassCastException e) {
      return "";
    }
  }

  public int getInt(char arg) {
    ArgumentMarshaler am = marshalers.get(arg);
    try {
      return am == null ? 0 : (Integer) am.get();
    } catch (Exception e) {
      return 0;
    }
  }

  public double getDouble(char arg) {
    ArgumentMarshaler am = marshalers.get(arg);
    try {
      return am == null ? 0 : (Double) am.get();
    } catch (Exception e) {
      return 0.0;
    }
  }

  public boolean has(char arg) {
    return argsFound.contains(arg);
  }
}
```

大部份在 Args 類別裡的變動都是在做刪除的動作，很多的程式碼都只是從 Args 類別中移出，然後放到 ArgsException 類別裡。不錯。除此之外，我們還將不同的 ArgumentMarshallers，移到他們自己的檔案中。這樣更好！

良好的軟體設計，大多只是關於劃分——建立適當的區域來放置不同用途的程式碼。這樣對於關注事務的劃分，使得程式碼更容易瞭解和維護。

ArgsException 類別的 errorMessage 方法，是特別令人感興趣的部份。很明顯地，它違反了單一職責原則，因為它讓 Args 類別也來處理錯誤訊息的格式。Args 類別應該只處理參數，而不應該處理錯誤訊息的格式。然而，難道將錯誤訊息的格式處理，放在 ArgsException 類別裡，會是比較合理的作法嗎？

坦白說，這是一種折衷的作法。不喜歡由 ArgsException 類別來提供錯誤訊息的使用者，將需要自己撰寫錯誤訊息。但已經為你準備好『罐頭錯誤訊息』所帶來的方便性，也非全然是無意義的。

到現在你應該已經非常清楚，我們已經非常接近在本章開頭所提的最終解決方案，我將把最後的轉換工作留給你作練習。

總結

只讓程式能夠正常運作是不夠的，恰好能正常運作的程式通常是非常容易損壞的。程式設計師若只滿足於程式能正常運作，代表他不夠專業。他們會害怕沒有時間去改善程式的結構和設計，但我並不同意這個觀點。沒有什麼能比糟糕程式碼給開發專案帶來更深遠和長期的『降等』傷害。糟糕的行程表可以被重新制定，糟糕的需求可以被重新定義，糟糕的團隊活動可以被修正，但糟糕的程式碼一但開始腐敗和發酵，就成為無法阻止的重量，把團隊拖垮。一次又一次，我已經看過許多團隊，到最後開發速度越變越慢，慢到就像在地上爬行。因為他們急促的想完成事情，以至於他們產生了如泥沼般的爛程式碼，這些爛程式碼從此支配了他們的命運。

我們當然可以整理糟糕的程式碼，但其代價不貲。當程式碼開始腐敗，模組之間彼此滲透，產生一大堆隱藏又糾結的相依性。要找到和打散這些舊的相依性，是一個長期且艱鉅的工作。在另外一方面來說，保持程式碼的整潔所付出的代價相對較低。如果你早上在模組裡產生一段糟糕的程式碼，在下午的時候把它整理乾淨是一件容易的事。更好的是，如果你在五分鐘前產生了一段糟糕的程式碼，現在就進行清理是一件更容易的事。

所以解決的方法，就是持續盡可能地保持程式的乾淨和簡明。千萬不要讓腐敗有機會開始。

第 15 章

JUnit 的內部結構

JUnit 是最有名的 Java 框架之一。如同其他的框架，它的概念簡單，定義精確，實作優雅。但它的內部程式碼長成什麼樣子呢？在本章中，我們將批評一個來自 JUnit 框架內的範例程式碼。

JUnit 框架

JUnit 有許多的作者，但一開始，是 Kent Beck（肯特・貝克）和 Eric Gamma（艾瑞克・伽瑪）兩人在前往亞特蘭大的飛機上起草的。Kent 想要學 Java，而 Eric 想要學 Kent 的 Small Talk 的測試框架。「有什麼比兩個電腦玩家在狹窄的空間裡，拿出筆電開始寫程式還要自然的？」[1]在三個多小時的高空作業後，他們寫出了 JUnit 的基本架構。

我們將要看到的模組，是一段用來幫忙辨別字串比較錯誤的巧妙程式。這個模組叫做 `ComparisonCompactor`。給定兩個不同的字串，例如 ABCDE 和 ABXDE，它會產生一個如<...B[X]D...>的字串來暴露兩者的不同之處。

我可以再進一步解釋，不過透過測試用例來解釋會更好。讓我們來看看 Listing 15-1 的程式，你就會更深入瞭解這個模組的需求。當你在閱讀時，試著評論這個測試程式的架構。它們可以更簡單或更顯而易見嗎？

Listing 15-1 ComparisonCompactorTest.java

```
package junit.tests.framework;

import junit.framework.ComparisonCompactor;
import junit.framework.TestCase;

public class ComparisonCompactorTest extends TestCase {

  public void testMessage() {
    String failure= new ComparisonCompactor(0, "b", "c").compact("a");
    assertTrue("a expected:<[b]> but was:<[c]>".equals(failure));
  }

  public void testStartSame() {
    String failure= new ComparisonCompactor(1, "ba", "bc").compact(null);
    assertEquals("expected:<b[a]> but was:<b[c]>", failure);
  }

  public void testEndSame() {
    String failure= new ComparisonCompactor(1, "ab", "cb").compact(null);
    assertEquals("expected:<[a]b> but was:<[c]b>", failure);
  }

  public void testSame() {
    String failure= new ComparisonCompactor(1, "ab", "ab").compact(null);
    assertEquals("expected:<ab> but was:<ab>", failure);
  }
```

[1] JUnit Pocket Guide, Kent Beck, O'Reilly, 2004, p. 43.

Listing 15-1（續） ComparisonCompactorTest.java

```java
public void testNoContextStartAndEndSame() {
  String failure= new ComparisonCompactor(0, "abc", "adc").compact(null);
  assertEquals("expected:<...[b]...> but was:<...[d]...>", failure);
}

public void testStartAndEndContext() {
  String failure= new ComparisonCompactor(1, "abc", "adc").compact(null);
  assertEquals("expected:<a[b]c> but was:<a[d]c>", failure);
}

public void testStartAndEndContextWithEllipses() {
  String failure=
    new ComparisonCompactor(1, "abcde", "abfde").compact(null);
  assertEquals("expected:<...b[c]d...> but was:<...b[f]d...>", failure);
}

public void testComparisonErrorStartSameComplete() {
  String failure= new ComparisonCompactor(2, "ab", "abc").compact(null);
  assertEquals("expected:<ab[]> but was:<ab[c]>", failure);
}

public void testComparisonErrorEndSameComplete() {
  String failure= new ComparisonCompactor(0, "bc", "abc").compact(null);
  assertEquals("expected:<[]...> but was:<[a]...>", failure);
}

public void testComparisonErrorEndSameCompleteContext() {
  String failure= new ComparisonCompactor(2, "bc", "abc").compact(null);
  assertEquals("expected:<[]bc> but was:<[a]bc>", failure);
}

public void testComparisonErrorOverlapingMatches() {
  String failure= new ComparisonCompactor(0, "abc", "abbc").compact(null);
  assertEquals("expected:<...[]...> but was:<...[b]...>", failure);
}

public void testComparisonErrorOverlapingMatchesContext() {
  String failure= new ComparisonCompactor(2, "abc", "abbc").compact(null);
  assertEquals("expected:<ab[]c> but was:<ab[b]c>", failure);
}

public void testComparisonErrorOverlapingMatches2() {
  String failure= new ComparisonCompactor(0, "abcdde", "abcde").compact(null);
  assertEquals("expected:<...[d]...> but was:<...[]...>", failure);
}

public void testComparisonErrorOverlapingMatches2Context() {
  String failure=
    new ComparisonCompactor(2, "abcdde", "abcde").compact(null);
  assertEquals("expected:<...cd[d]e> but was:<...cd[]e>", failure);
}

public void testComparisonErrorWithActualNull() {
  String failure= new ComparisonCompactor(0, "a", null).compact(null);
```

Listing 15-1（續） **ComparisonCompactorTest.java**

```
      assertEquals("expected:<a> but was:<null>", failure);
    }

    public void testComparisonErrorWithActualNullContext() {
      String failure= new ComparisonCompactor(2, "a", null).compact(null);
      assertEquals("expected:<a> but was:<null>", failure);
    }

    public void testComparisonErrorWithExpectedNull() {
      String failure= new ComparisonCompactor(0, null, "a").compact(null);
      assertEquals("expected:<null> but was:<a>", failure);
    }

    public void testComparisonErrorWithExpectedNullContext() {
      String failure= new ComparisonCompactor(2, null, "a").compact(null);
      assertEquals("expected:<null> but was:<a>", failure);
    }

    public void testBug609972() {
      String failure= new ComparisonCompactor(10, "S&P500", "0").compact(null);
      assertEquals("expected:<[S&P50]0> but was:<[]0>", failure);
    }
  }
```

我對於測試程式在 ComaprisonCompactor 上的程式碼涵蓋率進行了分析。這個程式碼被 100%的涵蓋了。每一行的程式碼，還有每個 if 敘述及每個 for 迴圈都被測試程式執行到了。這給了我高度的信心，認為這段程式碼是能運作的，並且對作者的程式技巧工藝產生高度的佩服。

在 Listing 15-2 裡列出了 ComparisonCompactor 的程式碼。花一點時間來仔細察看這段程式碼，我相信你會發現這段程式碼有著良好的劃分、合理的表達力及簡單的結構。等到你閱讀完以後，我們再一起來挑出程式裡的蟲子。

Listing 15-2 **ComparisonCompactor.java（原始版本）**

```
package junit.framework;

public class ComparisonCompactor {

  private static final String ELLIPSIS = "...";
  private static final String DELTA_END = "]";
  private static final String DELTA_START = "[";

  private int fContextLength;
  private String fExpected;
  private String fActual;
  private int fPrefix;
  private int fSuffix;
```

Listing 15-2（續） ComparisonCompactor.java（原始版本）

```
public ComparisonCompactor(int contextLength,
                           String expected,
                           String actual) {
  fContextLength = contextLength;
  fExpected = expected;
  fActual = actual;
}

public String compact(String message) {
  if (fExpected == null || fActual == null || areStringsEqual())
    return Assert.format(message, fExpected, fActual);

  findCommonPrefix();
  findCommonSuffix();
  String expected = compactString(fExpected);
  String actual = compactString(fActual);
  return Assert.format(message, expected, actual);
}

private String compactString(String source) {
  String result = DELTA_START +
                    source.substring(fPrefix, source.length() -
                      fSuffix + 1) + DELTA_END;
  if (fPrefix > 0)
    result = computeCommonPrefix() + result;
  if (fSuffix > 0)
    result = result + computeCommonSuffix();
  return result;
}

private void findCommonPrefix() {
  fPrefix = 0;
  int end = Math.min(fExpected.length(), fActual.length());
  for (; fPrefix < end; fPrefix++) {
    if (fExpected.charAt(fPrefix) != fActual.charAt(fPrefix))
      break;
  }
}

private void findCommonSuffix() {
  int expectedSuffix = fExpected.length() - 1;
  int actualSuffix = fActual.length() - 1;
  for (;
       actualSuffix >= fPrefix && expectedSuffix >= fPrefix;
        actualSuffix--, expectedSuffix--) {
    if (fExpected.charAt(expectedSuffix) != fActual.charAt(actualSuffix))
      break;
  }
  fSuffix = fExpected.length() - expectedSuffix;
}

private String computeCommonPrefix() {
  return (fPrefix > fContextLength ? ELLIPSIS : "") +
```

Listing 15-2（續） ComparisonCompactor.java（原始版本）

```
              fExpected.substring(Math.max(0, fPrefix - fContextLength),
                                  fPrefix);
    }

    private String computeCommonSuffix() {
      int end = Math.min(fExpected.length() - fSuffix + 1 + fContextLength,
                         fExpected.length());
      return fExpected.substring(fExpected.length() - fSuffix + 1, end) +
             (fExpected.length() - fSuffix + 1 < fExpected.length() -
              fContextLength ? ELLIPSIS : "");
    }

    private boolean areStringsEqual() {
      return fExpected.equals(fActual);
    }
  }
```

你也許會對這個模組有些抱怨，裡面有一些過長的運算式，還有一些奇怪的程式，如+1等等。但整體而言，這個模組是相當不錯的。畢竟，它也可能被寫成看起來像 Listing 15-3 的程式。

Listing 15-3 ComparisonCompator.java（去除重構版本）

```
package junit.framework;

public class ComparisonCompactor {
  private int ctxt;
  private String s1;
  private String s2;
  private int pfx;
  private int sfx;

  public ComparisonCompactor(int ctxt, String s1, String s2) {
    this.ctxt = ctxt;
    this.s1 = s1;
    this.s2 = s2;
  }

  public String compact(String msg) {
    if (s1 == null || s2 == null || s1.equals(s2))
      return Assert.format(msg, s1, s2);

    pfx = 0;
    for (; pfx < Math.min(s1.length(), s2.length()); pfx++) {
      if (s1.charAt(pfx) != s2.charAt(pfx))
        break;
    }
    int sfx1 = s1.length() - 1;
    int sfx2 = s2.length() - 1;
    for (; sfx2 >= pfx && sfx1 >= pfx; sfx2--, sfx1--) {
      if (s1.charAt(sfx1) != s2.charAt(sfx2))
```

Listing 15-3（續） ComparisonCompator.java（去除重構版本）

```
        break;
      }
      sfx = s1.length() - sfx1;
      String cmp1 = compactString(s1);
      String cmp2 = compactString(s2);
      return Assert.format(msg, cmp1, cmp2);
    }

    private String compactString(String s) {
      String result =
        "[" + s.substring(pfx, s.length() - sfx + 1) + "]";
      if (pfx > 0)
        result = (pfx > ctxt ? "..." : "") +
          s1.substring(Math.max(0, pfx - ctxt), pfx) + result;
      if (sfx > 0) {
        int end = Math.min(s1.length() - sfx + 1 + ctxt, s1.length());
        result = result + (s1.substring(s1.length() - sfx + 1, end) +
          (s1.length() - sfx + 1 < s1.length() - ctxt ? "..." : ""));
      }
      return result;
    }

  }
```

雖然作者把這個模組寫得還不錯，但**童子軍規則**[2] 告訴我們，當我們離開時，要比剛來的時候更乾淨。所以，我們該如何改善原本在 Listing 15-2 的程式碼呢？

替成員變數添加的 f 字首[N6]，是第一件我不想要的事。在今日的開發環境中，這樣的字首編碼顯得多餘，所以讓我們移除所有的字首 f。

```
private int contextLength;
private String expected;
private String actual;
private int prefix;
private int suffix;
```

再來，在 compact 函式的開頭，有一個未封裝的條件判斷[G28]。

```
public String compact(String message) {
  if (expected == null || actual == null || areStringsEqual())
    return Assert.format(message, expected, actual);
  findCommonPrefix();
  findCommonSuffix();
  String expected = compactString(this.expected);
  String actual = compactString(this.actual);
  return Assert.format(message, expected, actual);
}
```

2 參考第 16 頁的「童子軍規則」。

這個條件判斷應該要被封裝起來，才能使我們的意圖更清楚。所以讓我們從中擷取一個新的方法，來取代與解釋這個條件判斷。

```
public String compact(String message) {
  if (shouldNotCompact())
    return Assert.format(message, expected, actual);

  findCommonPrefix();
  findCommonSuffix();
  String expected = compactString(this.expected);
  String actual = compactString(this.actual);
  return Assert.format(message, expected, actual);
}

private boolean shouldNotCompact() {
  return expected == null || actual == null || areStringsEqual();
}
```

我也不太喜歡 compact 函式裡的 this.expected 和 this.actual 標記，這是因為我們將 fExpected 修改成 expected 才發生的。為什麼在這個函式裡會有和成員變數相同名稱的變數呢？它們不是應該代表其它的意義嗎[N4]？我們不該讓名稱模擬兩可。

```
String compactExpected = compactString(expected);
String compactActual = compactString(actual);
```

否定式比肯定式還要難理解一點[G29]，所以讓我們轉換一下，把 if 敘述的程式區塊顛倒過來，並且反轉條件的意義。

```
public String compact(String message) {
  if (canBeCompacted()) {
    findCommonPrefix();
    findCommonSuffix();
    String compactExpected = compactString(expected);
    String compactActual = compactString(actual);
    return Assert.format(message, compactExpected, compactActual);
  } else {
    return Assert.format(message, expected, actual);
  }
}

private boolean canBeCompacted() {
  return expected != null && actual != null && !areStringsEqual();
}
```

函式的名稱很奇怪[N7]。雖然它的確進行了字串的壓縮，但是當 canBeCompacted 回傳 false 時，函式並不會壓縮字串，所以這個函式的名稱隱藏了錯誤檢查的副作用。也請特別注意到，這個函式回傳了一個格式化後的訊息，並不僅只是壓縮後的字串。所以真正的函式名稱應為 formatCompactedComparison。這樣的命名方式，讓我們在使用如下的函式參數時，閱讀起來順暢許多：

```
public String formatCompactedComparison(String message) {
```

if 敘述的程式區塊，是實際在進行字串壓縮行為的地方。我們應該從這個區塊中擷取出一個名為 compactExpectedAndActual 的新方法。可是，我們又想要 formatCompacted
Comparison 函式完成所有的字串格式化行為，compact…函式應該只能進行壓縮的動作[G30]。於是讓我們以下述的方式拆解原本的程式：

```
...
  private String compactExpected;
  private String compactActual;

...

  public String formatCompactedComparison(String message) {
    if (canBeCompacted()) {
      compactExpectedAndActual();
      return Assert.format(message, compactExpected, compactActual);
    } else {
      return Assert.format(message, expected, actual);
    }
  }

  private void compactExpectedAndActual() {
    findCommonPrefix();
    findCommonSuffix();
    compactExpected = compactString(expected);
    compactActual = compactString(actual);
  }
```

注意，這樣的作法讓我們需要將 compactExpected 和 compactActual 提昇為成員變數。我並不喜歡新的函式在最後兩行回傳變數的方式，但開始的兩行卻不是這樣（僅為呼叫函式，但沒有要求與取得回傳值），它們並沒有使用相同的常規[G11]。所以，我修改了 findCommonPrefix 和 findCommonSuffix 兩個函式，讓它們能夠回傳字首和字尾的值。

```
  private void compactExpectedAndActual() {
    prefixIndex = findCommonPrefix();
    suffixIndex = findCommonSuffix();
    compactExpected = compactString(expected);
    compactActual = compactString(actual);
  }

  private int findCommonPrefix() {
    int prefixIndex = 0;
```

```
    int end = Math.min(expected.length(), actual.length());
    for (; prefixIndex < end; prefixIndex++) {
      if (expected.charAt(prefixIndex) != actual.charAt(prefixIndex))
        break;
    }
    return prefixIndex;
  }

  private int findCommonSuffix() {
    int expectedSuffix = expected.length() - 1;
    int actualSuffix = actual.length() - 1;
    for (; actualSuffix >= prefixIndex && expectedSuffix >= prefixIndex;
         actualSuffix--, expectedSuffix--) {
      if (expected.charAt(expectedSuffix) != actual.charAt(actualSuffix))
        break;
    }
    return expected.length() - expectedSuffix;
  }
```

我們也應該修改成員變數的名稱，讓它們更準確地符合其意圖[N1]。畢竟，它們的本質也都是索引（index）。

仔細檢查 findCommonSuffix 函式以後，會發現當中有一個**隱藏的時序耦合**[G31]，這個函式會依賴 findCommonPrefix 計算出來的 prefixIndex。如果這兩個函式不依照這樣的順序執行，我們就必須艱苦地進行除錯。所以，為了要曝露這個時序耦合，我們將 prefixIndex 當作參數傳遞給 findCommonSuffix 函式。

```
  private void compactExpectedAndActual() {
    prefixIndex = findCommonPrefix();
    suffixIndex = findCommonSuffix(prefixIndex);
    compactExpected = compactString(expected);
    compactActual = compactString(actual);
  }

  private int findCommonSuffix(int prefixIndex) {
    int expectedSuffix = expected.length() - 1;
    int actualSuffix = actual.length() - 1;
    for (; actualSuffix >= prefixIndex && expectedSuffix >= prefixIndex;
         actualSuffix--, expectedSuffix--) {
      if (expected.charAt(expectedSuffix) != actual.charAt(actualSuffix))
        break;
    }
    return expected.length() - expectedSuffix;
  }
```

我並不是真的喜歡這樣的變動，將 prefixIndex 當作參數傳入函式，有一點太過隨意[G32]。它的確能夠維持正確執行的順序，但卻沒有解釋為什麼要有這樣的順序。因為沒有特別指示為什麼真的需要這個參數，所以其他的程式設計師可能又會把它修改回原本的樣子。所以我們還是試試看其他的方法吧。

```
  private void compactExpectedAndActual() {
    findCommonPrefixAndSuffix();
    compactExpected = compactString(expected);
    compactActual = compactString(actual);
  }

  private void findCommonPrefixAndSuffix() {
    findCommonPrefix();
    int expectedSuffix = expected.length() - 1;
    int actualSuffix = actual.length() - 1;
    for (;
         actualSuffix >= prefixIndex && expectedSuffix >= prefixIndex;
         actualSuffix--, expectedSuffix--
      ) {
      if (expected.charAt(expectedSuffix) != actual.charAt(actualSuffix))
        break;
    }
    suffixIndex = expected.length() - expectedSuffix;
  }

  private void findCommonPrefix() {
    prefixIndex = 0;
    int end = Math.min(expected.length(), actual.length());
    for (; prefixIndex < end; prefixIndex++)
      if (expected.charAt(prefixIndex) != actual.charAt(prefixIndex))
        break;
  }
```

我們將 findCommonPrefix 和 findCommonSuffix 函式修改回原本的樣子，將 findCommonSuffix 的名稱改成 findCommon**PrefixAnd**Suffix，然後讓這個函式在做其他事情之前，先呼叫 findCommonPrefix 函式。比起前一個修改版本，這次的修改在兩個函式之間建立了更直觀的時序。但這也指出了 findCommonPrefixAndSuffix 函式有多難看。讓我們現在來整理這個函式。

```
private void findCommonPrefixAndSuffix() {
  findCommonPrefix();
  int suffixLength = 1;
  for (; !suffixOverlapsPrefix(suffixLength); suffixLength++) {
    if (charFromEnd(expected, suffixLength) !=
         charFromEnd(actual, suffixLength))
      break;
  }
  suffixIndex = suffixLength;
}

private char charFromEnd(String s, int i) {
  return s.charAt(s.length()-i);}
private boolean suffixOverlapsPrefix(int suffixLength) {
  return actual.length() - suffixLength < prefixLength ||
    expected.length() - suffixLength < prefixLength;
}
```

這樣做好多了。它透露出 suffixIndex 其實是代表字尾的長度，這個命名也不是很恰當。同樣的狀況也發生在 prefixIndex 這個變數上，雖然在這個例子裡，「index（索引）」和「length（長度）」其實是同義詞。即便如此，選擇使用「length」仍較具有一致性。但有個問題是，suffixIndex 變數並不是從 0 開始計算，而是從 1 開始，所以它並不是真的長度。這也是為什麼在 computeCommonSuffix 裡面會出現+1 的原因 [G33]。所以讓我們來修復這些地方，修改後的結果列在 Listing 15-4 裡。

Listing 15-4 ComparisonCompactor.java（過渡版本）

```
public class ComparisonCompactor {
...
  private int suffixLength;
...
  private void findCommonPrefixAndSuffix() {
    findCommonPrefix();
    suffixLength = 0;
    for (; !suffixOverlapsPrefix(suffixLength); suffixLength++) {
      if (charFromEnd(expected, suffixLength) !=
          charFromEnd(actual, suffixLength))
        break;
    }
  }

  private char charFromEnd(String s, int i) {
    return s.charAt(s.length() - i - 1);
  }

  private boolean suffixOverlapsPrefix(int suffixLength) {
    return actual.length() - suffixLength <= prefixLength ||
      expected.length() - suffixLength <= prefixLength;
  }

...
  private String compactString(String source) {
    String result =
      DELTA_START +
      source.substring(prefixLength, source.length() - suffixLength) +
      DELTA_END;
    if (prefixLength > 0)
      result = computeCommonPrefix() + result;
    if (suffixLength > 0)
      result = result + computeCommonSuffix();
    return result;
  }

...
  private String computeCommonSuffix() {
    int end = Math.min(expected.length() - suffixLength +
      contextLength, expected.length()
    );
    return
```

Listing 15-4（續） ComparisonCompactor.java（過渡版本）

```
        expected.substring(expected.length() - suffixLength, end) +
        (expected.length() - suffixLength <
          expected.length() - contextLength ?
          ELLIPSIS : "");
    }
```

我們使用 charFromEnd 裡的-1 取代所有在 computeCommonSuffix 裡的+1，這樣的作法更合理，在 suffixOverlapsPrefix 的兩個運算子<=，也是同樣的道理。這讓我們能進一步將名稱 suffixIndex 替換成 suffixLength，大幅增加了程式碼的可讀性。

可這樣還是有個問題，當我移除那些+1 時，我注意到在 compactString 函式裡的下述程式行：

```
if (suffixLength > 0)
```

到 Listing 15-4 裡察看上述程式碼，因為現在 suffixLength 變數已經比之前還要少 1，所以我應該將『>』改成『>=』運算子，這原本一點都不合理。不過**現在**卻很合理了！這代表之前這段程式都不合理，而且可能是個錯誤。扼，或許並不完全是個錯誤。根據之前的分析而進一步察看之後，我們發現這個 if 敘述現在會避免附接長度為 0 的字尾字串。但在我們進行修改之前，這個 if 敘述並無作用，原因是 suffixIndex 變數在此之前永遠不會小於 1！

這也讓人聯想到在 compactString 函式裡的兩個 if 敘述**都有**問題！看起來都是可以刪除的。所以我們註解掉這些敘述，然後進行測試，結果它們都通過測試了！所以我們重新調整 compactString 的結構，移除無用處的 if 敘述，使得整體結構更簡單[G9]。

```
private String compactString(String source) {
  return
    computeCommonPrefix() +
    DELTA_START +
    source.substring(prefixLength, source.length() - suffixLength) +
    DELTA_END +
    computeCommonSuffix();
  }
```

這樣修改後更棒了！現在我們可以看到，compactString 函式只單純地將各個片段組合在一起。我們甚至可能可以讓這個函式更清楚一些。的確，這裡還有我們可以做的許多微小的整理工作。我只會在 Listing 15-5 列出修改後的結果，不會一步一步帶著你看過剩餘的其他修改。

Listing 15-5 **ComparisonCompactor.java（最終版本）**

```
package junit.framework;

public class ComparisonCompactor {

  private static final String ELLIPSIS = "...";
  private static final String DELTA_END = "]";
  private static final String DELTA_START = "[";

  private int contextLength;
  private String expected;
  private String actual;
  private int prefixLength;
  private int suffixLength;

  public ComparisonCompactor(
    int contextLength, String expected, String actual
  ) {
    this.contextLength = contextLength;
    this.expected = expected;
    this.actual = actual;
  }

  public String formatCompactedComparison(String message) {
    String compactExpected = expected;
    String compactActual = actual;
    if (shouldBeCompacted()) {
      findCommonPrefixAndSuffix();
      compactExpected = compact(expected);
      compactActual = compact(actual);
    }
    return Assert.format(message, compactExpected, compactActual);
  }

  private boolean shouldBeCompacted() {
    return !shouldNotBeCompacted();
  }

  private boolean shouldNotBeCompacted() {
    return expected == null ||
           actual == null ||
           expected.equals(actual);
  }

  private void findCommonPrefixAndSuffix() {
    findCommonPrefix();
    suffixLength = 0;
    for (; !suffixOverlapsPrefix(); suffixLength++) {
      if (charFromEnd(expected, suffixLength) !=
          charFromEnd(actual, suffixLength)
      )
        break;
    }
  }
```

Listing 15-5（續） `ComparisonCompactor.java`（最終版本）

```
private char charFromEnd(String s, int i) {
  return s.charAt(s.length() - i - 1);
}

private boolean suffixOverlapsPrefix() {
  return actual.length() - suffixLength <= prefixLength ||
    expected.length() - suffixLength <= prefixLength;
}

private void findCommonPrefix() {
  prefixLength = 0;
  int end = Math.min(expected.length(), actual.length());
  for (; prefixLength < end; prefixLength++)
    if (expected.charAt(prefixLength) != actual.charAt(prefixLength))
      break;
}

private String compact(String s) {
  return new StringBuilder()
    .append(startingEllipsis())
    .append(startingContext())
    .append(DELTA_START)
    .append(delta(s))
    .append(DELTA_END)
    .append(endingContext())
    .append(endingEllipsis())
    .toString();
}

private String startingEllipsis() {
  return prefixLength > contextLength ? ELLIPSIS : "";
}

private String startingContext() {
  int contextStart = Math.max(0, prefixLength - contextLength);
  int contextEnd = prefixLength;
  return expected.substring(contextStart, contextEnd);
}

private String delta(String s) {
  int deltaStart = prefixLength;
  int deltaEnd = s.length() - suffixLength;
  return s.substring(deltaStart, deltaEnd);
}

private String endingContext() {
  int contextStart = expected.length() - suffixLength;
  int contextEnd =
    Math.min(contextStart + contextLength, expected.length());
  return expected.substring(contextStart, contextEnd);
}
```

Listing 15-5（續） `ComparisonCompactor.java`（最終版本）

```
    private String endingEllipsis() {
      return (suffixLength > contextLength ? ELLIPSIS : "");
    }
  }
```

最後的結果的確相當的漂亮。這個模組劃分成兩個不同的群組，一群由分析函式所組成，另一群則由合成函式所組成。這些函式是利用拓撲方式排序（代表有順序性），因此，每個函式的定義，都會在使用它的函式後方立即出現。所有的分析函式都會先出現，而所有的合成函式都會最後才出現。

如果你閱讀得夠仔細，你會注意到在本章中，我推翻了不少自己所下的決定。舉例來說，我將擷取的方法重新放回 formatCompactedComparison，除此之外，我還修改了 shouldNotBeCompacted 表達式的意義。這種狀況很常見，在重構的過程中，常導致前面重構所做的修改被恢復為原狀，程式重構是反覆嘗試與錯誤（try-and-error）的行為，最後必然會收斂在我們覺得值得被冠上專業頭銜的某類程式。

總結

這樣子，我們遵循了童子軍規則。我們留下的這個模組，比我們剛發現它時，更整潔了一點。並非這個模組之前不夠整潔。原作者已經把這個模組完成得非常傑出，但沒有任何一個模組能夠對改善免疫，而我們每一個人都有責任，在我們修改完程式以後，讓它比之前剛發現它時，更整潔一些。

第 16 章

重構 SerialDate

如果你連線到 http://www.jfree.org/jcommon/index.php，你會找到 JCommon 函式庫。在函式庫的深處，有一個叫做 org.jfree.date 的套件。在這個套件裡面，有一個叫做 SerialDate 的類別。我們將探索這個類別。

SerialDate 類別的作者是 David Gilbert（大衛・吉伯特）。David 顯然是一位有經驗、有能力的程式設計師。如同我們將看到的，他在程式碼中展露出高度的專業和紀律。不論是從目的和用途來說，這都是一個「好的程式碼」，而我將把這個程式碼撕裂成碎片。

這並不是一個惡意的舉動。我也不認為我所做的，有比他好到讓我有權利對其下評論。的確，如果你看過一些我寫的程式碼，我保證你也會找到許多可抱怨之處。

不，這不是一個惡意或傲慢的舉動，我所做的不多也不少，只不過是一個專業性的檢閱。這是一種我們都會覺得舒適的舉動，也是我們歡迎別人對自己做的舉動。只有透過這樣的評論，我們才會學到東西。醫生這樣做，飛行員這樣做，律師這樣做，而我們程式設計師也應該學著如何這樣做。

再說一件關於 David Gilbert 的事：David 不只是一位好的程式設計師，David 有勇氣和意願，把他的程式完全無償地提供給社群。他公開了程式碼，讓所有的人都可以看到，並且邀請大家使用及檢閱，這做得真是太好了！

`SerialDate`（在附錄，Listing B-1），是在 Java 裡用來呈現一個日期的類別。為什麼 Java 已經有了 `java.util.Date` 和 `java.util.Calendar` 及其他相關類別，而我們卻還要用這樣的類別來代表日期呢？作者之所以寫下這個類別，主要是響應我常感受到的痛苦。在開放的 Javadoc 裡（第 67 行），作者做了很好的解釋。我們可以挑剔他的意圖，但我確實也需要處理與此相同的問題，而且我歡迎一個有關於日期的類別更勝於關於時間的類別。

首先，讓它能順利運作

有一些單元測試在一個名為 `SerialDateTests` 的類別（Listing B-2）裡。這些測試皆能順利過關。不幸的是，在快速審視之後，我發現這些測試並沒有測到所有的情況[T1]。舉例來說，對 `MonthCodeToQuarter` 方法（第 334 行）進行「Find Usages（尋找使用）」搜尋，會發現它沒有被任何程式使用過[F4]。因此，單元測試根本沒有測到這個方法。

所以我啟動了 Clover 來檢查單元測試涵蓋到哪些程式碼，以及哪些程式碼沒有被涵蓋到。Clover 的報告裡提到了，在 `SerialDate` 類別的 185 個可執行敘述中，單元測試只執行了 91 個敘述（約等於 50%）[T2]。涵蓋圖看起來像是補過洞的棉被，在類別裡淩亂散佈著大量未執行的程式碼。

因為我的目標是要完全地理解和重構這個類別，我不能在沒有良好測試涵蓋率的狀況下，完成這個目標。所以我寫了一套屬於我自己的，完全獨立的單元測試（Listing B-4）。

當你的眼光掃過這些測試時，你會發現有許多測試被註解掉了。這些測試並沒有通過，而他們代表了我認為 SerialDate 該有的行為。所以當我重構 SerialDate 類別時，也會想辦法讓這些測試能夠通過。

儘管有些測試被註解掉，Colver 的報告仍指出新的單元測試，在 185 個可執行的敘述裡，執行了 170 個（92%）。這樣的表現看來相當不錯，但我認為我們可以讓這個數字再高一點。

前幾個被註解掉的測試（第 23~63 行），算是一些我自己的個人想法。這個程式本來就不是設計要通過這些測試的，但對我來說，它們的行為是顯而易見的[G2]。我並不確定為什麼 testWeekdayCodeToString 方法會被寫在一開始的地方，但既然它在那裡，它就明顯不應該受到大小寫的限制。寫這些測試很簡單[T3]，讓他們能通過更簡單，我只修改第 259 行及第 263 行，就能使用 equalsIgnoreCase。

我註解第 32 行和第 45 行，讓它們離開測試範圍，因為我並不清楚是否應該支援「tues」和「thurs」的縮寫。

第 153 行和第 154 行的測試並沒有通過，很明顯地，它們應該要通過[G2]。只要對 stringToMonthCode 函式進行以下的修改，我們就可以很輕易地修復第 153 行和第 154 行的測試，以及第 163~213 行的測試。

```
457         if ((result < 1) || (result > 12)) {
                result = -1;
458             for (int i = 0; i < monthNames.length; i++) {
459                 if (s.equalsIgnoreCase(shortMonthNames[i])) {
460                     result = i + 1;
461                     break;
462                 }
463                 if (s.equalsIgnoreCase(monthNames[i])) {
464                     result = i + 1;
465                     break;
466                 }
467             }
468         }
```

在第 318 行註解掉的測試，曝露出 getFollowingDayOfWeek 方法（第 672 行）有一個程式錯誤。西元 2004 年 12 月 25 日，是星期六，而下一個星期六是西元 2005 年 1 月 1 日。可是，當我們執行這個測試時，我們看到 getFollowingDayOfWeek 方法回傳 12 月 25 日的下個星期六還是 12 月 25 日。很明顯地，這個結果是錯誤的[G3],[T1]。我們看到這個問題出在第 685 行，這是個典型的邊界條件錯誤[T5]，第 685 行應該修改如下：

```
685         if (baseDOW >= targetWeekday) {
```

有個有趣而值得一提的地方，這個函式曾是早期版本的修復目標之一。在歷史的修改裡（第 43 行）提到，getPreviousDayOfWeek、getFolllowingDayOfWeek 和 getNearest-DayOfWeek 的程式錯誤都已經被修復[T6]。

用來測試 getNearestDayOfWeek 方法（第 705 行）的 testGetNearestDayOfWeek 單元測試（第 329 行），一開始並非像現在這樣，是個長期而全面徹底的測試。因為起初的測試案例並沒有全數通過，所以我增加了大量的測試案例[T6]。你可以藉由察看哪些測試被註解掉，看出失敗的模式。這個模式給了我們某些啟示[T7]，它告訴我們如果最接近的日期是未來的日期，那麼演算法就會失敗。很明顯地，這函式裡有著某種邊界條件的錯誤[T5]。

Clover 報告的測試涵蓋率模式也相當有趣[T8]。第 719 行完全沒有被執行過！這代表第 718 行的 if 敘述總是得到 false 值。果然，看一看這段程式碼之後，可以肯定的確是這樣。adjust 這個變數永遠都是負值，絕不可能大於或等於 4。所以，這個演算法一定有某個地方錯了。

正確的演算法如下：

```
int delta = targetDOW - base.getDayOfWeek();
int positiveDelta = delta + 7;
int adjust = positiveDelta % 7;
if (adjust > 3)
  adjust -= 7;

return SerialDate.addDays(adjust, base);
```

最後，只要能拋出一個 IllegalArgumentException 的例外，而不是由 weekInMonth ToString 和 relativeToString 函式回傳錯誤字串，就能讓在第 417 行及第 429 行的測試順利通過。

做了上述的那些修改後，所有的單元測試都通過了，而我也相信 SerialDate 現在能運行了。所以現在正是時候，讓這個程式「做對」了。

那就讓它做對

我們將從頭到尾掃過 SerialDate 類別一遍，邊看到問題邊做修正。雖然你不會看到我在這個討論中提到它，但在每個修改之後，我還是會執行所有的 JCommon 單元測試，也包含執行那些我替 SerialDate 類別所改善的單元測試。所以，你可以放心，接下來的每個修改後的程式碼都能通過所有的 JCommon 測試。

從第 1 行開始，我們可以看到一連串的註解，這些註解是關於許可、著作權聲明、作者資訊以及修改的歷史資訊。我承認有一些特定的合法性問題必須提出，所以著作權聲明及使用許可必須留著。從另一方面來說，修改的歷史資訊從 1960 年代遺留至今，而如今，我們有原始碼控管系統替我們做這件事，所以應該刪掉這些歷史記錄[C1]。

從第 61 行開始的引進套件列表，應該縮短為 java.text.*和 java.util.*即可[J1]。

看到 Javadoc 裡含有 HTML 格式（第 67 行），我的臉部因此抽搐了一下。在同一份程式原始檔裡，有著超過一種以上的語言，讓我覺得很困擾。這個註解裡有**四種**語言：Java、英文、Javadoc[1]、還有 html[G1]。同時使用這麼多種語言，很難把事情直接了當的說明清楚。例如，當產生 Javadoc 時，第 71 行和第 72 行的文字排版位置不見了，而且有誰會想要在原始檔裡看到<ul>和<li>這種網頁標籤？一個比較好的方式，應該是用<pre>標籤把整段註解包起來，這樣才能讓原始檔裡出現的註解格式，與 Javadoc 裡的格式一致[2]。

第 86 行是關於類別宣告。為什麼這個類別要取名為 SerialDate？「Serial（序列的）」這個字有什麼特殊的意義嗎？是因為代表這個類別是從 Serializable 衍生來的嗎？看起來好像也不是這樣。

我並不想讓你一直猜，我知道為什麼（至少我覺得我知道）使用「Serial（序列的）」這個字詞。在第 98 行和第 101 行的 SERIAL_LOWER_BOUND 和 SERIAL_UPPER_BOUND 這兩個常數透露出一些線索，更好的線索則出現在第 830 行的註解。這個類別之所以叫做 SerialDate，是因為它使用了「serial number（序列數）」來實作，這個序列數代表的是 1899 年 12 月 30 日以後的天數。

關於這個，我有兩個問題。第一，「serial number（序列數）」這個字詞並不一定真的正確。這也許是一個雙關語，但充其量它應該只代表相對的偏移量，而非一個序列數。「serial number（序列數）」較常被用來當作產品識別碼，而非日期。所以我並未發現這個名稱特別具有描述力[N1]，比較好的描述字詞應該是「ordinal （序數）」。

---

1 javadoc 小程式是 java 的文件產生工具（java 文件生成器），可以將你程式裡的註解變成 API 說明文件。

2 更好的解決方案是，將所有的註解都看作是預先編排好的，不讓 Javadoc 去處理格式化的部分，這樣一來，在程式碼裡看到的註解編排，才會和在文件裡看到的編排，是一致的。

第二個問題就更嚴重了。SerialDate 這個類別名稱，似乎意味著這是一個實作類別，但事實上它是一個抽象類別。這裡沒有必要，暗示任何與實作有關的事。事實上，這裡有很好的理由將程式實作先隱藏起來！所以我認為這個名稱被放在錯誤的抽象層次[N2]，就我看來，這個類別的名稱應該簡化為 Date 就可以了。

不幸的是，在 Java 函式庫裡已經有許多類別名稱都叫作 Date 了，所以這也許不是最好的名稱。因為這個類別是關於 day（日期），而非 time（時間），所以我想要將之命名為 Day，不過，這個名稱也在別的地方被大量使用了。最後，我折衷地選擇了 DayDate 這個名稱。

從現在開始，在這個討論裡，我將會使用 DayDate 這個字詞。但是請你記住，為了方便區分，所以在 Listing 裡，我依然會使用 SerialDate 這個名稱。（亦即在本文討論時，以 DayDate 來說明程式碼中的 SerialDate。）

我可以理解為什麼 DayDate 類別會繼承 Comparable 和 Serializable 這兩個類別，但它為什麼要繼承 MonthConstants 類別呢？MonthConstants 類別（Listing B-3）只是一連串用來定義月份的 static final 常數。繼承常數類別，是一個早期 Java 程式設計師的開發小技巧，這樣做可避免使用如 MonthConstants.January 這類的表達式，但這是一個不好的作法[J2]。MonthConstants 類別應該要成為一個列舉（enum）宣告。

```
public abstract class DayDate implements Comparable,
                                         Serializable {
  public static enum Month {
    JANUARY(1),
    FEBRUARY(2),
    MARCH(3),
    APRIL(4),
    MAY(5),
    JUNE(6),
    JULY(7),
    AUGUST(8),
    SEPTEMBER(9),
    OCTOBER(10),
    NOVEMBER(11),
    DECEMBER(12);

    Month(int index) {
      this.index = index;
    }

  public static Month make(int monthIndex) {
    for (Month m : Month.values()) {
      if (m.index == monthIndex)
        return m;
    }
    throw new IllegalArgumentException("Invalid month index " + monthIndex);
```

```
    }
    public final int index;
  }
```

將 MonthConstants 類別改變為 enum（列舉宣告），必須對 DayDate 類別和使用到該類別的程式進行一些修改，這些修改花了我一小時的時間。可是，原本使用 int 代表月份的函式，現在都變成使用 Month 列舉了。這代表我們可以移除 isValidMonthCode 方法（第 326 行），以及所有的月份錯誤檢查程式碼，例如 monthCodeToQuarter 函式（第 356 行）裡的檢查程式[G5]。

接下來，在第 91 行有個 serialVersionUID 變數，這個變數用來控制序列化版本號碼。如果我們改變它，那任何以該軟體所撰寫的舊版本 DayDate 類別就無法被識別，進而導致 InvalidClassException 例外。如果你沒有宣告 serialVertionUID 變數，那編譯器會自動替你產生這個變數，而你每次修改這個模組時，變數值都會不一樣。我知道所有的說明文件都建議要手動控制這個變數，但對我來說，序列版本號碼的自動化控制可能會安全不少[G4]。畢竟，我寧願對 InvalidClassException 進行除錯，也不願意看到因為忘了手動修改 serialVersionUID 而導致的奇怪行為。所以我決定刪除這個變數 —— 至少在現在暫時會將之刪除[3]。

我發現第 93 行的註解是多餘的，多餘的註解正是謊言和錯誤訊息的潛藏之處[C2]，所以我將刪除它們以及它們的同類。

在第 97 行和第 100 行的註解提到了之前討論的序列數[C1]。他們描述的是 DayDate 變數所能表達的最早及最晚的日期，這裡可以再更簡潔一些[N1]。

```
public static final int EARLIEST_DATE_ORDINAL = 2; // 1/1/1900
public static final int LATEST_DATE_ORDINAL = 2958465; // 12/31/9999
```

對我來說，我並不知道為什麼 EARLIEST_DATE_ORDINAL（最早的日期序數）常數是 2，而不是 0。在第 829 行的註解透露了一些訊息，暗示了這與 Microsoft Excel 表達日期的方式有關。在 DayDate 類別的衍生類別 SpreadsheetDate 裡（Listing B-5），我們有更深入的理解。第 71 行的註解漂亮地描述了這個問題。

3 本書的好幾位審閱者對這個決定抱持著不同的意見。他們主張，在一個開放原始碼框架裡，手動控制序列化版本號碼，是比較好的作法，如此，當軟體進行微小的變動時，才不會導致舊的序列化日期變成無效，這是一個中肯的論點。然而自動產生序列化版本號碼，在失敗發生時，雖然可能很不方便，但至少有一個清楚的失敗原因。從另一方面來說，如果作者忘記去更新序列化 ID，那麼未被明確定義的失敗原因就這樣默默地發生了。我認為這個故事的真正啓發是，你不該跨版本做去序列化的事。

但這樣子的作法讓我產生了一些疑問，我覺得這個問題應該只和 SpreadsheetDate 類別的實作有關，和 DayDate 類別一點瓜葛也沒有。因此我得到一個結論，EARLIST_DATE_ORDINAL（最早的日期序數）和 LASTEST_DATE_ORDINAL（最晚的日期序數）這兩個常數，不該出現在 DayDate 類別裡，而該被移到 SpreadsheetDate 類別[G6]。

的確，在搜尋程式碼過後，只有 SpreadsheetDate 這個類別有使用到這些變數。在 DayDate 類別裡沒有用到，在 JCommon 框架的其他類別裡也沒有用到。因此，我將它們下移到 SpreadsheetDate 類別裡。

接下來在第 104 行和第 107 行的變數，MINIMUM_YEAR_SUPPORTED（最小支援年份）和 MAXIMUM_YEAR_SUPPORTED（最大支援年份）出現了一個兩難的情況。很明顯地，如果 DayDate 類別是一個抽象類別的話，就不應該有實作的預先配置，所以它不應該有最小和最大年份的資訊。再一次地，我試著將這些變數向下移動到 SpreadsheetDate 類別[G6]。然而，很快的搜尋程式碼後，我發現有另一個類別使用這些變數：RelativeDayOfWeekRule 類別（Listing B-6）。我們看到在 getDate 函式裡，第 177 行和第 178 行的地方，這兩個變數被用來檢查 getDate 所取得的參數是否為有效的年份。使用抽象類別的類別需要得知其實作的資訊，所以出現了兩難的情況。

現在我們需要完成的事，是要在不汙染 DayDate 的情況下，提供這些資訊。通常，我們會從一個衍生類別的實體中獲得實作的資訊。然而，getDate 函式並沒有被傳入 DayDate 的實體，反而，它回傳了一個實體，這代表必須有某處建立了這個實體變數。第 187 行~第 205 行提供了一些線索，在 getProviousDayOfWeek、getNearestDayOfWeek 或 getFollowingDayOfWeek 這三個函式裡，其中的某一個函式建立了 DayDate 的實體。回頭來看 DayDate 的程式碼，可以看到這些函式（第 638 行~第 724 行）都回傳了由 addDays 函式（第 571 行）所建立的日期實體，addDays 函式呼叫了 createInstance 函式（第 808 行），建立了一個 SpreadsheetDate！[G7]。

讓基底類別知道其衍生類別的資訊，通常不是一個好主意。要修正這樣的問題，我們應該利用 ABSTRACT FACTORY[4]（抽象工廠）模式，並建立一個 DayDateFactory 類別。這個工廠將建立我們所需要的 DayDate 實體，同時也能回答關於實作上的問題，例如最大和最小日期。

---

4 [GOF]。

```java
public abstract class DayDateFactory {
  private static DayDateFactory factory = new SpreadsheetDateFactory();
  public static void setInstance(DayDateFactory factory) {
    DayDateFactory.factory = factory;
  }

  protected abstract DayDate _makeDate(int ordinal);
  protected abstract DayDate _makeDate(int day, DayDate.Month month, int year);
  protected abstract DayDate _makeDate(int day, int month, int year);
  protected abstract DayDate _makeDate(java.util.Date date);
  protected abstract int _getMinimumYear();
  protected abstract int _getMaximumYear();

  public static DayDate makeDate(int ordinal) {
    return factory._makeDate(ordinal);
  }

  public static DayDate makeDate(int day, DayDate.Month month, int year) {
    return factory._makeDate(day, month, year);
  }

  public static DayDate makeDate(int day, int month, int year) {
    return factory._makeDate(day, month, year);
  }

  public static DayDate makeDate(java.util.Date date) {
    return factory._makeDate(date);
  }

  public static int getMinimumYear() {
    return factory._getMinimumYear();
  }

  public static int getMaximumYear() {
    return factory._getMaximumYear();
  }
}
```

這個工廠類別利用 makeDate 方法取代了 createInstance 方法，也將名稱改善了一些[N1]。這個類別預設使用 SpreadsheetDateFactory 類別，但隨時可以改為使用不同的工廠。委託了抽象方法的靜態方法混合使用了 SINGLETON（獨身模式）[5]、DECORATOR（裝飾者模式）[6] 還有 ABSTRACT FACTORY（抽象工廠模式）等模式，這是我認為很有用的方式。

---

[5] Ibid

[6] Ibid

SpreadsheetDateFactory 類別看起來會像這樣：

```
public class SpreadsheetDateFactory extends DayDateFactory {
  public DayDate _makeDate(int ordinal) {
    return new SpreadsheetDate(ordinal);
  }

  public DayDate _makeDate(int day, DayDate.Month month, int year) {
    return new SpreadsheetDate(day, month, year);
  }

  public DayDate _makeDate(int day, int month, int year) {
    return new SpreadsheetDate(day, month, year);
  }

  public DayDate _makeDate(Date date) {
    final GregorianCalendar calendar = new GregorianCalendar();
    calendar.setTime(date);
    return new SpreadsheetDate(
      calendar.get(Calendar.DATE),
      DayDate.Month.make(calendar.get(Calendar.MONTH) + 1),
      calendar.get(Calendar.YEAR));
  }

  protected int _getMinimumYear() {
    return SpreadsheetDate.MINIMUM_YEAR_SUPPORTED;
  }

  protected int _getMaximumYear() {
     return SpreadsheetDate.MAXIMUM_YEAR_SUPPORTED;
  }
}
```

就像你所看到的，我已經將 MINIMUM_YEAR_SUPPORTED 和 MAXIMUM_YEAR_SUPPORTED 變數移到 SpreadsheetDate 裡，這裡才是它們該被放置的地方[G6]。

在 DayDate 類別裡的下個問題，是從第 109 行開始的日期常數。這些應該要使用另一個列舉（enum）來宣告 [J3]。我們在之前有看過這樣的模式，所以我不再重述。你可以在最後的 Listing 裡看到我的修改。

接著，我們看到第 140 行，從月份的 LAST_DAY_OF_MONTH（最後一天）開始的一連串表格宣告。我對這些表格的第一個存疑在於，用來描述這些表格的註解是多餘的[C3]，這些表格的名稱就足夠表達其意圖，所以我會刪掉這些註解。

因為有一個 lastDayOfMonth 靜態函式可以提供同樣的資訊，所以似乎沒有什麼好理由讓這些表格不是私有型態[G8]。

下一個表格，AGGREGATE_DAYS_TO_END_OF_MONTH（月底累積天數），似乎更神秘了一些，因為在 JCommon 框架裡並沒有使用到這個表格[G9]，所以我刪除了它。

我對 LEAP_YEAR_AGGREGATE_DAYS_TO_END_OF_MONTH 也做了同樣的事。

下一個表格，AGGREGATE_DAYS_TO_END_OF_PRECEDING_MONTH，只有在 SpreadsheetDate 類別裡被使用到（第 434 行和第 473 行）。這裡冒出了一個是否要將它移到 SpreadsheetDate 類別裡的問題。不移動表格的論點在於，這個表格並非專屬於某個特定的實作[G6]。從另一方面來說，除了 SpreadsheetDate 類別之外，並不存在其他的實作，所以這個表格應盡可能移到接近使用它的地方[G10]。

最後讓我平息爭論的理由是維持一致性[G11]，我們應該讓表格成為私有型態，並透過其他如 julianDateOfLastDayOfMonth 函式來透露資訊。看來沒有人需要像這樣的函式。再者，如果 DayDate 的任何新實作需要這個表格，可以很輕易地將這個表格移回到 DayDate 類別裡，所以我把它移到 SpreadsheetDate 類別。

基於相同的方式和理由，我也變動了 LEAP_YEAR_AGGREGATE_DAYS_TO_END_OF_MONTH。

接著，我們看到三組可以被轉變成列舉宣告的常數（第 162 行~205 行）。第一組常數代表在一個月內選擇某一周，我將之修改成一個叫做 WeekInMonth 的列舉宣告。

```
public enum WeekInMonth {
    FIRST(1), SECOND(2), THIRD(3), FOURTH(4), LAST(0);
    public final int index;

    WeekInMonth(int index) {
      this.index = index;
    }
  }
```

第二組常數（第 177 行~第 187 行）比較難理解一點。INCLUDE_NONE、INCLUDE_FIRST、INCLUDE_SECOND 和 INCLUDE_BOTH 常數用來描述，所定義的日期範圍的兩端點是否有被另一個日期範圍涵蓋。在數學上，這些描述會使用「open interval（開區間）」、「half-open interval（半開區間）」、和「closed interval（閉區間）」等描述詞。我認為使用數學術語來表達會更清楚[N3]，所以我將之修改成一個叫做 DateInterval 的列舉宣告，這個列舉含有 CLOSED（閉區間）、CLOSED_LEFT（左閉區間）、CLOSED_RIGHT（右閉區間）和 OPEN（開區間）等四個列舉值。

第三組常數（第 188 行~第 205 行），描寫了對某個星期的某特定一天進行搜尋，並會產生 last（最後一個）、next（下一個）或 nearest（最近的距離）等日期實體。決定如何稱呼這些概念是件很困難的事，最後，我決定使用名為 WeekdayRange 的列舉宣告，在列舉裡使用 LAST、NEXT 和 NEAREST 等三個列舉值。

你也許不會同意我所選的名稱，它們對我來說是有意義的，但對你來說，這樣的名稱可能是沒意義的。重點在於，它們現在變成是容易進行修改的形態[J3]。它們不再被當作整數來進行傳遞，它們被當作符號來進行傳遞。我可以使用我的 IDE 中的「修改名稱（change name）」功能來變更名稱或型態，而不需要擔心我是否在程式的某處遺漏了某個-1 或 2 之類的數字，或是某個 int 參數宣告缺乏適當的描述。

在第 208 行的 description 欄位變數，似乎沒有被任何程式碼使用，所以我刪除了這個變數，也刪除其存取函式（accessor）及修改函式（mutator）[G9]。

我也刪除了在第 213 行的預設建構子[G12]，編譯器會自動替我們產生這個建構子。

我們可以跳過 isValidWeekdayCode 方法（第 216 行~238 行），因為我們在建立 Day 列舉時，就已經刪除這個方法。

接著我們來到了 stringToWeekdayCode 方法（第 242 行~第 270 行）。沒有對方法署名有詳細描述的 Javadoc 都是垃圾，只會弄亂程式碼而已[C3],[G12]。這個 Javadoc 的唯一價值在於，它針對-1 的回傳值進行了說明。然而，因為我們轉為使用 Day 列舉，所以這個註解提供的資訊就變是錯誤的了[C2]，現在這個方法會拋出 IllegalArgumentExeception 例外，所以我刪除了這個 Javadoc。

我也刪除了所有在參數和變數宣告的 final 關鍵字。至少我可以這樣說，這些關鍵字沒有增加任何的實質價值，只會增加程式碼的髒亂[G12]。移除 final 的行為，是公然違抗傳統的智慧。舉例來說，Robert Simmons（羅伯・席蒙斯）[7]強烈建議我們「...在你的程式碼裡盡可能遍佈 final。」顯然，我不同意這樣的說法。我認為是有一些好時機可以使用 final，例如偶爾使用的 final 常數，但除此之外，這個關鍵字沒辦法增加價值，又會弄亂程式碼。也許是因為 final 可能會抓到的程式錯誤，已經被我寫的單元測試早一步找到，所以我覺得沒必要使用 final。

---

7 [Simmons04], P.73。

我不喜歡 for 迴圈裡重複的 if 敘述[G5](第 259 行和第 263 行),所以我將它們用「||」運算子連結成單一的 if 敘述,還使用了 Day 列舉來引導 for 迴圈,也做了一些其他裝飾性的修改。

對我來說,這個方法並不是真的屬於 DayDate 類別,這其實是 Day 列舉的解析函式,所以我將這個方法移至 Day 列舉裡。然而,這個變動使得 Day 列舉變得相當龐大。因為 Day 的概念並不相依於 DayDate 類別,所以我將 Day 列舉從 DayDate 類別移出,移到屬於 Day 列舉自己的原始檔中[G13]。

我也將下一個函式,weekdayCodeToString(第 272 行~286 行)移到 Day 列舉裡,並重新命名為 toString。

```
public enum Day {
  MONDAY(Calendar.MONDAY),
  TUESDAY(Calendar.TUESDAY),
  WEDNESDAY(Calendar.WEDNESDAY),s
  THURSDAY(Calendar.THURSDAY),
  FRIDAY(Calendar.FRIDAY),
  SATURDAY(Calendar.SATURDAY),
  SUNDAY(Calendar.SUNDAY);

  public final int index;
  private static DateFormatSymbols dateSymbols = new DateFormatSymbols();

  Day(int day) {
    index = day;
  }

  public static Day make(int index) throws IllegalArgumentException {
    for (Day d : Day.values())
      if (d.index == index)
        return d;
    throw new IllegalArgumentException(
      String.format("Illegal day index: %d.", index));
    }

  public static Day parse(String s) throws IllegalArgumentException {
    String[] shortWeekdayNames =
      dateSymbols.getShortWeekdays();
    String[] weekDayNames =
      dateSymbols.getWeekdays();

    s = s.trim();
    for (Day day : Day.values()) {
      if (s.equalsIgnoreCase(shortWeekdayNames[day.index]) ||
          s.equalsIgnoreCase(weekDayNames[day.index])) {
        return day;
      }
    }
    throw new IllegalArgumentException(
      String.format("%s is not a valid weekday string", s));
```

```
    }

    public String toString() {
      return dateSymbols.getWeekdays()[index];
    }
  }
```

這裡有兩個 getMonths 函式（第 288 行~316 行），第一個函式會呼叫第二個函式。第二個函式只會被第一個函式呼叫，沒有其他程式碼會呼叫第二個函式。因此，我將兩個函式折疊成一個函式，大量地簡化它們[G9],[G12],[F4]。最後，我修改了函式的名稱，使其更能描述本身的功能[N1]。

```
public static String[] getMonthNames() {
  return dateFormatSymbols.getMonths();
}
```

isValidMonthCode 函式（第 326 行~346 行），因為已經有了 Month 列舉，這個函式沒有用了，所以我刪除了這個函式[G9]。

monthCodeToQuarter 函式（第 356 行~375 行）嗅到了一點 FEATURE ENVY（特色留戀）[8] [G14]的味道，而且這個函式可能可以是 Month 列舉裡的一個名為 quarter（季）的方法，所以我就如此替換它。

```
public int quarter() {
   return 1 + (index-1)/3;
}
```

這使得 Month 列舉大到足夠形成一個新的類別並放入屬於它自己的類別中，所以我將之從 DayDate 類別中移出，讓它和 Day 列舉保持一致的作法[G11],[G13]。

接下來的兩個方法叫做 monthToString（第 377 行~426 行）。再一次，我們看到其中一個方法帶旗標參數呼叫其孿生方法的模式。用旗標當作參數傳遞給另一個函式，通常是個不好的作法，特別是旗標如果只是為了決定輸出的格式[G15]。我重新命名這些方法，簡化和重新組織這些函式，並且將它們移到 Month 列舉裡[N1],[N3],[C3],[G14]。

```
public String toString() {
  return dateFormatSymbols.getMonths()[index - 1];
}

public String toShortString() {
  return dateFormatSymbols.getShortMonths()[index - 1];
}
```

---

8 [Refactoring]。

下一個方法是 stringToMonthCode（第 428 行~472 行），我重新命名這個方法，將之移到 Month 列舉裡，並且將之簡化[N1],[N3],[C3],[G14],[G12]。

```
public static Month parse(String s) {
  s = s.trim();
  for (Month m : Month.values())
    if (m.matches(s))
      return m;

  try {
    return make(Integer.parseInt(s));
  }
  catch (NumberFormatException e) {}
  throw new IllegalArgumentException("Invalid month " + s);
}

private boolean matches(String s) {
  return s.equalsIgnoreCase(toString()) ||
         s.equalsIgnoreCase(toShortString());
}
```

isLeapYear 方法（第 495 行~517 行）可以被改寫成更具說明性[G16]。

```
public static boolean isLeapYear(int year) {
  boolean fourth = year % 4 == 0;
  boolean hundredth = year % 100 == 0;
  boolean fourHundredth = year % 400 == 0;
  return fourth && (!hundredth || fourHundredth);
}
```

下一個函式 leapYearCount（第 519 行~536 行）並不是真的應該屬於 DayDate 類別。除了有兩個 SpreadsheetDate 類別裡的方法以外，就沒有人呼叫這個函式，所以我將之向下移[G6]。

lastDayOfMonth 函式（第 538 行~560 行）使用了 LAST_DAY_OF_MONTH 陣列，這個陣列應該屬於 Month 列舉[G17]，所以我將之移到列舉裡。我也簡化了函式，使之更具說明性[G16]。

```
public static int lastDayOfMonth(Month month, int year) {
  if (month == Month.FEBRUARY && isLeapYear(year))
    return month.lastDay() + 1;
  else
    return month.lastDay();
}
```

現在事情開始變得有趣一點了。下一個函式是 addDays （第 562 行~576 行）。首先，因為這個函式對 DayDate 變數進行操作，所以它不該是靜態的[G18]。因此，我將之改變成一個實體方法。再者，它呼叫了 toSerial 函式，這個函式應該被重新命名為 toOrdinal [N1]。最後，再對這個方法進行簡化。

```
public DayDate addDays(int days) {
  return DayDateFactory.makeDate(toOrdinal() + days);
}
```

同樣的作法也可以運用在 addMonths 函式上（第 578 行~602 行），它應該是一個實體方法[G18]。由於演算法較為複雜，於是我利用具解釋性的暫時變數（EXPLAINING TEMPORARY VARIABLES）[9] [G19]，讓這個演算法的原理更透明。我同時也重新命名 getYYY 方法，使之變成 getYear[N1]。

```
public DayDate addMonths(int months) {
  int thisMonthAsOrdinal = 12 * getYear() + getMonth().index - 1;
  int resultMonthAsOrdinal = thisMonthAsOrdinal + months;
  int resultYear = resultMonthAsOrdinal / 12;
  Month resultMonth = Month.make(resultMonthAsOrdinal % 12 + 1);
  int lastDayOfResultMonth = lastDayOfMonth(resultMonth, resultYear);
  int resultDay = Math.min(getDayOfMonth(), lastDayOfResultMonth);
  return DayDateFactory.makeDate(resultDay, resultMonth, resultYear);
}
```

addYears 函式（第 604 行~626 行）跟前兩個函式的作法類似，沒有特別值得注意的地方。

```
public DayDate plusYears(int years) {
  int resultYear = getYear() + years;
  int lastDayOfMonthInResultYear = lastDayOfMonth(getMonth(), resultYear);
  int resultDay = Math.min(getDayOfMonth(), lastDayOfMonthInResultYear);
  return DayDateFactory.makeDate(resultDay, getMonth(), resultYear);
}
```

在我內心裡有個癢處一直困擾著我，是關於將這些方法從靜態改為實體方法。date.addDays(5)這樣的表達方法，是否能夠清楚地表達，date 物件的內容並沒有改變，只是回傳了一個新的 DayDate 實體變數呢？或者它會誤導我們，讓我們以為我們替 date 物件增加了五天呢？你也許不會認為這是個大問題，但是如果有像下面這段的程式碼，就容易誤導了讀者[G20]。

```
DayDate date = DateFactory.makeDate(5, Month.DECEMBER, 1952);
date.addDays(7); // bump date by one week.
```

某些讀到這段程式碼的人會傾向認為 addDays 改變了 date 物件的天數。所以我們需要

9 [Beck97]

能夠澄清這些疑慮的名稱[N4]。因此我將原本的名稱改成了 plusDays 和 plusMonths。對我來說，這個方法的意圖很清楚地被

```
DayDate date = oldDate.plusDays(5);
```

所捕獲，但以下的敘述，對相信 date 物件內容會被修改的讀者來說，讀起來就沒有那麼流暢：

```
date.plusDays(5);
```

演算法持續變得有趣。getPreviousDayOfWeek 函式（第 628 行~660 行）能夠順利運作，但有一點點複雜。在思考過這段演算法真正的功能之後[G21]，我就能簡化這段程式碼，並使用具解釋性的暫時變數（EXPLAINING TEMPORARY VARIABLES）[G19]來讓程式更清楚一點。我也將這個方法從靜態方法改為實體方法[G18]，然後刪除重複的實體方法[G5]（第 997 行~1008 行）。

```
public DayDate getPreviousDayOfWeek(Day targetDayOfWeek) {
  int offsetToTarget = targetDayOfWeek.index - getDayOfWeek().index;
  if (offsetToTarget >= 0)
    offsetToTarget -= 7;
  return plusDays(offsetToTarget);
}
```

同樣的分析和修改結果，也發生在 getFollowingDayOfWeek 函式上（第 662 行~693 行）。

```
public DayDate getFollowingDayOfWeek(Day targetDayOfWeek) {
  int offsetToTarget = targetDayOfWeek.index - getDayOfWeek().index;
  if (offsetToTarget <= 0)
    offsetToTarget += 7;
  return plusDays(offsetToTarget);
}
```

下一個是 getNearestDayOfWeek 函式（第 695 行~726 行），我們曾經在第 296 頁時修改過它。但過去我曾經作過的修改，和最後兩個函式現在的模式並不一致[G11]。所以我要讓它們一致，並使用一些具解釋性的暫時變數來闡明這個演算法。

```
public DayDate getNearestDayOfWeek(final Day targetDay) {
  int offsetToThisWeeksTarget = targetDay.index - getDayOfWeek().index;
  int offsetToFutureTarget = (offsetToThisWeeksTarget + 7) % 7;
  int offsetToPreviousTarget = offsetToFutureTarget - 7;

  if (offsetToFutureTarget > 3)
    return plusDays(offsetToPreviousTarget);
```

```
    else
      return plusDays(offsetToFutureTarget);
  }
```

getEndCurrentMonth 方法(第 728 行~740 行)有一點奇怪，因為它取得了一個 DayDate 參數，變成了一個留戀[G14]自己所屬類別的實體方法。我將之修改成一個真正的實體方法，並且為了澄清而修改了一些名稱。

```
public DayDate getEndOfMonth() {
    Month month = getMonth();
    int year = getYear();
    int lastDay = lastDayOfMonth(month, year);
    return DayDateFactory.makeDate(lastDay, month, year);
  }
```

重構 weekInMonthToString 方法（第 742 行~761 行）的過程的確有點爆笑。使用我的 IDE 的重構工具時，我先將方法移到我之前建立的 WeekInMonth 列舉裡(第 303 頁)。然後，我將方法名稱修改為 toString。接著，我又將靜態方法修改成實體方法。然而，全部的測試依然通過了。（你能猜到我接下來要做什麼嗎？）

接著，我刪掉了整個方法！有五個測試判斷無法通過(Listing B-4 的第 411 行~415 行)。我修改這幾行程式碼，讓它們使用列舉值的名稱(FIRST,SECOND,…)。然後所有的測試就都順利通過了，你可以看出是為什麼嗎？你是否看得出為什麼這些步驟是必要的嗎？重構工具確保所有之前呼叫 weekInMonthToString 方法的程式，現在改成呼叫 weekInMonth 列舉裡的 toString，因為所有列舉值都以簡單地回傳其名稱的方式實作了 toString 函式…。

不幸的是，我有一點太過賣弄小聰明了。經過如此美妙優雅的重構過程，最後我終於瞭解到，使用到這個函式的唯一程式，只有我剛剛修改的測試程式而已，所以我刪除了測試。

愚弄我一次，你應該感到羞恥。愚弄我兩次，我應該感到羞恥！所以，在判斷確實沒有測試以外的程式會呼叫 relativeToString 函式（第 765 行~781 行）之後，我就直接刪除了這個函式及其測試。

我們最後將它們修改為這個抽象類別的抽象方法。第一個抽象方法就和當初出現時一樣：toSerial 方法（第 838 行~844 行）。回到第 308 頁，之前我已經將其名稱改成 toOrdinal。然而，在看過內文以後，我決定將之重新命名為 getOrdinalDay。

下一個抽象方法是 toDate 方法（第 838 行~844 行），這個方法將 DayDate 類別轉換成 java.util.Date 類別。為什麼這個方法是抽象的呢？如果我們觀察它在 SpreadsheetDate 類別的實作（Listing B-5，第 198 行~207 行），我們可以發現，這個方法並不依賴於類別裡的任何實作[G6]，所以我將之上提。

getYYYY、getMonth 和 getDayOfMonth 方法非常巧妙地被抽象化。然而，getDayOfWeek 方法是另一個應該從 SpreadSheetDate 類別裡向上提出的方法，因為它並不依賴於任何無法在 DayDate 裡找到的資訊[G6]。難道它有嗎？

如果你仔細察看（Listing B-5，第 247 行），你會看到演算法暗示了相依於序數日期的起始日期（換句話說，那天是整個星期第 0 天之後的哪一天）。所以就算這個函式沒有實體上的相依性，依舊不能將這個函式移到 DayDate 類別裡，因為它有邏輯上的相依性。

像這樣的邏輯相依性困擾了我[G22]。如果某樣東西在邏輯上相依於實作的話，一定也有某個實體部份也相依於實作。同時，在我看來，這個演算法本身就應該可以被更一般化，變成只有更小的一部份相依於實作[G6]。

所以我在 DayDate 類別裡建立了一個 getDayOfWeekForOrdinalZero 抽象方法，接著在 SpreadsheetDate 類別裡實作這個方法，使之回傳 Day.SATURDAY 列舉值。然後我將 getDayOfWeek 方法向上移到 DayDate 抽象類別裡，並修改這個方法，使之呼叫 getOrdinalDay 和 getDayOfWeekForOrdinalZero 這兩個方法。

```
public Day getDayOfWeek() {
    Day startingDay = getDayOfWeekForOrdinalZero();
    int startingOffset = startingDay.index - Day.SUNDAY.index;
    return Day.make((getOrdinalDay() + startingOffset) % 7 + 1);
  }
```

順帶一提，仔細查看第 895~899 行的註解，這樣的重複真的有必要嗎？一如往常，我刪除了這個註解，同時也刪掉所有其他類似的註解。

下一個方法是 compare（第 902 行~913 行）。同樣地，這個方法並沒有很恰當的抽象化[G6]，所以我將其實作向上移到 DayDate 類別裡，而且，這個方法名稱的溝通能力也不足[N1]。事實上，這個方法回傳的是『和給定參數日期之間的天數差距』，所以我將這個方法重新命名為 daySince。此外，我還注意到這個方法並沒有任何相對應的測試，所以我也補寫了測試程式。

接下來六個函式（第 915 行~980 行），全部都是應該被實作在 DayDate 類別裡的抽象方法，所以我將它們全部從 SpreadsheetDate 類別往上提。

最後一個是 isInRange 函式（第 982 行~995 行），也需要被向上提並重構。Switch 敘述的寫法實在不怎麼好看[G23]，我們可以將 case 的部分移到 DateInterval 列舉裡，進而取代原有的 switch 敘述。

```
public enum DateInterval {
    OPEN {
      public boolean isIn(int d, int left, int right) {
        return d > left && d < right;
      }
    },
    CLOSED_LEFT {
      public boolean isIn(int d, int left, int right) {
        return d >= left && d < right;
      }
    },
    CLOSED_RIGHT {
      public boolean isIn(int d, int left, int right) {
        return d > left && d <= right;
      }
    },
    CLOSED {
      public boolean isIn(int d, int left, int right) {
        return d >= left && d <= right;
      }
    };

    public abstract boolean isIn(int d, int left, int right);
  }


public boolean isInRange(DayDate d1, DayDate d2, DateInterval interval) {
    int left = Math.min(d1.getOrdinalDay(), d2.getOrdinalDay());
    int right = Math.max(d1.getOrdinalDay(), d2.getOrdinalDay());
    return interval.isIn(getOrdinalDay(), left, right);
  }
```

這使得我們來到了 DayDate 類別的尾端，所以現在，我們從頭再掃過整個類別，看看還有哪裡可以讓重構後的程式更順暢。

首先，開頭的註解有一點過時了，所以我縮短和改善了註解[C2]。

接著，我將剩下的所有列舉都移動到各自所屬的檔案裡[G12]。

接著，我將靜態變數（dateFormatSymbols），還有三個靜態方法（getMonthNames、isLeapYear、lastDayOfMonth），都移到一個叫做 DateUtil 的新類別裡[G6]。

我將抽象方法上提到它們該屬於的頂層類別中[G24]。

我將 Month.make 改成 Month.fromInt[N1]，也替所有其他的列舉做了同樣的動作。我還替所有的列舉建立了一個 toInt()的存取器，然後讓 index 變成私有的欄位。

在 plusYears 和 plusMonths 裡，存在一些有趣的重複程式碼[G5]，藉由擷取出一個叫做 correctLastDayOfMonth 的新方法，我消除了這些重複程式碼，讓這三個方法都更簡潔一點。

藉由適當的 Month.JANUARY.toInt()或 Day.SUNDAY.toInt()，我可以替代並移除 1 這個魔術數字[G25]。我也在 SpreadsheetDate 裡再花了一點時間，把演算法再整理一下，最後的整理結果，都呈現在 Listing B-7~B-16 裡。

有趣的是，DayDate 的程式涵蓋率卻降低至 84.9%！這並不是因為被測試到的程式功能變少了，反而是因為這個類別縮水得太多，以致於少數未被涵蓋到的程式擁有較大的權重。現在 DayDate 的 53 個可執行敘述裡，測試程式涵蓋了 45 個敘述。未被涵蓋到的程式微不足道，所以不值得測試。

總結

所以再一次地，我們遵守了童子軍規則，我們將程式碼放回去時，比我們剛取出它時，又更整潔了一些。這花了我們一點時間，但這樣做是值得的。測試涵蓋率提昇了，有一些程式錯誤也修復了，程式碼被詮釋得更清楚，也縮減了程式碼的大小。當下一個人看到這段程式碼時，希望他能比我們更容易對付這段程式碼。他也可能會把這段程式碼整理得更整潔一些。

參考書目

[GOF]: *Design Patterns: Elements of Reusable Object Oriented Software*, Gamma et al., Addison-Wesley, 1996.

[Simmons04]: *Hardcore Java*, Robert Simmons, Jr., O'Reilly, 2004.

[Refactoring]: *Refactoring: Improving the Design of Existing Code*, Martin Fowler et al., Addison-Wesley, 1999.

[Beck97]: *Smalltalk Best Practice Patterns*, Kent Beck, Prentice Hall, 1997.

第 17 章

程式碼的氣味和啟發

在精彩的 *Refactoring*（重構）[1]一書中，Martin Fowler（馬汀．佛勒）指出許多不同的「程式碼氣味（Code Smells）」。在接下來的列表清單裡，包含許多 Martin 找出的程式碼氣味，還增加了許多我所發現的氣味。這列表也包含了我在工作磨練時所獲得的傑出案例與啟發。

1 [Refactoring]。

藉由閱讀及重構許多不同的程式，我編輯了這個列表清單。當我每次進行程式修改時，我都會問我自己**為什麼**要做這樣的修改，接著我就把原因寫下來。最後的成果就是一串相當長的列表清單，這裡記錄的是，當我在閱讀程式時，覺得氣味不好的程式。

因為要被當作參考範例，所以這個列表故意按照字母排序來編排。這裡也有各個啟發的相互參照，在「附錄 C」裡告訴你，在內文的哪些地方參考了這個列表清單。

註解（Comments）

C1：不適當的資訊（Inappropriate Information）

當註解含有的資訊更適合儲存於別的系統時，這樣的註解就是不適當的。別的系統可能是原始檔管控系統、錯誤追蹤系統或任何儲存記錄的系統。例如，程式檔的歷史修改，只會用大量無趣的歷史性文字來弄亂原始檔原有的資訊。一般來說，某些像是作者、最後修改日期、軟體效能報告序號（SPR number）之類的詮釋資訊，不應該出現在註解裡。註解應該保留給技術性記錄，如程式或設計方面的資訊。

C2：廢棄的註解（Obsolete Comment）

當註解過時、不相關或不正確時，就是一種廢棄的註解。註解很快就會過時了，最好是不要撰寫會變成廢棄的註解。如果你發現廢棄的註解，最好是盡快更新或移除它。廢棄的註解容易和它原先描述的程式越離越遠，它們會變成程式碼中，不相關和誤導資訊的漂流孤島。

C3：多餘的註解（Redundant Comment）

如果註解描述了原本程式已經能夠表達的意圖，那麼這段註解就是多餘的。例如：

```
i++; // increment i
```

另外一個『多餘的註解』的例子是有關 Javadoc，如果 Javadoc 所說明的不比函式的署名多（或更少），如下範例：

```
/**
 * @param sellRequest
 * @return
 * @throws ManagedComponentException
 */
```

```
public SellResponse beginSellItem(SellRequest sellRequest)
  throws ManagedComponentException
```

註解應該要說明的是，程式本身無法表達的意圖。

C4：寫得不好的註解（Poorly Written Comment）

一個值得寫下來的註解，就應當被好好的撰寫。如果你將要撰寫一段註解，花一點時間去確保這是你所能寫出的最好註解。仔細選用你的詞彙，使用正確的文法和標點符號，不要說廢話，不要說某些顯而易見的事，要簡潔有力。

C5：被註解掉的程式碼（Commented-Out Code）

當我看到被註解掉的程式碼，會令我抓狂。誰知道這段程式碼多舊了？誰知道這樣的舉動有沒有意義？因為每個人都假設有某個人需要這段被註解掉的程式碼，或是計劃要做些什麼，所以不會刪掉它。

這段程式碼座落在這裡，然後開始腐敗，日復一日，變得越來越不相關。它呼叫了已經不存在的函式，它使用了已經被改名的變數，它遵循著舊有的規範，它污染所屬的模組，它也困擾著那些試圖想讀懂它的人們。被註解掉的程式是**令人厭惡的事物**。

當你看到被註解掉的程式，**刪掉它！**不要擔心，因為程式碼管控系統會幫你記住這段程式碼，如果某人真的需要這段程式碼時，他或她可以往回搜尋舊版本的程式，不要再苦惱於是否要讓被註解掉的程式碼存活在你的程式裡。

開發環境（Environment）

E1：需要多個步驟以建立專案或系統（Build Requires More Than One Step）

建立一個專案應該是單一步驟的簡單行為，你不應該還需要從原始碼管控系統一點一點地找出程式片段，你也不應該需要一連串神秘的指令或隨上下文變動的腳本（script），才能幫你建立個別的元素。你不應該需要東找西找才能找到系統所需的額外 JAR、XML 或其它檔案。你**應該**要能利用一個簡單的指令就可以取出整個程式系統，然後下另外一個簡單的指令，就能建立好你的專案。

```
svn get mySystem
cd mySystem
ant all
```

E2：需要多個步驟以進行測試（Tests Require More Than One Step）

你應該要能用一個指令就可以執行**所有的**單元測試。在最好的狀況下，你應該只需要按下 IDE 裡的某一個按鈕，就能執行所有的測試。在最糟的狀況下，你至少能在指令環境（Shell）內，下一個簡單指令來執行所有的測試。能夠執行所有的測試是一個基本且重要的需求，所以應該要能快速、簡單和直接地執行所有的測試。

函式(Functions)

F1：過多的參數（Too Many Arguments）

函式的參數不能太多。沒有參數是最棒的，其次是一個、兩個、還有三個。超過三個以上的參數，其必要性是非常值得懷疑的，應該要盡可能避免。（參考第 47 頁的「函式的參數」一節。）

F2：輸出型參數（Output Arguments）

輸出型參數是不直覺的。讀者通常預期參數是用來輸入的，而不是用來輸出結果的。如果你的函式一定得修改某個東西的狀態，就讓該函式只能修改其所屬物件的狀態。（參考第 52 頁的「輸出型參數」一節。）

F3：旗標參數（Flag Arguments）

Boolean 參數大聲地說出『該函式做了超過一件的任務』，它們會造成困惑，應該被移除。（參考第 48 頁的「旗標參數」一節。）

F4：被遺棄的函式（Dead Function）

那些不再被呼叫的函式應該被移除。保留那些不再被使用的程式碼是種浪費的行為。不要害怕刪掉這些函式。記住，你的原始碼管控系統還會記住這些函式。

一般狀況（General）

G1：同份原始檔存在多種語言（Multiple Languages in One Source File）

在現今的程式開發環境中，是有可能將許多不同的語言放置在同一份原始檔裡。例如，一個 Java 原始檔可能包含了 XML、HTML、YAML、JavaDoc、英文、JavaScript 之類的片段。再舉另外一個例子，除了 HTML 以外，一個 JSP 檔案裡可能包含了 Java、標籤函式庫的語法、英文的註解、Javadoc、XML、JavaScript 等語言。以最好的狀況來說，這部分可能會令人困惑，若以最差的狀況來說，就是粗心大意和草率的行為。

對於原始碼來說，最理想的狀態是只擁有一種，而且是唯一的一種語言。在現實上，我們可能還是得使用超過一種以上的語言，但我們應該痛定思痛，想辦法在我們的原始檔裡，將使用的語言數量減至最少，同時也應極力將使用其他種語言的範疇減至最小。

G2：明顯該有的行為未被實現（Obvious Behavior Is Unimplemented）

遵循「最少驚奇原則（The Principle of Least Surprise）」[2]，任何函式或類別應該實現其他程式設計師合理預期該有的行為，例如，考慮一個函式可將某日子的名稱，翻譯成一個代表該日子的列舉值（enum）。

```
Day day = DayDate.StringToDay(String dayName);
```

我們期待字串"Monday"會被翻譯成 Day.MONDAY。我們也會期待一些常用的星期縮寫也能夠被翻譯，而且函式也可以忽略大小寫所造成的影響。

當一個明顯該有的行為沒有被實現，程式碼的讀者和程式碼的使用者，會無法依靠對函式名稱的直覺來瞭解函式的本意，他們對於原作者喪失了信任感，所以必須回頭閱讀程式碼的細節。

---

[2] 或是指「最少驚訝原則（The Principle of Least Astonishment）」：http://en.wikipedia.org/wiki/Principle_of_least_astonishment

G3：在邊界上的不正確行為（Incorrect Behavior at the Boundaries）

用嘴巴講『程式碼要有正確的行為』，是一件很明顯易懂的道理。但問題在於，我們很少能夠瞭解正確行為有多麼的複雜。開發者通常撰寫出他們認為可以運作的函式，然後相信他們的直覺，而不是想辦法去證明他們的程式，在各種情況、各種邊界條件下，都是能夠正確運作的。

沒有任何替代物可以取代盡職的調查。每個邊界條件、各種情況、每個突然的轉變和例外，都能混淆一個優雅直覺的演算法。**不要依賴你的直覺**，察看所有的邊界條件，然後替這些邊界條件撰寫測試程式。

G4：無視安全規範（Overridden Safeties）

車諾比融爐事件，發生的原因在於，電廠管理員無視於一個又一個的安全規範辦法，安全規範會不便於實驗的運作。然而，最後的結果不僅沒有讓實驗順利運作，還讓全世界都見識到第一個『平民所造成的核子災害』。

無視安全規範是危險的。在 `serialVersionUID` 上使用手動控管或許是必要的，但總是有風險。關閉某些編譯器的警告（或是所有的警告！），也許能幫助你順利建立專案，但也付出了可能得進行無止盡除錯的風險。關閉失敗的測試，然後告訴自己，晚些時候你會使之全數通過，就像假裝刷信用卡不用付錢般的一樣糟糕。

G5：重複的程式碼（Duplication）

這是本書中最重要的規範之一，而且你應該非常認真地看待這個規範。事實上，每個撰寫軟體設計的作者都會提及這項規範。Dave Thomas（戴夫・湯馬斯）和 Andrew Hunt（安卓・杭特）稱這個規範為「不要重複自己（Don't Repeat Yourself, DRY[3]）」原則。Kent Beck（肯特・貝克）使這個規範成為《*principles of Extreme Programming*（極限程式設計之道）》一書中，最核心的原則之一，稱之為「一次，就只能一次。」Ron Jeffries（羅恩・傑佛瑞）把這個規範排在第二位，只輸給通過所有測試的規範。

每次當你看到重複的程式碼，代表在過去發生了該進行抽象而未進行抽象的情形。這個重複的程式碼，可能是一個子程序或甚至是一個類別。透過將重複的程式折疊至抽象概

---

[3] [PRAG]

念裡，你可以增加設計可使用的字彙。別的程式設計師也能使用你所建立的抽象化工具，因為你提昇了抽象化的層次，撰寫程式的過程也變得更快速、更不容易出錯。

最明顯的重複狀況，是當你看到一段相同的程式碼，似乎像是某個程式設計師瘋狂地用滑鼠把同樣的程式碼不斷地複製貼上，應該用簡單的方法來代替這些程式碼。

另一種較細微的重複狀況是，`switch/case` 或 `if/else` 的一連串敘述，在不同的模組裡一再地出現，而且總是在判斷相同的條件組合，應該用多型的方式來代替這些重複狀況。

還有一些更細微的狀況，是某些模組含有類似的演算法，但並沒有共享同一份程式碼。這仍算是一種重複的情況，應該要利用 TEMPLATE METHOD[4]（模版方法），或是 STRATEGY（策略）模式[5] 來取代這樣的重複。

的確，在過去十五年出現的大部份設計模式，都是在提供消除重複性的知名策略。Codd Normal Forms（科德第一正規化）是用來消除資料庫綱要重複性的策略，OO（物件導向）是用來組織模組和消除重複的策略。不意外地，結構化程式設計也是如此。

我認為重點已經被指出來了。在程式裡盡可能地，找到重複的地方，並移除這些重複。

G6：在錯誤抽象層次上的程式碼（Code at Wrong Level of Abstraction）

建立能劃分『高層次的一般概念』和『低層次細節概念』的抽象模型，是很重要的工作。有時候我們利用建立抽象類別來包含高層次的概念，並透過衍生類別來包含低層次的概念，來完成這樣的抽象模型。當我們如此做時，我們必須確保這樣的劃分足夠完整。我們要**所有的**低層次概念都放在衍生類別裡，要**所有的**高層次概念都放在基底類別裡。

例如，常數、變數或工具函式，這類只和細節實現有關的資訊，不應出現在基底類別裡。基底類別不應該知道任何有關細節的資訊。

這項規範也和原始檔、元件、以及模組有關。良好的軟體設計，需要我們在不同的層次區分概念，以及放置這些不同層次的概念至不同的容器裡。有時候，這些容器是基底類

---

4 [GOF]。

5 [GOF]。

別或衍生類別，有時候則是原始檔、模組或組件。不管是哪一種情況，都必須能夠完整進行劃分，我們並不想要低階和高階的概念混雜在一起。

考慮下述的程式碼：

```
public interface Stack {
  Object pop() throws EmptyException;
  void push(Object o) throws FullException;
  double percentFull();
  class EmptyException extends Exception {}
  class FullException extends Exception {}
}
```

`percentFull` 函式處於不對的抽象層次。儘管這裡有許多關於 `stack` 的實作，以至於**滿的**（fullness）之概念是合理的，但仍有其它的實作**並不知道**到底有多滿，所以這個函式最好還是放置在像 `BoundedStack` 這類的衍生介面裡。

也許你認為可以讓堆疊實作回傳 0，代表這個堆疊的空間大小是沒有限制的。但問題在於，並沒有一個堆疊是真的沒有限制的。你不能用檢查下列判斷的手段，來避免 `OutOfMemoryException` 的例外。

```
stack.percentFull() < 50.0.
```

實作一個回傳 0 的函式，就是在說謊。

重點在於你不能說謊，或不能替一個不對的抽象概念假造你的實作方式。劃分抽象概念是軟體開發者最難做到的事情之一。當你做了錯誤的抽象劃分時，並沒有任何快速的解決方式可以進行修復。

G7：基底類別相依於其衍生類別（Base Classes Depending on Their Derivatives）

將概念劃分成基底和衍生兩種類別，最常見的理由是，高層次基底類別概念，可以獨立於低層次衍生類別概念之外。也因此，當我們發現基底類別提及衍生類別的名稱時，我們就懷疑這裡存在潛在的問題。一般來說，基底類別不應該知道任何有關衍生類別的資訊。

當然這個規範也有例外的時候，有時候衍生類別的數量被嚴格地固定住了，而基底類別擁有作為選擇衍生類別之用的程式碼。我們在有限狀態機的實作裡，看到很多類似的例子。然而，在那些例子裡，基底類別和衍生類別兩者是強烈耦合的，而且總是一起被部署至相同的 jar 檔案裡。在一般的狀況下，我們要能夠將衍生和基底分別部署至不同的 jar 檔案裡。

將衍生和基底部署至不同的 jar 檔案裡，確保了基底類別不會知道任何在衍生 jar 檔案裡的內容，如此也可以讓我們以分離和獨立組件的方式來部署我們的系統。當這樣的組件被修改時，它們在不需要重新部署原有基底組件的狀況下，就能順利的進行重新部署。這也代表了一次變動可能產生的影響大幅地降低，在範疇內維護系統也變得更容易了。

G8：過多的資訊（Too Much Information）

定義良好的模組，具有少量的介面，能讓你花費很少的力氣就能完成大量的任務。定義不佳的模組，提供廣泛且深入的介面，會使你花費很多的力氣，但卻只完成少量的任務。一個定義良好的介面，不會提供許多需要相依的函式，所以耦合度是很低的。一個定義不佳的介面，提供許多你必須呼叫執行的函式，所以具備高耦合度的特性。

優質的軟體開發者學會限制類別和模組中曝露的介面數量。當一個類別擁有的方法數量越少，就越好。當一個函式知道的變數越少，就越好。當一個類別擁有的實體變數越少，就越好。

將你的資料隱藏起來。將你的工具函式隱藏起來。將你的常數和暫時性變數隱藏起來。不要建立擁有很多方法或很多實體變數的類別。不要在你的子類別中，產生過多的受保護變數和函式。專心在讓介面保持非常緊實和簡短的特性。藉由有限的資訊，保持低耦合的特性。

G9：被遺棄的程式碼（Dead Code）

被遺棄的程式碼是不會被執行的程式碼。在 `if` 敘述永遠不會成立的判斷式之主體中，你可以找到這樣的程式碼。你也可以在永遠不會 `throws` 例外的 `try` 敘述之 `catch` 區塊裡發現這樣的程式碼。你可以在永遠不會被呼叫的小型工具方法裡找到這樣的程式碼，或者你也可以在 `switch/case` 永遠不會成立的條件判斷裡，找到不會被執行的程式碼。

『被遺棄的程式碼』的問題在於，不久之後它就開始產生了氣味。當越放越久以後，酸臭的氣味就越來越強烈。主因在於，被遺棄的程式碼並未跟著設計的變動而同步進行變動。這些程式碼仍被編譯，但這些程式碼已不再遵循新的慣例或規範。這些程式碼被撰寫時，當時的系統與現在的系統並不相同。當你找到被遺棄的程式碼，做對的事情，幫被遺棄的程式碼進行一場像樣的葬禮，將之從系統裡移除。

G10：垂直分隔（Vertical Separation）

變數和函式應該定義在靠近被使用的地方。區域變數應該在第一次被使用的位置上方進行宣告，而且垂直距離應該要小一點。我們並不想要宣告變數之處與它被使用的敘述之間，間隔了幾百行。

私有函式應該在第一次被使用的位置下方進行定義。私有函式雖然在整個類別的視野內，但我們仍希望限制函式被呼叫和函式定義之間的垂直距離。要找到一個私有的函式，只需要從第一次使用這個函式的敘述下方開始尋找一點點的距離就應該能夠找到該函式。

G11：不一致性（Inconsistency）

如果你透過某種方式完成某事，你就應該透過同樣的方式來完成所有類似的事，這回到了有關最少驚奇原則。小心你所選擇的慣例，當決定了這些慣例，仔細小心地持續遵守這些慣例。

如果在一個特定的函式裡，你使用了一個叫做 `response` 的變數來代表 `HttpServlet-Response` 物件，那麼在其它使用到 `HttpServletResponse` 物件的函式裡，也應維持變數命名的一致性。如果你命名了某個 `processVerificationRequest` 方法，其它類似處理請求的方法，也應使用類似的命名，例如 `processDeletionRequest`。

像這樣可靠簡單的運用一致性原則，能讓程式碼更容易被閱讀和修改。

G12：雜亂的程式（Clutter）

一個預設的建構子如果沒有任何實作，那有什麼用？它只會因為無意義的人為因素而弄亂了程式碼。不會被使用的變數，不會被呼叫的函式，沒有資訊的註解等等，只會弄亂原本的程式，所以都應該被移除。保持你的原始檔整潔、良好地組織及不要被弄亂了。

G13：人為的耦合（Artificial Coupling）

不相依的程式，不應該被人為刻意地耦合。例如，一般的 enums，不應該被包含在某些特定的類別裡，因為這樣會強迫整個應用程式都知道這些特定的類別。同樣的事情也發生在，把無特殊用途的 static 函式宣告在特定的類別裡。

一般來說，這種人為的耦合，代表在『沒有直接目的』的兩個模組之間加上了耦合。這是將變數、常數或函式放置在一個臨時方便但不恰當的地方，所產生的結果，這是一種懶惰和草率的作法。

花一點時間想一想這些函式、常數、變數應該在哪裡做宣告，不要為了方便，隨手將它們丟在某處，然後就置之不管。

G14：特色留戀（Feature Envy）

這是 Martin Fowler（馬汀．佛勒）所提出的程式碼氣味的一種[6]。類別的方法應該只對同一個類別裡的變數和函式感興趣，而不是對其它類別的變數或函式感興趣。當一個方法使用了『別的物件』的存取者和修改者，來操作那個物件裡的資料，這就代表它正留戀那個物件類別視野裡的資訊。它希望自己也能夠存在於別的類別裡，使之能夠具有對變數的直接操控性。例如：

```
public class HourlyPayCalculator {
  public Money calculateWeeklyPay(HourlyEmployee e) {
    int tenthRate = e.getTenthRate().getPennies();
    int tenthsWorked = e.getTenthsWorked();
    int straightTime = Math.min(400, tenthsWorked);
    int overTime = Math.max(0, tenthsWorked - straightTime);
    int straightPay = straightTime * tenthRate;
    int overtimePay = (int)Math.round(overTime*tenthRate*1.5);
    return new Money(straightPay + overtimePay);
  }
}
```

calculateWeeklyPay 方法操作的資料，正是它從 HourlyEmplyee 物件裡面取出的，這就代表 calculateWeeklyPay 方法是在留戀 HourlyEmployee 類別的視野，它「希望」自己能夠就在 HourlyEmployee 類別裡。

[6] [Refactoring]。

在其它所有條件都相同的情況下，我們想要移除這些特色留戀，因為它會將類別內部資訊曝露給另一個類別。但有時候，特色留戀卻是一種必要之惡，考慮以下的狀況：

```
public class HourlyEmployeeReport {
  private HourlyEmployee employee ;

  public HourlyEmployeeReport(HourlyEmployee e) {
    this.employee = e;
  }

  String reportHours() {
    return String.format(
      "Name: %s\tHours:%d.%1d\n",
      employee.getName(),
      employee.getTenthsWorked()/10,
      employee.getTenthsWorked()%10);
  }
}
```

很明顯地，reportHours 方法留戀 HourlyEmployee 這個類別。但從另一方面來說，我們也不想要讓 HourlyEmployee 類別需要瞭解時間報告的格式，將時間格式字串移至 HourlyEmployee 類別裡，會違反許多物件導向設計的原則[7]，這會導致 HourlyEmployee 類別和時間報告格式有耦合的現象，當修改時間格式時，會曝露 HourlyEmployee 這個類別。

G15：選擇型參數（Selector Arguments）

沒有什麼能比函式呼叫的尾端懸掛上一個 false 參數，要來得令人厭惡。到底這個 false 代表什麼意思？如果改成 true，又代表什麼意義？不僅只是選擇型參數的用途難以記憶，每一個選擇型參數的目的是將許多函式結合成一個函式，選擇型參數只是為了避免將一個大函式拆解成許多小函式的偷懶做法，考慮下述狀況：

```
public int calculateWeeklyPay(boolean overtime) {
  int tenthRate = getTenthRate();
  int tenthsWorked = getTenthsWorked();
  int straightTime = Math.min(400, tenthsWorked);
  int overTime = Math.max(0, tenthsWorked - straightTime);
  int straightPay = straightTime * tenthRate;
  double overtimeRate = overtime ? 1.5 : 1.0 * tenthRate;
  int overtimePay = (int)Math.round(overTime*overtimeRate);
  return straightPay + overtimePay;
}
```

[7] 具體來說，如單一職責原則（Single Responsibility Principle）、開放關閉原則（Open Closed Principle）、及公共封閉性原則（Common Closure Principle）。可參考[PPP]。

當加班的費用要付 1.5 倍時，你以 true 參數呼叫函式，而如果只以一般工時費用支付時，則用 false 參數呼叫函式。如果每次遇到函式呼叫時，都要記住 calculateWeeklyPay(false)的意義，並且因此而被纏住，那真是再糟糕不過了。但這樣的函式真正的羞恥之處在於，作者失去了如下撰寫程式的機會：

```
public int straightPay() {
  return getTenthsWorked() * getTenthRate();
}

public int overTimePay() {
  int overTimeTenths = Math.max(0, getTenthsWorked() - 400);
  int overTimePay = overTimeBonus(overTimeTenths);
  return straightPay() + overTimePay;
}

private int overTimeBonus(int overTimeTenths) {
  double bonus = 0.5 * getTenthRate() * overTimeTenths;
  return (int) Math.round(bonus);
}
```

當然，選擇型參數並不一定是 boolean 型態的，它們也可以是列舉、整數、或任何其它可用來選擇函式行為的參數型態。一般而言，擁有較多的函式，比傳遞某些特定的編碼到函式裡，然後利用這些編碼來選擇函式的行為，會好上許多。

G16：模糊的意圖（Obscured Intent）

我們希望程式碼能盡可能地具有表達力。跨行的表達式、匈牙利命名法以及魔術數字都會模糊作者的意圖。例如，overTimePay 函式可能以下列方式出現：

```
public int m_otCalc() {
  return iThsWkd * iThsRte +
   (int) Math.round(0.5 * iThsRte *
      Math.max(0, iThsWkd - 400)
    );
}
```

這個程式顯示出它是簡短和緊密的，事實上卻讓人捉摸不透，值得我們花一點時間和工夫，讓讀者更能瞭解程式的本意。

G17：錯置的職責（Misplaced Responsibility）

軟體工程師能夠做的最重要決定之一，是該在哪裡放置哪些程式碼。舉例來說，像 PI（圓周率）這個常數應該放在哪裡？應該被放在 Math 類別裡嗎？或者應該屬於 Trigonometry（三角函數）的類別裡？還是應該放在 Circle（圓形）類別裡呢？

最少驚奇原則在此處可以派上用場。程式碼應該被放在一個讀者自然而然會認為它該存在的地方。像 PI 常數應該被放置於三角函數被宣告的地方。OVERTIME_RATE 常數應該被宣告在 HourlyPayCalculator 類別裡。

有時候，我們憑著一點「小聰明」來決定哪裡該放置某個功能的程式碼。我們將這些功能放置在對我們方便使用的地方，但其實對讀者而言，這些地方可能不夠直覺。例如，也許我們需要列印出某個職員工作時數總計的報表。我們可以在列印報表的程式碼裡進行加總工作小時的工作，或者我們也可以試著在接受打卡的程式碼裡保留一份工作時間記錄。

決定選擇哪種作法的方式之一是參考函式的名稱。如果我們的報告模組有個函式叫做 getTotalHours，然後在模組裡也有個接收打卡記錄的 saveTimeCard 函式。根據其命名，到底哪一個函式，意味著該函式在計算總工作時數呢？答案應該是很明顯的。

顯而易見的，有時候因為效能上的考量，會採用『當打卡記錄被接收時，順便進行加總』，而不是『當要產生報告的時候，才進行加總的動作』。這樣做是沒有問題的，但函式的名稱也應該反映這樣的變動。舉例來說，在接收打卡記錄的模組裡，應該要有一個 computRunningTotalOfHours（即時計算打卡記錄總時數）函式。

G18：不適當的靜態宣告（Inappropriate Static）

Math.max(double a, double b)是一個良好的靜態方法，這個方法並不在單一的物件實體上進行運算。的確，如果需要使用像 new Math().max(a,b)或 a.max(b)這樣的敘述，是一件很傻的事。所有 max 方法用到的資料都從這兩個參數而來，並不是從任何「擁有」這個方法的物件所獲得的。再多一點討論，我們幾乎**沒有機會**希望 Math.max 是一種多型方法。

然而有時候，我們寫出一些不該是靜態函式的靜態函式，例如：

```
HourlyPayCalculator.calculatePay(employee, overtimeRate)
```

再一次地，這看起來是一個合理的靜態函式，這個函式並沒有在任何特定的物件上操作，而且從參數獲取所需的資料。然而，我們卻能夠合理地希望這個函式是多型的。我們也許會希望替計算時薪實作許多不同的演算法，例如，OvertimeHourly－PayCalculator 和 StraightTimeHourlyPayCalculator 這兩個函式。所以在這種狀況下，函式不應該是靜態的，函式應該是 Employee 類別裡的非靜態成員函式。

一般來說，你應該偏向使用非靜態方法，而少用靜態方法。當有疑慮時，就讓函式是『非靜態的』。如果你真的想要一個靜態函式，先確保你不會有任何可能，想要讓這個函式有多型的行為。

G19：使用具解釋性的變數（Use Explanatory Variables）

Kent Beck（肯特・貝克）在他重要的著作，《*Smalltalk Best Practice Patterns*（Smalltalk 的最佳實踐模式）》[8]，提到使用具解釋性的變數，還有在他最近的重要著作，《*Implementation Pattern*（實作模式）》[9]一書中，也重複相同的論點。讓程式可讀性提昇的最有效方式之一，是將計算過程拆解成許多富有意義名稱的暫存變數，來暫存程式計算中途所產生的數值。

考慮以下來自 FitNesse 裡的範例：

```
Matcher match = headerPattern.matcher(line);
if(match.find())
{
  String key = match.group(1);
  String value = match.group(2);
  headers.put(key.toLowerCase(), value);
}
```

如此簡單地使用具解釋性的變數，明顯的讓人瞭解第一個比對到的群組，是代表 *key*（鍵值），第二個比對到的群組，則是代表 *value*（數值）。

很難把這個方式做的再超過一點。一般來說，具解釋性的變數越多越好。很明顯地，一個模糊不明的模組，可以藉由將計算拆解成許多富有意義的中繼變數，產生突破性的清晰說明。

G20：函式名稱要說到做到（Function Names Should Say What They Do）

參考下述的程式碼：

```
Date newDate = date.add(5);
```

---

8 [Beck97], P.108

9 [Beck07]。

你會期待這個敘述會向這個日期增加五天嗎？或是增加五個禮拜？還是五個小時？是 date 實體變數被改變了，還是這個函式只是回傳了一個新的 Date 物件，並沒有改變原有物件的內容？**你無法從函式呼叫中分辨這個函式到底做了些什麼**。

如果這個函式替日期增加了五天，也修改了日期，那麼這個函式應被命名為 addDaysTo 或是 increaseByDays。而另一方面，如果這個函式回傳一個新的五天後的日期物件，並沒有更改原有物件實體的日期內容，那麼這個函式的名稱應該修改為 daysLater 或是 daysSince。

如果你必須看到函式的實現內容（或文件），才能瞭解這個函式在做些什麼，那你應該要想辦法替這個函式再找到一個更好的名稱，或是這個函式的功能程式碼應該被重新安排，放在擁有比較良好命名的函式裡。

G21：瞭解演算法（Understand the Algorithm）

因為許多人並沒有花時間去瞭解演算法，以至於產生許多可笑的程式碼。他們透過加入足夠的 if 敘述和旗標來讓程式能夠運作，而沒有停下來，仔細思索這裡的演算法在做些什麼。

程式設計通常是一種探索。你常自認為你知道某件事物的正確演算法，然後想辦法東弄西弄，直到它「可以運作」。但你怎麼知道它是「可以運作」的？只因為它通過了你所能想到的所有測試。

這個方法並沒有不對。的確，通常這是讓函式能做到『你想讓它做的事』的唯一方式。然而，光是這樣做還不足以讓「可以運作」周圍的「」被移除掉。

在你認為自己已經完成一個函式之前，請先確定你是真的已經**瞭解**這個函式是如何運作的。如果只是能讓這個函式通過所有的測試，是不夠的，你必須要能夠**知道**[10]解決方案是正確的。

獲得並瞭解這個知識最好的方式，是對函式進行重構，使之變得足夠整潔和具說明性，也讓其能夠**明顯地**透露出演算法是如何運作的。

---

[10] 瞭解程式碼如何運作，和知道演算法能否完成需要的任務，這兩者之間有些許的不同。無法確定演算法是否適當，在現實中常常發生。但是對你的程式碼不瞭解，就只是懶惰而已。

G22：讓邏輯相依變成實體相依（Make Logical Dependencies Physical）

如果一個模組相依在另一個模組上，相依性就該是實體的，而非邏輯的。相依的模組不應該對被相依的模組有任何預先的假設（換句話說，也就是邏輯上的相依），反而它應該向被相依的模組清楚地詢問所需的所有訊息。

舉例來說，想像你正在撰寫一個函式，這個函式能列出職員工作時數的純文字報告。有一個叫做 HourlyReporter 的類別，能搜集所有的資訊，並轉換成一個較方便的格式，然後傳遞給 HourlyReportFormatter 類別來印出這些資訊。（參考 Listing 17-1）

Listing 17-1 HourlyReporter.java

```
public class HourlyReporter {
  private HourlyReportFormatter formatter;
  private List<LineItem> page;
  private final int PAGE_SIZE = 55;

  public HourlyReporter(HourlyReportFormatter formatter) {
    this.formatter = formatter;
    page = new ArrayList<LineItem>();
  }

  public void generateReport(List<HourlyEmployee> employees) {
    for (HourlyEmployee e : employees) {
      addLineItemToPage(e);
      if (page.size() == PAGE_SIZE)
        printAndClearItemList();
    }
    if (page.size() > 0)
      printAndClearItemList();
  }

  private void printAndClearItemList() {
    formatter.format(page);
    page.clear();
  }

  private void addLineItemToPage(HourlyEmployee e) {
    LineItem item = new LineItem();
    item.name = e.getName();
    item.hours = e.getTenthsWorked() / 10;
    item.tenths = e.getTenthsWorked() % 10;
    page.add(item);
  }

  public class LineItem {
    public String name;
    public int hours;
```

```
        public int tenths;
    }
}
```

這段程式碼有著邏輯上而非實體上的相依性，你可以找到它嗎？就是 PAGE_SIZE 這個常數。為什麼 HourlyReporter 需要知道頁面的大小呢？頁面大小應該是 HourlyReportFormatter 的職責。

PAGE_SIZE 宣告在 HourlyReporter 類別裡是一個錯置的職責[G17]，使得必須假設 HourlyReporter 類別應該知道頁面大小該是多少。這樣的假設就是一種邏輯的相依。HourlyReporter 類別相依在 HourlyReportFormatter 類別能夠處理頁面大小為 55 的假設上，如果在 HourlyReportFormatter 類別裡的某些實作無法處理這樣的大小，那麼就會產生錯誤。

我們透過在 HourlyReportFormatter 裡建立 getMaxPageSize()這個新方法，來將邏輯的相依轉變成實體的相依。HourlyReporter 類別會呼叫這個新方法，而不會使用原本的 PAGE_SIZE 常數。

G23：用多型取代 If/Elase 或 Switch/Case （Prefer Polymorphism to If/Else or Switch/Case）

從第六章的主題看來，這也許是一個奇怪的建議。畢竟，在那個章節裡，我下了某些關於 switch 敘述的論點，這個論點是，在某些增加函式比增加型態更適合的系統中，使用 switch 敘述會比較好。

第一，大部份的人使用 switch 敘述的主要原因，是因為這是明顯的暴力解法，而不是因為該情況適合用 switch 敘述來解決。這帶給我們的啟示是，在使用 switch 敘述之前，應該先考慮使用多型的解法。

第二，函式變化比型態變化更強烈的情況，相對而言少上許多，也因此**每個** switch 敘述都該被懷疑。

我使用以下的「ONE SWITCH」原則：

對於給定的選擇型態，不應該有超過一個以上的 switch 敘述。在那個唯一的 Switch 敘述中的多個 case，必須建立多型物件來取代系統中其餘類似的 Switch 敘述。

G24：遵循標準的慣例（Follow Standard Conventions）

根據業界的常見正規作法，每個團隊理應遵循同一個程式碼開發標準規範。這個標準規範要詳細說明慣例，例如要在哪裡宣告實體變數、該如何命名類別、該如何命名方法和變數、該在哪裡放置括號等等。因為團隊內的程式碼已經提供了範例，所以團隊並不需要額外的文件來說明這些規範。

在團隊裡的每個成員都應該遵守這些規範，這也代表了團隊內的各個成員都必須足夠的成熟，才能瞭解到，只要團隊內的成員們都同意在哪裡放置括號，那麼在哪裡放置括號其實就無所謂了。

如果你想知道我遵循什麼樣的慣例，你可以參考 Listing B-7 至 B-14 裡的重構後程式碼。

G25：用有名稱的常數取代魔術數字（Replace Magic Numbers with Named Constants）

這也許是軟體開發的最古老規範之一，我記得曾在六零年代晚期，在 COBOL、FORTRAN 及 PL/1 的使用手冊裡讀到相同的建議。一般來說，在你的程式裡直接使用數字，是一個糟糕的念頭。你應該利用良好命名的常數來藏住這些魔術數字。

例如，數字 86,400 應該用常數 SECOND_PER_DAY（一天內的秒數）隱藏起來。如果你在一頁內最多只能印出 55 行，那常數 55 應該用常數 LINES_PER_PAGE 隱藏起來。

有些常數可以和一些能自我解釋的程式碼一起使用，如果這些常數很容易被辨識，它們就不必然需要用常數名稱來隱藏。例如：

```
double milesWalked = feetWalked/5280.0;
int dailyPay = hourlyRate * 8;
double circumference = radius * Math.PI * 2;
```

在上例中，我們是否真的需要命名 FEET_PER_MILE、WORK_HOURS_PER_DAY 和 TWO 之類的常數？很明顯地，後者的作法是很愚蠢的。有一些方程式，常數直接用數字表達是比較適合的。你也許會挑剔有關 WORK_HOURS_PER_DAY 的例子，因為法律或慣例也許會改變。從另一方面來說，含有 8 的方程式閱讀起來如此順暢，所以我不必故意將之改為多了 17 個字元的常數名稱，來增加讀者的負擔。而在 FEET_PER_MILE 的例子裡，數字 5280 非常有名，而且是一個特別的數字，就算沒有前後文的幫助，讀者仍可能輕易地辨識出這個數字。

像是 3.141592653589793 這個數字也是非常的有名，可以很容易被辨識。但是，原始數字出錯的機率實在是太大了。每次當人們看到 3.141592653589793 這個常數時，他們知道這是 π 的值，所以他們不會仔細查看裡頭的數字（你有發現裡頭有一個數字出錯了嗎？）。我們不想要人們使用 3.14、3.14159、3.142 這類的數字。因此，使用 `Math.PI` 幫我們定義好這個常數是一件非常好的事。

「魔術數字」這個詞並不只適用在數字上，這規範適用在所有無法自我描述而有數值的句元（token）。例如：

```
assertEquals(7777, Employee.find("John Doe").employeeNumber());
```

在這個斷言裡，有兩個魔術數字。第一個明顯可以看到的是 `7777`，這個數字代表的意義不明。第二個魔術數字則是`"John Doe"`，這個標記的意圖也不明。

我們後來在團隊產生的知名測試資料庫裡發現，`"John Doe"`是編號#7777 的員工姓名，當你連結到這個資料庫時，團隊的所有成員都知道，在資料庫裡有許多已經事先定義的職員資訊，其值與屬性也都是團員所熟知的。最後也得知`"John Doe"`在資料庫裡，是唯一的時薪制職員，所以這個測試應該被如此閱讀：

```
assertEquals(
  HOURLY_EMPLOYEE_ID,
  Employee.find(HOURLY_EMPLOYEE_NAME).employeeNumber());
```

G26：要精確（Be Precise）

期待第一個比對成功的物件就是某個查詢的**唯一**比對結果，可能有點過於天真。使用浮點數來代表貨幣幾近於是犯罪行為。因為你不想做同步更新，所以就避開使用鎖定和交易管理，說好聽的，這是一種懶惰的行為。當使用 `List` 就夠了，卻宣告為 `ArrayList` 型態，是一種過度限制的行為。讓所有變數都是預設的 `protected` 型態，是限制不足的作法。

當你在程式碼裡下決定時，要確定這個決定是足夠精確的。知道為什麼你會下這個決定，而且知道要如何處理任何例外事件。不要在決定精確度上偷懶，如果你決定允許函式呼叫可回傳 `null`，那就要確定你有檢查 `null` 的機制。如果你認為查詢結果會是資料庫的唯一記錄，就要確保你的程式有去檢查沒有其它查詢結果。如果你要使用整數型態處理貨幣[11]，就要進行適當的四捨五入。如果可能出現同步更新的問題，就要確保你的實作包含了某種鎖定的機制。

模稜兩可和不精確的程式碼，常是由不一致或懶惰所造成的。不管是那種情形，都應該要消除這樣的情況。

G27：結構勝於常規（Structure over Convention）

「具有強制決策設計特性的結構」勝於「慣例」。命名慣例不錯，但還是不如強制順從型的結構。舉例來說，有良好列舉命名的 switch/case，不如有抽象方法的基底類別。因為沒有人會每次都被強制去用相同的方式實作 switch/case 敘述，但基底類別卻一定會強制實體類別需要實作所有的抽象方法。

G28：封裝條件判斷（Encapsulate Conditionals）

在沒有看到 if 或 while 敘述上下文程式的情況下，就很難理解布林邏輯，到底在做些什麼。將解釋這個條件判斷意圖的函式擷取出來。

例如：

```
if (shouldBeDeleted(timer))
```

比下述程式更好

```
if (timer.hasExpired() && !timer.isRecurrent())
```

G29：避免否定的條件判斷（Avoid Negative Conditionals）

否定的條件判斷比起肯定的條件判斷稍難理解一點。所以，如果可能的話，盡可能採用肯定的條件判斷。例如：

```
if (buffer.shouldCompact())
```

比下述程式更好

```
if (!buffer.shouldNotCompact())
```

---

11 或者更佳的選擇是，使用整數的 Money 類別。

G30：函式應該只作一件事（Functions Should Do One Thing）

我們常傾向產生有著多段程式碼的函式，這幾段程式碼會進行一連串的操作行為。像這樣的函式做了超過一件事，而這些函式應該被轉變成數個較小型的函式，每個函式只會做一件事。

例如：

```
public void pay() {
  for (Employee e : employees) {
    if (e.isPayday()) {
      Money pay = e.calculatePay();
      e.deliverPay(pay);
    }
  }
}
```

這段函式做了三件事，它檢視了所有的職員，檢查哪幾位職員應該獲得薪資，並且將薪資付給他們。這段程式寫成這樣會更好：

```
public void pay() {
  for (Employee e : employees)
    payIfNecessary(e);
}

private void payIfNecessary(Employee e) {
  if (e.isPayday())
    calculateAndDeliverPay(e);
}

private void calculateAndDeliverPay(Employee e) {
  Money pay = e.calculatePay();
  e.deliverPay(pay);
}
```

所有的函式都只作一件事。（參考第 41 頁的「只做一件事」）

G31：隱藏時序耦合（Hidden Temporal Couplings）

時序耦合的狀況通常是必須的，但你不應該隱藏起這些耦合的情況。排列你的函式參數，使得函式的呼叫次序變得顯而易見。考慮下述範例：

```
public class MoogDiver {
  Gradient gradient;
  List<Spline> splines;
```

```
    public void dive(String reason) {
      saturateGradient();
      reticulateSplines();
      diveForMoog(reason);
    }
    ...
  }
```

這三個函式的次序是重要的。在讓線條成網狀（reticulate the splines）之前，你必須要填滿漸層（saturate the gradient），而且只有這樣，你才可以讓 moog 潛入水中（dive for the moog）。不幸的是，這段程式碼並未強制這種時序耦合，另外一個程式設計師可能在呼叫 `saturateGradient` 函式前，先呼叫 `reticulateSplines` 函式而導致產生 `UnsaturatedGradientException` 例外。比較好的解法應該是：

```
  public class MoogDiver {
    Gradient gradient;
    List<Spline> splines;

    public void dive(String reason) {
      Gradient gradient = saturateGradient();
      List<Spline> splines = reticulateSplines(gradient);
      diveForMoog(splines, reason);
    }
    ...
  }
```

建立生產線能夠曝露時序耦合性，每個函式都產生下一個函式需要的結果，如此就沒有任何理由，使用不同的次序來呼叫它們了。

你也許會抱怨這樣的作法增加了函式的複雜度，你可能是對的。但這個額外的語法複雜度，可以透露出在這種狀況下，時序耦合的真實複雜度。

注意到我讓實體變數留在原本的地方，我假設他們被類別裡其它私有的方法所需要。即便如此，我還是希望利用參數來讓時序耦合性更為顯著。

G32：不要隨意（Don't Be Arbitrary）

組織程式碼的方式應該要有理由，而且要確保這個理由與程式碼的結構有關。如果一個結構表現的很隨意，別人就會覺得自己被允許隨意更改它。如果結構在系統各處都表現的很一致，那麼別人就會使用它，並且保留這些慣例用法。舉例來說，我最近將某些程式的修改併入了 FitNesse，然後發現某個程式貢獻者做了如下的事：

```
public class AliasLinkWidget extends ParentWidget
{
  public static class VariableExpandingWidgetRoot {
    ...
  ...
}
```

這裡的問題在於 VariableExpandingWidgetRoot 類別並不需要在 AliasLinkWidget 類別的視野內。還有，其它不相關的類別也使用了 AliasLinkWidget.VariableExpandingWidgetRoot，而這些類別並不需要知道任何有關 AliasLinkWidget 類別的資訊。

也許程式設計師將 VariableExpandingWidgetRoot 類別放入 AliasWidget 類別裡，只是權宜之計。也或許他是真的希望將其視野包含在 AliasWidget 類別裡。不管是什麼理由，這樣的結果代表著過度隨意，不是要做為工具類別的公有類別，不應該被放置在另一個類別裡。照慣例來做的話，應該將它們設為公用的，並放置在所屬套件的最高階層。

G33：封裝邊界條件（Encapsulate Boundary Conditions）

邊界條件很難進行持續性的追蹤，將邊界條件的處理放置於同一個地方，不要讓它們散佈在程式的各個角落。我們不想在四處都看見散佈的+1 和-1。考慮這個取自 FIT 的簡單範例：

```
if (level + 1 < tags.length)
{
  parts = new Parse(body, tags, level + 1, offset + endTag);
  body = null;
}
```

注意，level+1 出現了兩次，這個邊界條件，應該使用一個名稱類似 nextLevel 的新變數將之封裝起來。

```
int nextLevel = level + 1;
if (nextLevel < tags.length)
{
  parts = new Parse(body, tags, nextLevel, offset + endTag);
  body = null;
}
```

G34：函式內容應該下降抽象層次一層（Functions Should Descend Only One Level of Abstraction）

在函式裡的敘述，都應該要撰寫在同樣的抽象層次上。這個層次應該比函式名稱所描述的抽象行為還低一個抽象層次。這也許是最難以闡述和遵循的啟示。雖然這個想法已經表達的非常明白，但人們離無縫不混合抽象層次，還有一段很長的路要走。舉例來說，考慮下面這段從 FitNesse 取出的範例：

```
public String render() throws Exception
{
  StringBuffer html = new StringBuffer("<hr");
  if(size > 0)
    html.append(" size=\"").append(size + 1).append("\"");
  html.append(">");

  return html.toString();
}
```

花點時間閱讀之後，你就會知道發生了什麼不該發生的事。這個函式建立了關於一個水平線的 HTML 標籤，而這個水平線的粗細會根據 `size` 變數而調整。

現在再看一次，這個方法混雜了至少兩種不同的抽象層次。第一個部份是關於水平線有粗細之分的概念，第二個部份是水平線 HR 的標籤語法本身。這段程式碼是從 FitNesse 的 `HruleWidget` 模組中取出的，這個模組在偵測到 4 個以上的破折線之後，會將這些破折線轉換成適當的 HR 標籤。越多的破折號，水平線就越粗。

我重構了這段程式碼如下。注意，我改變了 `size` 欄位的名稱，顯露出原本真正的意圖，它儲存著額外破折線的數量。

```
public String render() throws Exception
{
  HtmlTag hr = new HtmlTag("hr");
  if (extraDashes > 0)
    hr.addAttribute("size", hrSize(extraDashes));
  return hr.html();
}

private String hrSize(int height)
{
  int hrSize = height + 1;
  return String.format("%d", hrSize);
}
```

這次的修改將兩種不同層次的抽象概念清楚地劃分開來。render（呈現）函式僅用來建立 HR 標籤，不需要知道 HTML 關於這個標籤的語法，HtmlTag 模組會處理所有討厭的語法問題。

因著這個修改，我抓到了一個細微的錯誤。在原本的程式裡並沒有在 HR 標籤裡放置關閉的斜線，而 XHTML 標準規範需要這個斜線。（換句話說，這個程式產生了<hr>，而不是<hr />。）而 HtmlTag 模組在很久以前，就已經被修改成遵守 XHTML 的標準規範。

劃分抽象層次概念，是在進行函式重構時，最重要的行為之一，但也是最難做到的事情之一。例如，參考下述的程式碼，這是我第一次嘗試在 HruleWidget.render 方法裡劃分抽象層次的結果。

```
public String render() throws Exception
{
  HtmlTag hr = new HtmlTag("hr");
  if (size > 0) {
    hr.addAttribute("size", ""+(size+1));
  }
  return hr.html();
}
```

在這個階段上，我的目標是要產生必要的劃分，並且讓測試能夠通過。我輕易地完成這樣的目標，但結果是，函式裡仍混雜著不同的抽象層次。在這個例子裡，混雜的抽象層次在於建立 HR 標籤和 size 變數的闡述與編排。這說明了，當你沿著抽象概念的邊界拆解一個函式時，你通常會揭露出新的抽象概念邊界，這些新的抽象概念邊界在之前的結構裡是模糊的，以至於我們沒有在一開始就發現它們。

G35：可調整的資料應放置於高階層次（Keep Configurable Data at High Levels）

如果你有一個常數，例如預設值或設定值，已知或被預期應該存在於高階抽象層次上，不要將它埋在低階層次的函式裡。在高階函式在呼叫低階函式時，將這種常數透過參數方式傳遞至低階函式。來看看下述取自 FitNesse 的程式碼：

```
public static void main(String[] args) throws Exception
{
  Arguments arguments = parseCommandLine(args);
  ...
}
```

```
public class Arguments
{
  public static final String DEFAULT_PATH = ".";
  public static final String DEFAULT_ROOT = "FitNesseRoot";
  public static final int DEFAULT_PORT = 80;
  public static final int DEFAULT_VERSION_DAYS = 14;
  ...
}
```

指令列參數在 FitNesse 的前幾行可執行敘述就獲得了解析，這些參數的預設值在 Argument 類別的開頭進行設定，你並不需要在系統的較低層次裡，尋找類似下述的敘述：

```
if (arguments.port == 0) // use 80 by default
```

設定性質的常數若座落在非常高階的位置，就很容易進行修改。它們會被向下傳遞到應用程式的各個角落，應用程式的較低層級不會擁有這些常數的數值。

G36：避免傳遞性導覽（Avoid Transitive Navigation）

通常，我們不希望讓某個模組瞭解其合作模組的細節。具體一點來說，如果模組 A 和模組 B 進行合作，且模組 B 和模組 C 進行合作，我們不希望模組 A 瞭解模組 C 的資訊。（例如，我們不想出現 a.getB().getC().doSomething();之類的敘述。）

這有時候又被稱之為 Law of Demeter（迪米特法則），在《*The Pragmatic Programmer*（程式員修煉之道）》一書中，則稱為「撰寫出害羞的程式碼（Writing Shy Code）」[12]。這兩種情況流傳下來的想法，都是為了要確保模組只需瞭解到它們立即的合作者，並不需要瞭解整個系統的導覽圖。

如果有許多模組使用一些像 a.getB().getC()之類的敘述，將來如果要在模組 B 和模組 C 之間安插新的模組 Q 時，使用傳遞式的敘述會難以進行設計和架構上的變動。你必須要找出所有的 a.getB().getC()的敘述，並將之轉變成 a.getB().getQ().getC()的敘述，所以這類的敘述會讓架構變得生硬，因為太多模組知道太多的系統整體架構。

倒不如讓立即的直接合作者提供我們所需要的所有服務。我們不應該漫步在系統的物件圖裡，找尋我們想要呼叫的方法。我們寧願能直接以下列方式表達：

```
myCollaborator.doSomething()
```

[12] [PRAG], P.138

Java

J1：利用萬用字元來避免冗長的引入列表（Avoid Long Import Lists by Using Wildcards）

如果你在一個套件裡面使用兩個以上的類別，那就利用下述的方式引入整個套件：

```
import package.*;
```

冗長的引入列表會讓讀者感到氣餒，我們不想用 80 行的引入敘述，來弄亂我們的模組頂端。取而代之的是，精簡引入所需套件的敘述。

特定的引入敘述是嚴格相依的，而萬用字元的引入敘述則不是。如果你只指定要引入某一個特定類別，那這個類別**一定**得存在。但如果你利用萬用字元引入一個套件，沒有哪一個特定類別一定得存在。引入敘述只是在找不到某個類別時，才會把套件加入搜尋路徑。所以，並沒有產生真實的相依性，這也讓我們的模組保持比較低的耦合性。

有時候，冗長的引入列表也可能會是有用的。舉例來說，如果你在處理既有的程式碼，你想找出你必須為哪些類別建立替身（mock）類別和代理（stub）類別，你可以掃過一連串特定的引入敘述，然後找出所有符合類別的真正名稱，再將適當的代理類別放在適當的地方。不過，使用上述特定引入敘述是非常罕見的。而且，大部份現代的 IDE，已經允許你利用一個指令，將萬用字元轉換成一連串的特定引入敘述列表，所以就算是在處理既有程式碼的案例裡，最好還是使用萬用字元來進行引入的動作。

萬用字元的引入，有時候會產生名稱的衝突和模擬兩可的情況。兩個擁有相同名稱但存在於不同套件的類別，需要使用特定的引入敘述，或至少在使用時要用指定的名稱，這會是一件麻煩的事情，但也很少發生這樣的狀況，所以使用萬用字元的引入敘述，整體而言還是比使用特定引入敘述來的好。

J2：不要繼承常數（Don't Inherit Constants）

我看過這樣的狀況好幾次，而且它總是讓我扮了個鬼臉。程式設計師將一些常數放置在介面裡，然後透過繼承介面的方式，取得使用這些常數的權利。參考下述的程式碼：

```
public class HourlyEmployee extends Employee {
  private int tenthsWorked;
  private double hourlyRate;

  public Money calculatePay() {
    int straightTime = Math.min(tenthsWorked, TENTHS_PER_WEEK);
    int overTime = tenthsWorked - straightTime;
    return new Money(
      hourlyRate * (tenthsWorked + OVERTIME_RATE * overTime)
    );
  }
  ...
}
```

常數 TENTHS_PER_WEEK 和 OVERTIME_RATE 是從哪來的？他們也許來自 Employee，所以讓我們來看一下那個類別：

```
public abstract class Employee implements PayrollConstants {
  public abstract boolean isPayday();
  public abstract Money calculatePay();
  public abstract void deliverPay(Money pay);
}
```

沒有，並不在那裡，那會在哪裡呢？再仔細查閱 Employee 類別，發現它實作了 PayrollConstants 介面。

```
public interface PayrollConstants {
  public static final int TENTHS_PER_WEEK = 400;
  public static final double OVERTIME_RATE = 1.5;
}
```

這是一個醜惡的作法！常數隱藏在繼承架構的最上方。討厭！不要利用繼承在程式語言視野的規定上作弊。應該使用靜態的引入敘述來取代。

```
import static PayrollConstants.*;

public class HourlyEmployee extends Employee {
  private int tenthsWorked;
  private double hourlyRate;

  public Money calculatePay() {
    int straightTime = Math.min(tenthsWorked, TENTHS_PER_WEEK);
    int overTime = tenthsWorked - straightTime;
    return new Money(
      hourlyRate * (tenthsWorked + OVERTIME_RATE * overTime)
    );
  }
  ...
}
```

J3：常數和列舉（Constants versus Enums）

enum（列舉）在 Java 5 裡已經支援，使用它們！不要使用 public static final int 這種古老的技巧，int（整數）的意義可能會喪失，而 enum（列舉）則不會，因為它們隸屬於有名稱的機制。

而且，仔細研究 enum 的語法，他們可以有方法和欄位，這讓它們成為更有能力的工具，比 int 提供更多的表達式和彈性，看一看下述另一版本的計算薪水程式碼：

```
public class HourlyEmployee extends Employee {
  private int tenthsWorked;
  HourlyPayGrade grade;

  public Money calculatePay() {
    int straightTime = Math.min(tenthsWorked, TENTHS_PER_WEEK);
    int overTime = tenthsWorked - straightTime;
    return new Money(
      grade.rate() * (tenthsWorked + OVERTIME_RATE * overTime)
    );
  }
  ...
}

public enum HourlyPayGrade {
  APPRENTICE {
    public double rate() {
      return 1.0;
    }
  },
  LEUTENANT_JOURNEYMAN {
    public double rate() {
      return 1.2;
    }
  },
  JOURNEYMAN {
    public double rate() {
      return 1.5;
    }
  },
  MASTER {
    public double rate() {
      return 2.0;
    }
  };

  public abstract double rate();
}
```

命名（Names）

N1：選擇具描述性質的名稱（Choose Descriptive Names）

命名不用急著確定下來，必須先確保這個選定的名稱具有足夠的描述性。記住，變數的意義可能會在軟體演化的過程中，而有所偏移，所以要時常重新評估你所選名稱的合適性。

這並不只是一個「自我感覺良好」的建議，命名因素在程式可讀性上所佔的比率達百分之九十。你需要花時間，有智慧地選擇名稱，並且保持這些名稱和程式相關。命名是如此的重要，不能隨便輕忽它。

參考下述的程式，它想要作什麼事情？如果我讓你看到的是一個有著良好命名的程式，那麼就很容易看懂它，但下述的程式碼看起來只像是一群符號和魔術數字的大雜燴。

```
public int x() {
    int q = 0;
    int z = 0;
    for (int kk = 0; kk < 10; kk++) {
      if (l[z] == 10)
      {
        q += 10 + (l[z + 1] + l[z + 2]);
        z += 1;
      }
      else if (l[z] + l[z + 1] == 10)
      {
        q += 10 + l[z + 2];
        z += 2;
      } else {
        q += l[z] + l[z + 1];
        z += 2;
      }
    }
    return q;
}
```

下面是該程式應該被撰寫的樣子，這段程式碼事實上比上一段程式碼還要不完整，但你仍然可以立刻推測出這段程式碼的意圖，而且你可以利用推測出的意義，輕易地填滿缺少的函式內容。那些魔術數字再也不是魔術數字了，而且演算法的結構也具有令人信服的描述性。

```
public int score() {
  int score = 0;
  int frame = 0;
  for (int frameNumber = 0; frameNumber < 10; frameNumber++) {
    if (isStrike(frame)) {
```

```
      score += 10 + nextTwoBallsForStrike(frame);
      frame += 1;
    } else if (isSpare(frame)) {
      score += 10 + nextBallForSpare(frame);
      frame += 2;
    } else {
      score += twoBallsInFrame(frame);
      frame += 2;
    }
  }
  return score;
}
```

仔細選擇好的名稱，其威力在於它們的描述涵蓋了程式的結構。這樣的涵蓋符合讀者的期待，能讓他們知道在模組裡的其它函式在做些什麼。看看上述的程式碼，你能夠推測出 isStrike() 方法的實現內容是什麼。當你讀到 iStrike 方法時，它會「與你預期的相去不遠」[13]。

```
private boolean isStrike(int frame) {
  return rolls[frame] == 10;
}
```

N2：在適當的抽象層次選擇適當的命名（Choose Names at the Appropriate Level of Abstraction）

不要選擇透露實現內容訊息的名稱，選擇能反映出類別或函式抽象層次的名稱。這是一件艱鉅的任務。再一次地，人們很容易就會把不同的抽象層次混合在一起。每一次當你閱讀你的程式碼時，你可能會發現某些變數的名稱，位於過低的抽象層次，當你找到這些名稱時，你應該利用這個機會去重新命名。要讓程式具有可讀性，必須持之以恆地進行改善。考慮下列這個 Modem（數據機）介面：

```
public interface Modem {
  boolean dial(String phoneNumber);
  boolean disconnect();
  boolean send(char c);
  char recv();
  String getConnectedPhoneNumber();
}
```

起初，這段程式碼看起來沒什麼問題。所有的函式看起來都相當合適。的確，在大部份的應用程式裡，它們沒什麼大問題。但現在考慮到某種應用程式，數據機並不總是透過撥接來進行連結，反而有時數據機是永久地透過有線的方式進行連結（想想現今某些家

---

[13] 參考在第一章，Ward Cunningham（沃德・坎寧安）的引述文

庭提供網路服務的 cable modem）。也許有些數據機是透過 USB 交換機的連結埠數字（port number）方式進行連結。很明顯地，關於電話號碼的概念位於錯誤的抽象層次，在這樣的情境下，一個比較好的命名方式可能為：

```
public interface Modem {
  boolean connect(String connectionLocator);
  boolean disconnect();
  boolean send(char c);
  char recv();
  String getConnectedLocator();
}
```

現在，名稱已經不再侷限在電話號碼上，它們仍然可以使用電話號碼，但也可以使用其它任何的連結方式。

N3：盡可能使用標準命名法（Use Standard Nomenclature Where Possible）

如果使用已有的慣例或用法來進行命名，那這些命名會比較容易被理解。舉例來說，如果你正在使用 DECORATOR（裝飾者）模式，你就應該在裝飾類別的名稱中使用 Decorator。例如，AutoHangupModemDecorator 也許是某個裝飾數據機的類別，功能是能夠在連線結束時自動切斷連結。

模式只是某一種標準。例如在 Java 裡，將物件轉換成字串呈現的函式通常命名為 toString。遵循這些習慣用法，比起你自己想一個新的名稱，會好上許多。

團隊通常會因特定的專案，發明屬於他們自己的命名標準系統。Eric Evans（艾瑞克・伊凡斯）稱這樣的行為叫做專案裡的「普及語言（*ubiquitous language*）」[14]，你的程式應該廣泛地使用該語言裡的字彙。簡而言之，當你使用越多關於專案的特定意義名稱，就越容易讓讀者瞭解到程式碼的意圖。

N4：非模稜兩可的名稱（Unambiguous Names）

選擇不會讓函式或變數意義模稜兩可的名稱。考慮以下取自 FitNesse 的範例：

```
private String doRename() throws Exception
{
  if(refactorReferences)
```

14 [DDD]。

```
    renameReferences();
  renamePage();

  pathToRename.removeNameFromEnd();
  pathToRename.addNameToEnd(newName);
  return PathParser.render(pathToRename);
}
```

這個函式的命名並沒有透露出函式的意圖，也充滿太廣泛和模糊的字詞，在 doRename 函式裡有個 renamePage 函式強調了這個事實！這兩個函式的名稱是否說明了兩者的差別在哪裡？一點也沒有。

這個函式較好的名稱應為 renamePageAndOptionallyAllReferences，這個名稱看起來也許很冗長，而且它確實如此，然而它在模組裡只會被呼叫一次，所以其解釋的重要性價值勝過其長度價值。

N5：較大範圍的視野使用較長的名稱（Use Long Names for Long Scopes）

名稱的長度應該和視野的範圍大小有關。你可以在視野範圍較小的區域裡使用較短的名稱，但在視野範圍較大的區域則應使用較長的名稱。

如果視野範圍只有 5 行大小，那麼 i 和 j 這類的變數名稱就沒什麼問題。考慮下述，從古老標準「Bowling Game（保齡球遊戲）」所擷取出的程式片段：

```
private void rollMany(int n, int pins)
{
  for (int i=0; i<n; i++)
    g.roll(pins);
}
```

這段程式碼很清楚，如果變數 i 被替換成討厭的名稱，如 rollCount，反而會被混淆。另一方面，當距離長一些時，短名稱的變數與函式會失去其意義。所以名稱的視野範圍越大，就該取個越長越準確的名稱。

N6：避免編碼（Avoid Encodings）

不應該將型態或視野編碼到名稱裡。像 m_或 f 這樣的字首，在現今的開發環境裡已經沒有什麼用處。專案及／或子系統的編碼，如 vis_（針對視覺化影像系統）會分散注意力而且也是多餘的。再一次地，今日的開發環境不會弄亂名稱就能提供所有的資訊。讓你的名稱不要受到匈牙利命名法的污染。

N7：命名應該描述可能的程式副作用（Names Should Describe Side-Effects）

名稱應該描述函式、變數或類別的所有事情。不要在名稱裡隱藏程式的副作用。不要用一個簡單的動詞名稱來描述一個函式，卻發現該函式做的事卻不只有一件。舉例來說，考慮以下取自 TestNG 的程式碼：

```
public ObjectOutputStream getOos() throws IOException {
  if (m_oos == null) {
    m_oos = new ObjectOutputStream(m_socket.getOutputStream());
  }
  return m_oos;
}
```

這個函式做的事，比獲取一個「oos」物件還要多，如果這個物件不存在，它會建立「oos」物件。所以，createOrReturnOos 可能是比較好的名稱。

測試（Tests）

T1：不足夠的測試（Insufficient Tests）

一套測試組應該包含多少個測試呢？不幸的是，許多程式設計師所使用的標準是「這看起來似乎是夠多了」。一套測試組應該測試所有可能失敗的情況。只要有任何的條件沒有被測試過或任何的計算沒有被驗證過，那麼這套程式組就還是不足夠的。

T2：使用涵蓋率工具（Use a Coverage Tool!）

涵蓋率工具告訴你，你的測試策略裡有哪些地方並未測試到。它們也讓你容易找到尚未測試夠的模組、類別和函式。大部份的 IDE 會提供你視覺上的指示，將已經被測試涵蓋到的程式碼標記成綠色的，然後將未涵蓋到的程式碼標示為紅色的。這樣子可以更快速和容易地找到那些還沒有被測試到的 if 或 catch 敘述。

T3：不要跳過簡單的測試（Don't Skip Trivial Tests）

這些簡單的測試很容易撰寫，而且這些測試文件的說明價值高於撰寫的成本。

T4：被忽略的測試是對模稜兩可的疑問（An Ignored Test Is a Question about an Ambiguity）

有時候，因為程式的需求不夠明確，所以我們無法確定某個行為的細節。我們可以利用被註解掉的測試，或被標記成`@Ignore`的測試，來表達我們對於需求的疑問。至於你該選擇哪種作法，取決於模稜兩可的部分是否想要被編譯。

T5：測試邊界條件（Test Boundary Conditions）

特別注意測試邊界條件，我們會遇到，演算法在一般狀況下運行順利，但在邊界條件時卻判斷錯誤。

T6：在程式錯誤附近進行詳盡的測試（Exhaustively Test Near Bugs）

程式錯誤（Bugs）往往聚集。當你在函式裡找到某個程式錯誤，明智的作法是對該函式做一個詳盡的測試。你可能會發現程式錯誤其實並不只有一個。

T7：失敗的模式是某種啟示（Patterns of Failure Are Revealing）

有時候你可以利用測試程式失敗的模式，來診斷程式的問題在哪裡。這是另一個要使得測試盡可能完整的論點，完整的測試以合理的方式排序時，就能透露出失敗的模式。

舉一個簡單的例子，假設你注意到所有比五個字元長的測試都失敗了？或者如果所有傳入函式的第二個參數是負數的測試都失敗了？有時候只要看看測試報告裡紅色和綠色的模式，就足以驚奇地找到解決方案而發出「哇哈！」。往回參考第16章的`SerialDate`範例，就能看到像這樣有趣的例子。

T8：測試涵蓋率模式可以是一種啟示（Test Coverage Patterns Can Be Revealing）

查看在測試時執行過或未被執行過的程式碼，就能對失敗的測試為什麼失敗，提供一些蛛絲馬跡。

T9：測試要夠快速（Tests Should Be Fast）

一個龜速的測試是個不會被執行的測試。當行程很趕時，龜速的測試會從測試組裡被移除。所以盡力保持你的測試程式夠快速。

總結

這份啟發與程式氣味的列表，很難說是已足夠完整。的確，我並不能確定這樣的列表是否有完整的一天。但也許列表的完整性根本就不是目標，因為這個列表真正的貢獻，是提出了一個價值體系。

的確，這套價值體系才是本書的目標和主旨。Clean Code 並不是藉由遵循一連串的規範來撰寫的程式，你並不因著學習一系列的啟發，就變成軟體巧匠。專業性和軟體工藝，來自於對軟體紀律堅持的價值觀。

參考書目

[Refactoring]: *Refactoring: Improving the Design of Existing Code*, Martin Fowler et al., Addison-Wesley, 1999.

[PRAG]: *The Pragmatic Programmer*, Andrew Hunt, Dave Thomas, Addison-Wesley, 2000.

[GOF]: *Design Patterns: Elements of Reusable Object Oriented Software*, Gamma et al., Addison-Wesley, 1996.

[Beck97]: *Smalltalk Best Practice Patterns*, Kent Beck, Prentice Hall, 1997.

[Beck07]: *Implementation Patterns*, Kent Beck, Addison-Wesley, 2008.

[PPP]: *Agile Software Development: Principles, Patterns, and Practices*, Robert C. Martin, Prentice Hall, 2002.

[DDD]: *Domain Driven Design*, Eric Evans, Addison-Wesley, 2003.

附錄 A

平行化之二

Brett L. Schuchert（布萊特．舒克特）撰

本附錄支援和擴充第 13 章平行化的內容。內容是以一連串獨立的主題撰寫而成，你可以不按照順序閱讀本附錄的內容。為了讓讀者可以用這樣的方式閱讀，所以您可能會看到一些重複性的內容。

客戶端／伺服器端的範例

想像一個簡單的客戶端／伺服器端（client/server）應用程式，伺服器監聽著某個 Socket（通訊介面端），等待客戶端進行網路連結。客戶端連結上伺服器端並傳送一個請求（request）。

伺服器端

下面是一個伺服器端應用程式的簡化版本，這個範例的完整原始檔可以參考 Listing A-3「非執行緒的客戶端／伺服器端」。

```
ServerSocket serverSocket = new ServerSocket(8009);

while (keepProcessing) {
    try {
        Socket socket = serverSocket.accept();
        process(socket);
    } catch (Exception e) {
        handle(e);
    }
}
```

這個簡單的應用程式，等待客戶端的連線請求，處理接收到的訊息，然後再等待下一個傳入請求的客戶端。下面是客戶端的程式，用以連接伺服器端：

```
private void connectSendReceive(int i) {
    try {
        Socket socket = new Socket("localhost", PORT);
        MessageUtils.sendMessage(socket, Integer.toString(i));
        MessageUtils.getMessage(socket);
        socket.close();
    } catch (Exception e) {
        e.printStackTrace();
    }
}
```

這個客戶端／伺服器端程式配對的表現如何？我們該如何正式描述其效能？下面是用來斷定其效能是否「可接受」的測試：

```
@Test(timeout = 10000)
public void shouldRunInUnder10Seconds() throws Exception {
    Thread[] threads = createThreads();
    startAllThreadsw(threads);
    waitForAllThreadsToFinish(threads);
}
```

為了讓範例簡單一點，某些設定的動作並未列出（請自行參考 Listing A-4 的 `ClientTest.java`）。這個測試斷定程式應該在 10,000 毫秒內完成。

這是一個用來驗證系統產能的典型範例，這個系統應該要在十秒鐘內完成一連串的客戶端請求。只要伺服器端可以在時間限制內處理每一個客戶端的請求，這個測試就算通過了。

如果測試失敗，會發生什麼事呢？缺少了如事件輪詢機制的設計，這裡也沒什麼辦法可以讓單一執行緒的程式碼運行得更快。那麼使用多執行緒能解決問題嗎？也許可以，但我們需要知道執行時間花在哪些地方，這裡列出兩種可能性：

- I/O——使用 socket,、連接到資料庫、等待虛擬記憶體的交換等關於輸入輸出動作所花的時間。
- 處理器——數值計算、正規表示式的處理、記憶體垃圾回收等關於處理器所花的時間。

一般來說，上述兩種時間花費都會存在於系統內，但對於特定的操作行為來說，會趨向於某個主要的原因。如果程式碼效能受到處理器的限制，那麼提供更多的機器來運作，就可以提昇產能而順利通過我們的測試。但 CPU 的運算週期是有極限的，因此，若只增加執行緒的數量，在受限於處理器（processor-bound）的問題裡，是於事無補的。

從另一方面來說，如果程式執行受限於 I/O（I/O bound），那麼平行化處理就能增進效率。當系統的某部份正在等待 I/O 處理時，系統的其他部份可以利用這個等待時間，來處理其他的事務，更有效率的利用空閒的 CPU。

加入執行緒程式碼

假設效能測試程式失敗了，我們該如何改善產能，讓效能測試可以順利通過呢？如果伺服器端的 process 方法受限於 I/O 處理，那麼下面有一個方式，可以讓伺服器端使用多個執行緒來進行改善（只要修改 processMessage 即可）：

```
void process(final Socket socket) {
    if (socket == null)
        return;

    Runnable clientHandler = new Runnable() {
        public void run() {
            try {
                String message = MessageUtils.getMessage(socket);
                MessageUtils.sendMessage(socket, "Processed: " + message);
                closeIgnoringException(socket);
            } catch (Exception e) {
                e.printStackTrace();
            }
        }
    };

    Thread clientConnection = new Thread(clientHandler);
    clientConnection.start();
}
```

假設這樣的修改使得程式通過了測試[1]，程式碼就完整了嗎，正確了嗎？

伺服器的觀察

更新後的伺服器程式，只花了一秒多一點的時間，因此順利地通過了測試。不幸的是，這個解法有些過於天真，而且會引發許多新的問題。

1 你可以自行驗證修改前與修改後的程式碼。重新檢閱從 Listing A-3 開始的非執行緒程式碼，以及檢閱本附錄最末的執行緒程式碼。

我們的伺服器程式會產生多少個執行緒呢？這個程式碼並沒有設定上限，我們只會受限於 Java 虛擬機器(JVM)所規定的執行緒上限。對於許多簡單的系統來說，這可能已經足夠。但如果系統需要支援公共網路的眾多使用者，會發生什麼事情呢？如果有過多的使用者，在同一時間都連接至伺服器，那這個系統就會掛掉了。

讓我們先把程式效能行為的問題擱置一旁，這個解法包含一些整潔和結構上的問題，這個伺服器端的程式碼擁有多少個職責呢？

- Socket 的連線管理
- 客戶端的處理
- 執行緒的策略
- 關閉伺服器程式的策略

不幸的是，上述所有的職責都在 process 函式裡。此外，這個程式碼跨越了多個不同層次的抽象概念。所以，即便 process 函式是如此簡短，但還是需要被重新切割。

這個伺服器程式有許多必須被修改的理由，所以它違反了單一職責原則。為了保持同步化系統的整潔，執行緒管理應該被放置在少數具有良好控管性質的地方。還有，任何控制執行緒的程式碼，應該只能做關於管理執行緒的動作，為什麼呢？因為要追蹤平行化議題已經夠困難了，所以不該還要同時間檢查其他非平行化議題。

如果我們替上述的每個職責（也包含執行緒管理的職責），分別產生獨立的類別，那麼當我們修改執行緒的管理策略時，這個修改對於整體程式碼產生的影響就會比較小，不會汙染到其他的職責。這也讓我們在不需要擔心執行緒問題的情況下，更容易地去測試其他非執行緒的職責。下面是將職責劃分後的程式版本：

```
public void run() {
  while (keepProcessing) {
    try {
      ClientConnection clientConnection = connectionManager.awaitClient();
      ClientRequestProcessor requestProcessor
        = new ClientRequestProcessor(clientConnection);
      clientScheduler.schedule(requestProcessor);
    } catch (Exception e) {
      e.printStackTrace();
    }
  }
  connectionManager.shutdown();

}
```

所有跟執行緒有關的程式碼都被放到同一個地方，也就是 clientScheduler 裡。如果有任何平行化方面的問題，就只有一個地方需要被檢查：

```
public interface ClientScheduler {
    void schedule(ClientRequestProcessor requestProcessor);
}
```

平行化策略現在變得容易實作：

```
public class ThreadPerRequestScheduler implements ClientScheduler {
    public void schedule(final ClientRequestProcessor requestProcessor) {
        Runnable runnable = new Runnable() {
            public void run() {
                requestProcessor.process();
            }
        };

        Thread thread = new Thread(runnable);
        thread.start();
    }
}
```

將所有執行緒的管理隔離到單一的位置，讓我們修改控管執行緒的策略，變得更加容易。舉例來說，如果要移植到 Java 5 Executor 框架裡，只需要撰寫一個新的類別並安插進來即可（Listing A-1）。

Listing A-1 ExecutorClientScheduler.java

```
import java.util.concurrent.Executor;
import java.util.concurrent.Executors;

public class ExecutorClientScheduler implements ClientScheduler {
    Executor executor;

    public ExecutorClientScheduler(int availableThreads) {
        executor = Executors.newFixedThreadPool(availableThreads);
    }

    public void schedule(final ClientRequestProcessor requestProcessor) {
        Runnable runnable = new Runnable() {
            public void run() {
                requestProcessor.process();
            }
        };
        executor.execute(runnable);
    }
}
```

結論

在這個特別的範例裡介紹了平行化程式，展示了如何增進系統產能的方式，也展示了透過測試框架來驗證產能的方法。將所有的平行化相關程式碼放置於少量的類別裡，是運用單一職責原則的範例。對於平行化程式設計而言，因為執行緒程式碼的複雜性，單一職責原則的運用顯得更為重要。

可能的執行路徑

重新檢閱 `incrementValue` 方法，這是只有一行敘述的 Java 方法，而且也不包含迴圈和條件判斷：

```
public class IdGenerator {
  int lastIdUsed;

  public int incrementValue() {
    return ++lastIdUsed;
  }
}
```

暫時不考慮整數溢位的問題，假設只有單一個執行緒會存取 `IdGenerator` 的單一個實體。在這些假設下，只會有一種執行路徑，和唯一確保的結果：

- 方法的回傳值等於 `lastIdUsed` 的變數值，兩者的數值，只比呼叫這個方法前，還要再多 1。

當我們使用兩個執行緒而且不修改原本的方法，會發生什麼事呢？如果每個執行緒都呼叫一次 `incrementValue` 方法，會有什麼可能的結果呢？這裡有多少種可能的執行路徑呢？首先，結果可能如下（假設 `lastIdUsed` 變數的初始值是 93）：

- 執行緒一得到 94 的值，執行緒二得到 95 的值，最終 lastIdUsed 變數值是 95。
- 執行緒一得到 95 的值，執行緒二得到 94 的值，最終 lastIdUsed 變數值是 95。
- 執行緒一得到 94 的值，執行緒二得到 94 的值，最終 lastIdUsed 變數值是 94。

最後一個執行結果令人吃驚，但這也是可能的結果。為了要瞭解為什麼可能出現這些結果，我們需要瞭解可能的執行路徑數量，並瞭解 Java 虛擬機器是如何執行這些路徑的。

路徑的數量

為了要計算可能的執行路徑數量，我們將從產生的位元組碼（bytecode）開始討論起。(`return ++lastIdUsed;`) 這一行 Java 敘述會變成八個位元元組碼指令。兩個執行緒有可能交錯地執行這八個指令，就像發牌手進行洗牌的動作一樣[2]。就算每隻手只有八張牌，洗牌結果的數量也是非常可觀的。

在這個比較簡單的例子裡，如果一連串共有 N 個指令，沒有迴圈或條件判斷，而且有 T 個執行緒，那麼所有可能的執行路徑數量如下：

$$\frac{(NT)!}{N!^{T}}$$

計算可能的執行次序

以下內容擷取自 Bob 大叔寄給 Brett（布萊特）的電子郵件：

假設我們有 N 個步驟和 T 個執行緒，總共就有 $T*N$ 個總步驟。在每個步驟之前，都有切換（context switch）T 個執行緒的選擇。每一條路徑都可以用代表執行緒切換的數字字串來表示。假設有步驟 A 和步驟 B，及執行緒 1 和執行緒 2，那六條可能的路徑是 1122、1212、1221、2112、2121 和 2211。如果以步驟來表示，則可能的字串組合為 A1B1A2B2、A1A2B1B2、A1A2B2B1、A2A1B1B2、A2A1B2B1 和 A2B2A1B1。如果執行緒有三個的話，那可能的執行順序則為 112233、112323、113223、113232、112233、121233、121323、121332、123132、123123 . . .。

這些字串的特性之一是，每個 T 必須出現 N 次。所以字串 111111 是無效的，因為 1 出現了 6 次，但 2 和 3 皆未出現。

所以我們想要的是 N 1's, N 2's, . . . , N T's 的排列。這其實就是表示從 N*T 個不同事物中，任取 N*T 個排成一列的排列數，答案是(N*T)!，但必須要移除重複的部份。所以關鍵之處在於，要計算重複的次數並從(N*T)!中剔除這些重複。

假設有兩個步驟和兩個執行緒，會有多少個重複呢？每次四個數字的字串，都有兩個 1 和兩個 2，每個這種配對可以互換，這樣做並不會影響字串原本的意義。你也可以

[2] 這裡有些過度簡化，然而，由於只是要作為討論之用，所以我們使用這個簡化模型即可。

同時調換全部的 1 或 2，也可以全部不調換。所以每個字串都有四種同構的型態，也就是其中有三個是重複的。所以 3/4 的選項是重複的，反過來說，1/4 的排列是不重複的。4! * 0.25 = 6。所以這樣的推論看起來是可行的。

那在不同的情況下有多少種重複呢？在 N=2 和 T=2 的狀況下，我可以『調換 1』，『調換 2』，或『兩者都調換』。在 N=2 和 T=3 的狀況下，我可以『調換 1』，『調換 2』，『調換 3』、『調換 1 和調換 2』，『調換 1 和調換 3』，或『調換 2 和調換 3』，調換只是 N 的排列而已。令 N 有 P 種排列，則不同的路徑所安排的排列為 P**T。（**是次方運算，P**T 也就是 P^T）

所以可能同構的型態數量為 N!**T，並且可能的執行路徑為(T*N)!/(N!**T)。再一次地，當 T=2 和 N=2 的狀況下，我們得到了 6 種路徑（24/4）。

當 N=2 和 T=3 時，我們得到了 720/8=90 種。

當 N=3 和 T=3 時，我們得到了 9!/6^3 = 1680 種。

在這個簡單的一行 Java 程式碼範例裡，相當於 8 行的位元組碼指令，另外包含 2 個執行緒，所以總共可能的執行路徑為 12,870 種。如果 lastIdUsed 的變數型態為 long 時，每個讀寫的動作不再只是一次的操作，而是需要兩次的操作，所以可能的路徑數量變為 2,704,156 種。

當我們對這個方法進行一次小修改，會發生什麼事呢？

```
public synchronized void incrementValue() {
    ++lastIdUsed;
}
```

2 個執行緒可能的執行路徑會變成只有 2 種，因此在 N 個執行緒的狀況下，可能的執行路徑會有 N!種。

深入研究

兩個執行緒都呼叫這個方法一次（在我們加入 synchronized 之前），獲得令人驚奇的同樣數值結果，你有什麼看法呢？為什麼會有這樣的情形？讓我們一樣一樣娓娓道來。

什麼是單元操作行為（atomic operation）？我們可以如此定義，單元操作行為是一種不可中斷的操作。舉例來說，在下述程式碼的第 5 行，當 0 值被指定給 lastId 時，就是一種單元操作行為。因為在 Java 的記憶體模型裡，將 32 位元的值指派給變數的行為，是不可中斷的操作。

```
01: public class Example {
02:     int lastId;
03:
04:     public void resetId() {
05:         lastId = 0;
06:     }
07:
08:     public int getNextId() {
09:         ++lastId;
10:     }
11: }
```

當我們把 lastId 的型態由 int 換成 long 時，會發生什麼事呢？第 5 行的程式依然是單元操作行為嗎？不根據 JVM 規格定義的話，它在某些特定的處理器平臺上，是一個單元操作行為，但是依據 JVM 規格來看，設定任何 64 位元的數值操作，需要兩次 32 位元的設定操作。這代表了在第一次 32 位元值的設定操作與第二次 32 位元值的設定操作之間，可能會有某個執行緒偷偷溜進來，修改其中一個數值。

那第 9 行的前置增量運算子++又如何呢？這個前置增量運算子是可以被中斷的，所以它不是一種單元運算。為了瞭解這個運算子，讓我們詳細地檢閱這兩個方法的位元組碼指令。

在我們更進一步探討之前，下面先介紹三個重要的定義：

- 框架（Frame）——審校註：又稱堆疊框架（Stack Frame）及活動記錄（與第 6 章的有所不同）。每次呼叫方法時，都需要一個框架。這個框架是一塊堆疊的記憶體空間，內容包含了回傳位址、任何傳入方法的參數以及在方法裡定義的區域變數。這是一個標準的技巧，用來定義函式的呼叫堆疊，在現代的程式語言裡使用這個堆疊，以允許基本的函式／方法呼叫，並且也允許遞迴式的函式呼叫。
- 區域變數——任何定義在方法視野內的變數都是區域變數。所有非靜態的方法，都至少有一個 this 變數，這個變數代表當前的物件，也就是引起方法呼叫（在當前的執行緒裡）、接收大部分最新訊息的物件。
- 運算元堆疊——許多 Java 虛擬機器的指令都帶有參數。運算元堆疊就是存放這些參數的地方。這個堆疊是一個標準後進先出（LIFO）的資料結構。

下面是由 resetId()產生的位元組碼指令：

助憶碼（指令）	描述	執行結束後的運算元堆疊內容
ALOAD 0	將第 0 個變數存入運算元堆疊。什麼是第 0 個變數呢？就是 **this**，代表了當前的物件。當這個方法被呼叫時，訊息的接收者，Example 的一個實體，被推入到方法呼叫所建立之框架中的區域變數陣列。總是會放入每個實體方法的第一個變數。	this
ICONST_0	將數值 0 的常數值推入運算元堆疊。	this, 0
PUTFIELD lasted	將堆疊頂端的值（也就是數值 0）儲存為引用物件的欄位值，這代表堆疊頂端 **this** 與物件引用的距離。	<空白>

這三個指令都保證是一種單元運算。因為雖然執行這些指令的執行緒，可能會在某一個指令結束後被中斷，但 PUTFIELD 這個指令（堆疊頂端的常數值 0，以及頂端下面的 this 與伴隨的欄位值）並不會被其他執行緒碰觸到。所以當指定（assignment）操作發生時，我們可以保證數值 0 會被儲存到欄位變數值中。這個操作行為是單元的。因為對於方法而言，所有的運算元都是區域資訊，所以在多執行緒之間並不會互相干擾。

所以，如果這 3 個指令被 10 個執行緒執行，就有 4.38679733629e+24 種可能的執行次序。然而，只會有一種可能的輸出結果，所以不同的次序是沒有影響的。對於 long 型態而言，在這個例子裡也會有同樣的結果，為什麼會這樣呢？因為這 10 個執行緒都只是在設定一個常數值，就算它們會互相交錯干擾，但最後的結果還是會相同的。

對於 getNextId 的++運算而言，就會出現一些問題。假設 lastId 起始的數值為 42，下面是這個新方法的位元組碼：

助憶碼（指令）	描述	執行結束後的運算元堆疊內容
ALOAD 0	將 this 存入運算元堆疊	this
DUP	拷貝堆疊頂端的數值，在運算元堆疊裡，現在有 this 變數的兩份拷貝了。	this, this
GETFIELD lasted	從指向堆疊頂端（this）的物件中，取得欄位 lastId 的值，並將該值回存到堆疊上。	this, 42
ICONST_1	將整數常數 1 推入堆疊。	this, 42, 1

助憶碼（指令）	描述	執行結束後的運算元堆疊內容
IADD	將運算元堆疊頂端的兩個數值進行相加，並且將相加的結果回存到運算元堆疊。	this, 43
DUP_X1	拷貝數值 43，並將之放入堆疊的 this 之前。	43, this, 43
PUTFIELD value	將運算元堆疊頂端的數值 43 設定為當前物件的欄位值，當前物件以堆疊頂端的第二個變數 this 來表示。	43
IRETURN	返回堆疊頂端（而且是僅存的）數值。	<空白>

想像一種情況，當第一個執行緒執行完前三個指令，也就是執行完 GETFIELD，然後被中斷。第二個執行緒繼續執行，並且完成了整個方法，將 lastId 的數值增加 1，然後回傳了數值 43。接著第一個執行緒回到它原本執行到一半的地方，數值 42 還存在於運算元堆疊裡，因為這個數值是之前第一個執行緒執行 GETFIELD 所獲得的 lastId 值，然後把這個數值加 1，再次獲得了數值 43，接著儲存運算的結果，最後第一個執行緒也回傳了數值 43。執行結果就是『有一個遞增的效果不見了』。因為第一個執行緒在被第二個執行緒中斷回復後，又踩到了第二個執行緒。

讓 getNextId()成為同步方法，就能修正這個問題。

總結

想要瞭解執行緒如何互相交錯影響，深入瞭解位元組碼並非是必要的。如果你瞭解這一個範例，它展示了多執行緒是如何交互影響其他的執行緒，這樣就足夠了。

話雖這麼說，這個簡單的範例展示的是，有必要瞭解記憶體裡，什麼是安全的，什麼是不安全的。對於++（前置或後置增量運算子），一般人常常誤解，是認為它的運算是單元的，但很明顯地它不是。這代表你需要知道：

- 哪裡有共用的物件和數值
- 哪些程式碼會導致平行化讀取／更新議題
- 如何防止平行化議題的發生

瞭解你的函式庫

Executor 框架

正如同 Listing A-1 `ExecutorClientScheduler.java` 所展示的，在 Java 5（含之後的版本）裡採用 `Executor` 框架允許使用執行緒池來進行複雜的執行。而這個類別存在於 `java.util.concurrent` 套件裡。

如果你正在建立執行緒，但不想使用執行緒池，或**正在**使用一個手工打造的執行緒池，你應該考慮使用 `Executor`。這會讓你的程式更整潔，更容易被跟隨，也更簡短。

`Executor` 框架把執行緒放在池中，自動調整其大小，在必要時也會重新建立執行緒。這個框架還支援一種常見的平行化程式設計建置——*futures*（**未來**）。`Executor` 框架可以和實作 `Runnable` 介面的類別，以及實作 `Callable` 介面的類別一起協同工作。`Callable` 介面和 `Runnable` 差不多，但 `Callable` 可以回傳一個結果，在多執行緒裡，這是一種常見的需求。

當程式碼需要執行多個相互獨立的操作，又要等待這些操作都結束時，*futures* 就派得上用場了：

```
public String processRequest(String message) throws Exception {
    Callable<String> makeExternalCall = new Callable<String>() {
        public String call() throws Exception {
            String result = "";
            // make external request
            return result;
        }
    };

    Future<String> result = executorService.submit(makeExternalCall);
    String partialResult = doSomeLocalProcessing();
    return result.get() + partialResult;
}
```

在這個例子裡，這個方法開始執行 `makeExternalCall` 物件。這個方法接著繼續其他動作，最後一行呼叫了 `result.get()`，這個方法因此被阻礙中斷，直到 future 執行結束後，才會繼續運行。

非阻礙中斷的作法（Nonblocking Solutions）

Java 5 虛擬機器採用了現代處理器的設計優點，支援可靠、非阻礙中斷（nonblocking）的更新方式。舉例來說，考慮一個使用 synchronized 同步（所以會被阻礙中斷）來提供『執行緒安全更新一個數值』的類別：

```
public class ObjectWithValue {
    private int value;
    public void synchronized incrementValue() { ++value; }
    public int getValue() { return value; }
}
```

Java 5 提供了一連串可用於此情況的新類別：AtomicBoolean、AtomicInteger 和 AtomicReference 就是三個例子，還有更多類似的例子。我們可以將上述的程式碼，使用非阻礙中斷的方式重新改寫如下：

```
public class ObjectWithValue {
    private AtomicInteger value = new AtomicInteger(0);

    public void incrementValue() {
        value.incrementAndGet();
    }
    public int getValue() {
        return value.get();
    }
}
```

就算是使用一個物件來取代原始的直接操作，使用 incrementAndGet()這樣的訊息發送方式取代++運算，這個類別的運算效能幾乎總是能打敗前一個版本。在某些情況下，只會快一點點，但變得更慢的情況，幾乎是不存在的。

這是怎麼辦到的？現代的處理器，有一種典型的運算，稱為 **CAS**（Compare and Swap，**比較和交換**）。這個運算類似於資料庫裡的樂觀鎖定，然而它的同步化版本則類似於悲觀鎖定。

就算第二個執行緒並沒有試著要更新相同的數值，synchronized 關鍵字還是會要求上鎖。就算內定的上鎖在一次又一次的版本發佈時進行了改善，它們依舊是相當花費資源的。

非阻礙中斷的版本是，假設多執行緒不會很常修改到相同的數值，而導致問題產生。反之，這個版本有效率地偵測，修改相同數值的情形是否會發生，並不斷地重試更新，直到更新成功為止。這樣的偵測幾乎總是比要求上鎖花費更少的資源，即便遇到高度競爭的情況也是這樣。

那虛擬機器是如何完成這些工作的呢？CAS 運算是單元的。在邏輯上，CAS 運算看起來像下列的程式碼：

```
int variableBeingSet;

void simulateNonBlockingSet(int newValue) {
    int currentValue;
    do {
        currentValue = variableBeingSet
    } while(currentValue != compareAndSwap(currentValue, newValue));
}

int synchronized compareAndSwap(int currentValue, int newValue) {
    if(variableBeingSet == currentValue) {
       variableBeingSet = newValue;
       return currentValue;
    }
    return variableBeingSet;
}
```

當一個方法試圖要更新一個共用變數，CAS 運算會去驗證，正要被指定新值的變數，是否保有最後一個已知的值。如果是這樣的話，就更新這個變數。如果不是的話，這個變數就不會被設定，因為有另外一個執行緒正想要更新這個變數。這個方法（透過 CAS 運算）常使用來觀察變動是否已經完成了，然後重新嘗試修改的動作。

非執行緒安全的類別

有一些類別，本質上就不是執行緒安全的類別，如下幾個例子：

- `SimpleDateFormat` 類別
- 資料庫連線
- `java.util` 裡的容器類別
- Servlets

注意到某些集合類別，擁有一些個別來看是執行緒安全的方法。然而，任何操作只要是呼叫超過一個以上的方法，就不是執行緒安全了。舉例來說，如果因為某個變數已存在於 `HashTable` 裡，你就不會想取代這個變數，你可能會撰寫以下的程式：

```
if(!hashTable.containsKey(someKey)) {
    hashTable.put(someKey, new SomeValue());
}
```

個別的方法是執行緒安全的。然而，另外一個執行緒卻可能在 containsKey 和 put 兩個呼叫之間，增加一個新的值。這裡有幾個選項可以解決這個問題。

- 先鎖定 HashTable，然後確定其他 HashTable 的使用者都會作同樣的事———做基於客戶端的鎖定：

```
synchronized(map) {
if(!map.conainsKey(key))
    map.put(key,value);
}
```

- 將 HashTable 封裝到屬於自己的物件，並使用不同的 API———使用 ADAPTER 模式做基於伺服器端的鎖定：

```
public class WrappedHashtable<K, V> {
    private Map<K, V> map = new Hashtable<K, V>();

    public synchronized void putIfAbsent(K key, V value) {
        if (map.containsKey(key))
            map.put(key, value);
    }
}
```

- 使用執行緒安全的集合類別：

```
ConcurrentHashMap<Integer, String> map = new ConcurrentHashMap<Integer,
String>();
map.putIfAbsent(key, value);
```

在 java.util.concurrent 裡的集合，都有著像 putIfAbsent()這類的方法，來提供像這種的操作方式。

方法之間的相依性，會破壞平行化程式

下面是一個簡單的範例，會產生在方法之間的相依性：

```
public class IntegerIterator implements Iterator<Integer>
    private Integer nextValue = 0;

    public synchronized boolean hasNext() {
        return nextValue < 100000;
    }
```

```
        public synchronized Integer next() {
            if (nextValue == 100000)
                throw new IteratorPastEndException();
            return nextValue++;
        }
        public synchronized Integer getNextValue() {
            return nextValue;
        }
    }
```

下面是一些使用 IntegerIterator 類別的程式碼：

```
IntegerIterator iterator = new IntegerIterator();
while(iterator.hasNext()) {
   int nextValue = iterator.next();
   // do something with nextValue
}
```

如果只有一個執行緒執行這段程式碼，就不會有任何問題。但如果有兩個執行緒，試圖要共用單一個 IntegerIterator 的實體，並且每個執行緒會對所獲得的值進行運算，但是串列裡的每個元素只會被處理一次，會發生什麼狀況呢？在大部份的時間裡，並不會有什麼不好的狀況發生，這些執行緒很開心的共用這個串列，處理從迭代器（iterator）取得的元素並且在迭代器完成時停下來。然而，這裡還是有一些小機率會發生一種情況，也就是，每個迴圈的尾端，兩個執行緒可能會互相干擾，使得其中一個執行緒使用到超出迭代器尾端的資料而拋出例外。

這裡的問題是：執行緒一號呼叫 hasNext()，詢問是否有下一個值，而該方法回傳 true。執行緒一號先佔（preempt）了 CPU，然後執行緒二號也呼叫 hasNext()，問了同樣的問題，方法依舊回傳 true。執行緒二號接著呼叫了 next()，這個方法能回傳所預期的值，但同時也會對 hasNext()產生副作用，讓 hasNext()方法回傳 false。然後執行緒一號又再次啟動了，認為 hasNext()回傳的值仍應該是 true，所以執行緒一號接著也會呼叫 next()。就算個別的方法都有同步化的機制，這個客戶端還是使用了**兩個**方法（譯者注：所以有可能產生錯誤）。

這是一個真實的案例，也是這類問題的範例，這類問題可能會在平行化的程式中突然出現。在這些特殊的狀況下，這種問題尤其難以捉摸，因為只有在迭代器的最後一次迴圈時，才會發生這樣的錯誤。如果執行緒正好在那個時候中斷了，那麼其中一個執行緒就有可能會使用到『超出迭代器所使用的記憶體範圍』。這樣的錯誤，常發生在系統已經上線、進入產品階段的時候，而且這樣的問題很難追蹤。

此時，你有三個選擇：

- 容忍錯誤。
- 修改客戶端程式來解決問題：基於客戶端的鎖定。
- 修改伺服器端程式來解決問題，同時也需要對客戶端進行些許修改：基於伺服器端的鎖定。

容忍錯誤

有時候，你可以設定一些東西，讓程式的失敗不會造成傷害。舉例來說，上述的客戶端程式會捕捉某個例外事件，然後將這個例外事件清除。但坦白說，這樣做有一點懶惰。這有點像是利用半夜把伺服器重新開機，來清掃可能的記憶體溢漏事件。

基於客戶端的鎖定

為了讓 IntegerIterator 類別可以在多執行緒的環境下正確執行，對這個客戶端（以及每一個客戶端）程式做如下的修改：

```
IntegerIterator iterator = new IntegerIterator();

   while (true) {
      int nextValue;
      synchronized (iterator) {
      if (!iterator.hasNext())
        break;
      nextValue = iterator.next();
   }
   doSometingWith(nextValue);
}
```

每個客戶端藉由 synchronized 關鍵字產生一個鎖定。這樣在每個客戶端的重複程式行為，違反了不要重複你的程式碼（DRY）原則，但如果程式使用非執行緒安全的第三方工具，這也許是不得不的作法。

這樣的作法有點冒險，因為每個使用伺服器的程式設計師在使用這個變數前，都必須記得先將之鎖定，使用完畢時則解除鎖定。許多（許多！）年以前，我工作在一個特別的系統，該系統在一個共用資源上採取基於客戶端的鎖定。程式碼中有幾百個地方都使用了這個共用資源，有個可憐的程式設計師，在某個地方忘記鎖定這個資源。

這是一個多終端機的分時系統，執行著 Local 705 卡車聯盟的會計軟體。這台電腦座落在離 Local 705 總部北方五十哩，有環境控管和高架地板的房間裡。總部有數十個職員一起透過終端機輸入資料，這些終端機使用電話專線和 600bps 半工數據機連線到電腦。（這是非常、非常久以前的事了。）

每一天都會有一台終端機忽然被「鎖住」了，並且也看不出什麼規律或理由來說明這樣的現象。這樣的鎖定並沒有針對哪一台終端機或哪一個時間，好像有人靠著擲骰子，來選擇某個時間來鎖定某台終端機一樣。有時候還會超過一台終端機被鎖定，有時候會有好幾天都沒有終端機被鎖定。

一開始，唯一的解決方法就是重新開機，但重新開機是一件很難協調的事情。我們必須通知總部，讓所有人完成在所有終端機現有進行的工作，接著我們才能關機和重開機。如果有人要做的某件重要工作必須花一或兩小時，鎖定的終端機就僅僅只能繼續維持鎖定。

在經過幾個星期的除錯之後，我們發現原因是出在一個環緩衝區計數器沒有和它的指標同步。這個緩衝區是用來控制終端機的輸出。指標的值指出緩衝區已經清空，但事實上緩衝區卻說它是滿的。因為緩衝區是空的，代表沒有資料需要被顯示，而又因為緩衝區是滿的，所以也沒有東西可以被加入緩衝區並顯示於螢幕上。

所以我們知道為什麼終端機被鎖定了，但我們還是不知道為什麼環緩衝區會無法同步，所以我們加入一個 hack 的手法來找出問題所在。以前（這是非常、非常、非常久以前）可以讀取電腦前方顯示板的開關資訊，我們寫了一個小型的陷阱函式，用來偵側是哪個開關拋出的資訊，然後查看有沒有又空又滿的環緩衝區。如果找到了，就重新設定這個緩衝區是空的。瞧，這不就解決了嗎！被鎖定的終端機再一次開始顯示資訊了。

所以現在當終端機鎖定時，我們不必再重新開機。Local 只要在終端機被鎖定時，打通電話給我們，我們就直接走到機房裡，輕彈一下開關即可。

當然有時候，他們會在週末上班，可是我們不會。所以我們在排程器（scheduler）裡增加了一個函式，每隔一分鐘就去檢查所有的環緩衝區，如果同時出現又空和又滿的情況，就重新設定這個緩衝區。這樣的作法使得，在 Local 的人拿起電話撥出之前，顯示的狀態就又再次暢通了。

在我們找到元兇之前，有好幾個禮拜，我們看過一頁又一頁龐大的組合語言程式。我們也作了數學計算，來計算鎖定發生的頻率，和某個單一未鎖定的環緩衝區的使用頻率一致。所以我們需要做的是，找出那個錯誤的用法。不幸的是，在那古早的年代，我們並沒有搜尋工具、也沒有交互參照、或任何自動化的幫助，我們只能一行又一行的逐一檢查。

在那個 1971 年的寒冬，我在芝加哥學到很重要的一課，基於客戶端的鎖定真的非常糟糕。

基於伺服器端的鎖定

我們可以利用下列對 IntegerIterator 的修改方式，來消除程式的重複：

```
public class IntegerIteratorServerLocked {
    private Integer nextValue = 0;
    public synchronized Integer getNextOrNull() {
        if (nextValue < 100000)
            return nextValue++;
        else
            return null;
    }
}
```

並且，客戶端的程式也應該修改如下：

```
while (true) {
    Integer nextValue = iterator.getNextOrNull();
    if (next == null)
        break;
    // do something with nextValue
}
```

在這個例子裡，事實上我們是修改了類別的 API，使之注意到多執行緒的使用情境[3]。客戶端需要進行 null 檢查，而不是檢查 hasNext()的呼叫結果。

一般來說，你應該優先使用基於伺服器端的鎖定，是基於下列理由：

- 它會減少重複的程式碼——基於客戶端的鎖定，強制所有的客戶端都必須適當的鎖定伺服器。透過在伺服器端放置適當的鎖定程式碼，客戶端就能自由地使用這個物件，不必花心思撰寫額外的鎖定程式碼。

[3] 事實上，Iterator 介面本質上並非執行緒安全的。它從來就不是被設計用來在多執行緒的狀況下使用，所以會有這樣的結果並不令人意外。

- 它會獲得更好的效能——在單一執行緒的部署環境裡，你可以用非執行緒安全的伺服器端程式，取代執行緒安全的客戶端程式，並因此避免額外的負擔。
- 它減少出現錯誤的可能性——最多只會有一個程式設計師忘記進行鎖定。
- 它強制使用單一策略——這個策略只在一個地方實施，也就是只在伺服器端實施，而不是每個客戶端，這麼多的地方來實施。
- 它減少共用變數的視野——客戶端不必關心共用變數，也不必關心它們是如何被鎖定的。這些變數都隱藏在伺服器端程式裡，當有問題時，需要檢查的程式碼比較少。

如果你無法修改伺服器端的程式碼時，該怎麼辦呢？

- 使用 ADAPTER（轉換器）方式，來修改所有的 API，並且加入鎖定。

```
public class ThreadSafeIntegerIterator {
    private IntegerIterator iterator = new IntegerIterator();

    public synchronized Integer getNextOrNull() {
        if(iterator.hasNext())
            return iterator.next();
        return null;
    }
}
```

- 或者，更好的辦法是，使用延伸（extended）介面中，執行緒安全的集合。

增加產能

假設我們想要連線到網路上，從一連串的 URL 中讀取一組網頁內容。當讀取一個網頁時，我們需要解析這個網頁，累積一些統計結果。當讀取完所有的網頁後，我們會秀出總結報告。

下面這個類別將根據給定的 URL，回傳對應的網頁內容：

```
public class PageReader {
  //...
  public String getPageFor(String url) {
    HttpMethod method = new GetMethod(url);

    try {
      httpClient.executeMethod(method);
      String response = method.getResponseBodyAsString();
```

```
        return response;
      } catch (Exception e) {
        handle(e);
      } finally {
        method.releaseConnection();
      }
    }
  }
```

下一個類別是一個迭代器，可以根據 URL 的迭代器，來提供網頁的內容：

```
public class PageIterator {
  private PageReader reader;
  private URLIterator urls;

  public PageIterator(PageReader reader, URLIterator urls) {
    this.urls = urls;
    this.reader = reader;
  }

  public synchronized String getNextPageOrNull() {
    if (urls.hasNext())
      getPageFor(urls.next());
    else
      return null;
  }

  public String getPageFor(String url) {
    return reader.getPageFor(url);
  }
}
```

PageIterator 類別的一個實體可以讓許多不同的執行緒共用，每個執行緒都使用屬於它自己的 PageReader 實體，對從迭代器所獲得的網頁，進行讀取和解析的動作。

請你注意，我們讓 synchronized 區塊保持得非常簡短，這個區塊只包含身處於 PageIterator 類別裡的臨界區域。盡量減少使用同步化，總是比使用更多的同步化來得更好。

單一執行緒的產能計算

現在，讓我們做一些簡單的計算。在討論當中，包含一些參數，其假設如下：

- 獲取一個網頁的 I/O 時間（平均）: 1 秒
- 解析一個網頁的處理時間（平均）: 0.5 秒
- 當處理的時間需要 100%的處理器時間時，I/O 需要 0%的處理器時間。

如果由單一執行緒處理 N 個網頁，總執行時間為 1.5 秒*N。圖 A-1 顯示 13 個網頁或 19.5 秒的執行過程。

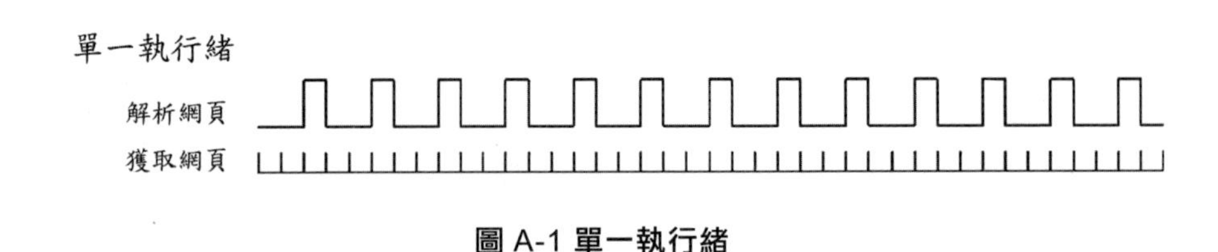

圖 A-1 單一執行緒

多執行緒的產能計算

如果可以用任何的次序來抓取網頁並獨立地處理網頁，那麼使用多執行緒來增進產能，就是一件可能做到的事。如果我們使用三個執行緒，會發生什麼事呢？在同樣的時間內，我們可以獲得多少個網頁呢？

如你在圖 A-2 所看到的，多執行緒的版本允許解析網頁的程式處理與獲取網頁的 I/O 處理相互重疊。在一個完美的狀態下，這代表處理器被完全使用，每一秒的獲取網頁都和兩次的解析網頁重疊，所以，我們可以在一秒內處理兩個網頁，這樣的產能是單一執行緒的三倍。

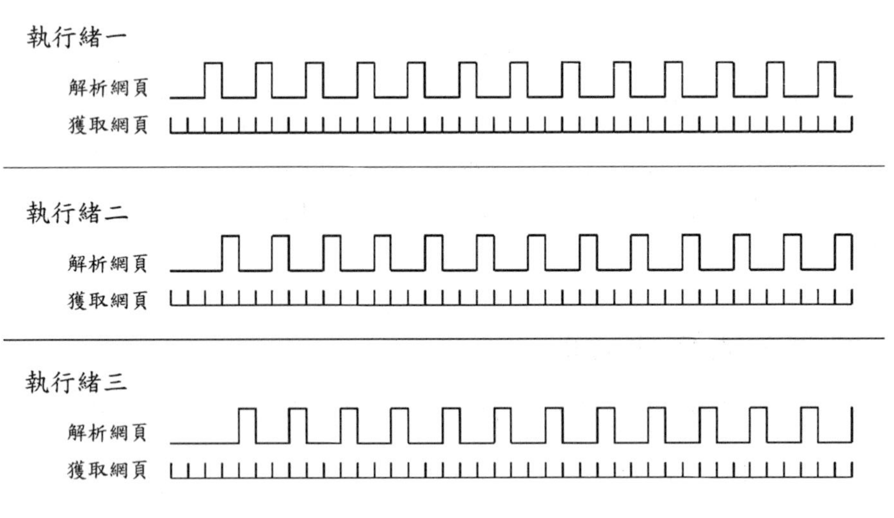

圖 A-2 三個平行的多執行緒

死結

想像某個『使用兩個固定大小的共用資源池』的網頁應用程式：

- 一個是作為本地端暫時儲存的資料庫連線資源池。
- 一個是連結到主儲存處的訊息佇列（MQ）資源池。

假設有建立和更新兩種操作出現在這個應用程式裡：

- 建立——獲得主儲存處及資料庫的連線。能和主儲存處的服務進行溝通，然後將工作儲存在本地端的暫時工作資料庫。
- 更新——獲得資料庫的連線，然後是主儲存處的連線。從暫時工作資料庫中讀取資料，然後傳送到主儲存處。

當使用者數量比資源池的大小還多時，會發生什麼事呢？考慮每個資源池最多能存放10個資源。

- 10個使用者試圖使用「建立」，故而所有的10個資料庫連線都被取走了，而執行緒在取得資料庫連線之後，在獲得主儲存處連線之前，這些執行緒都被中斷了。
- 10個使用者試圖進行「更新」，故而所有的10個主儲存處連線都被取走了，而執行緒在獲得主儲存處連線之後，在獲得資料庫連線之前，這些執行緒都被中斷。
- 現在那10個「建立」執行緒，必須要等待獲取主儲存處連線後，才能繼續運行，而那10個「更新」執行緒，必須等到獲取資料庫連線後，才能繼續運行。
- 死結，這個系統永遠無法恢復運行。

這也許聽起來是個不常發生的狀況，但誰會想要系統每隔一週就發生一次當機呢？誰會想要在這樣難以重新產生錯誤徵兆的系統裡進行除錯呢？這樣的問題，如果發生在實際產品裡，通常需要好幾個禮拜來解決。

一個「典型的」解決方案是引入除錯的敘述，幫助你釐清發生了什麼事。當然，除錯敘述可能會改變程式碼，讓死結在不同的情形下發生，但可能要花好幾個月才會再度發生。[4]

[4] 舉例來說，某人增加了一些除錯的輸出訊息，而問題卻「消失了」。這個除錯程式「修復」了問題，但其實問題還是遺留在系統裡。

為了要真正解決死結問題，我們必須瞭解發生這種情形的原因。下面是四個發生死結的必要條件：

- 互斥鎖定（Mutual exclusion）
- 鎖定和等待（Lock & wait）
- 無搶先機制（No preemption）
- 循環等待（Circular wait）

互斥鎖定

互斥鎖定發生在『多個執行緒需要使用相同的資源，而且這些資源滿足下列條件』：

- 無法被多個執行緒同時使用。
- 資源的數量有限。

這樣的資源常見的範例為資料庫連線、開啟某個用於寫入的檔案、一個記錄的鎖定或一個號誌（semaphore）。

鎖定與等待

一但某個執行緒獲得一個資源時，直到該執行緒獲得其他所有的所需資源前，執行緒都不會釋放這個資源。

無搶先機制

一個執行緒無法從另一個執行緒手中搶走資源。一但某個執行緒獲得了一個資源時，其他的執行緒也想要擁有這個資源的唯一方式，是原來擁有該資源的執行緒釋放了該資源。

循環等待

循環等待也被稱為致命的擁抱。想像有兩個執行緒，T1 和 T2，還有兩個資源，R1 和 R2。T1 擁有了 R1，T2 擁有了 R2，而且 T1 需要 R2，T2 也需要 R1，這就導致了圖 A-3 的狀況：

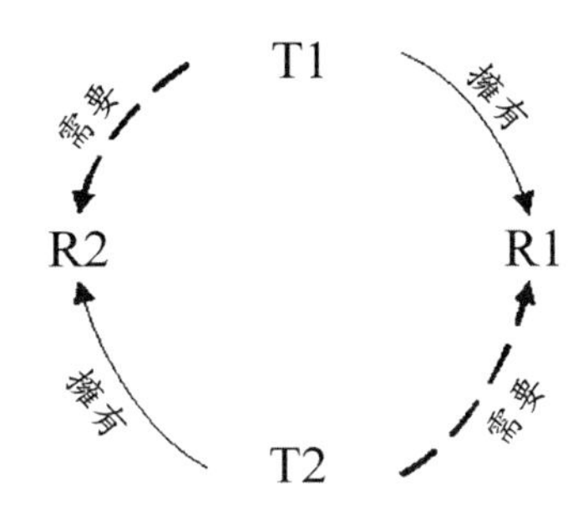

圖 A-3　循環等待

這四種狀況的條件都必須成立，死結才有可能產生。其中任何一個條件不存在，就不會產生死結。

打破互斥鎖定

一個避免互斥鎖定的方法，是想辦法避開互斥條件。你可以利用下列方式達到這個目的：

- 使用允許同時使用的資源，例如 AtomicInteger。
- 增加資源的數量，使之等於或大於競爭執行緒的數量。
- 在獲取任何資源之前，先檢查資源是否足夠執行緒使用。

不幸的是，大多數的資源數量都是有限的，也不允許同時使用。而且第二個資源的辨識通常也需要根據第一個資源的操作結果來判斷。但不要灰心，還有其他三個必要條件可以利用。

打破鎖定與等待

如果你拒絕等待，你可以消除死結。在你抓取資源前先檢查每個資源的狀況，如果發現某個資源正處於忙碌狀態，就先釋放所有的資源，重頭再來。

這種作法會產生許多潛在的問題：

- 飢餓——某一個執行緒一直無法獲得所需的資源（也許它需要某種特別的資源組合，而這樣的組合卻很少能同時都是可取得的）。

- 活結——許多執行緒先後進入了鎖定階段，並且要求獲取一個資源，然後又釋放了一個資源，不斷重複這樣的狀況。這種情況特別可能在使用簡單的 CPU 排程演算法時出現（試著想想嵌入式系統或簡單手寫的執行緒平衡演算法）。

以上兩者都會導致糟糕的產能。第一個問題的結果會導致 CPU 的使用率變低，而第二個問題的結果則導致『高但卻無效』的 CPU 使用率。

雖然這種策略看起來沒什麼效率，但總比什麼都沒有好一點。它有一個好處，就是當其他所有策略都失效時，這個作法就可以拿來應用一下。

打破無搶先機制的限制

另一個避免死結的策略是，允許執行緒奪取其他執行緒的資源。這通常可以用一個簡單的請求機制來完成。當一個執行緒發現某個資源很忙碌，這個執行緒會要求資源的擁有者釋放這個資源。如果擁有者同時也在等待其他的資源，這個擁有者就會先釋放手上所有的資源，然後重頭開始。

這個方式和前一個方式有些類似，但這個方式允許執行緒繼續等待某個資源。這就能減少重頭開始的次數。然而，要特別提醒的是，管理這些需求可能會非常棘手。

打破循環等待

這是最常用來避免死結的方式，對於大多數的系統而言，這種方式只需要一個大家都同意的簡單協定。

在圖 A-3 的例子裡，T1 同時想要 R1 與 R2。T2 同時想要 R2 與 R1（兩個執行緒想要資源的次序並不相同）。只要簡單地強制 T1 和 T2 以同樣的次序配置資源，那麼循環等待就不可能發生了。

再更一般化一點，如果所有的執行緒都同意一種全域的資源次序，而且都按照這樣的次序來獲取資源，那麼死結就不可能發生了。但和其他方式一樣，這種方式也會產生某些問題：

- 獲取資源的次序，也許不一定會等同於使用的次序，那麼一個資源可能在一開始就已取得，但卻是最後才會用到。這會導致資源被不必要地鎖住了更長的時間。

- 有時候，你無法強制要求資源獲取的次序。如果第二個資源的 ID 是來自第一個資源的操作結果，那麼次序的要求就不可行了。

所以這裡有很多種避免死結的方式，有些方式會導致飢餓，有些會導致大量使用 CPU 的資源並且降低了回應。天下沒有白吃的午餐（TANSTAAFL[5]）！

將執行緒相關的程式碼從解決方案中分離出來，這會允許你進行調校和實驗，這樣的做法是一個非常有效的做法，能夠因此獲得更深刻的理解，來決定最好的策略。

測試多執行緒程式碼

我們該如何撰寫一個『足以展示下列程式碼會發生錯誤』的測試呢？

```
01: public class ClassWithThreadingProblem {
02:     int nextId;
03:
04:     public int takeNextId() {
05:         return nextId++;
06:     }
07: }
```

下面是該測試要如何做，『才能證明原來的程式碼有錯誤』的描述：

- 記住 `nextId` 當前的數值
- 建立兩個執行緒，每個執行緒都呼叫 `takeNextId()` 一次。
- 驗證 `nextId` 變數比開始執行前，增加了 2。
- 執行這段測試，直到發現 `nextId` 只增加 1，而非增加 2 時。

Listing A-2 展示了這樣的測試：

Listing A-2 `ClassWithThreadingProblemTest.java`

```
01: package example;
02:
03: import static org.junit.Assert.fail;
04:
05: import org.junit.Test;
06:
07: public class ClassWithThreadingProblemTest {
```

5 天下沒有白吃的午餐（There ain't no such thing as a free lunch）。

Listing A-2（續） ClassWithThreadingProblemTest.java

```
08:     @Test
09:     public void twoThreadsShouldFailEventually() throws Exception {
10:         final ClassWithThreadingProblem classWithThreadingProblem
                = new ClassWithThreadingProblem();
11:
12:         Runnable runnable = new Runnable() {
13:             public void run() {
14:                 classWithThreadingProblem.takeNextId();
15:             }
16:         };
17:
18:         for (int i = 0; i < 50000; ++i) {
19:             int startingId = classWithThreadingProblem.lastId;
20:             int expectedResult = 2 + startingId;
21:
22:             Thread t1 = new Thread(runnable);
23:             Thread t2 = new Thread(runnable);
24:             t1.start();
25:             t2.start();
26:             t1.join();
27:             t2.join();
28:
29:             int endingId = classWithThreadingProblem.lastId;
30:
31:             if (endingId != expectedResult)
32:                 return;
33:         }
34:
35:         fail("Should have exposed a threading issue but it did not.");
36:     }
37: }
```

行號	描述
10	建立一個 ClassWithThreadingProblem 的實體，注意，我們必須使用 final 關鍵字，因為我們要在下方的匿名內部類別裡使用它。
12-16	產生一個匿名內部類別，該類別使用了一個 ClassWithThreadingProblem 的實體。
18	執行這段程式碼「足夠多」次來展示出這個程式碼失敗的狀況，但也不要執行太多次，不然這個測試會「花太多的時間。」這是一種平衡的行為，我們不想為了展示錯誤而等太久。選擇執行的次數是困難的——雖然待會我們會大量地減少這個數值。
19	記住開始的值。這個測試試圖證實 ClassWithThreadingProblem 的程式碼是有缺陷的。如果這個測試通過，代表我們證實了這個程式碼有問題。如果這個測試失敗，代表這個測試沒有辦法證明這段程式碼有問題。

行號	描述
20	我們期待最終值比當前的值再多 2。
22-23	建立兩個執行緒，兩個執行緒都會使用到第 12 行~第 16 行所建立的物件，這給了我們一個潛在的測試機會，讓兩個執行緒試圖去使用同一個 ClassWithThreadingProblem 實體，並產生相互干擾的現象。
24-25	讓這兩個執行緒開始運行。
26-27	在我們檢查結果之前，先等待這兩個執行緒都結束。
29	紀錄真實的最終數值。
31-32	endingId 是否和我們預期的數值不同？如果是的話，回傳並結束這個測試——我們已經證實這段程式碼是有問題的。如果不是的話，再試一次。
35	如果我們到達了這行程式碼，代表我們的測試在一段「合理的時間內」，無法證實產品程式是有問題的。我們的測試失敗了，可能是原來的程式碼沒有錯，也可能是我們沒有重複運行足夠次數的迴圈，所以產生錯誤的條件還沒有被滿足。

這個測試確實設計了一個情境，可以檢查平行更新的問題。然而，也因為這個問題並不頻繁地發生，在大部份的時間裡，這個測試無法偵測出這個錯誤。

的確，為了要能真正偵測到這個問題，我們需要將迴圈的執行次數，設定為超過一百萬次。就算設定成這個數字，在執行 10 次的一百萬次測試迴圈，這個問題也才只會發生一次。這代表了我們也許應該要將測試次數設定成一億次，才能比較可靠地得到一個『這個程式會出錯的證明』。可是，這樣一來，我們準備等待多久的時間呢？

就算我們調校測試，使之在某台機器上能可靠地誘出錯誤，我們可能還需要在別台機器、別套作業系統、別種 JVM 版本上，重新進行調校，使用不同的參數，才能誘出相同的錯誤。

而上述的範例只是個**簡單的**問題，如果我們無法在這個簡單的問題裡，輕易地誘出潛在的程式錯誤，那我們該如何在更複雜的程式裡，撰寫測試程式來誘出程式的錯誤呢？

因此，我們要用哪種方式來證明這個簡單的錯誤呢？更重要的，我們要如何撰寫測試來驗證更複雜程式碼中的錯誤呢？我們要如何能夠在不知道錯誤在哪裡的狀況下，找出錯誤呢？

下面是一些想法：

- 蒙地卡羅（Monte Carlo）測試法。讓測試富有彈性，使之能夠被調校。然後不斷地運行測試——在某台測試機器上——隨機地改變調校值。如果這些測試曾經產生失敗，代表這段程式碼有問題。確保且及早開始撰寫這些測試，讓持續整合的測試機器能夠儘早運行這些測試。順帶一提的是，當測試找出有問題的程式時，確保你仔細地紀錄下了錯誤發生時的狀態。

- 在每個會部署的目標平臺上進行測試，不斷地重複進行測試，當這些測試越久沒有找出問題，就越有可能是
  - 這個產品程式是正確無誤的，或者
  - 這些測試無法誘出程式的問題。
- 要在不同系統負載的情況下，運行這些測試。如果你可以模擬出產品環境的系統負載，就這樣去做。

就算你做了這些事情，你還是不一定有很好的機會能夠找出程式碼裡的執行緒問題。在執行緒的問題裡，最陰險的問題藏在極小塊的程式區塊裡，可能在十億次的機會裡才會發生一次。這樣的問題對於複雜的系統來說，是一個惡夢。

支援測試執行緒程式的工具

IBM 已經建立了一個工具，叫做 ConTest[6]。它利用建立特殊類別的手段，提高非執行緒安全程式碼發生錯誤的機率。

我們和 IBM 或 ConTest 開發團隊並沒有直接的關係，是我們的某位同事向我們介紹了這套軟體。在幾分鐘的使用以後，我們注意到，我們找出執行緒問題的能力，有了大幅度的改善。

這裡是如何使用 ConTest 的幾項概略要點：

- 撰寫測試和產品程式碼，確保這些測試有經過特別設計，能模擬多使用者在不同系統負載時的情況，如上述所示。
- 用 ConTest 在測試及產品程式碼裡加入特殊手段。
- 執行測試。

---

6 http://www.haifa.ibm.com/projects/verification/contest/index.html

當我們利用 ConTest 加入特殊手段時，我們成功找出程式問題的機率，約從一千萬次出現一次，變成 30 次迴圈就會出現一次程式問題。以下是在測試裡使用特殊手段，執行過好幾次，然後發生程式錯誤的迴圈次數：13, 23, 0, 54, 16, 14, 6, 69, 107, 49, 2。所以很明顯地，有裝飾過特殊手段的類別，更容易提早出現程式錯誤，我們也能更可靠地誘發出程式的錯誤。

總結

本章只在廣闊而奸詐的平行化程式設計領域裡，進行了非常短暫的逗留。我們僅僅觸及表面而已。我們在這裡強調的，是如何幫助保持平行化程式整潔的紀律，但你若要撰寫一個平行化程式，你就還有更多需要學習的地方。我們建議你可以從 Doug Lea（道格・雷雅）所寫的精彩書籍《*Concurrent Programming in Java*（平行化程式設計——使用 Java）》[7]開始。

在這個章節裡我們提到了平行化更新，及整潔的同步化和鎖定的紀律，能避免同步化錯誤的發生。我們也談到了執行緒如何增加受限於 I/O 系統的產能，並且舉出一個整潔的技術來達到這樣的改善。我們也談到了死結，還有介紹如何用整潔的方式，在程式裡避免死結的原則。最後，我們談到了如何利用特殊的手段策略，來增加曝露出平行化問題的機率。

教學程式：完整程式碼的範例

非執行緒的客戶端／伺服器端

Listing A-3 Server.java

```
package com.objectmentor.clientserver.nonthreaded;

import java.io.IOException;
import java.net.ServerSocket;
import java.net.Socket;
import java.net.SocketException;
import common.MessageUtils;

public class Server implements Runnable {
    ServerSocket serverSocket;
```

7 參考第 13 章的[Lea99]。

Listing A-3（續） Server.java

```
volatile boolean keepProcessing = true;

public Server(int port, int millisecondsTimeout) throws IOException {
    serverSocket = new ServerSocket(port);
    serverSocket.setSoTimeout(millisecondsTimeout);
}

public void run() {
    System.out.printf("Server Starting\n");

    while (keepProcessing) {
        try {
            System.out.printf("accepting client\n");
            Socket socket = serverSocket.accept();
            System.out.printf("got client\n");
            process(socket);
        } catch (Exception e) {
            handle(e);
        }
    }
}

private void handle(Exception e) {
    if (!(e instanceof SocketException)) {
        e.printStackTrace();
    }
}

public void stopProcessing() {
    keepProcessing = false;
    closeIgnoringException(serverSocket);
}

void process(Socket socket) {
    if (socket == null)
        return;
    try {
        System.out.printf("Server: getting message\n");
        String message = MessageUtils.getMessage(socket);
        System.out.printf("Server: got message: %s\n", message);
        Thread.sleep(1000);
        System.out.printf("Server: sending reply: %s\n", message);
        MessageUtils.sendMessage(socket, "Processed: " + message);
        System.out.printf("Server: sent\n");
        closeIgnoringException(socket);
    } catch (Exception e) {
        e.printStackTrace();
    }
}

private void closeIgnoringException(Socket socket) {
    if (socket != null)
        try {
            socket.close();
```

Listing A-3（續） Server.java

```
            } catch (IOException ignore) {
            }
    }

    private void closeIgnoringException(ServerSocket serverSocket) {
        if (serverSocket != null)
            try {
                serverSocket.close();
            } catch (IOException ignore) {
            }
        }
    }
```

Listing A-4 ClientTest.java

```
package com.objectmentor.clientserver.nonthreaded;


import java.io.IOException;
import java.net.Socket;

import org.junit.After;
import org.junit.Before;
import org.junit.Test;

import common.MessageUtils;

public class ClientTest {
    private static final int PORT = 8009;
    private static final int TIMEOUT = 2000;

    Server server;
    Thread serverThread;

    @Before
    public void createServer() throws Exception {
        try {
            server = new Server(PORT, TIMEOUT);
            serverThread = new Thread(server);
            serverThread.start();
        } catch (Exception e)
            e.printStackTrace(system.err);
            throw e;
        }

    }

    @After
    public void shutdownServer() throws InterruptedException {
        if (server != null) {
            server.stopProcessing();
```

Listing A-4（續） ClientTest.java

```
            serverThread.join();
        }
    }

    class TrivialClient implements Runnable {
        int clientNumber;

        TrivialClient(int clientNumber) {
            this.clientNumber = clientNumber;
        }

        public void run() {
            try {
                connectSendReceive(clientNumber);
            } catch (IOException e) {
                e.printStackTrace();
            }
        }
    }

    @Test(timeout = 10000)
    public void shouldRunInUnder10Seconds() throws Exception {
        Thread[] threads = new Thread[10];

        for (int i = 0; i < threads.length; ++i) {
            threads[i] = new Thread(new TrivialClient(i));
            threads[i].start();
        }

        for (int i = 0; i < threads.length; ++i) {
            threads[i].join();
        }
    }

    private void connectSendReceive(int i) throws IOException {
        System.out.printf("Client %2d: connecting\n", i);
        Socketcsocket = new Socket("localhost", PORT);
        System.out.printf("Client %2d: sending message\n", i);
        MessageUtils.sendMessage(socket, Integer.toString(i));
        System.out.printf("Client %2d: getting reply\n", i);
        MessageUtils.getMessage(socket);
        System.out.printf("Client %2d: finished\n", i);
        socket.close();
    }
}
```

Listing A-5 MessageUtils.java

```
package common;

import java.io.IOException;
import java.io.InputStream;
import java.io.ObjectInputStream;
```

Listing A-5（續） MessageUtils.java

```
import java.io.ObjectOutputStream;
import java.io.OutputStream;
import java.net.Socket;

public class MessageUtils {
    public static void sendMessage(Socket socket, String message)
            throws IOException {
        OutputStream stream = socket.getOutputStream();
        ObjectOutputStream oos = new ObjectOutputStream(stream);
        oos.writeUTF(message);
        oos.flush();
    }

    public static String getMessage(Socket socket) throws IOException {
        InputStream stream = socket.getInputStream();
        ObjectInputStream ois = new ObjectInputStream(stream);
        return ois.readUTF();
    }
}
```

使用執行緒的客戶端／伺服器端程式

讓伺服器使用多執行緒，只需要修改處理訊息的部份（新的程式碼被特別用粗體標示出來）：

```
void process(final Socket socket) {
    if (socket == null)
        return;

    Runnable clientHandler = new Runnable() {
        public void run() {
            try {
                System.out.printf("Server: getting message\n");
                String message = MessageUtils.getMessage(socket);
                System.out.printf("Server: got message: %s\n", message);
                Thread.sleep(1000);
                System.out.printf("Server: sending reply: %s\n", message);
                MessageUtils.sendMessage(socket, "Processed: " + message);
                System.out.printf("Server: sent\n");
                closeIgnoringException(socket);
            } catch (Exception e) {
                e.printStackTrace();
            }
        }
    };

    Thread clientConnection = new Thread(clientHandler);
    clientConnection.start();
}
```

org.jfree.date.SerialDate

Listing B-1 SerialDate.Java

```
 1 /* ========================================================================
 2  * JCommon : a free general purpose class library for the Java(tm) platform
 3  * ========================================================================
 4  *
 5  * (C) Copyright 2000-2005, by Object Refinery Limited and Contributors.
 6  *
 7  * Project Info: http://www.jfree.org/jcommon/index.html
 8  *
 9  * This library is free software; you can redistribute it and/or modify it
10  * under the terms of the GNU Lesser General Public License as published by
11  * the Free Software Foundation; either version 2.1 of the License, or
12  * (at your option) any later version.
13  *
14  * This library is distributed in the hope that it will be useful, but
15  * WITHOUT ANY WARRANTY; without even the implied warranty of MERCHANTABILITY
16  * or FITNESS FOR A PARTICULAR PURPOSE. See the GNU Lesser General Public
17  * License for more details.
18  *
19  * You should have received a copy of the GNU Lesser General Public
20  * License along with this library; if not, write to the Free Software
21  * Foundation, Inc., 51 Franklin Street, Fifth Floor, Boston, MA 02110-1301,
22  * USA.
23  *
24  * [Java is a trademark or registered trademark of Sun Microsystems, Inc.
25  * in the United States and other countries.]
26  *
27  * ---------------
28  * SerialDate.java
29  * ---------------
30  * (C) Copyright 2001-2005, by Object Refinery Limited.
31  *
32  * Original Author: David Gilbert (for Object Refinery Limited);
33  * Contributor(s):   -;
34  *
35  * $Id: SerialDate.java,v 1.7 2005/11/03 09:25:17 mungady Exp $
36  *
37  * Changes (from 11-Oct-2001)
38  * --------------------------
39  * 11-Oct-2001 : Re-organised the class and moved it to new package
40  *               com.jrefinery.date (DG);
41  * 05-Nov-2001 : Added a getDescription() method, and eliminated NotableDate
42  *               class (DG);
43  * 12-Nov-2001 : IBD requires setDescription() method, now that NotableDate
```

Listing B-1（續） SerialDate.Java

```
44  *               class is gone (DG); Changed getPreviousDayOfWeek(),
45  *               getFollowingDayOfWeek() and getNearestDayOfWeek() to correct
46  *               bugs (DG);
47  * 05-Dec-2001 : Fixed bug in SpreadsheetDate class (DG);
48  * 29-May-2002 : Moved the month constants into a separate interface
49  *               (MonthConstants) (DG);
50  * 27-Aug-2002 : Fixed bug in addMonths() method, thanks to N???levka Petr (DG);
51  * 03-Oct-2002 : Fixed errors reported by Checkstyle (DG);
52  * 13-Mar-2003 : Implemented Serializable (DG);
53  * 29-May-2003 : Fixed bug in addMonths method (DG);
54  * 04-Sep-2003 : Implemented Comparable. Updated the isInRange javadocs (DG);
55  * 05-Jan-2005 : Fixed bug in addYears() method (1096282) (DG);
56  *
57  */
58
59 package org.jfree.date;
60
61 import java.io.Serializable;
62 import java.text.DateFormatSymbols;
63 import java.text.SimpleDateFormat;
64 import java.util.Calendar;
65 import java.util.GregorianCalendar;
66
67 /**
68  *  An abstract class that defines our requirements for manipulating dates,
69  *  without tying down a particular implementation.
70  *  <P>
71  *  Requirement 1 : match at least what Excel does for dates;
72  *  Requirement 2 : class is immutable;
73  *  <P>
74  *  Why not just use java.util.Date? We will, when it makes sense. At times,
75  *  java.util.Date can be *too* precise - it represents an instant in time,
76  *  accurate to 1/1000th of a second (with the date itself depending on the
77  *  time-zone). Sometimes we just want to represent a particular day (e.g. 21
78  *  January 2015) without concerning ourselves about the time of day, or the
79  *  time-zone, or anything else. That's what we've defined SerialDate for.
80  *  <P>
81  *  You can call getInstance() to get a concrete subclass of SerialDate,
82  *  without worrying about the exact implementation.
83  *
84  *  @author David Gilbert
85  */
86 public abstract class SerialDate implements Comparable,
87                                             Serializable,
88                                             MonthConstants {
89
90     /** For serialization. */
91     private static final long serialVersionUID = -293716040467423637L;
92
93     /** Date format symbols. */
94     public static final DateFormatSymbols
95         DATE_FORMAT_SYMBOLS = new SimpleDateFormat().getDateFormatSymbols();
96
97     /** The serial number for 1 January 1900. */
98     public static final int SERIAL_LOWER_BOUND = 2;
99
100    /** The serial number for 31 December 9999. */
```

Listing B-1 (續) SerialDate.Java

```
101     public static final int SERIAL_UPPER_BOUND = 2958465;
102
103     /** The lowest year value supported by this date format. */
104     public static final int MINIMUM_YEAR_SUPPORTED = 1900;
105
106     /** The highest year value supported by this date format. */
107     public static final int MAXIMUM_YEAR_SUPPORTED = 9999;
108
109     /** Useful constant for Monday. Equivalent to java.util.Calendar.MONDAY. */
110     public static final int MONDAY = Calendar.MONDAY;
111
112     /**
113      * Useful constant for Tuesday. Equivalent to java.util.Calendar.TUESDAY.
114      */
115     public static final int TUESDAY = Calendar.TUESDAY;
116
117     /**
118      * Useful constant for Wednesday. Equivalent to
119      * java.util.Calendar.WEDNESDAY.
120      */
121     public static final int WEDNESDAY = Calendar.WEDNESDAY;
122
123     /**
124      * Useful constant for Thrusday. Equivalent to java.util.Calendar.THURSDAY.
125      */
126     public static final int THURSDAY = Calendar.THURSDAY;
127
128     /** Useful constant for Friday. Equivalent to java.util.Calendar.FRIDAY. */
129     public static final int FRIDAY = Calendar.FRIDAY;
130
131     /**
132      * Useful constant for Saturday. Equivalent to java.util.Calendar.SATURDAY.
133      */
134     public static final int SATURDAY = Calendar.SATURDAY;
135
136     /** Useful constant for Sunday. Equivalent to java.util.Calendar.SUNDAY. */
137     public static final int SUNDAY = Calendar.SUNDAY;
138
139     /** The number of days in each month in non leap years. */
140     static final int[] LAST_DAY_OF_MONTH =
141         {0, 31, 28, 31, 30, 31, 30, 31, 31, 30, 31, 30, 31};
142
143     /** The number of days in a (non-leap) year up to the end of each month. */
144     static final int[] AGGREGATE_DAYS_TO_END_OF_MONTH =
145         {0, 31, 59, 90, 120, 151, 181, 212, 243, 273, 304, 334, 365};
146
147     /** The number of days in a year up to the end of the preceding month. */
148     static final int[] AGGREGATE_DAYS_TO_END_OF_PRECEDING_MONTH =
149         {0, 0, 31, 59, 90, 120, 151, 181, 212, 243, 273, 304, 334, 365};
150
151     /** The number of days in a leap year up to the end of each month. */
152     static final int[] LEAP_YEAR_AGGREGATE_DAYS_TO_END_OF_MONTH =
153         {0, 31, 60, 91, 121, 152, 182, 213, 244, 274, 305, 335, 366};
154
155     /**
156      * The number of days in a leap year up to the end of the preceding month.
157      */
```

Listing B-1 (續) SerialDate.Java

```
158     static final int[]
159         LEAP_YEAR_AGGREGATE_DAYS_TO_END_OF_PRECEDING_MONTH =
160             {0, 0, 31, 60, 91, 121, 152, 182, 213, 244, 274, 305, 335, 366};
161
162     /** A useful constant for referring to the first week in a month. */
163     public static final int FIRST_WEEK_IN_MONTH = 1;
164
165     /** A useful constant for referring to the second week in a month. */
166     public static final int SECOND_WEEK_IN_MONTH = 2;
167
168     /** A useful constant for referring to the third week in a month. */
169     public static final int THIRD_WEEK_IN_MONTH = 3;
170
171     /** A useful constant for referring to the fourth week in a month. */
172     public static final int FOURTH_WEEK_IN_MONTH = 4;
173
174     /** A useful constant for referring to the last week in a month. */
175     public static final int LAST_WEEK_IN_MONTH = 0;
176
177     /** Useful range constant. */
178     public static final int INCLUDE_NONE = 0;
179
180     /** Useful range constant. */
181     public static final int INCLUDE_FIRST = 1;
182
183     /** Useful range constant. */
184     public static final int INCLUDE_SECOND = 2;
185
186     /** Useful range constant. */
187     public static final int INCLUDE_BOTH = 3;
188
189     /**
190      * Useful constant for specifying a day of the week relative to a fixed
191      * date.
192      */
193     public static final int PRECEDING = -1;
194
195     /**
196      * Useful constant for specifying a day of the week relative to a fixed
197      * date.
198      */
199     public static final int NEAREST = 0;
200
201     /**
202      * Useful constant for specifying a day of the week relative to a fixed
203      * date.
204      */
205     public static final int FOLLOWING = 1;
206
207     /** A description for the date. */
208     private String description;
209
210     /**
211      * Default constructor.
212      */
213     protected SerialDate() {
214     }
```

Listing B-1（續） SerialDate.Java

```
215
216     /**
217      * Returns <code>true</code> if the supplied integer code represents a
218      * valid day-of-the-week, and <code>false</code> otherwise.
219      *
220      * @param code the code being checked for validity.
221      *
222      * @return <code>true</code> if the supplied integer code represents a
223      *         valid day-of-the-week, and <code>false</code> otherwise.
224      */
225     public static boolean isValidWeekdayCode(final int code) {
226
227         switch(code) {
228             case SUNDAY:
229             case MONDAY:
230             case TUESDAY:
231             case WEDNESDAY:
232             case THURSDAY:
233             case FRIDAY:
234             case SATURDAY:
235                 return true;
236             default:
237                 return false;
238         }
239
240     }
241
242     /**
243      * Converts the supplied string to a day of the week.
244      *
245      * @param s a string representing the day of the week.
246      *
247      * @return <code>-1</code> if the string is not convertable, the day of
248      *         the week otherwise.
249      */
250     public static int stringToWeekdayCode(String s) {
251
252         final String[] shortWeekdayNames
253             = DATE_FORMAT_SYMBOLS.getShortWeekdays();
254         final String[] weekDayNames = DATE_FORMAT_SYMBOLS.getWeekdays();
255
256         int result = -1;
257         s = s.trim();
258         for (int i = 0; i < weekDayNames.length; i++) {
259             if (s.equals(shortWeekdayNames[i])) {
260                 result = i;
261                 break;
262             }
263             if (s.equals(weekDayNames[i])) {
264                 result = i;
265                 break;
266             }
267         }
268         return result;
269
270     }
271
```

Listing B-1（續） SerialDate.Java

```
272     /**
273      * Returns a string representing the supplied day-of-the-week.
274      * <P>
275      * Need to find a better approach.
276      *
277      * @param weekday the day of the week.
278      *
279      * @return a string representing the supplied day-of-the-week.
280      */
281     public static String weekdayCodeToString(final int weekday) {
282
283         final String[] weekdays = DATE_FORMAT_SYMBOLS.getWeekdays();
284         return weekdays[weekday];
285
286     }
287
288     /**
289      * Returns an array of month names.
290      *
291      * @return an array of month names.
292      */
293     public static String[] getMonths() {
294
295         return getMonths(false);
296
297     }
298
299     /**
300      * Returns an array of month names.
301      *
302      * @param shortened a flag indicating that shortened month names should
303      *                  be returned.
304      *
305      * @return an array of month names.
306      */
307     public static String[] getMonths(final boolean shortened) {
308
309         if (shortened) {
310             return DATE_FORMAT_SYMBOLS.getShortMonths();
311         }
312         else {
313             return DATE_FORMAT_SYMBOLS.getMonths();
314         }
315
316     }
317
318     /**
319      * Returns true if the supplied integer code represents a valid month.
320      *
321      * @param code the code being checked for validity.
322      *
323      * @return <code>true</code> if the supplied integer code represents a
324      *         valid month.
325      */
326     public static boolean isValidMonthCode(final int code) {
327
328         switch(code) {
```

Listing B-1（續） SerialDate.Java

```
329             case JANUARY:
330             case FEBRUARY:
331             case MARCH:
332             case APRIL:
333             case MAY:
334             case JUNE:
335             case JULY:
336             case AUGUST:
337             case SEPTEMBER:
338             case OCTOBER:
339             case NOVEMBER:
340             case DECEMBER:
341                 return true;
342             default:
343                 return false;
344         }
345 
346     }
347 
348     /**
349      * Returns the quarter for the specified month.
350      *
351      * @param code the month code (1-12).
352      *
353      * @return the quarter that the month belongs to.
354      * @throws java.lang.IllegalArgumentException
355      */
356     public static int monthCodeToQuarter(final int code) {
357 
358         switch(code) {
359             case JANUARY:
360             case FEBRUARY:
361             case MARCH: return 1;
362             case APRIL:
363             case MAY:
364             case JUNE: return 2;
365             case JULY:
366             case AUGUST:
367             case SEPTEMBER: return 3;
368             case OCTOBER:
369             case NOVEMBER:
370             case DECEMBER: return 4;
371             default: throw new IllegalArgumentException(
372                 "SerialDate.monthCodeToQuarter: invalid month code.");
373         }
374 
375     }
376 
377     /**
378      * Returns a string representing the supplied month.
379      * <P>
380      * The string returned is the long form of the month name taken from the
381      * default locale.
382      *
383      * @param month the month.
384      *
385      * @return a string representing the supplied month.
```

Listing B-1 (續) SerialDate.Java

```
386         */
387        public static String monthCodeToString(final int month) {
388
389            return monthCodeToString(month, false);
390
391        }
392
393        /**
394         * Returns a string representing the supplied month.
395         * <P>
396         * The string returned is the long or short form of the month name taken
397         * from the default locale.
398         *
399         * @param month the month.
400         * @param shortened if <code>true</code> return the abbreviation of the
401         *                  month.
402         *
403         * @return a string representing the supplied month.
404         * @throws java.lang.IllegalArgumentException
405         */
406        public static String monthCodeToString(final int month,
407                                               final boolean shortened) {
408
409        // check arguments...
410            if (!isValidMonthCode(month)) {
411                throw new IllegalArgumentException(
412                    "SerialDate.monthCodeToString: month outside valid range.");
413            }
414
415            final String[] months;
416
417            if (shortened) {
418                months = DATE_FORMAT_SYMBOLS.getShortMonths();
419            }
420            else {
421                months = DATE_FORMAT_SYMBOLS.getMonths();
422            }
423
424            return months[month - 1];
425
426        }
427
428        /**
429         * Converts a string to a month code.
430         * <P>
431         * This method will return one of the constants JANUARY, FEBRUARY, ...,
432         * DECEMBER that corresponds to the string. If the string is not
433         * recognised, this method returns -1.
434         *
435         * @param s the string to parse.
436         *
437         * @return <code>-1</code> if the string is not parseable, the month of the
438         *         year otherwise.
439         */
440        public static int stringToMonthCode(String s) {
441
442            final String[] shortMonthNames = DATE_FORMAT_SYMBOLS.getShortMonths();
```

Listing B-1 (續) SerialDate.Java

```
443         final String[] monthNames = DATE_FORMAT_SYMBOLS.getMonths();
444
445         int result = -1;
446         s = s.trim();
447
448         // first try parsing the string as an integer (1-12)...
449         try {
450             result = Integer.parseInt(s);
451         }
452         catch (NumberFormatException e) {
453             // suppress
454         }
455
456         // now search through the month names...
457         if ((result < 1) || (result > 12)) {
458             for (int i = 0; i < monthNames.length; i++) {
459                 if (s.equals(shortMonthNames[i])) {
460                     result = i + 1;
461                     break;
462                 }
463                 if (s.equals(monthNames[i])) {
464                     result = i + 1;
465                     break;
466                 }
467             }
468         }
469
470         return result;
471
472     }
473
474     /**
475      * Returns true if the supplied integer code represents a valid
476      * week-in-the-month, and false otherwise.
477      *
478      * @param code the code being checked for validity.
479      * @return <code>true</code> if the supplied integer code represents a
480      *         valid week-in-the-month.
481      */
482     public static boolean isValidWeekInMonthCode(final int code) {
483
484         switch(code) {
485             case FIRST_WEEK_IN_MONTH:
486             case SECOND_WEEK_IN_MONTH:
487             case THIRD_WEEK_IN_MONTH:
488             case FOURTH_WEEK_IN_MONTH:
489             case LAST_WEEK_IN_MONTH: return true;
490             default: return false;
491         }
492
493     }
494
495     /**
496      * Determines whether or not the specified year is a leap year.
497      *
498      * @param yyyy the year (in the range 1900 to 9999).
499      *
```

Listing B-1（續） SerialDate.Java

```
500      * @return <code>true</code> if the specified year is a leap year.
501      */
502     public static boolean isLeapYear(final int yyyy) {
503 
504         if ((yyyy % 4) != 0) {
505             return false;
506         }
507         else if ((yyyy % 400) == 0) {
508             return true;
509         }
510         else if ((yyyy % 100) == 0) {
511             return false;
512         }
513         else {
514             return true;
515         }
516 
517     }
518 
519     /**
520      * Returns the number of leap years from 1900 to the specified year
521      * INCLUSIVE.
522      * <P>
523      * Note that 1900 is not a leap year.
524      *
525      * @param yyyy the year (in the range 1900 to 9999).
526      *
527      * @return the number of leap years from 1900 to the specified year.
528      */
529     public static int leapYearCount(final int yyyy) {
530 
531         final int leap4 = (yyyy - 1896) / 4;
532         final int leap100 = (yyyy - 1800) / 100;
533         final int leap400 = (yyyy - 1600) / 400;
534         return leap4 - leap100 + leap400;
535 
536     }
537 
538     /**
539      * Returns the number of the last day of the month, taking into account
540      * leap years.
541      *
542      * @param month the month.
543      * @param yyyy the year (in the range 1900 to 9999).
544      *
545      * @return the number of the last day of the month.
546      */
547     public static int lastDayOfMonth(final int month, final int yyyy) {
548 
549         final int result = LAST_DAY_OF_MONTH[month];
550         if (month != FEBRUARY) {
551             return result;
552         }
553         else if (isLeapYear(yyyy)) {
554             return result + 1;
555         }
556         else {
```

Listing B-1 (續) SerialDate.Java

```
557             return result;
558         }
559
560     }
561
562     /**
563      * Creates a new date by adding the specified number of days to the base
564      * date.
565      *
566      * @param days the number of days to add (can be negative).
567      * @param base the base date.
568      *
569      * @return a new date.
570      */
571     public static SerialDate addDays(final int days, final SerialDate base) {
572
573         final int serialDayNumber = base.toSerial() + days;
574         return SerialDate.createInstance(serialDayNumber);
575
576     }
577
578     /**
579      * Creates a new date by adding the specified number of months to the base
580      * date.
581      * <P>
582      * If the base date is close to the end of the month, the day on the result
583      * may be adjusted slightly: 31 May + 1 month = 30 June.
584      *
585      * @param months the number of months to add (can be negative).
586      * @param base the base date.
587      *
588      * @return a new date.
589      */
590     public static SerialDate addMonths(final int months,
591                                        final SerialDate base) {
592
593         final int yy = (12 * base.getYYYY() + base.getMonth() + months - 1)
594                        / 12;
595         final int mm = (12 * base.getYYYY() + base.getMonth() + months - 1)
596                        % 12 + 1;
597         final int dd = Math.min(
598             base.getDayOfMonth(), SerialDate.lastDayOfMonth(mm, yy)
599         );
600         return SerialDate.createInstance(dd, mm, yy);
601
602     }
603
604     /**
605      * Creates a new date by adding the specified number of years to the base
606      * date.
607      *
608      * @param years the number of years to add (can be negative).
609      * @param base the base date.
610      *
611      * @return A new date.
612      */
613     public static SerialDate addYears(final int years, final SerialDate base) {
```

Listing B-1（續） SerialDate.Java

```
614
615         final int baseY = base.getYYYY();
616         final int baseM = base.getMonth();
617         final int baseD = base.getDayOfMonth();
618
619         final int targetY = baseY + years;
620         final int targetD = Math.min(
621             baseD, SerialDate.lastDayOfMonth(baseM, targetY)
622         );
623
624         return SerialDate.createInstance(targetD, baseM, targetY);
625
626     }
627
628     /**
629      * Returns the latest date that falls on the specified day-of-the-week and
630      * is BEFORE the base date.
631      *
632      * @param targetWeekday a code for the target day-of-the-week.
633      * @param base the base date.
634      *
635      * @return the latest date that falls on the specified day-of-the-week and
636      *         is BEFORE the base date.
637      */
638     public static SerialDate getPreviousDayOfWeek(final int targetWeekday,
639                                                   final SerialDate base) {
640
641         // check arguments...
642         if (!SerialDate.isValidWeekdayCode(targetWeekday)) {
643             throw new IllegalArgumentException(
644                 "Invalid day-of-the-week code."
645             );
646         }
647
648         // find the date...
649         final int adjust;
650         final int baseDOW = base.getDayOfWeek();
651         if (baseDOW > targetWeekday) {
652             adjust = Math.min(0, targetWeekday - baseDOW);
653         }
654         else {
655             adjust = -7 + Math.max(0, targetWeekday - baseDOW);
656         }
657
658         return SerialDate.addDays(adjust, base);
659
660     }
661
662     /**
663      * Returns the earliest date that falls on the specified day-of-the-week
664      * and is AFTER the base date.
665      *
666      * @param targetWeekday a code for the target day-of-the-week.
667      * @param base the base date.
668      *
669      * @return the earliest date that falls on the specified day-of-the-week
670      *         and is AFTER the base date.
```

Listing B-1 (續) SerialDate.Java

```
671      */
672     public static SerialDate getFollowingDayOfWeek(final int targetWeekday,
673                                                    final SerialDate base) {
674
675         // check arguments...
676         if (!SerialDate.isValidWeekdayCode(targetWeekday)) {
677             throw new IllegalArgumentException(
678                 "Invalid day-of-the-week code."
679             );
680         }
681
682         // find the date...
683         final int adjust;
684         final int baseDOW = base.getDayOfWeek();
685         if (baseDOW > targetWeekday) {
686             adjust = 7 + Math.min(0, targetWeekday - baseDOW);
687         }
688         else {
689             adjust = Math.max(0, targetWeekday - baseDOW);
690         }
691
692         return SerialDate.addDays(adjust, base);
693     }
694
695     /**
696      * Returns the date that falls on the specified day-of-the-week and is
697      * CLOSEST to the base date.
698      *
699      * @param targetDOW a code for the target day-of-the-week.
700      * @param base the base date.
701      *
702      * @return the date that falls on the specified day-of-the-week and is
703      *         CLOSEST to the base date.
704      */
705     public static SerialDate getNearestDayOfWeek(final int targetDOW,
706                                                  final SerialDate base) {
707
708         // check arguments...
709         if (!SerialDate.isValidWeekdayCode(targetDOW)) {
710             throw new IllegalArgumentException(
711                 "Invalid day-of-the-week code."
712             );
713         }
714
715         // find the date...
716         final int baseDOW = base.getDayOfWeek();
717         int adjust = -Math.abs(targetDOW - baseDOW);
718         if (adjust >= 4) {
719             adjust = 7 - adjust;
720         }
721         if (adjust <= -4) {
722             adjust = 7 + adjust;
723         }
724         return SerialDate.addDays(adjust, base);
725
726     }
727
```

Listing B-1（續） SerialDate.Java

```
728     /**
729      * Rolls the date forward to the last day of the month.
730      *
731      * @param base the base date.
732      *
733      * @return a new serial date.
734      */
735     public SerialDate getEndOfCurrentMonth(final SerialDate base) {
736         final int last = SerialDate.lastDayOfMonth(
737             base.getMonth(), base.getYYYY()
738         );
739         return SerialDate.createInstance(last, base.getMonth(), base.getYYYY());
740     }
741 
742     /**
743      * Returns a string corresponding to the week-in-the-month code.
744      * <P>
745      * Need to find a better approach.
746      *
747      * @param count an integer code representing the week-in-the-month.
748      *
749      * @return a string corresponding to the week-in-the-month code.
750      */
751     public static String weekInMonthToString(final int count) {
752 
753         switch (count) {
754             case SerialDate.FIRST_WEEK_IN_MONTH : return "First";
755             case SerialDate.SECOND_WEEK_IN_MONTH : return "Second";
756             case SerialDate.THIRD_WEEK_IN_MONTH : return "Third";
757             case SerialDate.FOURTH_WEEK_IN_MONTH : return "Fourth";
758             case SerialDate.LAST_WEEK_IN_MONTH : return "Last";
759             default :
760                 return "SerialDate.weekInMonthToString(): invalid code.";
761         }
762 
763     }
764 
765     /**
766      * Returns a string representing the supplied 'relative'.
767      * <P>
768      * Need to find a better approach.
769      *
770      * @param relative a constant representing the 'relative'.
771      *
772      * @return a string representing the supplied 'relative'.
773      */
774     public static String relativeToString(final int relative) {
775 
776         switch (relative) {
777             case SerialDate.PRECEDING : return "Preceding";
778             case SerialDate.NEAREST : return "Nearest";
779             case SerialDate.FOLLOWING : return "Following";
780             default : return "ERROR : Relative To String";
781         }
782 
783     }
784 
```

Listing B-1 (續) SerialDate.Java

```
785     /**
786      * Factory method that returns an instance of some concrete subclass of
787      * {@link SerialDate}.
788      *
789      * @param day the day (1-31).
790      * @param month the month (1-12).
791      * @param yyyy the year (in the range 1900 to 9999).
792      *
793      * @return An instance of {@link SerialDate}.
794      */
795     public static SerialDate createInstance(final int day, final int month,
796                                             final int yyyy) {
797         return new SpreadsheetDate(day, month, yyyy);
798     }
799
800     /**
801      * Factory method that returns an instance of some concrete subclass of
802      * {@link SerialDate}.
803      *
804      * @param serial the serial number for the day (1 January 1900 = 2).
805      *
806      * @return a instance of SerialDate.
807      */
808     public static SerialDate createInstance(final int serial) {
809         return new SpreadsheetDate(serial);
810     }
811
812     /**
813      * Factory method that returns an instance of a subclass of SerialDate.
814      *
815      * @param date A Java date object.
816      *
817      * @return a instance of SerialDate.
818      */
819     public static SerialDate createInstance(final java.util.Date date) {
820
821         final GregorianCalendar calendar = new GregorianCalendar();
822         calendar.setTime(date);
823         return new SpreadsheetDate(calendar.get(Calendar.DATE),
824                                    calendar.get(Calendar.MONTH) + 1,
825                                    calendar.get(Calendar.YEAR));
826
827     }
828
829     /**
830      * Returns the serial number for the date, where 1 January 1900 = 2 (this
831      * corresponds, almost, to the numbering system used in Microsoft Excel for
832      * Windows and Lotus 1-2-3).
833      *
834      * @return the serial number for the date.
835      */
836     public abstract int toSerial();
837
838     /**
839      * Returns a java.util.Date. Since java.util.Date has more precision than
840      * SerialDate, we need to define a convention for the 'time of day'.
841      *
```

Listing B-1（續） SerialDate.Java

```
842      * @return this as <code>java.util.Date</code>.
843      */
844     public abstract java.util.Date toDate();
845
846     /**
847      * Returns a description of the date.
848      *
849      * @return a description of the date.
850      */
851     public String getDescription() {
852         return this.description;
853     }
854
855     /**
856      * Sets the description for the date.
857      *
858      * @param description the new description for the date.
859      */
860     public void setDescription(final String description) {
861         this.description = description;
862     }
863
864     /**
865      * Converts the date to a string.
866      *
867      * @return a string representation of the date.
868      */
869     public String toString() {
870         return getDayOfMonth() + "-" + SerialDate.monthCodeToString(getMonth())
871                                + "-" + getYYYY();
872     }
873
874     /**
875      * Returns the year (assume a valid range of 1900 to 9999).
876      *
877      * @return the year.
878      */
879     public abstract int getYYYY();
880
881     /**
882      * Returns the month (January = 1, February = 2, March = 3).
883      *
884      * @return the month of the year.
885      */
886     public abstract int getMonth();
887
888     /**
889      * Returns the day of the month.
890      *
891      * @return the day of the month.
892      */
893     public abstract int getDayOfMonth();
894
895     /**
896      * Returns the day of the week.
897      *
898      * @return the day of the week.
```

Listing B-1（續） SerialDate.Java

```
899      */
900     public abstract int getDayOfWeek();
901
902     /**
903      * Returns the difference (in days) between this date and the specified
904      * 'other' date.
905      * <P>
906      * The result is positive if this date is after the 'other' date and
907      * negative if it is before the 'other' date.
908      *
909      * @param other the date being compared to.
910      *
911      * @return the difference between this and the other date.
912      */
913     public abstract int compare(SerialDate other);
914
915     /**
916      * Returns true if this SerialDate represents the same date as the
917      * specified SerialDate.
918      *
919      * @param other the date being compared to.
920      *
921      * @return <code>true</code> if this SerialDate represents the same date as
922      *         the specified SerialDate.
923      */
924     public abstract boolean isOn(SerialDate other);
925
926     /**
927      * Returns true if this SerialDate represents an earlier date compared to
928      * the specified SerialDate.
929      *
930      * @param other The date being compared to.
931      *
932      * @return <code>true</code> if this SerialDate represents an earlier date
933      *         compared to the specified SerialDate.
934      */
935     public abstract boolean isBefore(SerialDate other);
936
937     /**
938      * Returns true if this SerialDate represents the same date as the
939      * specified SerialDate.
940      *
941      * @param other the date being compared to.
942      *
943      * @return <code>true<code> if this SerialDate represents the same date
944      *         as the specified SerialDate.
945      */
946     public abstract boolean isOnOrBefore(SerialDate other);
947
948     /**
949      * Returns true if this SerialDate represents the same date as the
950      * specified SerialDate.
951      *
952      * @param other the date being compared to.
953      *
954      * @return <code>true</code> if this SerialDate represents the same date
955      *         as the specified SerialDate.
```

Listing B-1（續） SerialDate.Java

```
956       */
957      public abstract boolean isAfter(SerialDate other);
958
959      /**
960       * Returns true if this SerialDate represents the same date as the
961       * specified SerialDate.
962       *
963       * @param other the date being compared to.
964       *
965       * @return <code>true</code> if this SerialDate represents the same date
966       *         as the specified SerialDate.
967       */
968      public abstract boolean isOnOrAfter(SerialDate other);
969
970      /**
971       * Returns <code>true</code> if this {@link SerialDate} is within the
972       * specified range (INCLUSIVE). The date order of d1 and d2 is not
973       * important.
974       *
975       * @param d1 a boundary date for the range.
976       * @param d2 the other boundary date for the range.
977       *
978       * @return A boolean.
979       */
980      public abstract boolean isInRange(SerialDate d1, SerialDate d2);
981
982      /**
983       * Returns <code>true</code> if this {@link SerialDate} is within the
984       * specified range (caller specifies whether or not the end-points are
985       * included). The date order of d1 and d2 is not important.
986       *
987       * @param d1 a boundary date for the range.
988       * @param d2 the other boundary date for the range.
989       * @param include a code that controls whether or not the start and end
990       *                dates are included in the range.
991       *
992       * @return A boolean.
993       */
994      public abstract boolean isInRange(SerialDate d1, SerialDate d2,
995                                        int include);
996
997      /**
998       * Returns the latest date that falls on the specified day-of-the-week and
999       * is BEFORE this date.
1000      *
1001      * @param targetDOW a code for the target day-of-the-week.
1002      *
1003      * @return the latest date that falls on the specified day-of-the-week and
1004      *         is BEFORE this date.
1005      */
1006     public SerialDate getPreviousDayOfWeek(final int targetDOW) {
1007         return getPreviousDayOfWeek(targetDOW, this);
1008     }
1009
1010     /**
1011      * Returns the earliest date that falls on the specified day-of-the-week
1012      * and is AFTER this date.
```

Listing B-1 (續) SerialDate.Java

```
1013      *
1014      * @param targetDOW a code for the target day-of-the-week.
1015      *
1016      * @return the earliest date that falls on the specified day-of-the-week
1017      *         and is AFTER this date.
1018      */
1019     public SerialDate getFollowingDayOfWeek(final int targetDOW) {
1020         return getFollowingDayOfWeek(targetDOW, this);
1021     }
1022
1023     /**
1024      * Returns the nearest date that falls on the specified day-of-the-week.
1025      *
1026      * @param targetDOW a code for the target day-of-the-week.
1027      *
1028      * @return the nearest date that falls on the specified day-of-the-week.
1029      */
1030     public SerialDate getNearestDayOfWeek(final int targetDOW) {
1031         return getNearestDayOfWeek(targetDOW, this);
1032     }
1033
1034 }
```

Listing B-2 SerialDateTest.java

```
 1 /* ========================================================================
 2  * JCommon : a free general purpose class library for the Java(tm) platform
 3  * ========================================================================
 4  *
 5  * (C) Copyright 2000-2005, by Object Refinery Limited and Contributors.
 6  *
 7  * Project Info: http://www.jfree.org/jcommon/index.html
 8  *
 9  * This library is free software; you can redistribute it and/or modify it
10  * under the terms of the GNU Lesser General Public License as published by
11  * the Free Software Foundation; either version 2.1 of the License, or
12  * (at your option) any later version.
13  *
14  * This library is distributed in the hope that it will be useful, but
15  * WITHOUT ANY WARRANTY; without even the implied warranty of MERCHANTABILITY
16  * or FITNESS FOR A PARTICULAR PURPOSE. See the GNU Lesser General Public
17  * License for more details.
18  *
19  * You should have received a copy of the GNU Lesser General Public
20  * License along with this library; if not, write to the Free Software
21  * Foundation, Inc., 51 Franklin Street, Fifth Floor, Boston, MA 02110-1301,
22  * USA.
23  *
24  * [Java is a trademark or registered trademark of Sun Microsystems, Inc.
25  * in the United States and other countries.]
26  *
27  * --------------------
28  * SerialDateTests.java
29  * --------------------
30  * (C) Copyright 2001-2005, by Object Refinery Limited.
31  *
```

Listing B-2（續） SerialDateTest.java

```
32  * Original Author: David Gilbert (for Object Refinery Limited);
33  * Contributor(s):  -;
34  *
35  * $Id: SerialDateTests.java,v 1.6 2005/11/16 15:58:40 taqua Exp $
36  *
37  * Changes
38  * -------
39  * 15-Nov-2001 : Version 1 (DG);
40  * 25-Jun-2002 : Removed unnecessary import (DG);
41  * 24-Oct-2002 : Fixed errors reported by Checkstyle (DG);
42  * 13-Mar-2003 : Added serialization test (DG);
43  * 05-Jan-2005 : Added test for bug report 1096282 (DG);
44  *
45  */
46
47 package org.jfree.date.junit;
48
49 import java.io.ByteArrayInputStream;
50 import java.io.ByteArrayOutputStream;
51 import java.io.ObjectInput;
52 import java.io.ObjectInputStream;
53 import java.io.ObjectOutput;
54 import java.io.ObjectOutputStream;
55
56 import junit.framework.Test;
57 import junit.framework.TestCase;
58 import junit.framework.TestSuite;
59
60 import org.jfree.date.MonthConstants;
61 import org.jfree.date.SerialDate;
62
63 /**
64  * Some JUnit tests for the {@link SerialDate} class.
65  */
66 public class SerialDateTests extends TestCase {
67
68     /** Date representing November 9. */
69     private SerialDate nov9Y2001;
70
71     /**
72      * Creates a new test case.
73      *
74      * @param name the name.
75      */
76     public SerialDateTests(final String name) {
77         super(name);
78     }
79
80     /**
81      * Returns a test suite for the JUnit test runner.
82      *
83      * @return The test suite.
84      */
85     public static Test suite() {
86         return new TestSuite(SerialDateTests.class);
87     }
88
```

Listing B-2 (續) SerialDateTest.java

```
 89     /**
 90      * Problem set up.
 91      */
 92     protected void setUp() {
 93         this.nov9Y2001 = SerialDate.createInstance(9, MonthConstants.NOVEMBER, 2001);
 94     }
 95
 96     /**
 97      * 9 Nov 2001 plus two months should be 9 Jan 2002.
 98      */
 99     public void testAddMonthsTo9Nov2001() {
100         final SerialDate jan9Y2002 = SerialDate.addMonths(2, this.nov9Y2001);
101         final SerialDate answer = SerialDate.createInstance(9, 1, 2002);
102         assertEquals(answer, jan9Y2002);
103     }
104
105     /**
106      * A test case for a reported bug, now fixed.
107      */
108     public void testAddMonthsTo5Oct2003() {
109         final SerialDate d1 = SerialDate.createInstance(5, MonthConstants.OCTOBER, 2003);
110         final SerialDate d2 = SerialDate.addMonths(2, d1);
111         assertEquals(d2, SerialDate.createInstance(5, MonthConstants.DECEMBER, 2003));
112     }
113
114     /**
115      * A test case for a reported bug, now fixed.
116      */
117     public void testAddMonthsTo1Jan2003() {
118         final SerialDate d1 = SerialDate.createInstance(1, MonthConstants.JANUARY, 2003);
119         final SerialDate d2 = SerialDate.addMonths(0, d1);
120         assertEquals(d2, d1);
121     }
122
123     /**
124      * Monday preceding Friday 9 November 2001 should be 5 November.
125      */
126     public void testMondayPrecedingFriday9Nov2001() {
127         SerialDate mondayBefore = SerialDate.getPreviousDayOfWeek(
128             SerialDate.MONDAY, this.nov9Y2001
129         );
130         assertEquals(5, mondayBefore.getDayOfMonth());
131     }
132
133     /**
134      * Monday following Friday 9 November 2001 should be 12 November.
135      */
136     public void testMondayFollowingFriday9Nov2001() {
137         SerialDate mondayAfter = SerialDate.getFollowingDayOfWeek(
138             SerialDate.MONDAY, this.nov9Y2001
139         );
140         assertEquals(12, mondayAfter.getDayOfMonth());
141     }
142
143     /**
144      * Monday nearest Friday 9 November 2001 should be 12 November.
145      */
```

Listing B-2（續） SerialDateTest.java

```
146     public void testMondayNearestFriday9Nov2001() {
147         SerialDate mondayNearest = SerialDate.getNearestDayOfWeek(
148             SerialDate.MONDAY, this.nov9Y2001
149         );
150         assertEquals(12, mondayNearest.getDayOfMonth());
151     }
152
153     /**
154      * The Monday nearest to 22nd January 1970 falls on the 19th.
155      */
156     public void testMondayNearest22Jan1970() {
157         SerialDate jan22Y1970 = SerialDate.createInstance(22, MonthConstants.JANUARY, 1970);
158         SerialDate mondayNearest=SerialDate.getNearestDayOfWeek(SerialDate.MONDAY, jan22Y1970);
159         assertEquals(19, mondayNearest.getDayOfMonth());
160     }
161
162     /**
163      * Problem that the conversion of days to strings returns the right result. Actually, this
164      * result depends on the Locale so this test needs to be modified.
165      */
166     public void testWeekdayCodeToString() {
167
168         final String test = SerialDate.weekdayCodeToString(SerialDate.SATURDAY);
169         assertEquals("Saturday", test);
170
171     }
172
173     /**
174      * Test the conversion of a string to a weekday. Note that this test will fail if the
175      * default locale doesn't use English weekday names...devise a better test!
176      */
177     public void testStringToWeekday() {
178
179         int weekday = SerialDate.stringToWeekdayCode("Wednesday");
180         assertEquals(SerialDate.WEDNESDAY, weekday);
181
182         weekday = SerialDate.stringToWeekdayCode(" Wednesday ");
183         assertEquals(SerialDate.WEDNESDAY, weekday);
184
185         weekday = SerialDate.stringToWeekdayCode("Wed");
186         assertEquals(SerialDate.WEDNESDAY, weekday);
187
188     }
189
190     /**
191      * Test the conversion of a string to a month. Note that this test will fail if the
192      * default locale doesn't use English month names...devise a better test!
193      */
194     public void testStringToMonthCode() {
195
196         int m = SerialDate.stringToMonthCode("January");
197         assertEquals(MonthConstants.JANUARY, m);
198
199         m = SerialDate.stringToMonthCode(" January ");
200         assertEquals(MonthConstants.JANUARY, m);
201
202         m = SerialDate.stringToMonthCode("Jan");
```

Listing B-2（續） SerialDateTest.java

```
203             assertEquals(MonthConstants.JANUARY, m);
204
205         }
206
207         /**
208          * Tests the conversion of a month code to a string.
209          */
210         public void testMonthCodeToStringCode() {
211
212             final String test = SerialDate.monthCodeToString(MonthConstants.DECEMBER);
213             assertEquals("December", test);
214
215         }
216
217         /**
218          * 1900 is not a leap year.
219          */
220         public void testIsNotLeapYear1900() {
221             assertTrue(!SerialDate.isLeapYear(1900));
222         }
223
224         /**
225          * 2000 is a leap year.
226          */
227         public void testIsLeapYear2000() {
228             assertTrue(SerialDate.isLeapYear(2000));
229         }
230
231         /**
232          * The number of leap years from 1900 up-to-and-including 1899 is 0.
233          */
234         public void testLeapYearCount1899() {
235             assertEquals(SerialDate.leapYearCount(1899), 0);
236         }
237
238         /**
239          * The number of leap years from 1900 up-to-and-including 1903 is 0.
240          */
241         public void testLeapYearCount1903() {
242             assertEquals(SerialDate.leapYearCount(1903), 0);
243         }
244
245         /**
246          * The number of leap years from 1900 up-to-and-including 1904 is 1.
247          */
248         public void testLeapYearCount1904() {
249             assertEquals(SerialDate.leapYearCount(1904), 1);
250         }
251
252         /**
253          * The number of leap years from 1900 up-to-and-including 1999 is 24.
254          */
255         public void testLeapYearCount1999() {
256             assertEquals(SerialDate.leapYearCount(1999), 24);
257         }
258
259         /**
```

Listing B-2（續） SerialDateTest.java

```
260         * The number of leap years from 1900 up-to-and-including 2000 is 25.
261         */
262        public void testLeapYearCount2000() {
263            assertEquals(SerialDate.leapYearCount(2000), 25);
264        }
265
266        /**
267         * Serialize an instance, restore it, and check for equality.
268         */
269        public void testSerialization() {
270
271            SerialDate d1 = SerialDate.createInstance(15, 4, 2000);
272            SerialDate d2 = null;
273
274            try {
275                ByteArrayOutputStream buffer = new ByteArrayOutputStream();
276                ObjectOutput out = new ObjectOutputStream(buffer);
277                out.writeObject(d1);
278                out.close();
279
280                ObjectInput in = new ObjectInputStream(
                                 new ByteArrayInputStream(buffer.toByteArray()));
281                d2 = (SerialDate) in.readObject();
282                in.close();
283            }
284            catch (Exception e) {
285                System.out.println(e.toString());
286            }
287            assertEquals(d1, d2);
288
289        }
290
291        /**
292         * A test for bug report 1096282 (now fixed).
293         */
294        public void test1096282() {
295            SerialDate d = SerialDate.createInstance(29, 2, 2004);
296            d = SerialDate.addYears(1, d);
297            SerialDate expected = SerialDate.createInstance(28, 2, 2005);
298            assertTrue(d.isOn(expected));
299        }
300
301        /**
302         * Miscellaneous tests for the addMonths() method.
303         */
304        public void testAddMonths() {
305            SerialDate d1 = SerialDate.createInstance(31, 5, 2004);
306
307            SerialDate d2 = SerialDate.addMonths(1, d1);
308            assertEquals(30, d2.getDayOfMonth());
309            assertEquals(6, d2.getMonth());
310            assertEquals(2004, d2.getYYYY());
311
312            SerialDate d3 = SerialDate.addMonths(2, d1);
313            assertEquals(31, d3.getDayOfMonth());
314            assertEquals(7, d3.getMonth());
315            assertEquals(2004, d3.getYYYY());
```

Listing B-2（續） SerialDateTest.java

```
316
317         SerialDate d4 = SerialDate.addMonths(1, SerialDate.addMonths(1, d1));
318         assertEquals(30, d4.getDayOfMonth());
319         assertEquals(7, d4.getMonth());
320         assertEquals(2004, d4.getYYYY());
321     }
322 }
```

Listing B-3 MonthConstants.java

```
  1 /* ========================================================================
  2  * JCommon : a free general purpose class library for the Java(tm) platform
  3  * ========================================================================
  4  *
  5  * (C) Copyright 2000-2005, by Object Refinery Limited and Contributors.
  6  *
  7  * Project Info: http://www.jfree.org/jcommon/index.html
  8  *
  9  * This library is free software; you can redistribute it and/or modify it
 10  * under the terms of the GNU Lesser General Public License as published by
 11  * the Free Software Foundation; either version 2.1 of the License, or
 12  * (at your option) any later version.
 13  *
 14  * This library is distributed in the hope that it will be useful, but
 15  * WITHOUT ANY WARRANTY; without even the implied warranty of MERCHANTABILITY
 16  * or FITNESS FOR A PARTICULAR PURPOSE. See the GNU Lesser General Public
 17  * License for more details.
 18  *
 19  * You should have received a copy of the GNU Lesser General Public
 20  * License along with this library; if not, write to the Free Software
 21  * Foundation, Inc., 51 Franklin Street, Fifth Floor, Boston, MA 02110-1301,
 22  * USA.
 23  *
 24  * [Java is a trademark or registered trademark of Sun Microsystems, Inc.
 25  * in the United States and other countries.]
 26  *
 27  * -------------------
 28  * MonthConstants.java
 29  * -------------------
 30  * (C) Copyright 2002, 2003, by Object Refinery Limited.
 31  *
 32  * Original Author: David Gilbert (for Object Refinery Limited);
 33  * Contributor(s):  -;
 34  *
 35  * $Id: MonthConstants.java,v 1.4 2005/11/16 15:58:40 taqua Exp $
 36  *
 37  * Changes
 38  * -------
 39  * 29-May-2002 : Version 1 (code moved from SerialDate class) (DG);
 40  *
 41  */
 42
 43 package org.jfree.date;
 44
 45 /**
 46  * Useful constants for months. Note that these are NOT equivalent to the
```

Listing B-3（續） MonthConstants.java

```
47  * constants defined by java.util.Calendar (where JANUARY=0 and DECEMBER=11).
48  * <P>
49  * Used by the SerialDate and RegularTimePeriod classes.
50  *
51  * @author David Gilbert
52  */
53 public interface MonthConstants {
54
55     /** Constant for January. */
56     public static final int JANUARY = 1;
57
58     /** Constant for February. */
59     public static final int FEBRUARY = 2;
60
61     /** Constant for March. */
62     public static final int MARCH = 3;
63
64     /** Constant for April. */
65     public static final int APRIL = 4;
66
67     /** Constant for May. */
68     public static final int MAY = 5;
69
70     /** Constant for June. */
71     public static final int JUNE = 6;
72
73     /** Constant for July. */
74     public static final int JULY = 7;
75
76     /** Constant for August. */
77     public static final int AUGUST = 8;
78
79     /** Constant for September. */
80     public static final int SEPTEMBER = 9;
81
82     /** Constant for October. */
83     public static final int OCTOBER = 10;
84
85     /** Constant for November. */
86     public static final int NOVEMBER = 11;
87
88     /** Constant for December. */
89     public static final int DECEMBER = 12;
90
91 }
```

Listing B-4 BobsSerialDateTest.java

```
1 package org.jfree.date.junit;
2
3 import junit.framework.TestCase;
4 import org.jfree.date.*;
5 import static org.jfree.date.SerialDate.*;
6
7 import java.util.*;
```

Listing B-4（續） BobsSerialDateTest.java

```
 8
 9 public class BobsSerialDateTest extends TestCase {
10
11   public void testIsValidWeekdayCode() throws Exception {
12     for (int day = 1; day <= 7; day++)
13       assertTrue(isValidWeekdayCode(day));
14     assertFalse(isValidWeekdayCode(0));
15     assertFalse(isValidWeekdayCode(8));
16   }
17
18   public void testStringToWeekdayCode() throws Exception {
19
20     assertEquals(-1, stringToWeekdayCode("Hello"));
21     assertEquals(MONDAY, stringToWeekdayCode("Monday"));
22     assertEquals(MONDAY, stringToWeekdayCode("Mon"));
23 //todo    assertEquals(MONDAY,stringToWeekdayCode("monday"));
24 //     assertEquals(MONDAY,stringToWeekdayCode("MONDAY"));
25 //     assertEquals(MONDAY, stringToWeekdayCode("mon"));
26
27     assertEquals(TUESDAY, stringToWeekdayCode("Tuesday"));
28     assertEquals(TUESDAY, stringToWeekdayCode("Tue"));
29 //     assertEquals(TUESDAY,stringToWeekdayCode("tuesday"));
30 //     assertEquals(TUESDAY,stringToWeekdayCode("TUESDAY"));
31 //     assertEquals(TUESDAY, stringToWeekdayCode("tue"));
32 //     assertEquals(TUESDAY, stringToWeekdayCode("tues"));
33
34     assertEquals(WEDNESDAY, stringToWeekdayCode("Wednesday"));
35     assertEquals(WEDNESDAY, stringToWeekdayCode("Wed"));
36 //     assertEquals(WEDNESDAY,stringToWeekdayCode("wednesday"));
37 //     assertEquals(WEDNESDAY,stringToWeekdayCode("WEDNESDAY"));
38 //     assertEquals(WEDNESDAY, stringToWeekdayCode("wed"));
39
40     assertEquals(THURSDAY, stringToWeekdayCode("Thursday"));
41     assertEquals(THURSDAY, stringToWeekdayCode("Thu"));
42 //     assertEquals(THURSDAY,stringToWeekdayCode("thursday"));
43 //     assertEquals(THURSDAY,stringToWeekdayCode("THURSDAY"));
44 //     assertEquals(THURSDAY, stringToWeekdayCode("thu"));
45 //     assertEquals(THURSDAY, stringToWeekdayCode("thurs"));
46
47     assertEquals(FRIDAY, stringToWeekdayCode("Friday"));
48     assertEquals(FRIDAY, stringToWeekdayCode("Fri"));
49 //     assertEquals(FRIDAY,stringToWeekdayCode("friday"));
50 //     assertEquals(FRIDAY,stringToWeekdayCode("FRIDAY"));
51 //     assertEquals(FRIDAY, stringToWeekdayCode("fri"));
52
53     assertEquals(SATURDAY, stringToWeekdayCode("Saturday"));
54     assertEquals(SATURDAY, stringToWeekdayCode("Sat"));
55 //     assertEquals(SATURDAY,stringToWeekdayCode("saturday"));
56 //     assertEquals(SATURDAY,stringToWeekdayCode("SATURDAY"));
57 //     assertEquals(SATURDAY, stringToWeekdayCode("sat"));
58
59     assertEquals(SUNDAY, stringToWeekdayCode("Sunday"));
60     assertEquals(SUNDAY, stringToWeekdayCode("Sun"));
61 //     assertEquals(SUNDAY,stringToWeekdayCode("sunday"));
62 //     assertEquals(SUNDAY,stringToWeekdayCode("SUNDAY"));
63 //     assertEquals(SUNDAY, stringToWeekdayCode("sun"));
64   }
```

Listing B-4（續） BobsSerialDateTest.java

```
65
66    public void testWeekdayCodeToString() throws Exception {
67      assertEquals("Sunday", weekdayCodeToString(SUNDAY));
68      assertEquals("Monday", weekdayCodeToString(MONDAY));
69      assertEquals("Tuesday", weekdayCodeToString(TUESDAY));
70      assertEquals("Wednesday", weekdayCodeToString(WEDNESDAY));
71      assertEquals("Thursday", weekdayCodeToString(THURSDAY));
72      assertEquals("Friday", weekdayCodeToString(FRIDAY));
73      assertEquals("Saturday", weekdayCodeToString(SATURDAY));
74    }
75
76    public void testIsValidMonthCode() throws Exception {
77      for (int i = 1; i <= 12; i++)
78        assertTrue(isValidMonthCode(i));
79      assertFalse(isValidMonthCode(0));
80      assertFalse(isValidMonthCode(13));
81    }
82
83    public void testMonthToQuarter() throws Exception {
84      assertEquals(1, monthCodeToQuarter(JANUARY));
85      assertEquals(1, monthCodeToQuarter(FEBRUARY));
86      assertEquals(1, monthCodeToQuarter(MARCH));
87      assertEquals(2, monthCodeToQuarter(APRIL));
88      assertEquals(2, monthCodeToQuarter(MAY));
89      assertEquals(2, monthCodeToQuarter(JUNE));
90      assertEquals(3, monthCodeToQuarter(JULY));
91      assertEquals(3, monthCodeToQuarter(AUGUST));
92      assertEquals(3, monthCodeToQuarter(SEPTEMBER));
93      assertEquals(4, monthCodeToQuarter(OCTOBER));
94      assertEquals(4, monthCodeToQuarter(NOVEMBER));
95      assertEquals(4, monthCodeToQuarter(DECEMBER));
96
97      try {
98        monthCodeToQuarter(-1);
99        fail("Invalid Month Code should throw exception");
100     } catch (IllegalArgumentException e) {
101     }
102   }
103
104   public void testMonthCodeToString() throws Exception {
105     assertEquals("January", monthCodeToString(JANUARY));
106     assertEquals("February", monthCodeToString(FEBRUARY));
107     assertEquals("March", monthCodeToString(MARCH));
108     assertEquals("April", monthCodeToString(APRIL));
109     assertEquals("May", monthCodeToString(MAY));
110     assertEquals("June", monthCodeToString(JUNE));
111     assertEquals("July", monthCodeToString(JULY));
112     assertEquals("August", monthCodeToString(AUGUST));
113     assertEquals("September", monthCodeToString(SEPTEMBER));
114     assertEquals("October", monthCodeToString(OCTOBER));
115     assertEquals("November", monthCodeToString(NOVEMBER));
116     assertEquals("December", monthCodeToString(DECEMBER));
117
118     assertEquals("Jan", monthCodeToString(JANUARY, true));
119     assertEquals("Feb", monthCodeToString(FEBRUARY, true));
120     assertEquals("Mar", monthCodeToString(MARCH, true));
121     assertEquals("Apr", monthCodeToString(APRIL, true));
```

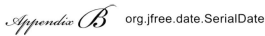

Listing B-4（續） BobsSerialDateTest.java

```
122     assertEquals("May", monthCodeToString(MAY, true));
123     assertEquals("Jun", monthCodeToString(JUNE, true));
124     assertEquals("Jul", monthCodeToString(JULY, true));
125     assertEquals("Aug", monthCodeToString(AUGUST, true));
126     assertEquals("Sep", monthCodeToString(SEPTEMBER, true));
127     assertEquals("Oct", monthCodeToString(OCTOBER, true));
128     assertEquals("Nov", monthCodeToString(NOVEMBER, true));
129     assertEquals("Dec", monthCodeToString(DECEMBER, true));
130
131     try {
132       monthCodeToString(-1);
133       fail("Invalid month code should throw exception");
134     } catch (IllegalArgumentException e) {
135     }
136
137   }
138
139   public void testStringToMonthCode() throws Exception {
140     assertEquals(JANUARY,stringToMonthCode("1"));
141     assertEquals(FEBRUARY,stringToMonthCode("2"));
142     assertEquals(MARCH,stringToMonthCode("3"));
143     assertEquals(APRIL,stringToMonthCode("4"));
144     assertEquals(MAY,stringToMonthCode("5"));
145     assertEquals(JUNE,stringToMonthCode("6"));
146     assertEquals(JULY,stringToMonthCode("7"));
147     assertEquals(AUGUST,stringToMonthCode("8"));
148     assertEquals(SEPTEMBER,stringToMonthCode("9"));
149     assertEquals(OCTOBER,stringToMonthCode("10"));
150     assertEquals(NOVEMBER, stringToMonthCode("11"));
151     assertEquals(DECEMBER,stringToMonthCode("12"));
152
153 //todo    assertEquals(-1, stringToMonthCode("0"));
154 //    assertEquals(-1, stringToMonthCode("13"));
155
156     assertEquals(-1,stringToMonthCode("Hello"));
157
158     for (int m = 1; m <= 12; m++) {
159       assertEquals(m, stringToMonthCode(monthCodeToString(m, false)));
160       assertEquals(m, stringToMonthCode(monthCodeToString(m, true)));
161     }
162
163 //    assertEquals(1,stringToMonthCode("jan"));
164 //    assertEquals(2,stringToMonthCode("feb"));
165 //    assertEquals(3,stringToMonthCode("mar"));
166 //    assertEquals(4,stringToMonthCode("apr"));
167 //    assertEquals(5,stringToMonthCode("may"));
168 //    assertEquals(6,stringToMonthCode("jun"));
169 //    assertEquals(7,stringToMonthCode("jul"));
170 //    assertEquals(8,stringToMonthCode("aug"));
171 //    assertEquals(9,stringToMonthCode("sep"));
172 //    assertEquals(10,stringToMonthCode("oct"));
173 //    assertEquals(11,stringToMonthCode("nov"));
174 //    assertEquals(12,stringToMonthCode("dec"));
175
176 //    assertEquals(1,stringToMonthCode("JAN"));
177 //    assertEquals(2,stringToMonthCode("FEB"));
178 //    assertEquals(3,stringToMonthCode("MAR"));
```

Listing B-4（續） BobsSerialDateTest.java

```
179 //     assertEquals(4,stringToMonthCode("APR"));
180 //     assertEquals(5,stringToMonthCode("MAY"));
181 //     assertEquals(6,stringToMonthCode("JUN"));
182 //     assertEquals(7,stringToMonthCode("JUL"));
183 //     assertEquals(8,stringToMonthCode("AUG"));
184 //     assertEquals(9,stringToMonthCode("SEP"));
185 //     assertEquals(10,stringToMonthCode("OCT"));
186 //     assertEquals(11,stringToMonthCode("NOV"));
187 //     assertEquals(12,stringToMonthCode("DEC"));
188
189 //     assertEquals(1,stringToMonthCode("january"));
190 //     assertEquals(2,stringToMonthCode("february"));
191 //     assertEquals(3,stringToMonthCode("march"));
192 //     assertEquals(4,stringToMonthCode("april"));
193 //     assertEquals(5,stringToMonthCode("may"));
194 //     assertEquals(6,stringToMonthCode("june"));
195 //     assertEquals(7,stringToMonthCode("july"));
196 //     assertEquals(8,stringToMonthCode("august"));
197 //     assertEquals(9,stringToMonthCode("september"));
198 //     assertEquals(10,stringToMonthCode("october"));
199 //     assertEquals(11,stringToMonthCode("november"));
200 //     assertEquals(12,stringToMonthCode("december"));
201
202 //     assertEquals(1,stringToMonthCode("JANUARY"));
203 //     assertEquals(2,stringToMonthCode("FEBRUARY"));
204 //     assertEquals(3,stringToMonthCode("MAR"));
205 //     assertEquals(4,stringToMonthCode("APRIL"));
206 //     assertEquals(5,stringToMonthCode("MAY"));
207 //     assertEquals(6,stringToMonthCode("JUNE"));
208 //     assertEquals(7,stringToMonthCode("JULY"));
209 //     assertEquals(8,stringToMonthCode("AUGUST"));
210 //     assertEquals(9,stringToMonthCode("SEPTEMBER"));
211 //     assertEquals(10,stringToMonthCode("OCTOBER"));
212 //     assertEquals(11,stringToMonthCode("NOVEMBER"));
213 //     assertEquals(12,stringToMonthCode("DECEMBER"));
214   }
215
216   public void testIsValidWeekInMonthCode() throws Exception {
217     for (int w = 0; w <= 4; w++) {
218       assertTrue(isValidWeekInMonthCode(w));
219     }
220     assertFalse(isValidWeekInMonthCode(5));
221   }
222
223   public void testIsLeapYear() throws Exception {
224     assertFalse(isLeapYear(1900));
225     assertFalse(isLeapYear(1901));
226     assertFalse(isLeapYear(1902));
227     assertFalse(isLeapYear(1903));
228     assertTrue(isLeapYear(1904));
229     assertTrue(isLeapYear(1908));
230     assertFalse(isLeapYear(1955));
231     assertTrue(isLeapYear(1964));
232     assertTrue(isLeapYear(1980));
233     assertTrue(isLeapYear(2000));
234     assertFalse(isLeapYear(2001));
235     assertFalse(isLeapYear(2100));
```

Listing B-4（續） BobsSerialDateTest.java

```
236     }
237
238     public void testLeapYearCount() throws Exception {
239       assertEquals(0, leapYearCount(1900));
240       assertEquals(0, leapYearCount(1901));
241       assertEquals(0, leapYearCount(1902));
242       assertEquals(0, leapYearCount(1903));
243       assertEquals(1, leapYearCount(1904));
244       assertEquals(1, leapYearCount(1905));
245       assertEquals(1, leapYearCount(1906));
246       assertEquals(1, leapYearCount(1907));
247       assertEquals(2, leapYearCount(1908));
248       assertEquals(24, leapYearCount(1999));
249       assertEquals(25, leapYearCount(2001));
250       assertEquals(49, leapYearCount(2101));
251       assertEquals(73, leapYearCount(2201));
252       assertEquals(97, leapYearCount(2301));
253       assertEquals(122, leapYearCount(2401));
254     }
255
256     public void testLastDayOfMonth() throws Exception {
257       assertEquals(31, lastDayOfMonth(JANUARY, 1901));
258       assertEquals(28, lastDayOfMonth(FEBRUARY, 1901));
259       assertEquals(31, lastDayOfMonth(MARCH, 1901));
260       assertEquals(30, lastDayOfMonth(APRIL, 1901));
261       assertEquals(31, lastDayOfMonth(MAY, 1901));
262       assertEquals(30, lastDayOfMonth(JUNE, 1901));
263       assertEquals(31, lastDayOfMonth(JULY, 1901));
264       assertEquals(31, lastDayOfMonth(AUGUST, 1901));
265       assertEquals(30, lastDayOfMonth(SEPTEMBER, 1901));
266       assertEquals(31, lastDayOfMonth(OCTOBER, 1901));
267       assertEquals(30, lastDayOfMonth(NOVEMBER, 1901));
268       assertEquals(31, lastDayOfMonth(DECEMBER, 1901));
269       assertEquals(29, lastDayOfMonth(FEBRUARY, 1904));
270     }
271
272     public void testAddDays() throws Exception {
273       SerialDate newYears = d(1, JANUARY, 1900);
274       assertEquals(d(2, JANUARY, 1900), addDays(1, newYears));
275       assertEquals(d(1, FEBRUARY, 1900), addDays(31, newYears));
276       assertEquals(d(1, JANUARY, 1901), addDays(365, newYears));
277       assertEquals(d(31, DECEMBER, 1904), addDays(5 * 365, newYears));
278     }
279
280     private static SpreadsheetDate d(int day, int month, int year) {return new
SpreadsheetDate(day, month, year);}
281
282     public void testAddMonths() throws Exception {
283       assertEquals(d(1, FEBRUARY, 1900), addMonths(1, d(1, JANUARY, 1900)));
284       assertEquals(d(28, FEBRUARY, 1900), addMonths(1, d(31, JANUARY, 1900)));
285       assertEquals(d(28, FEBRUARY, 1900), addMonths(1, d(30, JANUARY, 1900)));
286       assertEquals(d(28, FEBRUARY, 1900), addMonths(1, d(29, JANUARY, 1900)));
287       assertEquals(d(28, FEBRUARY, 1900), addMonths(1, d(28, JANUARY, 1900)));
288       assertEquals(d(27, FEBRUARY, 1900), addMonths(1, d(27, JANUARY, 1900)));
289
290       assertEquals(d(30, JUNE, 1900), addMonths(5, d(31, JANUARY, 1900)));
291       assertEquals(d(30, JUNE, 1901), addMonths(17, d(31, JANUARY, 1900)));
```

Listing B-4（續） BobsSerialDateTest.java

```
292
293       assertEquals(d(29, FEBRUARY, 1904), addMonths(49, d(31, JANUARY, 1900)));
294
295     }
296
297     public void testAddYears() throws Exception {
298       assertEquals(d(1, JANUARY, 1901), addYears(1, d(1, JANUARY, 1900)));
299       assertEquals(d(28, FEBRUARY, 1905), addYears(1, d(29, FEBRUARY, 1904)));
300       assertEquals(d(28, FEBRUARY, 1905), addYears(1, d(28, FEBRUARY, 1904)));
301       assertEquals(d(28, FEBRUARY, 1904), addYears(1, d(28, FEBRUARY, 1903)));
302     }
303
304     public void testGetPreviousDayOfWeek() throws Exception {
305       assertEquals(d(24, FEBRUARY, 2006), getPreviousDayOfWeek(FRIDAY, d(1, MARCH, 2006)));
306       assertEquals(d(22, FEBRUARY, 2006), getPreviousDayOfWeek(WEDNESDAY, d(1, MARCH, 2006)));
307       assertEquals(d(29, FEBRUARY, 2004), getPreviousDayOfWeek(SUNDAY, d(3, MARCH, 2004)));
308       assertEquals(d(29, DECEMBER, 2004), getPreviousDayOfWeek(WEDNESDAY, d(5, JANUARY, 2005)));
309
310       try {
311         getPreviousDayOfWeek(-1, d(1, JANUARY, 2006));
312         fail("Invalid day of week code should throw exception");
313       } catch (IllegalArgumentException e) {
314       }
315     }
316
317     public void testGetFollowingDayOfWeek() throws Exception {
318 //    assertEquals(d(1, JANUARY, 2005),getFollowingDayOfWeek(SATURDAY, d(25, DECEMBER, 2004)));
319       assertEquals(d(1, JANUARY, 2005), getFollowingDayOfWeek(SATURDAY, d(26, DECEMBER, 2004)));
320       assertEquals(d(3, MARCH, 2004), getFollowingDayOfWeek(WEDNESDAY, d(28, FEBRUARY, 2004)));
321
322       try {
323         getFollowingDayOfWeek(-1, d(1, JANUARY, 2006));
324         fail("Invalid day of week code should throw exception");
325       } catch (IllegalArgumentException e) {
326       }
327     }
328
329     public void testGetNearestDayOfWeek() throws Exception {
330       assertEquals(d(16, APRIL, 2006), getNearestDayOfWeek(SUNDAY, d(16, APRIL, 2006)));
331       assertEquals(d(16, APRIL, 2006), getNearestDayOfWeek(SUNDAY, d(17, APRIL, 2006)));
332       assertEquals(d(16, APRIL, 2006), getNearestDayOfWeek(SUNDAY, d(18, APRIL, 2006)));
333       assertEquals(d(16, APRIL, 2006), getNearestDayOfWeek(SUNDAY, d(19, APRIL, 2006)));
334       assertEquals(d(23, APRIL, 2006), getNearestDayOfWeek(SUNDAY, d(20, APRIL, 2006)));
335       assertEquals(d(23, APRIL, 2006), getNearestDayOfWeek(SUNDAY, d(21, APRIL, 2006)));
336       assertEquals(d(23, APRIL, 2006), getNearestDayOfWeek(SUNDAY, d(22, APRIL, 2006)));
337
338 //todo    assertEquals(d(17, APRIL, 2006), getNearestDayOfWeek(MONDAY, d(16, APRIL, 2006)));
339       assertEquals(d(17, APRIL, 2006), getNearestDayOfWeek(MONDAY, d(17, APRIL, 2006)));
340       assertEquals(d(17, APRIL, 2006), getNearestDayOfWeek(MONDAY, d(18, APRIL, 2006)));
341       assertEquals(d(17, APRIL, 2006), getNearestDayOfWeek(MONDAY, d(19, APRIL, 2006)));
342       assertEquals(d(17, APRIL, 2006), getNearestDayOfWeek(MONDAY, d(20, APRIL, 2006)));
343       assertEquals(d(24, APRIL, 2006), getNearestDayOfWeek(MONDAY, d(21, APRIL, 2006)));
344       assertEquals(d(24, APRIL, 2006), getNearestDayOfWeek(MONDAY, d(22, APRIL, 2006)));
345
346 //    assertEquals(d(18, APRIL, 2006), getNearestDayOfWeek(TUESDAY, d(16, APRIL, 2006)));
```

Listing B-4 (續) BobsSerialDateTest.java

```
347 //      assertEquals(d(18, APRIL, 2006), getNearestDayOfWeek(TUESDAY, d(17, APRIL, 2006)));
348       assertEquals(d(18, APRIL, 2006), getNearestDayOfWeek(TUESDAY, d(18, APRIL, 2006)));
349       assertEquals(d(18, APRIL, 2006), getNearestDayOfWeek(TUESDAY, d(19, APRIL, 2006)));
350       assertEquals(d(18, APRIL, 2006), getNearestDayOfWeek(TUESDAY, d(20, APRIL, 2006)));
351       assertEquals(d(18, APRIL, 2006), getNearestDayOfWeek(TUESDAY, d(21, APRIL, 2006)));
352       assertEquals(d(25, APRIL, 2006), getNearestDayOfWeek(TUESDAY, d(22, APRIL, 2006)));
353
354 //      assertEquals(d(19, APRIL, 2006), getNearestDayOfWeek(WEDNESDAY, d(16, APRIL, 2006)));
355 //      assertEquals(d(19, APRIL, 2006), getNearestDayOfWeek(WEDNESDAY, d(17, APRIL, 2006)));
356 //      assertEquals(d(19, APRIL, 2006), getNearestDayOfWeek(WEDNESDAY, d(18, APRIL, 2006)));
357       assertEquals(d(19, APRIL, 2006), getNearestDayOfWeek(WEDNESDAY, d(19, APRIL, 2006)));
358       assertEquals(d(19, APRIL, 2006), getNearestDayOfWeek(WEDNESDAY, d(20, APRIL, 2006)));
359       assertEquals(d(19, APRIL, 2006), getNearestDayOfWeek(WEDNESDAY, d(21, APRIL, 2006)));
360       assertEquals(d(19, APRIL, 2006), getNearestDayOfWeek(WEDNESDAY, d(22, APRIL, 2006)));
361
362 //      assertEquals(d(13, APRIL, 2006), getNearestDayOfWeek(THURSDAY, d(16, APRIL, 2006)));
363 //      assertEquals(d(20, APRIL, 2006), getNearestDayOfWeek(THURSDAY, d(17, APRIL, 2006)));
364 //      assertEquals(d(20, APRIL, 2006), getNearestDayOfWeek(THURSDAY, d(18, APRIL, 2006)));
365 //      assertEquals(d(20, APRIL, 2006), getNearestDayOfWeek(THURSDAY, d(19, APRIL, 2006)));
366       assertEquals(d(20, APRIL, 2006), getNearestDayOfWeek(THURSDAY, d(20, APRIL, 2006)));
367       assertEquals(d(20, APRIL, 2006), getNearestDayOfWeek(THURSDAY, d(21, APRIL, 2006)));
368       assertEquals(d(20, APRIL, 2006), getNearestDayOfWeek(THURSDAY, d(22, APRIL, 2006)));
369
370 //      assertEquals(d(14, APRIL, 2006), getNearestDayOfWeek(FRIDAY, d(16, APRIL, 2006)));
371 //      assertEquals(d(14, APRIL, 2006), getNearestDayOfWeek(FRIDAY, d(17, APRIL, 2006)));
372 //      assertEquals(d(21, APRIL, 2006), getNearestDayOfWeek(FRIDAY, d(18, APRIL, 2006)));
373 //      assertEquals(d(21, APRIL, 2006), getNearestDayOfWeek(FRIDAY, d(19, APRIL, 2006)));
374 //      assertEquals(d(21, APRIL, 2006), getNearestDayOfWeek(FRIDAY, d(20, APRIL, 2006)));
375       assertEquals(d(21, APRIL, 2006), getNearestDayOfWeek(FRIDAY, d(21, APRIL, 2006)));
376       assertEquals(d(21, APRIL, 2006), getNearestDayOfWeek(FRIDAY, d(22, APRIL, 2006)));
377
378 //      assertEquals(d(15, APRIL, 2006), getNearestDayOfWeek(SATURDAY, d(16, APRIL, 2006)));
379 //      assertEquals(d(15, APRIL, 2006), getNearestDayOfWeek(SATURDAY, d(17, APRIL, 2006)));
380 //      assertEquals(d(15, APRIL, 2006), getNearestDayOfWeek(SATURDAY, d(18, APRIL, 2006)));
381 //      assertEquals(d(22, APRIL, 2006), getNearestDayOfWeek(SATURDAY, d(19, APRIL, 2006)));
382 //      assertEquals(d(22, APRIL, 2006), getNearestDayOfWeek(SATURDAY, d(20, APRIL, 2006)));
383 //      assertEquals(d(22, APRIL, 2006), getNearestDayOfWeek(SATURDAY, d(21, APRIL, 2006)));
384       assertEquals(d(22, APRIL, 2006), getNearestDayOfWeek(SATURDAY, d(22, APRIL, 2006)));
385
386       try {
387         getNearestDayOfWeek(-1, d(1, JANUARY, 2006));
388         fail("Invalid day of week code should throw exception");
389       } catch (IllegalArgumentException e) {
390       }
391     }
392
393     public void testEndOfCurrentMonth() throws Exception {
394       SerialDate d = SerialDate.createInstance(2);
395       assertEquals(d(31, JANUARY, 2006), d.getEndOfCurrentMonth(d(1, JANUARY, 2006)));
396       assertEquals(d(28, FEBRUARY, 2006), d.getEndOfCurrentMonth(d(1, FEBRUARY, 2006)));
397       assertEquals(d(31, MARCH, 2006), d.getEndOfCurrentMonth(d(1, MARCH, 2006)));
398       assertEquals(d(30, APRIL, 2006), d.getEndOfCurrentMonth(d(1, APRIL, 2006)));
399       assertEquals(d(31, MAY, 2006), d.getEndOfCurrentMonth(d(1, MAY, 2006)));
400       assertEquals(d(30, JUNE, 2006), d.getEndOfCurrentMonth(d(1, JUNE, 2006)));
401       assertEquals(d(31, JULY, 2006), d.getEndOfCurrentMonth(d(1, JULY, 2006)));
```

Listing B-4（續） BobsSerialDateTest.java

```
402     assertEquals(d(31, AUGUST, 2006), d.getEndOfCurrentMonth(d(1, AUGUST, 2006)));
403     assertEquals(d(30, SEPTEMBER, 2006), d.getEndOfCurrentMonth(d(1, SEPTEMBER, 2006)));
404     assertEquals(d(31, OCTOBER, 2006), d.getEndOfCurrentMonth(d(1, OCTOBER, 2006)));
405     assertEquals(d(30, NOVEMBER, 2006), d.getEndOfCurrentMonth(d(1, NOVEMBER, 2006)));
406     assertEquals(d(31, DECEMBER, 2006), d.getEndOfCurrentMonth(d(1, DECEMBER, 2006)));
407     assertEquals(d(29, FEBRUARY, 2008), d.getEndOfCurrentMonth(d(1, FEBRUARY, 2008)));
408   }
409
410   public void testWeekInMonthToString() throws Exception {
411     assertEquals("First",weekInMonthToString(FIRST_WEEK_IN_MONTH));
412     assertEquals("Second",weekInMonthToString(SECOND_WEEK_IN_MONTH));
413     assertEquals("Third",weekInMonthToString(THIRD_WEEK_IN_MONTH));
414     assertEquals("Fourth",weekInMonthToString(FOURTH_WEEK_IN_MONTH));
415     assertEquals("Last",weekInMonthToString(LAST_WEEK_IN_MONTH));
416
417 //todo    try {
418 //      weekInMonthToString(-1);
419 //      fail("Invalid week code should throw exception");
420 //    } catch (IllegalArgumentException e) {
421 //    }
422   }
423
424   public void testRelativeToString() throws Exception {
425     assertEquals("Preceding",relativeToString(PRECEDING));
426     assertEquals("Nearest",relativeToString(NEAREST));
427     assertEquals("Following",relativeToString(FOLLOWING));
428
429 //todo    try {
430 //      relativeToString(-1000);
431 //      fail("Invalid relative code should throw exception");
432 //    } catch (IllegalArgumentException e) {
433 //    }
434   }
435
436   public void testCreateInstanceFromDDMMYYY() throws Exception {
437     SerialDate date = createInstance(1, JANUARY, 1900);
438     assertEquals(1,date.getDayOfMonth());
439     assertEquals(JANUARY,date.getMonth());
440     assertEquals(1900,date.getYYYY());
441     assertEquals(2,date.toSerial());
442   }
443
444   public void testCreateInstanceFromSerial() throws Exception {
445     assertEquals(d(1, JANUARY, 1900),createInstance(2));
446     assertEquals(d(1, JANUARY, 1901), createInstance(367));
447   }
448
449   public void testCreateInstanceFromJavaDate() throws Exception {
450     assertEquals(d(1, JANUARY, 1900),
                     createInstance(new GregorianCalendar(1900,0,1).getTime()));
451     assertEquals(d(1, JANUARY, 2006),
                     createInstance(new GregorianCalendar(2006,0,1).getTime()));
452   }
453
454   public static void main(String[] args) {
455     junit.textui.TestRunner.run(BobsSerialDateTest.class);
```

Listing B-4（續） BobsSerialDateTest.java

```
456   }
457 }
```

Listing B-5 SpreadsheetDate.java

```
  1 /* ========================================================================
  2  * JCommon : a free general purpose class library for the Java(tm) platform
  3  * ========================================================================
  4  *
  5  * (C) Copyright 2000-2005, by Object Refinery Limited and Contributors.
  6  *
  7  * Project Info: http://www.jfree.org/jcommon/index.html
  8  *
  9  * This library is free software; you can redistribute it and/or modify it
 10  * under the terms of the GNU Lesser General Public License as published by
 11  * the Free Software Foundation; either version 2.1 of the License, or
 12  * (at your option) any later version.
 13  *
 14  * This library is distributed in the hope that it will be useful, but
 15  * WITHOUT ANY WARRANTY; without even the implied warranty of MERCHANTABILITY
 16  * or FITNESS FOR A PARTICULAR PURPOSE. See the GNU Lesser General Public
 17  * License for more details.
 18  *
 19  * You should have received a copy of the GNU Lesser General Public
 20  * License along with this library; if not, write to the Free Software
 21  * Foundation, Inc., 51 Franklin Street, Fifth Floor, Boston, MA 02110-1301,
 22  * USA.
 23  *
 24  * [Java is a trademark or registered trademark of Sun Microsystems, Inc.
 25  * in the United States and other countries.]
 26  *
 27  * --------------------
 28  * SpreadsheetDate.java
 29  * --------------------
 30  * (C) Copyright 2000-2005, by Object Refinery Limited and Contributors.
 31  *
 32  * Original Author: David Gilbert (for Object Refinery Limited);
 33  * Contributor(s):  -;
 34  *
 35  * $Id: SpreadsheetDate.java,v 1.8 2005/11/03 09:25:39 mungady Exp $
 36  *
 37  * Changes
 38  * -------
 39  * 11-Oct-2001 : Version 1 (DG);
 40  * 05-Nov-2001 : Added getDescription() and setDescription() methods (DG);
 41  * 12-Nov-2001 : Changed name from ExcelDate.java to SpreadsheetDate.java (DG);
 42  *               Fixed a bug in calculating day, month and year from serial
 43  *               number (DG);
 44  * 24-Jan-2002 : Fixed a bug in calculating the serial number from the day,
 45  *               month and year. Thanks to Trevor Hills for the report (DG);
 46  * 29-May-2002 : Added equals(Object) method (SourceForge ID 558850) (DG);
 47  * 03-Oct-2002 : Fixed errors reported by Checkstyle (DG);
 48  * 13-Mar-2003 : Implemented Serializable (DG);
 49  * 04-Sep-2003 : Completed isInRange() methods (DG);
 50  * 05-Sep-2003 : Implemented Comparable (DG);
 51  * 21-Oct-2003 : Added hashCode() method (DG);
```

Listing B-5（續） SpreadsheetDate.java

```
 52  *
 53  */
 54
 55 package org.jfree.date;
 56
 57 import java.util.Calendar;
 58 import java.util.Date;
 59
 60 /**
 61  * Represents a date using an integer, in a similar fashion to the
 62  * implementation in Microsoft Excel. The range of dates supported is
 63  * 1-Jan-1900 to 31-Dec-9999.
 64  * <P>
 65  * Be aware that there is a deliberate bug in Excel that recognises the year
 66  * 1900 as a leap year when in fact it is not a leap year. You can find more
 67  * information on the Microsoft website in article Q181370:
 68  * <P>
 69  * http://support.microsoft.com/support/kb/articles/Q181/3/70.asp
 70  * <P>
 71  * Excel uses the convention that 1-Jan-1900 = 1. This class uses the
 72  * convention 1-Jan-1900 = 2.
 73  * The result is that the day number in this class will be different to the
 74  * Excel figure for January and February 1900...but then Excel adds in an extra
 75  * day (29-Feb-1900 which does not actually exist!) and from that point forward
 76  * the day numbers will match.
 77  *
 78  * @author David Gilbert
 79  */
 80 public class SpreadsheetDate extends SerialDate {
 81
 82     /** For serialization. */
 83     private static final long serialVersionUID = -2039586705374454461L;
 84
 85     /**
 86      * The day number (1-Jan-1900 = 2, 2-Jan-1900 = 3, ..., 31-Dec-9999 =
 87      * 2958465).
 88      */
 89     private int serial;
 90
 91     /** The day of the month (1 to 28, 29, 30 or 31 depending on the month). */
 92     private int day;
 93
 94     /** The month of the year (1 to 12). */
 95     private int month;
 96
 97     /** The year (1900 to 9999). */
 98     private int year;
 99
100     /** An optional description for the date. */
101     private String description;
102
103     /**
104      * Creates a new date instance.
105      *
106      * @param day the day (in the range 1 to 28/29/30/31).
107      * @param month the month (in the range 1 to 12).
108      * @param year the year (in the range 1900 to 9999).
```

Listing B-5（續） SpreadsheetDate.java

```
109      */
110     public SpreadsheetDate(final int day, final int month, final int year) {
111
112         if ((year >= 1900) && (year <= 9999)) {
113             this.year = year;
114         }
115         else {
116             throw new IllegalArgumentException(
117                 "The 'year' argument must be in range 1900 to 9999."
118             );
119         }
120
121         if ((month >= MonthConstants.JANUARY)
122                 && (month <= MonthConstants.DECEMBER)) {
123             this.month = month;
124         }
125         else {
126             throw new IllegalArgumentException(
127                 "The 'month' argument must be in the range 1 to 12."
128             );
129         }
130
131         if ((day >= 1) && (day <= SerialDate.lastDayOfMonth(month, year))) {
132             this.day = day;
133         }
134         else {
135             throw new IllegalArgumentException("Invalid 'day' argument.");
136         }
137
138         // the serial number needs to be synchronised with the day-month-year...
139         this.serial = calcSerial(day, month, year);
140
141         this.description = null;
142
143     }
144
145     /**
146      * Standard constructor - creates a new date object representing the
147      * specified day number (which should be in the range 2 to 2958465.
148      *
149      * @param serial the serial number for the day (range: 2 to 2958465).
150      */
151     public SpreadsheetDate(final int serial) {
152
153         if ((serial >= SERIAL_LOWER_BOUND) && (serial <= SERIAL_UPPER_BOUND)) {
154             this.serial = serial;
155         }
156         else {
157             throw new IllegalArgumentException(
158                 "SpreadsheetDate: Serial must be in range 2 to 2958465.");
159         }
160
161         // the day-month-year needs to be synchronised with the serial number...
162         calcDayMonthYear();
163
164     }
165
```

Listing B-5（續） SpreadsheetDate.java

```
166     /**
167      * Returns the description that is attached to the date. It is not
168      * required that a date have a description, but for some applications it
169      * is useful.
170      *
171      * @return The description that is attached to the date.
172      */
173     public String getDescription() {
174         return this.description;
175     }
176
177     /**
178      * Sets the description for the date.
179      *
180      * @param description the description for this date (<code>null</code>
181      *                    permitted).
182      */
183     public void setDescription(final String description) {
184         this.description = description;
185     }
186
187     /**
188      * Returns the serial number for the date, where 1 January 1900 = 2
189      * (this corresponds, almost, to the numbering system used in Microsoft
190      * Excel for Windows and Lotus 1-2-3).
191      *
192      * @return The serial number of this date.
193      */
194     public int toSerial() {
195         return this.serial;
196     }
197
198     /**
199      * Returns a <code>java.util.Date</code> equivalent to this date.
200      *
201      * @return The date.
202      */
203     public Date toDate() {
204         final Calendar calendar = Calendar.getInstance();
205         calendar.set(getYYYY(), getMonth() - 1, getDayOfMonth(), 0, 0, 0);
206         return calendar.getTime();
207     }
208
209     /**
210      * Returns the year (assume a valid range of 1900 to 9999).
211      *
212      * @return The year.
213      */
214     public int getYYYY() {
215         return this.year;
216     }
217
218     /**
219      * Returns the month (January = 1, February = 2, March = 3).
220      *
221      * @return The month of the year.
222      */
```

Listing B-5（續） SpreadsheetDate.java

```
223      public int getMonth() {
224          return this.month;
225      }
226
227      /**
228       * Returns the day of the month.
229       *
230       * @return The day of the month.
231       */
232      public int getDayOfMonth() {
233          return this.day;
234      }
235
236      /**
237       * Returns a code representing the day of the week.
238       * <P>
239       * The codes are defined in the {@link SerialDate} class as:
240       * <code>SUNDAY</code>, <code>MONDAY</code>, <code>TUESDAY</code>,
241       * <code>WEDNESDAY</code>, <code>THURSDAY</code>, <code>FRIDAY</code>, and
242       * <code>SATURDAY</code>.
243       *
244       * @return A code representing the day of the week.
245       */
246      public int getDayOfWeek() {
247          return (this.serial + 6) % 7 + 1;
248      }
249
250      /**
251       * Tests the equality of this date with an arbitrary object.
252       * <P>
253       * This method will return true ONLY if the object is an instance of the
254       * {@link SerialDate} base class, and it represents the same day as this
255       * {@link SpreadsheetDate}.
256       *
257       * @param object the object to compare (<code>null</code> permitted).
258       *
259       * @return A boolean.
260       */
261      public boolean equals(final Object object) {
262
263          if (object instanceof SerialDate) {
264              final SerialDate s = (SerialDate) object;
265              return (s.toSerial() == this.toSerial());
266          }
267          else {
268              return false;
269          }
270
271      }
272
273      /**
274       * Returns a hash code for this object instance.
275       *
276       * @return A hash code.
277       */
278      public int hashCode() {
279          return toSerial();
```

Listing B-5（續） SpreadsheetDate.java

```
280     }
281 
282     /**
283      * Returns the difference (in days) between this date and the specified
284      * 'other' date.
285      *
286      * @param other the date being compared to.
287      *
288      * @return The difference (in days) between this date and the specified
289      *         'other' date.
290      */
291     public int compare(final SerialDate other) {
292         return this.serial - other.toSerial();
293     }
294 
295     /**
296      * Implements the method required by the Comparable interface.
297      *
298      * @param other the other object (usually another SerialDate).
299      *
300      * @return A negative integer, zero, or a positive integer as this object
301      *         is less than, equal to, or greater than the specified object.
302      */
303     public int compareTo(final Object other) {
304         return compare((SerialDate) other);
305     }
306 
307     /**
308      * Returns true if this SerialDate represents the same date as the
309      * specified SerialDate.
310      *
311      * @param other the date being compared to.
312      *
313      * @return <code>true</code> if this SerialDate represents the same date as
314      *         the specified SerialDate.
315      */
316     public boolean isOn(final SerialDate other) {
317         return (this.serial == other.toSerial());
318     }
319 
320     /**
321      * Returns true if this SerialDate represents an earlier date compared to
322      * the specified SerialDate.
323      *
324      * @param other the date being compared to.
325      *
326      * @return <code>true</code> if this SerialDate represents an earlier date
327      *         compared to the specified SerialDate.
328      */
329     public boolean isBefore(final SerialDate other) {
330         return (this.serial < other.toSerial());
331     }
332 
333     /**
334      * Returns true if this SerialDate represents the same date as the
335      * specified SerialDate.
336      *
```

Listing B-5 (續) SpreadsheetDate.java

```
337      * @param other the date being compared to.
338      *
339      * @return <code>true</code> if this SerialDate represents the same date
340      *         as the specified SerialDate.
341      */
342     public boolean isOnOrBefore(final SerialDate other) {
343         return (this.serial <= other.toSerial());
344     }
345
346     /**
347      * Returns true if this SerialDate represents the same date as the
348      * specified SerialDate.
349      *
350      * @param other the date being compared to.
351      *
352      * @return <code>true</code> if this SerialDate represents the same date
353      *         as the specified SerialDate.
354      */
355     public boolean isAfter(final SerialDate other) {
356         return (this.serial > other.toSerial());
357     }
358
359     /**
360      * Returns true if this SerialDate represents the same date as the
361      * specified SerialDate.
362      *
363      * @param other the date being compared to.
364      *
365      * @return <code>true</code> if this SerialDate represents the same date as
366      *         the specified SerialDate.
367      */
368     public boolean isOnOrAfter(final SerialDate other) {
369         return (this.serial >= other.toSerial());
370     }
371
372     /**
373      * Returns <code>true</code> if this {@link SerialDate} is within the
374      * specified range (INCLUSIVE). The date order of d1 and d2 is not
375      * important.
376      *
377      * @param d1 a boundary date for the range.
378      * @param d2 the other boundary date for the range.
379      *
380      * @return A boolean.
381      */
382     public boolean isInRange(final SerialDate d1, final SerialDate d2) {
383         return isInRange(d1, d2, SerialDate.INCLUDE_BOTH);
384     }
385
386     /**
387      * Returns true if this SerialDate is within the specified range (caller
388      * specifies whether or not the end-points are included). The order of d1
389      * and d2 is not important.
390      *
391      * @param d1 one boundary date for the range.
392      * @param d2 a second boundary date for the range.
393      * @param include a code that controls whether or not the start and end
```

Listing B-5（續） SpreadsheetDate.java

```
394      *                 dates are included in the range.
395      *
396      * @return <code>true</code> if this SerialDate is within the specified
397      *         range.
398      */
399     public boolean isInRange(final SerialDate d1, final SerialDate d2,
400                              final int include) {
401         final int s1 = d1.toSerial();
402         final int s2 = d2.toSerial();
403         final int start = Math.min(s1, s2);
404         final int end = Math.max(s1, s2);
405 
406         final int s = toSerial();
407         if (include == SerialDate.INCLUDE_BOTH) {
408             return (s >= start && s <= end);
409         }
410         else if (include == SerialDate.INCLUDE_FIRST) {
411             return (s >= start && s < end);
412         }
413         else if (include == SerialDate.INCLUDE_SECOND) {
414             return (s > start && s <= end);
415         }
416         else {
417             return (s > start && s < end);
418         }
419     }
420 
421     /**
422      * Calculate the serial number from the day, month and year.
423      * <P>
424      * 1-Jan-1900 = 2.
425      *
426      * @param d the day.
427      * @param m the month.
428      * @param y the year.
429      *
430      * @return the serial number from the day, month and year.
431      */
432     private int calcSerial(final int d, final int m, final int y) {
433         final int yy = ((y - 1900) * 365) + SerialDate.leapYearCount(y - 1);
434         int mm = SerialDate.AGGREGATE_DAYS_TO_END_OF_PRECEDING_MONTH[m];
435         if (m > MonthConstants.FEBRUARY) {
436             if (SerialDate.isLeapYear(y)) {
437                 mm = mm + 1;
438             }
439         }
440         final int dd = d;
441         return yy + mm + dd + 1;
442     }
443 
444     /**
445      * Calculate the day, month and year from the serial number.
446      */
447     private void calcDayMonthYear() {
448 
449         // get the year from the serial date
450         final int days = this.serial - SERIAL_LOWER_BOUND;
```

Listing B-5（續） SpreadsheetDate.java

```
451         // overestimated because we ignored leap days
452         final int overestimatedYYYY = 1900 + (days / 365);
453         final int leaps = SerialDate.leapYearCount(overestimatedYYYY);
454         final int nonleapdays = days - leaps;
455         // underestimated because we overestimated years
456         int underestimatedYYYY = 1900 + (nonleapdays / 365);
457 
458         if (underestimatedYYYY == overestimatedYYYY) {
459             this.year = underestimatedYYYY;
460         }
461         else {
462             int ss1 = calcSerial(1, 1, underestimatedYYYY);
463             while (ss1 <= this.serial) {
464                 underestimatedYYYY = underestimatedYYYY + 1;
465                 ss1 = calcSerial(1, 1, underestimatedYYYY);
466             }
467             this.year = underestimatedYYYY - 1;
468         }
469 
470         final int ss2 = calcSerial(1, 1, this.year);
471 
472         int[] daysToEndOfPrecedingMonth
473             = AGGREGATE_DAYS_TO_END_OF_PRECEDING_MONTH;
474 
475         if (isLeapYear(this.year)) {
476             daysToEndOfPrecedingMonth
477                 = LEAP_YEAR_AGGREGATE_DAYS_TO_END_OF_PRECEDING_MONTH;
478         }
479 
480         // get the month from the serial date
481         int mm = 1;
482         int sss = ss2 + daysToEndOfPrecedingMonth[mm] - 1;
483         while (sss < this.serial) {
484             mm = mm + 1;
485             sss = ss2 + daysToEndOfPrecedingMonth[mm] - 1;
486         }
487         this.month = mm - 1;
488 
489         // what's left is d(+1);
490         this.day = this.serial - ss2
491                    - daysToEndOfPrecedingMonth[this.month] + 1;
492 
493     }
494 
495 }
```

Listing B-6 RelativeDayOfWeekRule.java

```
  1 /* ========================================================================
  2  * JCommon : a free general purpose class library for the Java(tm) platform
  3  * ========================================================================
  4  *
  5  * (C) Copyright 2000-2005, by Object Refinery Limited and Contributors.
  6  *
  7  * Project Info: http://www.jfree.org/jcommon/index.html
  8  *
```

Listing B-6（續） RelativeDayOfWeekRule.java

```
 9  * This library is free software; you can redistribute it and/or modify it
10  * under the terms of the GNU Lesser General Public License as published by
11  * the Free Software Foundation; either version 2.1 of the License, or
12  * (at your option) any later version.
13  *
14  * This library is distributed in the hope that it will be useful, but
15  * WITHOUT ANY WARRANTY; without even the implied warranty of MERCHANTABILITY
16  * or FITNESS FOR A PARTICULAR PURPOSE. See the GNU Lesser General Public
17  * License for more details.
18  *
19  * You should have received a copy of the GNU Lesser General Public
20  * License along with this library; if not, write to the Free Software
21  * Foundation, Inc., 51 Franklin Street, Fifth Floor, Boston, MA 02110-1301,
22  * USA.
23  *
24  * [Java is a trademark or registered trademark of Sun Microsystems, Inc.
25  * in the United States and other countries.]
26  *
27  * -------------------------
28  * RelativeDayOfWeekRule.java
29  * -------------------------
30  * (C) Copyright 2000-2003, by Object Refinery Limited and Contributors.
31  *
32  * Original Author: David Gilbert (for Object Refinery Limited);
33  * Contributor(s):  -;
34  *
35  * $Id: RelativeDayOfWeekRule.java,v 1.6 2005/11/16 15:58:40 taqua Exp $
36  *
37  * Changes (from 26-Oct-2001)
38  * -------------------------
39  * 26-Oct-2001 : Changed package to com.jrefinery.date.*;
40  * 03-Oct-2002 : Fixed errors reported by Checkstyle (DG);
41  *
42  */
43
44 package org.jfree.date;
45
46 /**
47  * An annual date rule that returns a date for each year based on (a) a
48  * reference rule; (b) a day of the week; and (c) a selection parameter
49  * (SerialDate.PRECEDING, SerialDate.NEAREST, SerialDate.FOLLOWING).
50  * <P>
51  * For example, Good Friday can be specified as 'the Friday PRECEDING Easter
52  * Sunday'.
53  *
54  * @author David Gilbert
55  */
56 public class RelativeDayOfWeekRule extends AnnualDateRule {
57
58     /** A reference to the annual date rule on which this rule is based. */
59     private AnnualDateRule subrule;
60
61     /**
62      * The day of the week (SerialDate.MONDAY, SerialDate.TUESDAY, and so on).
63      */
64     private int dayOfWeek;
65
```

Listing B-6（續） RelativeDayOfWeekRule.java

```
66      /** Specifies which day of the week (PRECEDING, NEAREST or FOLLOWING). */
67      private int relative;
68
69      /**
70       * Default constructor - builds a rule for the Monday following 1 January.
71       */
72      public RelativeDayOfWeekRule() {
73          this(new DayAndMonthRule(), SerialDate.MONDAY, SerialDate.FOLLOWING);
74      }
75
76      /**
77       * Standard constructor - builds rule based on the supplied sub-rule.
78       *
79       * @param subrule the rule that determines the reference date.
80       * @param dayOfWeek the day-of-the-week relative to the reference date.
81       * @param relative indicates *which* day-of-the-week (preceding, nearest
82       *                 or following).
83       */
84      public RelativeDayOfWeekRule(final AnnualDateRule subrule,
85              final int dayOfWeek, final int relative) {
86          this.subrule = subrule;
87          this.dayOfWeek = dayOfWeek;
88          this.relative = relative;
89      }
90
91      /**
92       * Returns the sub-rule (also called the reference rule).
93       *
94       * @return The annual date rule that determines the reference date for this
95       *         rule.
96       */
97      public AnnualDateRule getSubrule() {
98          return this.subrule;
99      }
100
101     /**
102      * Sets the sub-rule.
103      *
104      * @param subrule the annual date rule that determines the reference date
105      *                for this rule.
106      */
107     public void setSubrule(final AnnualDateRule subrule) {
108         this.subrule = subrule;
109     }
110
111     /**
112      * Returns the day-of-the-week for this rule.
113      *
114      * @return the day-of-the-week for this rule.
115      */
116     public int getDayOfWeek() {
117         return this.dayOfWeek;
118     }
119
120     /**
121      * Sets the day-of-the-week for this rule.
122      *
```

Listing B-6（續） RelativeDayOfWeekRule.java

```
123         * @param dayOfWeek the day-of-the-week (SerialDate.MONDAY,
124         *                  SerialDate.TUESDAY, and so on).
125         */
126        public void setDayOfWeek(final int dayOfWeek) {
127            this.dayOfWeek = dayOfWeek;
128        }
129
130        /**
131         * Returns the 'relative' attribute, that determines *which*
132         * day-of-the-week we are interested in (SerialDate.PRECEDING,
133         * SerialDate.NEAREST or SerialDate.FOLLOWING).
134         *
135         * @return The 'relative' attribute.
136         */
137        public int getRelative() {
138            return this.relative;
139        }
140
141        /**
142         * Sets the 'relative' attribute (SerialDate.PRECEDING, SerialDate.NEAREST,
143         * SerialDate.FOLLOWING).
144         *
145         * @param relative determines *which* day-of-the-week is selected by this
146         *                 rule.
147         */
148        public void setRelative(final int relative) {
149            this.relative = relative;
150        }
151
152        /**
153         * Creates a clone of this rule.
154         *
155         * @return a clone of this rule.
156         *
157         * @throws CloneNotSupportedException this should never happen.
158         */
159        public Object clone() throws CloneNotSupportedException {
160            final RelativeDayOfWeekRule duplicate
161                = (RelativeDayOfWeekRule) super.clone();
162            duplicate.subrule = (AnnualDateRule) duplicate.getSubrule().clone();
163            return duplicate;
164        }
165
166        /**
167         * Returns the date generated by this rule, for the specified year.
168         *
169         * @param year the year (1900 &lt;= year &lt;= 9999).
170         *
171         * @return The date generated by the rule for the given year (possibly
172         *         <code>null</code>).
173         */
174        public SerialDate getDate(final int year) {
175
176            // check argument...
177            if ((year < SerialDate.MINIMUM_YEAR_SUPPORTED)
178                || (year > SerialDate.MAXIMUM_YEAR_SUPPORTED)) {
179                throw new IllegalArgumentException(
```

Listing B-6（續） RelativeDayOfWeekRule.java

```
180                 "RelativeDayOfWeekRule.getDate(): year outside valid range.");
181         }
182 
183         // calculate the date...
184         SerialDate result = null;
185         final SerialDate base = this.subrule.getDate(year);
186 
187         if (base != null) {
188             switch (this.relative) {
189                 case(SerialDate.PRECEDING):
190                     result = SerialDate.getPreviousDayOfWeek(this.dayOfWeek,
191                             base);
192                     break;
193                 case(SerialDate.NEAREST):
194                     result = SerialDate.getNearestDayOfWeek(this.dayOfWeek,
195                             base);
196                     break;
197                 case(SerialDate.FOLLOWING):
198                     result = SerialDate.getFollowingDayOfWeek(this.dayOfWeek,
199                             base);
200                     break;
201                 default:
202                     break;
203             }
204         }
205         return result;
206 
207     }
208 
209 }
```

Listing B-7 DayDate.java（最終版）

```
  1 /* ========================================================================
  2  * JCommon : a free general purpose class library for the Java(tm) platform
  3  * ========================================================================
  4  *
  5  * (C) Copyright 2000-2005, by Object Refinery Limited and Contributors.
...
 36  */
 37 package org.jfree.date;
 38 
 39 import java.io.Serializable;
 40 import java.util.*;
 41 
 42 /**
 43  * An abstract class that represents immutable dates with a precision of
 44  * one day. The implementation will map each date to an integer that
 45  * represents an ordinal number of days from some fixed origin.
 46  *
 47  * Why not just use java.util.Date? We will, when it makes sense. At times,
 48  * java.util.Date can be *too* precise - it represents an instant in time,
 49  * accurate to 1/1000th of a second (with the date itself depending on the
 50  * time-zone). Sometimes we just want to represent a particular day (e.g. 21
 51  * January 2015) without concerning ourselves about the time of day, or the
 52  * time-zone, or anything else. That's what we've defined DayDate for.
```

Listing B-7（續） DayDate.java（最終版）

```
 53  *
 54  * Use DayDateFactory.makeDate to create an instance.
 55  *
 56  * @author David Gilbert
 57  * @author Robert C. Martin did a lot of refactoring.
 58  */
 59
 60 public abstract class DayDate implements Comparable, Serializable {
 61   public abstract int getOrdinalDay();
 62   public abstract int getYear();
 63   public abstract Month getMonth();
 64   public abstract int getDayOfMonth();
 65
 66   protected abstract Day getDayOfWeekForOrdinalZero();
 67
 68   public DayDate plusDays(int days) {
 69      return DayDateFactory.makeDate(getOrdinalDay() + days);
 70   }
 71
 72   public DayDate plusMonths(int months) {
 73     int thisMonthAsOrdinal = getMonth().toInt() - Month.JANUARY.toInt();
 74     int thisMonthAndYearAsOrdinal = 12 * getYear() + thisMonthAsOrdinal;
 75     int resultMonthAndYearAsOrdinal = thisMonthAndYearAsOrdinal + months;
 76     int resultYear = resultMonthAndYearAsOrdinal / 12;
 77     int resultMonthAsOrdinal = resultMonthAndYearAsOrdinal % 12 + Month.JANUARY.toInt();
 78     Month resultMonth = Month.fromInt(resultMonthAsOrdinal);
 79     int resultDay = correctLastDayOfMonth(getDayOfMonth(), resultMonth, resultYear);
 80     return DayDateFactory.makeDate(resultDay, resultMonth, resultYear);
 81   }
 82
 83   public DayDate plusYears(int years) {
 84     int resultYear = getYear() + years;
 85     int resultDay = correctLastDayOfMonth(getDayOfMonth(), getMonth(), resultYear);
 86     return DayDateFactory.makeDate(resultDay, getMonth(), resultYear);
 87   }
 88
 89   private int correctLastDayOfMonth(int day, Month month, int year) {
 90     int lastDayOfMonth = DateUtil.lastDayOfMonth(month, year);
 91     if (day > lastDayOfMonth)
 92       day = lastDayOfMonth;
 93     return day;
 94   }
 95
 96   public DayDate getPreviousDayOfWeek(Day targetDayOfWeek) {
 97     int offsetToTarget = targetDayOfWeek.toInt() - getDayOfWeek().toInt();
 98     if (offsetToTarget >= 0)
 99       offsetToTarget -= 7;
100     return plusDays(offsetToTarget);
101   }
102
103   public DayDate getFollowingDayOfWeek(Day targetDayOfWeek) {
104     int offsetToTarget = targetDayOfWeek.toInt() - getDayOfWeek().toInt();
105     if (offsetToTarget <= 0)
106       offsetToTarget += 7;
107     return plusDays(offsetToTarget);
108   }
109
```

Listing B-7（續） DayDate.java（最終版）

```
110    public DayDate getNearestDayOfWeek(Day targetDayOfWeek) {
111      int offsetToThisWeeksTarget = targetDayOfWeek.toInt() - getDayOfWeek().toInt();
112      int offsetToFutureTarget = (offsetToThisWeeksTarget + 7) % 7;
113      int offsetToPreviousTarget = offsetToFutureTarget - 7;
114
115      if (offsetToFutureTarget > 3)
116        return plusDays(offsetToPreviousTarget);
117      else
118        return plusDays(offsetToFutureTarget);
119    }
120
121    public DayDate getEndOfMonth() {
122      Month month = getMonth();
123      int year = getYear();
124      int lastDay = DateUtil.lastDayOfMonth(month, year);
125      return DayDateFactory.makeDate(lastDay, month, year);
126    }
127
128    public Date toDate() {
129      final Calendar calendar = Calendar.getInstance();
130      int ordinalMonth = getMonth().toInt() - Month.JANUARY.toInt();
131      calendar.set(getYear(), ordinalMonth, getDayOfMonth(), 0, 0, 0);
132      return calendar.getTime();
133    }
134
135    public String toString() {
136      return String.format("%02d-%s-%d", getDayOfMonth(), getMonth(), getYear());
137    }
138
139    public Day getDayOfWeek() {
140      Day startingDay = getDayOfWeekForOrdinalZero();
141      int startingOffset = startingDay.toInt() - Day.SUNDAY.toInt();
142      int ordinalOfDayOfWeek = (getOrdinalDay() + startingOffset) % 7;
143      return Day.fromInt(ordinalOfDayOfWeek + Day.SUNDAY.toInt());
144    }
145
146    public int daysSince(DayDate date) {
147      return getOrdinalDay() - date.getOrdinalDay();
148    }
149
150    public boolean isOn(DayDate other) {
151      return getOrdinalDay() == other.getOrdinalDay();
152    }
153
154    public boolean isBefore(DayDate other) {
155      return getOrdinalDay() < other.getOrdinalDay();
156    }
157
158    public boolean isOnOrBefore(DayDate other) {
159      return getOrdinalDay() <= other.getOrdinalDay();
160    }
161
162    public boolean isAfter(DayDate other) {
163      return getOrdinalDay() > other.getOrdinalDay();
164    }
165
166    public boolean isOnOrAfter(DayDate other) {
```

Listing B-7（續） DayDate.java（最終版）

```
167       return getOrdinalDay() >= other.getOrdinalDay();
168     }
169
170     public boolean isInRange(DayDate d1, DayDate d2) {
171       return isInRange(d1, d2, DateInterval.CLOSED);
172     }
173
174     public boolean isInRange(DayDate d1, DayDate d2, DateInterval interval) {
175       int left = Math.min(d1.getOrdinalDay(), d2.getOrdinalDay());
176       int right = Math.max(d1.getOrdinalDay(), d2.getOrdinalDay());
177       return interval.isIn(getOrdinalDay(), left, right);
178     }
179 }
```

Listing B-8 Month.java（最終版）

```
 1 package org.jfree.date;
 2
 3 import java.text.DateFormatSymbols;
 4
 5 public enum Month {
 6   JANUARY(1), FEBRUARY(2), MARCH(3),
 7   APRIL(4),   MAY(5),      JUNE(6),
 8   JULY(7),    AUGUST(8),   SEPTEMBER(9),
 9   OCTOBER(10),NOVEMBER(11),DECEMBER(12);
10   private static DateFormatSymbols dateFormatSymbols = new DateFormatSymbols();
11   private static final int[] LAST_DAY_OF_MONTH =
12     {0, 31, 28, 31, 30, 31, 30, 31, 31, 30, 31, 30, 31};
13
14   private int index;
15
16   Month(int index) {
17     this.index = index;
18   }
19
20   public static Month fromInt(int monthIndex) {
21     for (Month m : Month.values()) {
22       if (m.index == monthIndex)
23         return m;
24     }
25     throw new IllegalArgumentException("Invalid month index " + monthIndex);
26   }
27
28   public int lastDay() {
29     return LAST_DAY_OF_MONTH[index];
30   }
31
32   public int quarter() {
33     return 1 + (index - 1) / 3;
34   }
35
36   public String toString() {
37     return dateFormatSymbols.getMonths()[index - 1];
38   }
39
40   public String toShortString() {
```

Listing B-8（續） Month.java（最終版）

```
41     return dateFormatSymbols.getShortMonths()[index - 1];
42   }
43
44   public static Month parse(String s) {
45     s = s.trim();
46     for (Month m : Month.values())
47       if (m.matches(s))
48         return m;
49
50     try {
51       return fromInt(Integer.parseInt(s));
52     }
53     catch (NumberFormatException e) {}
54     throw new IllegalArgumentException("Invalid month " + s);
55   }
56
57   private boolean matches(String s) {
58     return s.equalsIgnoreCase(toString()) ||
59            s.equalsIgnoreCase(toShortString());
60   }
61
62   public int toInt() {
63     return index;
64   }
65 }
```

Listing B-9 Day.java（最終版）

```
 1 package org.jfree.date;
 2
 3 import java.util.Calendar;
 4 import java.text.DateFormatSymbols;
 5
 6 public enum Day {
 7   MONDAY(Calendar.MONDAY),
 8   TUESDAY(Calendar.TUESDAY),
 9   WEDNESDAY(Calendar.WEDNESDAY),
10   THURSDAY(Calendar.THURSDAY),
11   FRIDAY(Calendar.FRIDAY),
12   SATURDAY(Calendar.SATURDAY),
13   SUNDAY(Calendar.SUNDAY);
14
15   private final int index;
16   private static DateFormatSymbols dateSymbols = new DateFormatSymbols();
17
18   Day(int day) {
19     index = day;
20   }
21
22   public static Day fromInt(int index) throws IllegalArgumentException {
23     for (Day d : Day.values())
24       if (d.index == index)
25         return d;
26     throw new IllegalArgumentException(
27       String.format("Illegal day index: %d.", index));
28   }
```

Listing B-9（續） Day.java（最終版）

```
29
30   public static Day parse(String s) throws IllegalArgumentException {
31     String[] shortWeekdayNames =
32       dateSymbols.getShortWeekdays();
33     String[] weekDayNames =
34       dateSymbols.getWeekdays();
35
36     s = s.trim();
37     for (Day day : Day.values()) {
38       if (s.equalsIgnoreCase(shortWeekdayNames[day.index]) ||
39           s.equalsIgnoreCase(weekDayNames[day.index])) {
40         return day;
41       }
42     }
43     throw new IllegalArgumentException(
44       String.format("%s is not a valid weekday string", s));
45   }
46
47   public String toString() {
48     return dateSymbols.getWeekdays()[index];
49   }
50
51   public int toInt() {
52     return index;
53   }
54 }
```

Listing B-10 DateInterval.java（最終版）

```
 1 package org.jfree.date;
 2
 3 public enum DateInterval {
 4   OPEN {
 5     public boolean isIn(int d, int left, int right) {
 6       return d > left && d < right;
 7     }
 8   },
 9   CLOSED_LEFT {
10     public boolean isIn(int d, int left, int right) {
11       return d >= left && d < right;
12     }
13   },
14   CLOSED_RIGHT {
15     public boolean isIn(int d, int left, int right) {
16       return d > left && d <= right;
17     }
18   },
19   CLOSED {
20     public boolean isIn(int d, int left, int right) {
21       return d >= left && d <= right;
22     }
23   };
24
25   public abstract boolean isIn(int d, int left, int right);
26 }
```

Listing B-11 WeekInMonth.java（最終版）

```
 1 package org.jfree.date;
 2
 3 public enum WeekInMonth {
 4   FIRST(1), SECOND(2), THIRD(3), FOURTH(4), LAST(0);
 5   private final int index;
 6
 7   WeekInMonth(int index) {
 8     this.index = index;
 9   }
10
11   public int toInt() {
12     return index;
13   }
14 }
```

Listing B-12 WeekdayRange.java（最終版）

```
1 package org.jfree.date;
2
3 public enum WeekdayRange {
4   LAST, NEAREST, NEXT
5 }
```

Listing B-13 DateUtil.java（最終版）

```
 1 package org.jfree.date;
 2
 3 import java.text.DateFormatSymbols;
 4
 5 public class DateUtil {
 6   private static DateFormatSymbols dateFormatSymbols = new DateFormatSymbols();
 7
 8   public static String[] getMonthNames() {
 9     return dateFormatSymbols.getMonths();
10   }
11
12   public static boolean isLeapYear(int year) {
13     boolean fourth = year % 4 == 0;
14     boolean hundredth = year % 100 == 0;
15     boolean fourHundredth = year % 400 == 0;
16     return fourth && (!hundredth || fourHundredth);
17   }
18
19   public static int lastDayOfMonth(Month month, int year) {
20     if (month == Month.FEBRUARY && isLeapYear(year))
21       return month.lastDay() + 1;
22     else
23       return month.lastDay();
24   }
25
26   public static int leapYearCount(int year) {
27     int leap4 = (year - 1896) / 4;
28     int leap100 = (year - 1800) / 100;
29     int leap400 = (year - 1600) / 400;
30     return leap4 - leap100 + leap400;
```

Listing B-13（續） DateUtil.java（最終版）

```
31   }
32 }
```

Listing B-14 DayDateFactory.java（最終版）

```
 1 package org.jfree.date;
 2
 3 public abstract class DayDateFactory {
 4   private static DayDateFactory factory = new SpreadsheetDateFactory();
 5   public static void setInstance(DayDateFactory factory) {
 6     DayDateFactory.factory = factory;
 7   }
 8
 9   protected abstract DayDate _makeDate(int ordinal);
10   protected abstract DayDate _makeDate(int day, Month month, int year);
11   protected abstract DayDate _makeDate(int day, int month, int year);
12   protected abstract DayDate _makeDate(java.util.Date date);
13   protected abstract int _getMinimumYear();
14   protected abstract int _getMaximumYear();
15
16   public static DayDate makeDate(int ordinal) {
17     return factory._makeDate(ordinal);
18   }
19
20   public static DayDate makeDate(int day, Month month, int year) {
21     return factory._makeDate(day, month, year);
22   }
23
24   public static DayDate makeDate(int day, int month, int year) {
25     return factory._makeDate(day, month, year);
26   }
27
28   public static DayDate makeDate(java.util.Date date) {
29     return factory._makeDate(date);
30   }
31
32   public static int getMinimumYear() {
33     return factory._getMinimumYear();
34   }
35
36   public static int getMaximumYear() {
37     return factory._getMaximumYear();
38   }
39 }
```

Listing B-15 SpreadsheetDateFactory.java（最終版）

```
1 package org.jfree.date;
2
3 import java.util.*;
4
5 public class SpreadsheetDateFactory extends DayDateFactory {
6   public DayDate _makeDate(int ordinal) {
7     return new SpreadsheetDate(ordinal);
8   }
```

Listing B-15（續） SpreadsheetDateFactory.java（最終版）

```
 9
10   public DayDate _makeDate(int day, Month month, int year) {
11     return new SpreadsheetDate(day, month, year);
12   }
13
14   public DayDate _makeDate(int day, int month, int year) {
15     return new SpreadsheetDate(day, month, year);
16   }
17
18   public DayDate _makeDate(Date date) {
19     final GregorianCalendar calendar = new GregorianCalendar();
20     calendar.setTime(date);
21     return new SpreadsheetDate(
22       calendar.get(Calendar.DATE),
23       Month.fromInt(calendar.get(Calendar.MONTH) + 1),
24       calendar.get(Calendar.YEAR)),
25   }
26
27   protected int _getMinimumYear() {
28     return SpreadsheetDate.MINIMUM_YEAR_SUPPORTED;
29   }
30
31   protected int _getMaximumYear() {
32     return SpreadsheetDate.MAXIMUM_YEAR_SUPPORTED;
33   }
34 }
```

Listing B-16 SpreadsheetDate.java（最終版）

```
  1 /* ========================================================================
  2  * JCommon : a free general purpose class library for the Java(tm) platform
  3  * ========================================================================
  4  *
  5  * (C) Copyright 2000-2005, by Object Refinery Limited and Contributors.
  6  *
...
 52  *
 53  */
 54
 55 package org.jfree.date;
 56
 57 import static org.jfree.date.Month.FEBRUARY;
 58
 59 import java.util.*;
 60
 61 /**
 62  * Represents a date using an integer, in a similar fashion to the
 63  * implementation in Microsoft Excel. The range of dates supported is
 64  * 1-Jan-1900 to 31-Dec-9999.
 65  * <p/>
 66  * Be aware that there is a deliberate bug in Excel that recognises the year
 67  * 1900 as a leap year when in fact it is not a leap year. You can find more
 68  * information on the Microsoft website in article Q181370:
 69  * <p/>
 70  * http://support.microsoft.com/support/kb/articles/Q181/3/70.asp
 71  * <p/>
```

Listing B-16（續） SpreadsheetDate.java（最終版）

```
 72  * Excel uses the convention that 1-Jan-1900 = 1. This class uses the
 73  * convention 1-Jan-1900 = 2.
 74  * The result is that the day number in this class will be different to the
 75  * Excel figure for January and February 1900...but then Excel adds in an extra
 76  * day (29-Feb-1900 which does not actually exist!) and from that point forward
 77  * the day numbers will match.
 78  *
 79  * @author David Gilbert
 80  */
 81 public class SpreadsheetDate extends DayDate {
 82   public static final int EARLIEST_DATE_ORDINAL = 2; // 1/1/1900
 83   public static final int LATEST_DATE_ORDINAL = 2958465; // 12/31/9999
 84   public static final int MINIMUM_YEAR_SUPPORTED = 1900;
 85   public static final int MAXIMUM_YEAR_SUPPORTED = 9999;
 86   static final int[] AGGREGATE_DAYS_TO_END_OF_PRECEDING_MONTH =
 87     {0, 0, 31, 59, 90, 120, 151, 181, 212, 243, 273, 304, 334, 365};
 88   static final int[] LEAP_YEAR_AGGREGATE_DAYS_TO_END_OF_PRECEDING_MONTH =
 89     {0, 0, 31, 60, 91, 121, 152, 182, 213, 244, 274, 305, 335, 366};
 90
 91   private int ordinalDay;
 92   private int day;
 93   private Month month;
 94   private int year;
 95
 96   public SpreadsheetDate(int day, Month month, int year) {
 97     if (year < MINIMUM_YEAR_SUPPORTED || year > MAXIMUM_YEAR_SUPPORTED)
 98       throw new IllegalArgumentException(
 99         "The 'year' argument must be in range " +
100         MINIMUM_YEAR_SUPPORTED + " to " + MAXIMUM_YEAR_SUPPORTED + ".");
101     if (day < 1 || day > DateUtil.lastDayOfMonth(month, year))
102       throw new IllegalArgumentException("Invalid 'day' argument.");
103
104     this.year = year;
105     this.month = month;
106     this.day = day;
107     ordinalDay = calcOrdinal(day, month, year);
108   }
109
110   public SpreadsheetDate(int day, int month, int year) {
111     this(day, Month.fromInt(month), year);
112   }
113
114   public SpreadsheetDate(int serial) {
115     if (serial < EARLIEST_DATE_ORDINAL || serial > LATEST_DATE_ORDINAL)
116       throw new IllegalArgumentException(
117         "SpreadsheetDate: Serial must be in range 2 to 2958465.");
118
119     ordinalDay = serial;
120     calcDayMonthYear();
121   }
122
123   public int getOrdinalDay() {
124     return ordinalDay;
125   }
126
127   public int getYear() {
128     return year;
```

Listing B-16（續） SpreadsheetDate.java（最終版）

```
129   }
130
131   public Month getMonth() {
132     return month;
133   }
134
135   public int getDayOfMonth() {
136     return day;
137   }
138
139   protected Day getDayOfWeekForOrdinalZero() {return Day.SATURDAY;}
140
141   public boolean equals(Object object) {
142     if (!(object instanceof DayDate))
143       return false;
144
145     DayDate date = (DayDate) object;
146     return date.getOrdinalDay() == getOrdinalDay();
147   }
148
149   public int hashCode() {
150     return getOrdinalDay();
151   }
152
153   public int compareTo(Object other) {
154     return daysSince((DayDate) other);
155   }
156
157   private int calcOrdinal(int day, Month month, int year) {
158     int leapDaysForYear = DateUtil.leapYearCount(year - 1);
159     int daysUpToYear = (year - MINIMUM_YEAR_SUPPORTED) * 365 + leapDaysForYear;
160     int daysUpToMonth = AGGREGATE_DAYS_TO_END_OF_PRECEDING_MONTH[month.toInt()];
161     if (DateUtil.isLeapYear(year) && month.toInt() > FEBRUARY.toInt())
162       daysUpToMonth++;
163     int daysInMonth = day - 1;
164     return daysUpToYear + daysUpToMonth + daysInMonth + EARLIEST_DATE_ORDINAL;
165   }
166
167   private void calcDayMonthYear() {
168     int days = ordinalDay - EARLIEST_DATE_ORDINAL;
169     int overestimatedYear = MINIMUM_YEAR_SUPPORTED + days / 365;
170     int nonleapdays = days - DateUtil.leapYearCount(overestimatedYear);
171     int underestimatedYear = MINIMUM_YEAR_SUPPORTED + nonleapdays / 365;
172
173     year = huntForYearContaining(ordinalDay, underestimatedYear);
174     int firstOrdinalOfYear = firstOrdinalOfYear(year);
175     month = huntForMonthContaining(ordinalDay, firstOrdinalOfYear);
176     day = ordinalDay - firstOrdinalOfYear - daysBeforeThisMonth(month.toInt());
177   }
178
179   private Month huntForMonthContaining(int anOrdinal, int firstOrdinalOfYear) {
180     int daysIntoThisYear = anOrdinal - firstOrdinalOfYear;
181     int aMonth = 1;
182     while (daysBeforeThisMonth(aMonth) < daysIntoThisYear)
183       aMonth++;
184
185     return Month.fromInt(aMonth - 1);
```

Listing B-16（續） `SpreadsheetDate.java`（**最終版**）

```
186   }
187
188   private int daysBeforeThisMonth(int aMonth) {
189     if (DateUtil.isLeapYear(year))
190       return LEAP_YEAR_AGGREGATE_DAYS_TO_END_OF_PRECEDING_MONTH[aMonth] - 1;
191     else
192       return AGGREGATE_DAYS_TO_END_OF_PRECEDING_MONTH[aMonth] - 1;
193   }
194
195   private int huntForYearContaining(int anOrdinalDay, int startingYear) {
196     int aYear = startingYear;
197     while (firstOrdinalOfYear(aYear) <= anOrdinalDay)
198       aYear++;
199
200     return aYear - 1;
201   }
202
203   private int firstOrdinalOfYear(int year) {
204     return calcOrdinal(1, Month.JANUARY, year);
205   }
206
207   public static DayDate createInstance(Date date) {
208     GregorianCalendar calendar = new GregorianCalendar();
209     calendar.setTime(date);
210     return new SpreadsheetDate(calendar.get(Calendar.DATE),
211                                Month.fromInt(calendar.get(Calendar.MONTH) + 1),
212                                calendar.get(Calendar.YEAR));
213
214   }
215 }
```

啟發的相互參照

Epilogue

結語

在 2005 年，當我參加在丹佛舉行的敏捷開發會議（Agile conference）時，Elisabeth Hedrickson（伊麗莎白・亨局克森）[1]遞給我一個類似 Lance Armstrong（藍斯・阿姆斯壯）風潮的綠色腕帶，這個腕帶上面寫著「著迷於測試（Test Obsessed）」。我很開心和自豪地戴著這個手環。自 1999 年，從 Kent Beck 那邊學習到 TDD（測試驅動開發）以來，我的確已經對測試驅動開發深深地著迷。

但接著就有些奇怪的事情發生了，我發現我無法將這個手環拿掉。並非因為手環真的卡在我的手上，而是手環所代表的精神束縛了我。這個手環就像是為我的職業道德做出了公開聲明。它是一個明顯的指示，代表我承諾『我將盡己所能把程式寫到最好』。取下這個手環，似乎等同於背叛了這些道德和承諾。

所以它仍在我的手腕上。當我寫程式時，眼角餘光仍可瞄見它，它不斷提醒著我，我對自己曾經做出過，撰寫 clean code 的承諾。

1 http://www.qualitytree.com/

編輯的話

這本書的製作有別於博碩文化以往的書籍。首先，在取書名方面就非常特殊，我們進行內文翻譯時，大多將 Clean 這個字翻譯為『整潔的』。因此，原本的書名打算取為整潔的程式碼。但現今您看到的書名是**無瑕的程式碼**，為什麼呢？

審校者認為，就如同作者在函式一章所描述的，『函式名稱』應該比『函式內容』高出一個抽象層次，因此，雖然全書（除了第一章）都在說明讓程式碼整潔的手段，但全書最終的目標（書名）應該比各章內容提升一個層次，也就是『無瑕的程式碼』。

第一章是比較特殊的一章。就和流行音樂的同名專輯一樣，專輯內會有同名的一首歌代表整個專輯的精神。本書的第一章也是 Clean Code，內容是闡述各位大師對於 Clean Code 的解讀，您可以發現到，每個人對於 Clean Code 的定義都有些不同。

作者認為程式設計師就像武術家一樣，分為許多派別，而他這一派稱之為 Clean Code 學派。這本書就像是 Clean Code 門派的武功秘笈。各個章節的內容就是門派的招式，當中是以各種手段，各個面向進行程式碼的整理與清潔。

正如同周星馳主演的《武狀元蘇乞兒》，當中的降龍十八掌的第十八式「降龍有悔」是將前十七式融為一體所成，事實上，就改編後的電影情節來看，降龍十八掌或許也可以叫做「降龍有悔」，因為這一招包含了全部的招式，而要學會這一招，也必須先學會所有的招式。

因此，當您把本書各章節的所有招式都合起來運用自如時，就會產出 Clean Code，而審校者認為此境界可稱之為『無瑕的程式碼』！這是全書追尋的目標。 因此，最終我們採用了審校者的建議，將第一章與書名翻譯為『無瑕的程式碼』，其餘章節對於 Clean 的翻譯則仍是翻譯為『整潔的』，以符合上下文的敘述。

此外，基於上述的理由，我們也請審校者特別針對第一章進行了詳細的審閱與修正，以更符合原書的意含，同時，也對原書中明顯的極少數錯誤做了修正。至於，本書沒有小節的安排，這是忠於原著的作法，但我們利用字型與字體的變化做出了大標題與小標題的區隔。除此之外，書籍內文的英文部分若恰好是程式碼，也會採用與程式碼相同的字型，以示區別，這不但是忠於原著的作法，相信也能讓讀者更容易閱讀本書。

博碩文化 出版部 Simon